Spektrale Analyse mit MATLAB® und Simulink®

Anwendungsorientierte Computer-Experimente

von
Prof. Dr.-Ing. Josef Hoffmann

Oldenbourg Verlag München

Prof. Dr.-Ing. Josef Hoffmann war Professor an der Fakultät Elektro- und Informationstechnik (EIT) der Hochschule Karlsruhe – Technik und Wirtschaft; er unterrichtet dort noch mit Lehrauftrag für die Fachgebiete Messtechnik, Technische Kommunikation, Netzwerke und Filter.

Bibliografische Information der Deutschen Nationalbibliothek

Die Deutsche Nationalbibliothek verzeichnet diese Publikation in der Deutschen Nationalbibliografie; detaillierte bibliografische Daten sind im Internet über <http://dnb.d-nb.de> abrufbar.

© 2011 Oldenbourg Wissenschaftsverlag GmbH
Rosenheimer Straße 145, D-81671 München
Telefon: (089) 45051-0
oldenbourg.de

Lektorat: Anton Schmid
Herstellung: Anna Grosser
Coverentwurf: hauser lacour www.hauserlacour.de
Gedruckt auf säure- und chlorfreiem Papier
Gesamtherstellung: Grafik + Druck GmbH, München

ISBN 978-3-486-70221-7

Vorwort

In vielen technischen, sozialen und wirtschaftlichen Bereichen spielen Daten, die man als Signale betrachten kann, eine bedeutende Rolle. Vielmals sind wichtige Eigenschaften aus dem Verlauf der Daten, z.B. aus dem Zeitverlauf, nicht sichtbar. Eine Darstellung der Daten im Frequenzbereich kann viele zuvor nicht erkennbare Eigenschaften extrahieren und zeigen. So z.B. erkennt man im Frequenzbereich gleich eventuelle periodische Vorgänge.

Die Darstellung im Frequenzbereich basiert hauptsächlich auf der Fourier-Transformation. Beinahe alle praktischen, periodischen Signale kann man als Summe cosinusförmiger, harmonischer Glieder darstellen, eine Form die als Fourier-Reihe bekannt ist. Weil die Antwort linearer Systeme auf eine cosinusförmige Anregung im stationären Zustand relativ leicht zu bestimmen ist, wird durch Überlagerung die Antwort auf eine Summe solcher Signale ebenfalls sehr einfach ermittelt. Die Amplituden und Phasenlagen der Harmonischen bezogen auf die Grundperiode definieren das Amplituden- und Phasenspektrum des periodischen Signals.

Für aperiodische zeitbegrenzte Signale kann über die Fourier-Transformation ebenfalls eine Beschreibung im Frequenzbereich erhalten werden. Sie stellt dann ein Spektrum, dessen Betrag eine Dichte der Amplituden infinitesimaler Harmonischer darstellt. Zusammen mit dem entsprechenden Phasenspektrum dieser speziellen Harmonischen ergibt sich eine komplette Beschreibung im Frequenzbereich. Die Fourier-Transformation kann auch für deterministische periodische Signale mit Hilfe der Delta-Funktionen erweitert werden. Die Dichte der Fourier-Transformation eines periodischen Signals kann mit Delta-Funktionen an bestimmte Frequenzen konzentriert werden.

Praktisch bestehen die meisten Signale aus einer Kombination von deterministischen Signalen und Zufallssignalen. Der Zufallscharakter kann z.B. von Messrauschen hervorgehen, oder die Eigenschaften des Signals sind nur über statistische Kenngrößen zu beschreiben. Auch für die Zufallssignale gibt es unter bestimmten Bedingungen eine Beschreibung im Frequenzbereich in Form einer spektralen Leistungsdichte. Sie zeigt die Frequenzabhängigkeit der Leistung des Signals.

Wenn man die Signale analytisch beschreiben kann, sei es mit einem Ausdruck bei den deterministischen, periodischen oder aperiodischen Signalen oder mit einem Ausdruck für die statistischen Eigenschaften bei Zufallssignalen, dann ist es möglich die Beschreibung im Frequenzbereich über die Fourier-Transformation analytisch zu berechnen.

Für Signale bei denen solche Ausdrücke nicht vorhanden sind, weil z.B. die Signale über Messungen erhalten wurden, gibt es zwei Wege für die Ermittlung der Beschreibung im Frequenzbereich. Man kann eine analytische Annäherung anstreben, die dann eine analytische Lösung für die Fourier-Transformation erlaubt. Für zeitdiskrete Daten gilt die zeitdiskrete Fourier-Transformation als kontinuierliche Funktion der Frequenz, die man dann für diskrete Frequenzwerte mit Hilfe der Diskreten Fourier-Transformation (kurz DFT) berechnen kann. Wenn eine bestimmte Bedingung erfüllt ist, wird diese Transformation über einen effizienten Algorithmus, der als *Fast-Fourier-Transformation* (kurz FFT) bekannt ist, ermittelt.

In diesen Buch werden die verschiedenen Spektren, die den verschiedenen Arten von Signalen angepasst sind, über die DFT (oder FFT) mit Hilfe der MATLAB-Produktfamilie ermittelt und dargestellt. Jedes Kapitel ist so gestaltet, dass nach einer kurzen Darstellung der Thematik konkrete Daten bearbeitet werden, die vielmals aus praktischen Anwendungen hervor gehen. Es sind z.B. Anwendungen aus dem Bereich der Kommunikationstechnik, Elektrotechnik und der mechanischen Schwingungstechnik.

Das erste Kapitel umfasst eine einfache Beschreibung der Abtastung und die daraus resultierende Mehrdeutigkeit der zeitdiskreten Signale, die in allen anderen Kapiteln berücksichtigt wird. Die Zeitdiskretisierung in Form einer Abtastung mit gleichmäßigen Schritten, führt dazu, dass man aus den Abtastwerten nicht eindeutig das kontinuierliche Signal, das zu den Abtastwerten geführt hat, ermitteln kann. Es gibt eine unendliche Anzahl von kontinuierlichen Signalen, die gleiche Abtastwerte ergeben und zu der Mehrdeutigkeit führen. Diese Thematik ist sehr wichtig und wird hier mit einfachen Experimenten anschaulich und verständlich beschrieben.

Im nächsten Kapitel wird das Spektrum der kontinuierlichen und zeitdiskreten deterministischen Signale erläutert und ebenfalls mit Experimenten begleitet. Zuerst werden die periodischen Signale über die Fourier-Reihe und deren Annäherung mit der numerischen DFT oder FFT beschrieben. Weiter werden die aperiodischen Signale im Frequenzbereich über die Fourier-Transformation und ihre Annäherung über dieselben numerischen DFT- oder FFT-Werkzeuge dargestellt.

Das dritte Kapitel beschreibt die kontinuierlichen und zeitdiskreten stochastischen Signale im Frequenzbereich. Als Werkzeuge werden auch hier die DFT- oder FFT-Transformation eingesetzt. Vielmals sind die Verfahren direkt programmiert oder die Funktionen aus der MATLAB-Produktfamilie eingesetzt. Zuerst werden die nicht parametrischen Verfahren kurz beschrieben und mit Experimenten begleitet und danach werden die parametrischen Verfahren dargestellt, in denen anfänglich ein Modell des Generierungsprozesses der Daten ermittelt wird, um danach mit Hilfe des Modells das Spektrum zu berechnen.

Im vierten Kapitel wird das Verfahren von Pisarenko, das MUSIC- und ESPRIT-Verfahren zur Schätzung der Spektren über die Eigenwertanalyse beschrieben. Diese werden in der Literatur oft als "Moderne Verfahren" bezeichnet.

Im letzten (fünften Kapitel) werden die vorher mit MATLAB-Programmen simulierten Verfahren mit Hilfe der Simulink-Erweiterung von MATLAB untersucht. Die Simulink-Modelle haben den Vorteil, dass sie anschaulich und leicht zu verstehen sind. Ein Simulink-Modell wird in einem graphischen Fenster aus Blöcken, die man aus verschiedenen Bibliotheken entnehmen kann, aufgebaut. Das Modell ist eine Abbildung des Systems, das mit Hilfe von Funktionsblöcken beschrieben ist.
Die Modelle werden aus MATLAB-Skripten initialisiert und daraus auch aufgerufen. Die in Senken eingefangenen Variablen des Systems werden im gleichen Skript bearbeitet und nach eigenen Wünschen dargestellt.

Das Buch wendet sich an Studenten und Absolventen technischer Fakultäten, die in ihrer Ausbildung oder in ihrer beruflichen Tätigkeit mit technischen Fragestellungen im Bereich der Signalverarbeitung zu tun haben. Die Studenten können praxisnahe Experimente durchführen, die die einfachen Beispiele überschreiten, die man gewöhnlich in den Vorlesungen per Hand löst. In diesem Sinne ist der Inhalt dieses Buches eine nützliche Ergänzung der theoretischen Abhandlungen der Hochschulausbildung im Bereich der Signalverarbeitung und speziell der spektralen Analyse.

Auch für Mathematiker sind die im Buch behandelten Aufgaben interessant. Vielleicht wird sich die Erkenntnis durchsetzen, dass die numerischen Lösungen für technische Anwendungen unentbehrlich sind und speziell die Ermittlung der Fourier-Transformation über die FFT zu ihrer Anerkennung gelangt. Ohne der FFT hätte man heutzutage keinen leistungsvollen DSL-Internetanschluss, kein digitales Fernsehen und vieles mehr.

In der Industrie hat sich die MATLAB-Produktfamilie für Forschung und Entwicklung als Standardwerkzeug durchgesetzt. Damit ist die Verwendung der MATLAB-Produktfamilie in der Lehre nicht nur dem Verständnis der Sachverhalte förderlich, sondern sie ermöglicht den Absolventen von Ingenieurstudiengängen auch einen raschen Zugang zur industriellen Entwicklung und Praxis in den Bereichen, in denen MATLAB eingesetzt wird.

Die im Buch verwendeten Programme können aus dem Internet heruntergeladen werden. Sie befinden sich als Zusatzmaterial auf den Seiten zu diesem Buch unter www.oldenbourg-wissenschaftsverlag.de

Der Leser hat die Möglichkeit, die Beispiele aus dem Buch nachzurechnen oder mit anderen numerischen Werten ähnliche Analysen durchzuführen. Die im Buch dargestellten Methoden sind ohne Schwierigkeiten für weitere Anwendungen und Beispiele einsetzbar.

Das vorliegende Buch kann als eine Erweiterung des Buches "Signalverarbeitung mit MATLAB und Simulink. Josef Hoffmann, Franz Quint. Oldenbourg 2007" mit der sehr wichtigen Thematik der Beschreibung von Signalen im Frequenzbereich über Spektren, betrachtet werden.

Danksagung

Ich möchte mich bei meinem Kollegen Prof. Dr. R. Kessler für die Anregungen und die Kritik bedanken, die über viele Gespräche dazu beigetragen haben, die Experimente verständlich und anschaulich zu gestalten. Mit seiner Zustimmung wurden hier einige Beispiele aus seiner umfangreichen Sammlung, die er über viele Jahre als Professor an der Fachhochschule Karlsruhe in seinen Vorlesungen bearbeitet hat, übernommen (http://www.home.hs-karlsruhe.de/ kero0001/).

Zu danken habe ich auch Herrn Anton Schmid vom Oldenbourg-Verlag, der mich durch qualifizierte Durchsicht des Manuskripts enorm unterstützt hat und das Erscheinen dieses Buches in der vorliegenden Form ermöglicht hat.

Dank gebührt der Firma "The MathWorks USA", die Autoren mit der MATLAB-Software unterstützt und ebenfalls dem Support-Team von "The MathWorks"-Deutschland in München, das sehr professionell und pünktlich meine Anfragen beantwortet hat.

Josef Hoffmann (josef.hoffmann@hs-karlsruhe.de)

Inhaltsverzeichnis

1 Abtastung und Mehrdeutigkeit zeitdiskreter Signale

1.1 Einführung

Die Darstellung eines kontinuierlichen Signals mit Hilfe von Abtastwerten, die man durch einen periodischen Abtastprozess erhält, ist eine Schlüsselaufgabe in der digitalen Signalverarbeitung [14], [31], [15], [10]. Praktisch werden die Abtastwerte in Form von digitalen Zahlen über einen A/D-Wandler[1] (oder Umsetzer) erhalten. Man muss jetzt klären, mit welcher Rate ein kontinuierliches Signal abzutasten ist, um seinen Informationsinhalt zu bewahren. Ein kontinuierliches Signal kann mit beliebiger Rate abgetastet werden und für die zeitdiskrete Sequenz, die man erhält, stellt sich die Frage, inwieweit diese das kontinuierliche Originalsignal darstellt.

1.2 Gleichmäßige Abtastung kontinuierlicher Signale

Die zeitdiskreten Signale, die durch eine gleichmäßige Abtastung erhalten werden, sind allgemein nicht eindeutig mit einem einzigen kontinuierlichen Signal zu assoziieren. Es wird gezeigt, dass die zeitdiskreten Werte aus einer unendlichen Anzahl von kontinuierlichen Signalen hervorgehen können. Nur unter einer bestimmten Bedingung ist ein einziges kontinuierliches Signal den Abtastwerten zuzuordnen.

Das berühmte Abtasttheorem von Shannon [2], [26], [39] beschreibt diese Bedingung. Für bandbegrenzte Signale mit f_{max} als die höchste Frequenz des Spektrums des Signals, muss die Abtastfrequenz f_s folgende Bedingung erfüllen:

$$f_s \geq 2f_{max} \tag{1.1}$$

Für ein periodisches Signal der Frequenz f_{max} ergibt sich für die Abtastperiode und Periode des Signals die Bedingung:

$$T_s \leq T_{min}/2; \quad \text{wobei} \quad T_s = 1/f_s; \quad \text{und} \quad T_{min} = 1/f_{max} \tag{1.2}$$

Anders ausgedrückt, es müssen wenigstens zwei Abtastwerte in der Periode einer derartigen periodischen Komponente entnommen werden, um aus diesen Abtastwerten das kontinuierliche Signal zu rekonstruieren. Da die Abtastmomente auf die Nullstellen des periodischen Signals fallen können, ist es praktisch immer notwendig, mehrere Abtastwerte pro Periode zu haben. Das bedeutet, in der Bedingung (1.1) muss man nur die Ungleichheit praktisch anwenden und Faktoren z.B. von 1,5 bis 2 benutzen ($f_s = (1,5 \div 2)2f_{max}$).

---

[1] Analog-Digital-Wandler

Es ist leicht zu verstehen, dass die höchste Frequenz die man mit zeitdiskreten Abtastwerten darstellen kann, aus einer Folge von einem positiven und einem negativen Wert besteht. Die Periode zwischen den zwei positiven Werten ist dann gleich $2T_s$ und die entsprechende Frequenz ist dann $f_{max} = f_s/2$.

Wenn man nur die Abtastwerte kennt, kann man nicht sagen wie das kontinuierliche Signal zwischen den Abtastwerten war. Es gibt unzählige kontinuierliche Signale, die zu gleichen Abtastwerten führen, was als Mehrdeutigkeit verstanden wird.

In der Annahme, dass die oben gezeigte Bedingung bei der Abtastung eines bandbegrenzten Signals erfüllt war, kann man aus den Abtastwerten $x[kT_s]$ mit

$$k = -\infty, \ldots, -2, -1, 0, 1, 2, \ldots \infty$$

das kontinuierliche Signal $x(t)$, das zu diesen Abtastwerten geführt hat, rekonstruieren:

$$x(t) = \sum_{k=-\infty}^{\infty} x[kT_s] \frac{sin\big(\pi(t - kT_s)/Ts\big)}{\big(\pi(t - kT_s)/Ts\big)} \tag{1.3}$$

Diese Formel stellt die Whittaker-Shannon-Formel dar [11], [10], [32]. Sie zeigt explizit, wie man aus den Abtastwerten $x[kT_s]$ das kontinuierliche Signal $x(t)$ rekonstruieren kann. Die Funktion $sinc(x) = sin(\pi x)/(\pi x)$ aus (1.3) hat die Eigenschaft, dass sie für alle zeitdiskreten Momente $t = mTs$ mit $m \neq k$ null ist. Für $t = kT_s$ ist sie gleich eins und ergibt somit für das rekonstruierte Signal an den Abtaststellen die korrekten Werte, die gleich den Abtastwerten sind.

Praktisch gibt es kein bandbegrenztes Signal, auch wenn man eine sinusförmige Komponente der Frequenz $f < f_s/2$ annimmt. Man kann nur einen Abschnitt dieses Signals untersuchen und dadurch ist es nicht mehr bandbegrenzt. An den Rändern werden bei der Rekonstruktion Fehler entstehen. Das ist weiterhin nicht so kritisch. Man bedenke nur, dass z.B. bei der Rekonstruktion eines Musikstückes von einer CD einige ms am Anfang und eventuell am Ende mit Fehler behaftet sind. Im folgenden Experiment wird die Rekonstruktion nach Gl. (1.3) näher durch Simulation untersucht und es werden diese Fehler gezeigt.

Experiment 1.1: Rekonstruktion des kontinuierlichen Signals aus den Abtastwerten

Im Skript `rekonstr_1.m` wird die Rekonstruktion für zwei sinusförmige Komponenten der Frequenzen, die das Abtasttheorem erfüllen, simuliert. Am Anfang werden das kontinuierliche und das zeitdiskrete Signal erzeugt:

```
% Programm rekonstr_1.m in dem die Rekonstruktion nach Shannon
% simuliert wird
clear
% ------- Signal bestehend aus zwei sinusförmigen Komponenten
f1 = 100;          f2 = 300;    % Frequenzen der zwei Komponenten
fmax = max([f1, f2]);
amplit1 = 2;       amplit2 = 5; % Amplituden der zwei Komponenten
phi01 = pi/3;      phi02 = 0;   % Nullphasen der Komponenten
% ------- Parameter der Abtastung
```

```matlab
fs = 2000;              % Abtastfrequenz fs >> fmax
Ts = 1/fs;
% ------- Ausschnitt Bestimmung
na = 10;                % Unterteilung der Abtastperiode
dt = Ts/na;             % für die Zeitschrittweite
np = 15;                % Anzahl der Perioden im Abschnitt
Tfinal = np/fmax;       % Dauer des Abschnittes

t = 0:dt:Tfinal;        % Zeitachse für das "kontinuierliche" Signal
ts = 0:Ts:Tfinal;       % Zeitachse für die Abtastwerte

% Kontinuierliches Signal
xt = amplit1*cos(2*pi*f1*t + phi01) + amplit2*cos(2*pi*f2*t + phi02);
nt = length(xt);
% Zeitdiskretes Signal (Abtastwerte)
xs = xt(1:na:end);
%xs = amplit1*cos(2*pi*f1*ts+phi01)+amplit2*cos(2*pi*f2*ts+phi02);
ns = length(xs);

% ------- Darstellung des kontinuierlichen und zeitdiskreten Signals
figure(1);
subplot(211), plot(t,xt); hold on;
    stem(ts, xs);
    title('Kontinuierliches und zeitdiskretes Signal');
    xlabel('Zeit in s');        grid on;
    hold off;       axis tight;
nd = 1:400;             nds = 1:400/na;     % Indizes für Ausschnitt
subplot(212), plot(t(nd),xt(nd)); hold on;
    stem(ts(nds), xs(nds));
    title('Kontinuierliches und zeitdiskretes Signal (Ausschnitt)');
    xlabel('Zeit in s');        grid on;
    hold off;       axis tight;
```

Abb. 1.1 zeigt das kontinuierliche Signal, das eigentlich auch ein zeitdiskretes Signal in der numerischen Simulation ist, das aber eine Schrittweite dt besitzt, die na = 10 mal kleiner als die Abtastperiode Ts ist. Die Abtastwerte des zeitdiskreten Signals sind hinzugefügt und gut in dem Ausschnitt zu sehen.

Die Rekonstruktion nach Gl. (1.3) wird mit folgender Programmsequenz und mit Hilfe der MATLAB-Funktion sinc erhalten:

```matlab
% -------- Rekonstruktion
xt_r = zeros(1, nt);    % Rekonstruiertes Signal
for k = 1:nt;
    xt_r(k) = sum(xs.*sinc((t(k)-ts)/Ts));
end;
% ------- Darstellung des ursprünglichen und rekonstruierten Signals
figure(2);
subplot(211), plot(t,xt, t,xt_r,'r');
    title('Kontinuierliches und rekonstruiertes Signal')
    xlabel('Zeit in s');        grid on;
```

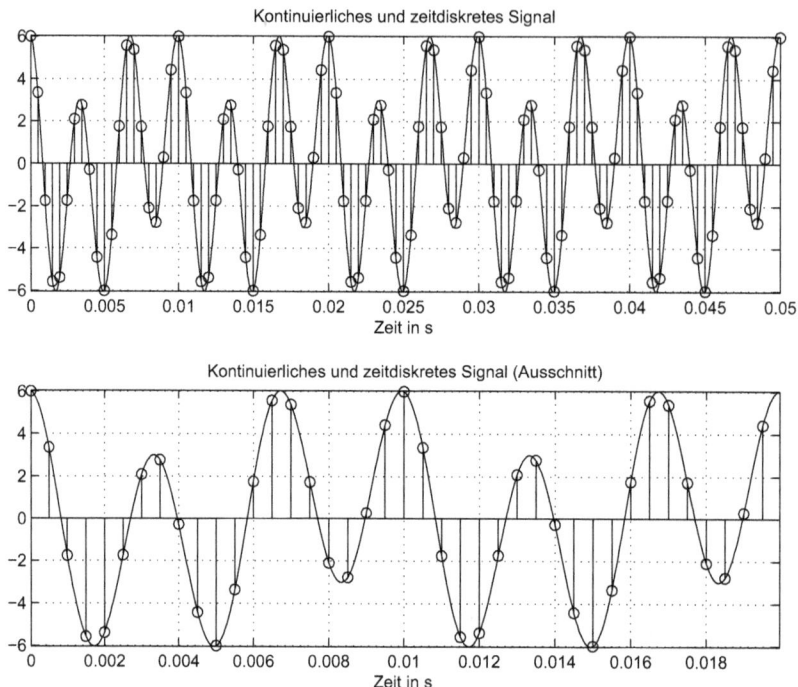

Abb. 1.1: Kontinuierliches Signal und die Abtastwerte (rekonstr_1.m)

```
    axis tight;
fehler = xt - xt_r;
subplot(212), plot(t, fehler);
    title('Fehler der Rekonstruktion');
    xlabel('Zeit in s');           grid on;
    axis tight;
```

Abb. 1.2 zeigt oben das kontinuierliche und das rekonstruierte Signal überlappt dargestellt und unten ist der Fehler der Rekonstruktion dargestellt. Wie erwartet resultieren für das ursprüngliche Signal, das sehr abrupt an beiden Enden abgebrochen ist, Fehler. Wohl bemerkt, es entstehen Fehler nur zwischen den Abtastwerten.

Wenn der Ausschnitt des Signals nicht mit einem Rechteckfenster, wie zuvor extrahiert wird, sondern mit einem Fenster, das die Enden zu null abklingend gewichtet, wird der Fehler viel kleiner. Die üblichen Fensterfunktionen mit dieser Eingenschaft sind z.B. unter anderen das Hamming- oder Hanning-Fenster [9], [20], [26]. Im letzten Teil des Skriptes rekonstr_1.m ist der Einfluss eines Fensters ermittelt:

```
% -------- Rekonstruktion des mit Fensterfunktion gewichteten Signals
%w = hanning(nt);        % Hanning Fensterfunktion
w = hann(nt);           % Hann Fensterfunktion
%w = hamming(nt);        % Hamming Fensterfunktion
xt = xt.*w';            % Gewichtetes kontinuierliches Signal
```

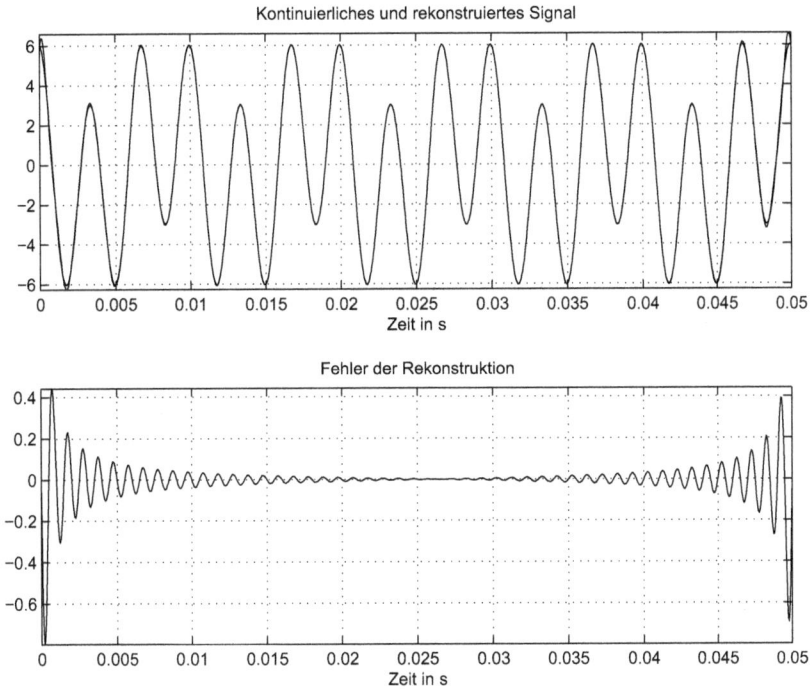

Abb. 1.2: Kontinuierliches und rekonstruiertes Signal bzw. der Rekonstruktionsfehler (rekonstr_1.m)

```
xs = xt(1:na:end);        % Zeitdiskretes Signal

figure(3);
plot(t,xt);         hold on;
   stem(ts, xs);
   title('Kontinuierliches gewichtetes und zeitdiskretes Signal');
   xlabel('Zeit in s');        grid on;
   hold off;        axis tight;
% Rekonstruktion
xt_r = zeros(1, nt);
for k = 1:nt;
   xt_r(k) = sum(xs.*sinc((t(k)-ts)/Ts));
end;
figure(4);
subplot(211), plot(t,xt, t,xt_r,'r');
   title('Kontinuierliches gewichtetes und rekonstruiertes Signal')
   xlabel('Zeit in s');        grid on;
   axis tight;
fehler = xt - xt_r;
subplot(212), plot(t, fehler);
```

Kontinuierliches gewichtetes und rekonstruiertes Signal

Fehler der Rekonstruktion

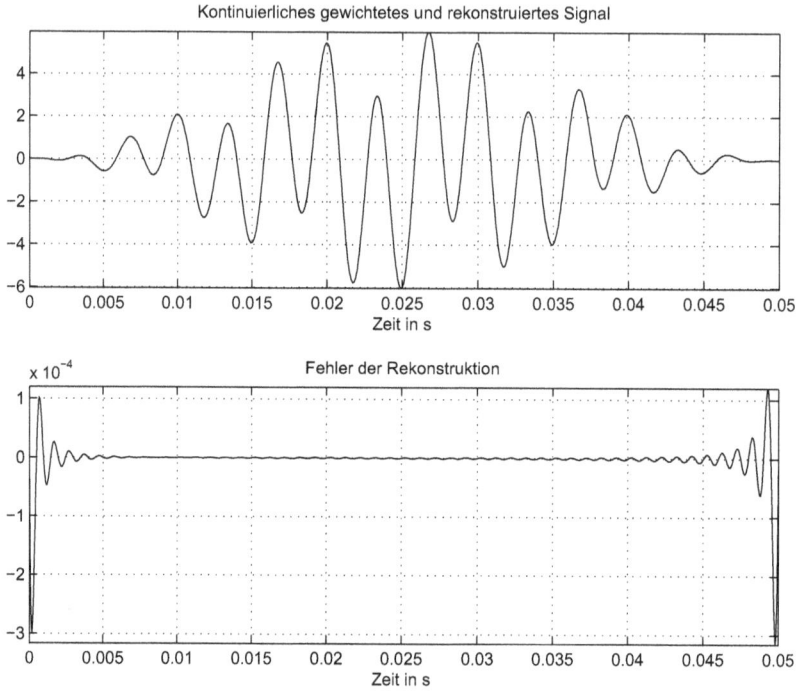

Abb. 1.3: Kontinuierliches mit Hanning-Fenster gewichtetes Signal und rekonstruiertes Signal
bzw. der Rekonstruktionsfehler (rekonstr_1.m)

```
title('Fehler der Rekonstruktion');
xlabel('Zeit in s');          grid on;
axis tight;
```

Abb. 1.3 zeigt oben das ursprüngliche kontinuierliche und mit Hanning-Fenster gewichtete Signal zusammen mit dem rekonstruierten Signal. Darunter wird wieder der Rekonstruktionsfehler dargestellt, der jetzt viel kleiner ist.

1.3   Gleichmäßige Abtastung als Ursache der Mehrdeutigkeit

Die Mehrdeutigkeit der zeitdiskreten Signale kann man am einfachsten mit Hilfe einer sinusförmigen Komponente $x(t)$ der Frequenz f und Amplitude eins erklären. Es wird angenommen, dass diese Komponente sich im stationären Zustand befindet und mit einer beliebigen Abtastfrequenz f_s abgetastet wird [31]. Die stationäre kontinuierliche Komponente kann ohne Nullphase geschrieben werden:

$$x(t) = \cos(2\pi f t) \qquad\qquad (1.4)$$

Die Zeitdiskretisierung geschieht mit $t = kT_s$ und wegen der Stationarität wird $k = -\infty, \ldots, -2, -1, 0, 1, 2, \ldots, \infty$ $(k \in \mathbb{Z})$ angenommen. Das zeitdiskrete Signal ist somit:

$$x[kT_s] = \cos(2\pi f k T_s) = \cos(2\pi f k T_s + m2\pi) \quad \text{mit beliebigen} \quad m \in \mathbb{Z} \quad (1.5)$$

Der zweite Ausdruck ergibt sich aus der Periodizität der trigonometrischen Funktion in 2π wobei m eine ganze beliebige Zahl sein muss. Dieser Ausdruck kann auch wie folgt geschrieben werden:

$$x[kT_s] = \cos(2\pi(f + \frac{m}{kT_s})kT_s) = \cos(2\pi(f + nf_s)kT_s) \quad n \in \mathbb{Z} \quad (1.6)$$

Wobei, wie schon bekannt $f_s = 1/T_s$. Da m beliebig sein kann, gibt es für jedes k viele Werte m, so dass m/k eine ganze Zahl n ist. Die innere Klammer stellt jetzt eine Frequenz dar, die mit f_n bezeichnet wird:

$$f_n = f + nf_s \quad \text{mit beliebigen} \quad n \in \mathbb{Z} \quad (1.7)$$

Das Ergebnis aus Gl. (1.6) zeigt, dass unendlich viele kontinuierliche Signale der Frequenz f_n mit $n \in \mathbb{Z}$ die gleichen Abtastwerte ergeben, wenn sie mit der Abtastfrequenz f_s abgetastet werden. Mit anderen Worten, man kann aus den Abtastwerten nicht eindeutig das kontinuierliche Signal der Frequenz f_n, das zu den Abtastwerten geführt hat, rekonstruieren. Nur wenn das Abtasttheorem erfüllt ist ($f_{max} < f_s/2$), ergibt die gezeigte Rekonstruktion gemäß Gl. (1.3) eindeutig das kontinuierliche Signal mit den Fehlern an den Rändern.

Experiment 1.2: Kontinuierliche Signale mit gleichen Abtastwerten

Für dieses Experiment wird als Beispiel ein Signal der Frequenz $f = 4000$ Hz, das mit $f_s = 5000$ Hz abgetastet wird, untersucht. Das Abtasttheorem ist nicht erfüllt weil $f > f_s/2$ ist. In der Tabelle 1.1 werden einige Frequenzen der kontinuierlichen Signale eingetragen, die gleiche Abtastwerte ergeben. Die Tabelle ist leicht mit weiteren Werten für n zu ergänzen.

Tabelle 1.1: Frequenzen f_n für $f = 4000$ Hz und $f_s = 5000$ Hz

n	f_n in Hz
0	4000
1	9000
-1	-1000
2	14000
-2	-6000
...	...

Ungewohnt sind die negativen Frequenzen. Man soll aber nicht vergessen, dass ein negatives Vorzeichen nur das Argument einer, in diesem Fall, Cosinusfunktion darstellt. Weil die

Cosinusfunktion gerade ist, spielt das Vorzeichen keine Rolle. Im Falle einer sinusförmigen Funktion kann man einfach eine Nullphase von π hinzufügen, um den Teil des Argumentes mit negativer Frequenz in einen positiven Teil zu ändern:

$$\sin(-\varphi) = \sin(\varphi + \pi) \qquad (1.8)$$

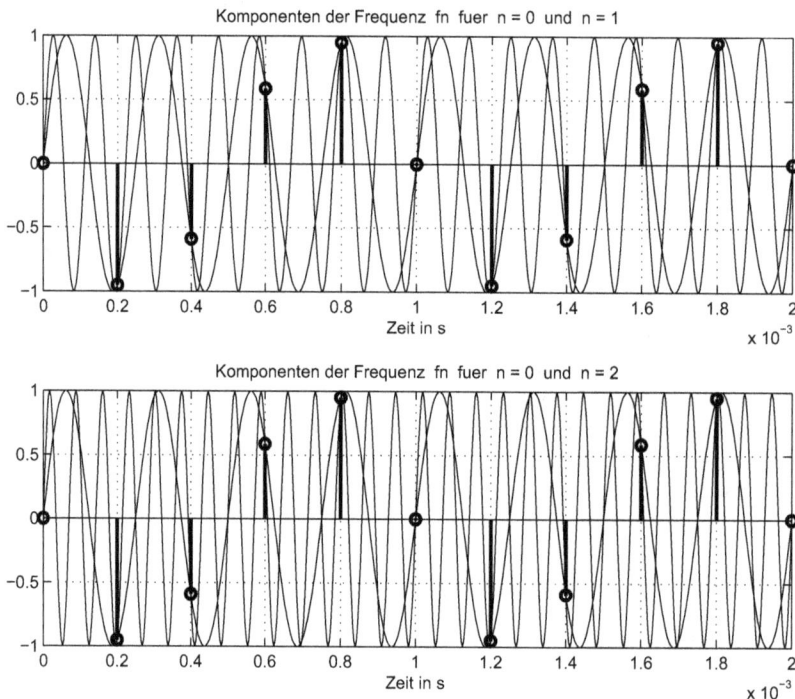

Abb. 1.4: Frequenzen f_n für n = 0 und n = 1 bzw. n = 0 und n = 2 (frequenzen_fn.m)

Im Skript `frequenzen_fn.m` werden für den Fall gemäß Tabelle 1.1 die kontinuierlichen Signale gebildet und zusammen mit den Abtastwerten dargestellt. Abb. 1.4 zeigt oben die Komponenten mit den Frequenzen, die den Werten $n = 0$ und $n = 1$ entsprechen und unten sind die Komponenten der Frequenzen für $n = 0$ und $n = 2$ dargestellt. Mit etwas stärkeren Linien sind die Abtastwerte über den Befehl **stem** überlagert hinzugefügt.

Wenn man die obere Darstellung näher betrachtet, sieht man mit kontinuierlichen Linien das Signal für $n = 0$ mit einer Frequenz von 4000 Hz und das Signal für $n = 1$ mit der Frequenz von 9000 Hz. Die Abtastwerte würden durch die gezeigte Rekonstruktion gemäß Gl. (1.3) zu einem kontinuierlichen Signal der Periode 1 ms oder 1000 Hz führen. Diese Periode ergibt sich am einfachsten durch die Zeitdifferenz vom Abtastwert bei $0,8e-3$ s bis zum Abtastwert bei $1,8e-3$ s.

Das bedeutet, dass durch die Abtastung, die das Abtasttheorem nicht erfüllt, eine Verschiebung (englisch"Aliasing") im Frequenzbereich stattfindet. Hier aus der Frequenz von 4000 Hz und 9000 Hz auf die Frequenz von 1000 Hz im sogenannten ersten Nyquist-Bereich, der von $f = 0$ bis $f = f_s/2$ definiert ist.

Etwas ähnliches ergibt sich aus der näheren Betrachtung der Darstellung aus Abb. 1.4 unten. Die gleichen Abtastwerte resultieren für die Komponenten der Frequenzen, die den Werten $n = 0$ (wie gehabt) und $n = 2$ entsprechen. Die Komponente der Frequenz für $n = 2$ mit $f_n =$14000 Hz führt auch zu der gleichen Verschiebung auf dieselbe Komponente mit 1000 Hz im ersten Nyquist-Bereich.

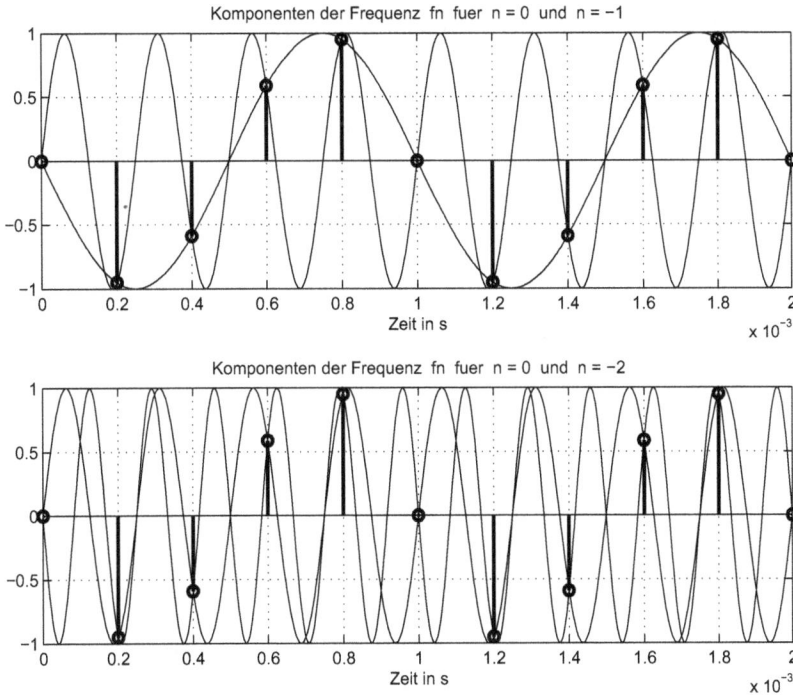

Abb. 1.5: Frequenzen f_n für $n = 0$ und $n = -1$ bzw. $n = 0$ und $n = -2$ (frequenzen_fn.m)

Abb. 1.5 zeigt die Verschiebungen für die Komponenten der Frequenzen, die den Werten $n = 0$ (wie gehabt) und $n = -1$ bzw. $n = -2$ entsprechen. Diese Signale als sinusförmige Signale ergeben die gleichen Abtastwerte wie die vorherigen, wenn man die Frequenz positiv nimmt und eine Nullphase von π hinzufügt:

```
. . . . . . . . . . . .
n = 2;                    % n = 2
f2 = f + n*fs;            x2 = sin(2*pi*f2*t);
n = -1;                   % n = -1
f_1 = f + n*fs;           x_1 = sin(-2*pi*f_1*t + pi);    % Nullphase pi
. . . . . . . . . . . .
```

Die Signale können auch eine Nullphase φ_0 besitzen, die einfach in den Argumenten hinzugefügt wird:

```
. . . . . . . . . . . .
n = 2;                    % n = 2
```

```
f2 = f + n*fs;        x2 = sin(2*pi*f2*t + phi0);
n = -1;                  % n = -1
f_1 = f + n*fs;       x_1 = sin(-2*pi*f_1*t - phi0 + pi);
                         % zusätzliche Nullphase pi
. . . . . . . . . . . .
```

Im Skript `frequenzen_fn1.m` werden cosinusförmige Signale betrachtet, bei denen die negativen Frequenzen viel leichter in positive umzuwandeln sind:

```
. . . . . . . . . . . .
n = 2;                   % n = 2
f2 = f + n*fs;        x2 = cos(2*pi*f2*t + phi0);
n = -1;                  % n = -1
f_1 = f + n*fs;       x_1 = cos(-2*pi*f_1*t - phi0);
. . . . . . . . . . . .
```

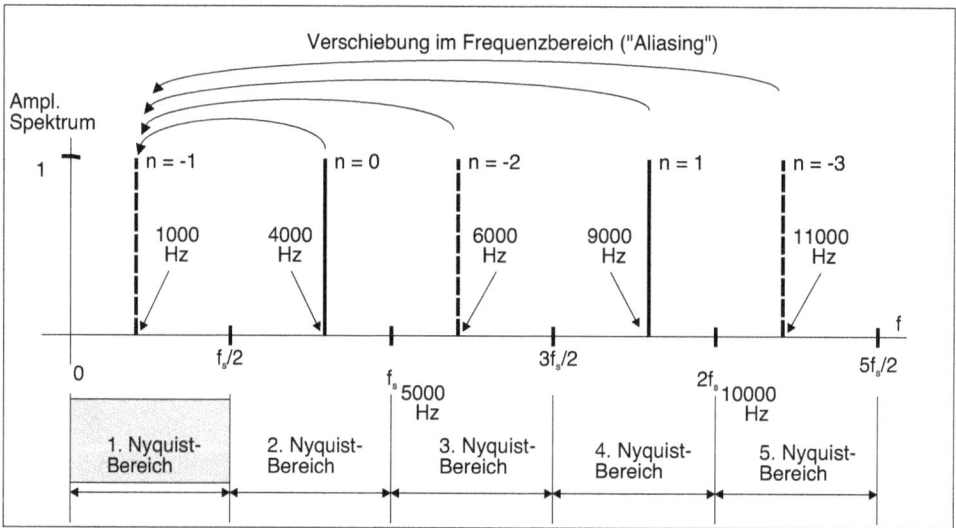

Abb. 1.6: Amplitudenspektrum der kontinuierlichen Signale, die gleiche Abtastwerte ergeben

Abb. 1.6 zeigt in Form eines Amplitudenspektrums einige kontinuierliche Komponenten, die die gleichen Abtastwerte ergeben. Die Rekonstruktion aus diesen Abtastwerten führt zu einer kontinuierlichen Komponente im ersten Nyquist-Bereich zwischen $f = 0$ und $f = f_s/2$. Die gestrichelten Linien entsprechen den Komponenten mit negativen Frequenzen, die als sinusförmige Komponenten noch eine Nullphase von π benötigen, um sie als Komponenten mit positiver Frequenz zu erhalten.

Jede cosinusförmige reelle Komponente kann über die Euler-Formel [35], [27] in zwei Zeiger in der komplexen Ebene zerlegt werden, die in Zeit entgegen rotieren:

$$x(t) = \hat{x}\cos(2\pi f t + \varphi) = \frac{\hat{x}}{2}\, e^{j\varphi}\, e^{j2\pi f t} + \frac{\hat{x}}{2}\, e^{-j\varphi}\, e^{-j2\pi f t} \tag{1.9}$$

Alle sinusförmigen Signale aus dem oben gezeigten Beispiel, in cosinusförmige Signale umgewandelt, können jetzt in dieser Form zerlegt werden und dadurch erhält man für alle kontinuierlichen Komponenten, die zu gleichen Abtastwerten führen, folgende Form:

$$\cos(2\pi f_i t + \varphi_i) = \frac{1}{2}e^{j\varphi_i}\,e^{j2\pi f_i t} + \frac{1}{2}e^{-j\varphi_i}\,e^{-j2\pi f_i t} \tag{1.10}$$

$$= c_{f_i}\,e^{j2\pi f_i t} + c_{-f_i}\,e^{-j2\pi f_i t} \quad \text{mit} \quad c_{-f_i} = c_{f_i}^* \tag{1.11}$$

Die Koeffizienten c_{f_i} und c_{-f_i} sind konjugiert komplex zueinander. Es wurden cosinusförmige Komponenten angenommen und diese sind gerade Funktionen:

$$\cos(2\pi(-f_i) + \varphi_i) = \cos(2\pi f_i - \varphi_i) \tag{1.12}$$

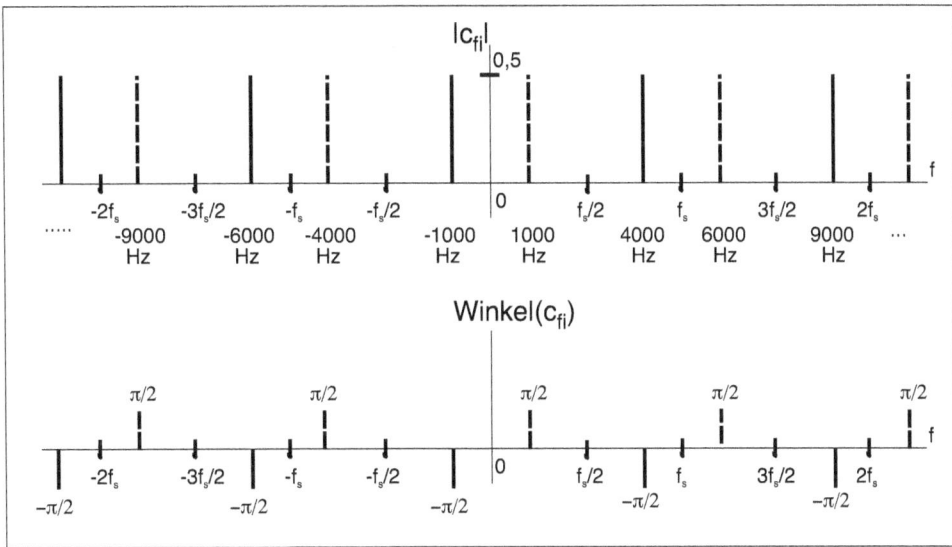

Abb. 1.7: Spektrum der komplexen Darstellung der cosinusförmigen Komponenten

Abb. 1.7 zeigt das Spektrum aller sinusförmigen Komponenten mit Nullphasen gleich null aus dem vorherigen Beispiel, die gleiche Abtastwerte ergeben und die in der gezeigten komplexen Form dargestellt sind. Oben ist der Betrag der Koeffizienten c_{f_i} bzw. c_{-f_i} gezeigt und unten sind die entsprechenden Nullphasen von $\pm\pi/2$ als Winkel dieser komplexen Koeffizienten dargestellt, Winkel, die die sinusförmigen in cosinusförmige Komponenten umwandeln. Diese Winkel ergeben sich bei den Komponenten mit negativen Frequenzen ($n = -1, -2, -3, ...$) durch π zur Umwandlung in Argumente mit positiven Frequenzen und danach noch durch $-\pi/2$ zur Umwandlung der Sinus- in Cosinuskomponenten (also Winkel von $\pi/2$).

Die sinusförmigen Komponenten mit positiven Frequenzen ($n = 0, 1, 2, 3, ...$) werden in Cosinuskomponenten mit Winkeln von $-\pi/2$ umgewandelt.

Abb. 1.8 zeigt ein Simulink-Modell (`frequenzen_fn_s.mdl`), mit dem man das gezeigte Beispiel leichter und anschaulicher untersuchen kann. Die Blöcke *Sine Wave* und *Sine*

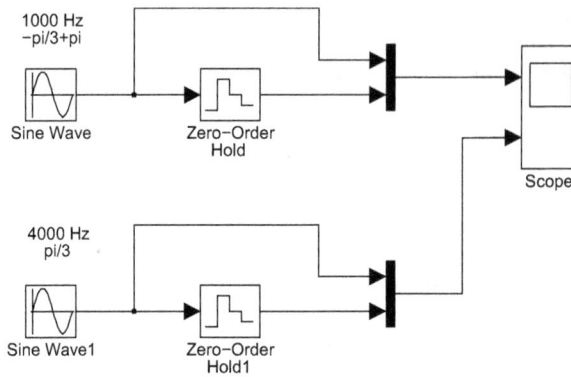

Abb. 1.8: Simulink-Modell für die Untersuchung von zwei Signalen mit gleichen Abtastwerten
(frequenzen_fn_s.mdl)

Wave1 liefern sinusförmige Signale mit positiver Frequenz und Nullphase, die man einstellen kann. Für die sinusförmigen Komponenten gilt:

$$\sin(2\pi(f + nf_s)kT_s + \varphi) = \sin(-2\pi(f + nf_s)kT_s - \varphi + \pi) \tag{1.13}$$

Angenommen die Nullphase des sinusförmigen Signals mit positiver Frequenz f_n ist $\varphi_0 = \pi/3$. Für das Signal mit $n = 0$ und somit positiver Frequenz $f_n = 4000$ Hz wird das Signal des unteren Generators mit einer Nullphase von $\pi/3$ gewählt. Mit $n = -1$ erhält man eine Frequenz $f_n = -1000$ Hz, die man mit dem oberen Generator erzeugen muss, bei dem nur eine positive Frequenz eingestellt werden kann. Gemäß Gl. (1.13) wird dann hier eine Nullphase von $-\pi/3 + \pi$ gewählt.

Abb. 1.9 zeigt oben das Signal mit $n = -1$ und $f = -1000$ Hz zusammen mit den Abtastwerten dargestellt mit Treppen, die der Block *Zero-Order Hold* erzeugt. Darunter ist das Signal für $n = 0$ und $f = 4000$ Hz mit den Abtastwerten, die der Block *Zero-Order Hold1* erzeugt, dargestellt. Wie man sieht, sind die Abtastwerte gleich.

Um die falschen Komponenten zu vermeiden, die durch die Verschiebung im ersten Nyquist-Bereich bei der Abtastung oder A/D-Wandlung entstehen, schaltet man vor den Wandler ein analoges Tiefpassfilter. Dieses Filter sollte einen Durchlassbereich bis $f_s/2$ haben und dann steil in den Sperrbereich übergehen. Dadurch sind die Abtastwerte immer nur von kontinuierlichen Signalen gegeben, die im ersten Nyquist-Bereich liegen und somit das Abtasttheorem erfüllen.

Leider kann man solche idealen analogen Tiefpassfilter nicht realisieren. Sie haben einen Amplitudengang, der immer einen Übergangsbereich vom Durchlassbereich in den Sperrbereich enthält und zusätzlich einen nichtlinearen Phasengang. Dieser kann zusätzliche Fehler verursachen. Ideal wäre ein linearer Phasengang im Durchlassbereich der keine Fehler verursacht und nur zu einer Verspätung führt, die gleich der Steilheit dieses Phasengangs ist [38], [5].

Abb. 1.10 stellt den Amplitudengang eines Anti-Aliasing-Tiefpassfilters für das gezeigte Beispiel dar, in einer Darstellung mit reellen Komponenten, auch als einseitige Darstellung bekannt. Der gleiche Amplitudengang für die Darstellung mit komplexen Komponenten ist in Abb. 1.11 gezeigt.

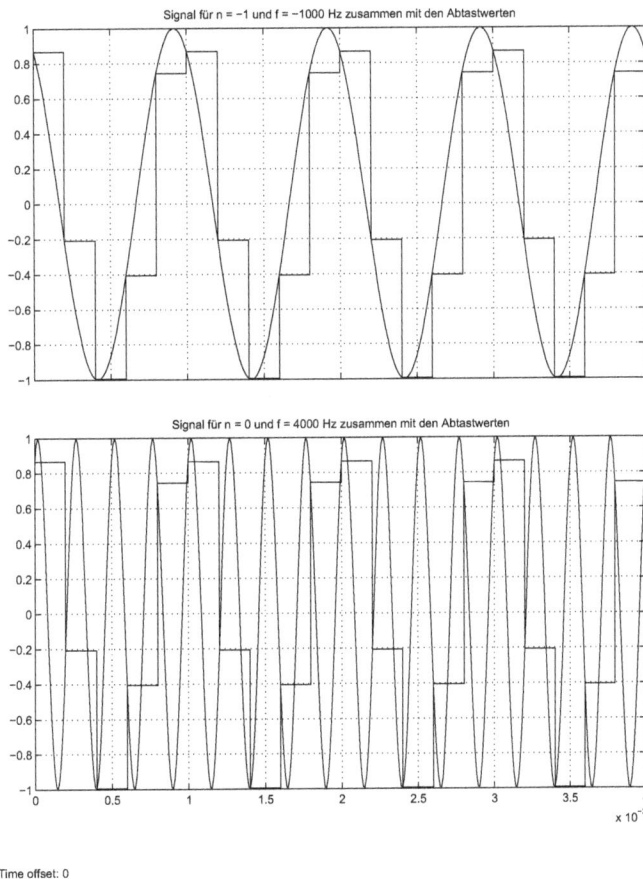

Abb. 1.9: Die Darstellung der Signale aus dem Simulink-Modell (frequenzen_fn_s.mdl)

Die Abtastwerte können jetzt nur von Signalen mit Komponenten im ersten Nyquist-Bereich hervorgehen. Die Rekonstruktion nach Gl. (1.3) führt dann zum korrekten, kontinuierlichen Signal, von dem auch die Abtastwerte stammen.

Experiment 1.3: Untersuchung eines Anti-Aliasing-Tiefpassfilters

Es wird ein einfaches Experiment mit einem Simulink-Modell (anti_alias1.mdl) durchgeführt, in dem ein analoges Anti-Aliasing-Tiefpassfilter untersucht wird. Das Modell ist in Abb. 1.12 gezeigt. Als Eingangssignale dienen drei sinusförmige Komponenten der Frequenzen 100 Hz, 300 Hz und 500 Hz. Sie besitzen gleiche Amplituden und werden mit *Gain*-Blöcken so gewichtet (1, 1/3, 1/5), dass sie die drei ersten Harmonischen eines rechteckigen, bipolaren Signals darstellen.

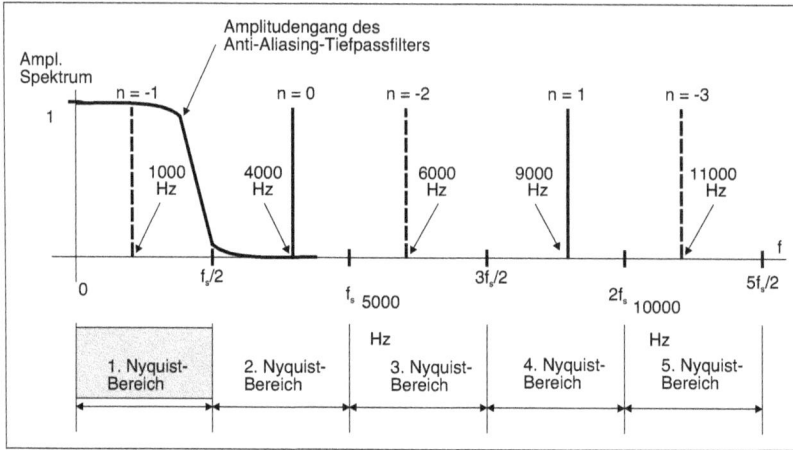

Abb. 1.10: Amplitudengang des Anti-Aliasing-Tiefpassfilters (einseitige Darstellung)

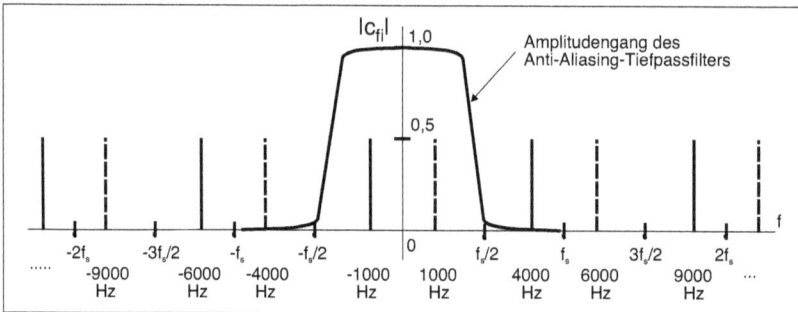

Abb. 1.11: Amplitudengang des Anti-Aliasing-Tiefpassfilters (zweiseitige Darstellung)

Es wird eine Abtastung mit einer Abtastfrequenz von $f_s = 2000$ Hz mit dem Block *Zero-Order Hold* benutzt. Das Anti-Aliasing-Tiefpassfilter vom Typ *Butterworth* [28], [38], [5] muss somit eine Durchlassfrequenz von 1000 Hz haben, die man im Block *Analog Filter Design* einstellen kann.

Zu den drei oben beschriebenen Signalen kann man noch eine Störung mit einer Frequenz von 2200 Hz hinzufügen. Dieses Signal würde ohne Anti-Aliasing-Filter eine falsche Komponente mit einer Frequenz von 200 Hz in dem ersten Nyquist-Bereich ergeben.

Auf dem *Scope*-Block sind folgende Signale zu sehen (Abb. 1.13). Ganz oben ist die Summe aller vier Signale gezeigt. In der Mitte ist die Summe der drei Nutzsignale dargestellt, die über den Block *Transport Delay* verspätet werden, um sie mit dem Ausgang des Tiefpassfilters überlagert darzustellen. Die Verspätung ist so eingestellt, dass diese zwei Signale zeitlich ausgerichtet sind. Darunter ist wiederum die Summe der Nutzsignale zusammen mit dem Ausgang des Abtastblocks *Zero-Order Hold* gezeigt.

Die relativ starke Störung aus der oberen Darstellung ist in den anderen zwei Darstellungen nicht mehr zu sehen. Sie wurde sehr gut durch das Tiefpassfilter unterdrückt. Wie gut das ist,

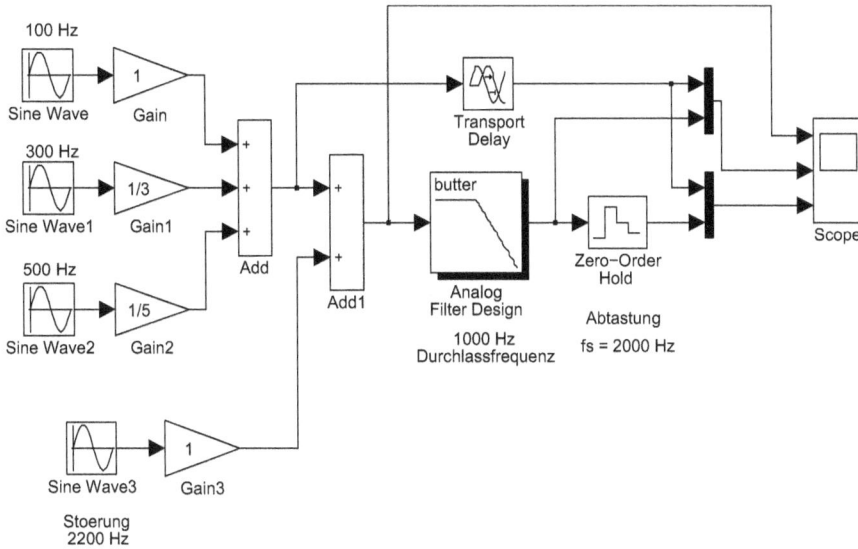

Abb. 1.12: Simulink-Modell für die Untersuchung eines Anti-Aliasing-Tiefpassfilters (an-ti_alias1.mdl)

kann man durch folgenden Versuch ermitteln. Alle *Gain*-Faktoren der Nutzsignale werden auf null gesetzt, so dass nur die Störung als Eingangssignal bleibt. Die Ergebnisse sind in Abb. 1.14 gezeigt.

Ganz oben sieht man die Störung mit 1 Volt Amplitude und in der Mitte dieselbe Störung am Ausgang des Tiefpassfilters mit einer Amplitude von $\cong 2e^{-3}$ Volt. Somit wird die Störung mit Faktor $2e^{-3}$ oder mit $20 \log_{10}(2e^{-3}) \cong -54$ dB durch das Filter gedämpft. Diese Dämpfung entspricht der Steilheit von -160 dB/Dekade im Übergangsbereich des Filters 8. Ordnung.

Unten ist das *Aliased* Signal am Ausgang des Abtasters, wie erwartet mit einer Frequenz von 200 Hz, gezeigt. Wegen der Dämpfung des Filters ist die Amplitude relativ klein und gleich der gedämpften Störung: $\cong 2e^{-3}$ Volt.

Der Leser wird ermutigt, mit dem Modell weitere Experimente durchzuführen. Mit Komponenten, die näher an die Grenzfrequenz des Filters kommen, sind Verzerrungen, sowohl wegen des Amplitudengangs als auch durch den Phasengang, zu erwarten. Wenn die Frequenzen der Nutzsignale 200 Hz, 600 Hz und 1000 Hz sind, dann ist die letzte Harmonische genau bei der Grenzfrequenz des Filters und die Fehler werden viel größer.

Abb. 1.15a zeigt, was passiert, wenn der Amplitudengang des Anti-Aliasing-Filters den Durchlassbereich bis zur Frequenz $f_s/2$ hat. Die Signale im Übergangsbereich mit $f > f_s/2$ werden im Bereich $f < f_s/2$ verschoben (*aliased*) und ergeben Fehler. Wenn der Sperrbereich des Filters für eine bestimmte Dämpfung bei $f_s/2$ beginnt, wie in Abb. 1.15b gezeigt, dann kann keine Verschiebung mehr entstehen. Der Übergangsbereich wird aber in diesem Fall Amplitudenverzerrungen im ersten Nyquist-Bereich verursachen. Hinzu kommen noch in beiden Fällen die Verzerrungen wegen des nichtlinearen Phasengangs.

Das Filter Typ `cheby2` ermöglicht eine Spezifizierung des Amplitudengangs in der Form

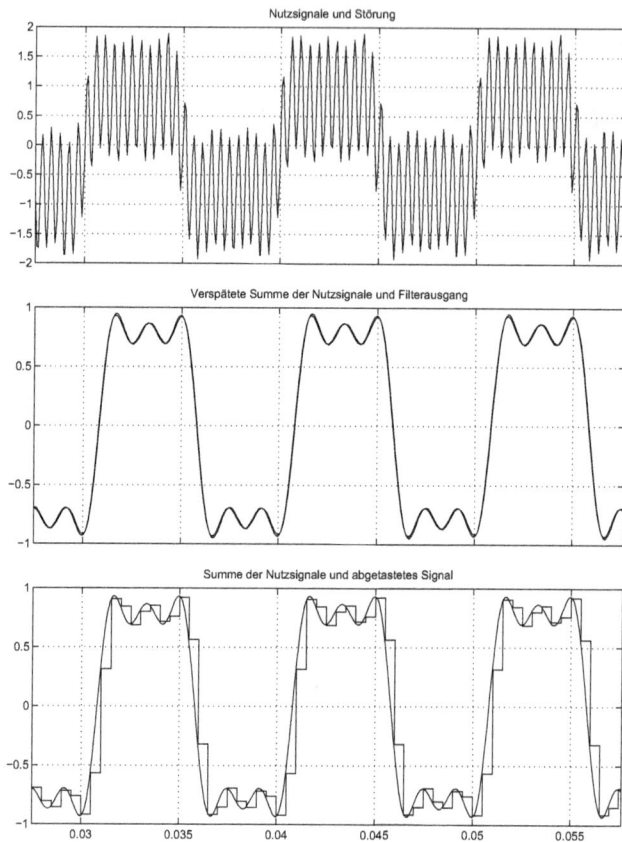

Abb. 1.13: Signale des Simulink-Modells (anti_alias1.mdl)

gemäß Abb. 1.15b. Im Skript `cheby2_filter.m` wird der Frequenzgang dieses Filters untersucht:

```
% Programm cheby2_filter zur Untersuchung eines
% cheby2 Tiefpassfilters
clear;
% ------- Parameter des Filters
fstop = 1000;          % Frequenz des Sperrbereichs
Daempf = 60;           % Dämpfung im Sperrbereich
nord = 8;              % Ordnung des Filters
% ------- Entwicklung des Filters
[b, a] = cheby2(nord, Daempf, 2*pi*fstop, 's');
f = logspace(2, 4, 500);   %Frequenzbereich
[H, w] = freqs(b, a, 2*pi*f);
figure(1);
```

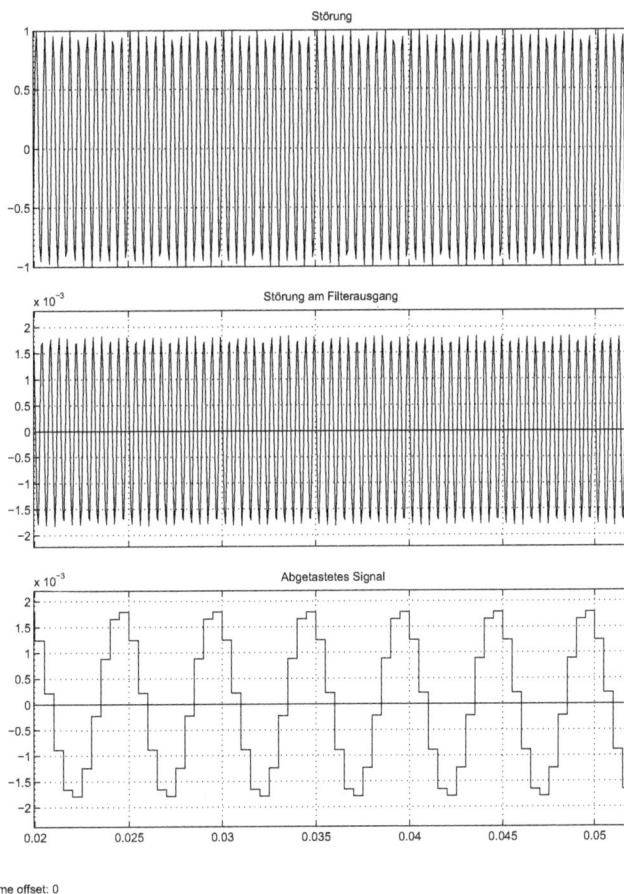

Abb. 1.14: Signale des Simulink-Modells, wenn am Eingang nur die Störung anliegt (anti_alias1.mdl)

```
subplot(211), semilogx(f, 20*log10(abs(H)));
    title('Amplitudengang')
    xlabel('Hz'),    grid on;
subplot(212), semilogx(f, (180/pi)*unwrap(angle(H)));
    title('Phasengang')
    xlabel('Hz'),    grid on;
```

Der Frequenzgang dieses Filters ist in Abb. 1.16 gezeigt. Der Beginn des Sperrbereichs bei 1000 Hz und die minimale Dämpfung mit -60 dB in diesem Bereich sind erfüllt. Der Phasengang ist nur am Anfang bis ca. $f = 400$ Hz beinahe linear und führt in diesem Bereich zu keinen zusätzlichen Verzerrungen. Der Amplitudengang im Durchlassbereich ist korrekt gleich eins (0 dB) bis zu einer etwas höheren Frequenz von ca. $f = 600$ Hz.

Wenn die Frequenz $f_s/2$ bei 1000 Hz liegt, werden die Signale mit Frequenzen $f > f_s/2$, die zur Verschiebung im ersten Nyquist-Bereich führen, als gedämpft mit wenigstens -60 dB

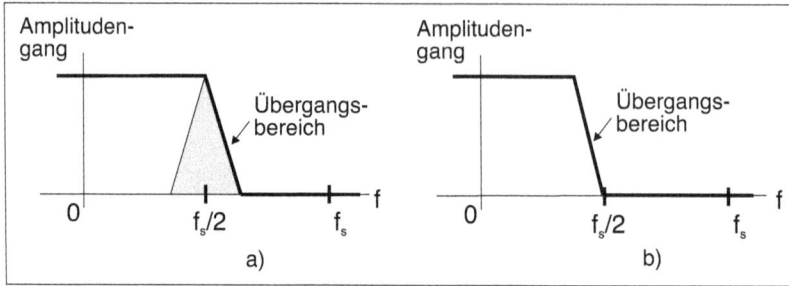

Abb. 1.15: a) Amplitudengang des Tiefpassfilters, das im Dreieckbereich zu Aliasing führt
b) Tiefpassfilter, das kein Aliasing erlaubt

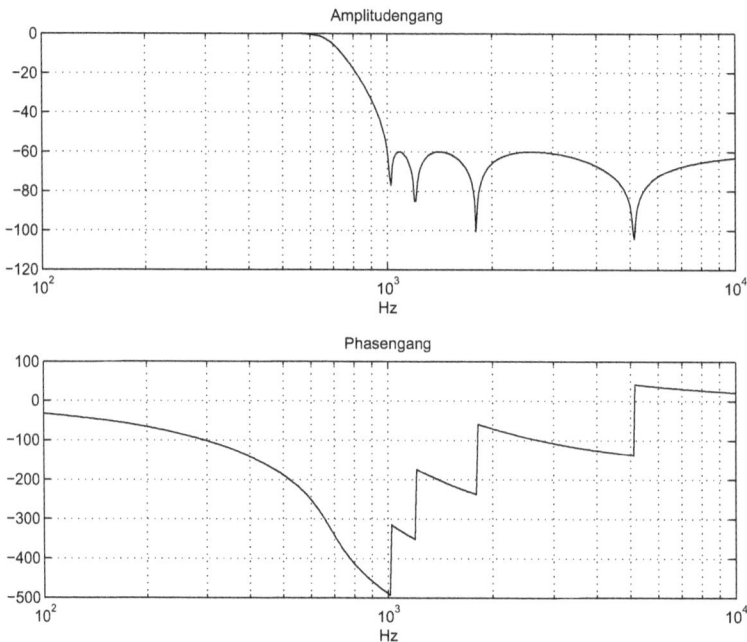

Abb. 1.16: Amplitudengang und Phasengang des Tiefpassfilters "cheby2" (cheby2_filter.m)

erscheinen. Der ganze Nyquist-Bereich kann aber nicht benutzt werden, wegen den Verzerrungen des Filters.

Man soll auch mit den anderen Typen von analogen Tiefpassfiltern wie cheby1, cheby2, ellip, bessel und mit anderen Signalen experimentieren. Es wird gleich festgestellt, dass die Filter vom Typ cheby1 und ellip hauptsächlich wegen des Phasengangs, der stark von einem linearen Verlauf abweicht, nicht geeignet sind.

Eine häufig angewandte Lösung für das Anti-Aliasing-Filter, die diese Schwierigkeiten vermeidet, besteht aus einer Überabtastung, so dass $f_{max} \ll f_s/2$ ist. Danach kann eine viel einfachere analoge Filterung niedriger Ordnung benutzt werden mit Filtern, die einen relativ flachen Phasengang besitzen, der auf einem größeren Bereich annähernd linear ist. Die Frequenz f_{max} stellt die höchste Frequenz im Spektrum des Signals dar.

Um die digitale Bearbeitung bei einer Überabtastung nicht zu überfordern, wird das digitale Signal nach der Zeitdiskretisierung (Abtastung) dezimiert.

Experiment 1.4: Anti-Aliasing-Tiefpassfilterung bei Überabtastung

In diesem Experiment wird die Lösung mit Überabtastung über das Simulink-Modell `ueber_antialias1.mdl` und Skript `ueber_antialias_1.m` untersucht. Abb. 1.17 zeigt das Simulink-Modell. Als Nutzeingangssignal wird ein bandbegrenztes Zufallssignal eingesetzt. Es wird aus weißem Rauschen über das Tiefpassfilter `cheby1` aus dem Block *Analog Filter Design* erzeugt. Hier wird eine Bandbegrenzung des Signals bis f_{max} über die Durchlassfrequenz des Filters eingestellt.

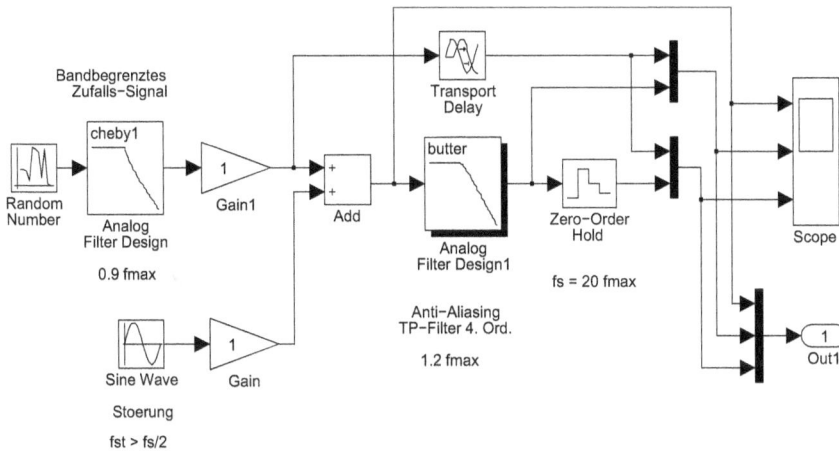

Abb. 1.17: Anti-Aliasing-Filter bei Überabtastung (ueber_antialias_1.m, ueber_antialias1.mdl)

Als Störung kann ein sinusförmiges Signal mit einer Frequenz $f_{st} > f_s/2$ hinzugefügt werden. Die Abtastfrequenz wird so gewählt, dass $f_s = 20 f_{max}$ ist. Das Anti-Aliasing-Filter vom Typ Butterworth hat jetzt eine Ordnung von vier und eine Grenzfrequenz von $1, 2 f_{max}$. Bis zu $f_s/2$ erhält man ca. eine Dekade. Die vierte Ordnung ergibt eine Steilheit von -80 dB/Dekade im Übergangsbereich und somit werden die Signale, die durch Verschiebung in den ersten Nyquist-Bereich gelangen können, mit Faktor $10e^{-4}$ gedämpft.

Das Skript `ueber_antialias_1.m` beginnt mit der Parametrierung des Modells:

```
% ------- Parameter des Modells
fmax = 200;     % Maximale Frequenz des Zufallssignal
fs = 4000;      % Abtastfrequenz
Ts = 1/fs;
```

```
fst = 3000;        % Frequenz einer Störung mit f >> fs/2;
```

Danach wird mit dem Befehl **simset** die Option OutputVariables auf 'ty' gesetzt, so dass im Modell nur die Ausgangsvariablen "y" im Block *Out1* eingefangen werden. Ohne diese Option werden auch die Zustandsvariablen "x" gespeichert. Mit dem Befehl **sim** wird die Simulation gestartet und in der Variable t werden die Simulationszeitschritte erhalten und im Feld y werden als Spalten die fünf (je zwei von den zwei *Mux*-Blöcken und das Signal nach dem *Add*-Block) Signale gespeichert:

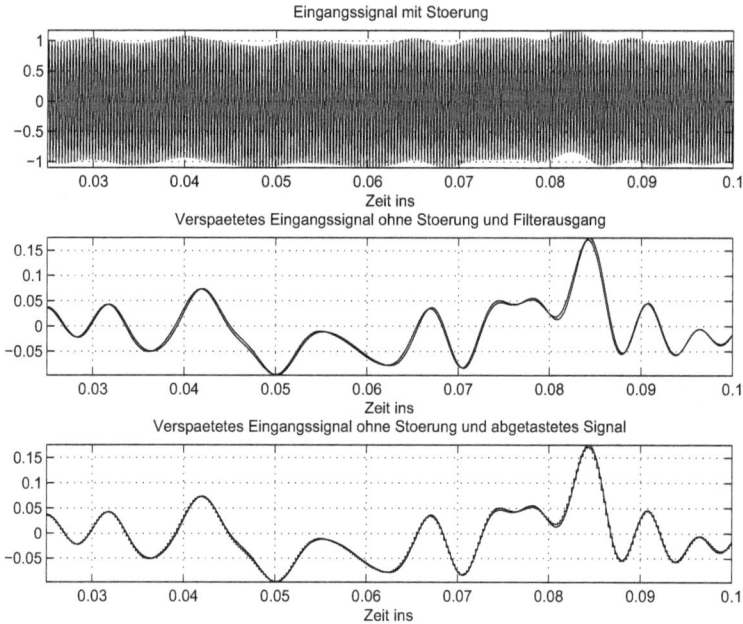

Abb. 1.18: Signale des Modells für Anti-Aliasing-Filter bei Überabtastung (ueber_antialias_1.m, ueber_antialias1.mdl)

```
% ------- Aufruf der Simulation
Tfinal = 0.1;
my_options = simset('OutputVariables', 'ty');
[t, x, y] = sim('ueber_antialias1',[0, Tfinal], my_options);

% y(:,1) = Eingangssignal mit Störung
% y(:,2) = Eingangssignal ohne Störung mit Verspätung
% y(:,3) = Ausgangssignal des Anti-Aliasing-Filters
% y(:,4) = y(:,2)
% y(:,5) = Abgetastetes Signal
% t = Simulationszeiten
figure(1);        clf;
subplot(311), plot(t, y(:,1));
........
```

In Abb. 1.18 sind die Signale der Simulation dargestellt. Ganz oben ist das zufällige Nutzsignal zusammen mit der Störung dargestellt. In der Mitte ist das verspätete Eingangssignal zusammen mit dem Ausgangssignal des Anti-Aliasing-Filters gezeigt. Die Verspätung wurde so eingestellt, dass die Signale überlagert erscheinen. Unten ist das Eingangssignal ohne Störung und das abgetastete, treppenförmige Signal gezeigt. Mit der Zoom-Funktion der Darstellung kann man die Signale näher betrachten.

Um die Güte des Anti-Aliasing-Filters aus dem Modell zu ermitteln, kann man die Simulation ohne Nutzsignal und nur mit Störung starten (*Gain1*-Block mit Nullwert initialisieren). Abb. 1.19 zeigt dieselben Signale, die jetzt nur durch die Störung entstehen. Bei einer Störung der Amplitude eins und Frequenz von 3000 Hz, ist das Signal am Ausgang des Filters in der Mitte gezeigt, das eine Amplitude von $4e^{-5}$ hat. Das bedeutet eine Dämpfung mit Faktor $4e^{-5}$ oder ca. -88 dB.

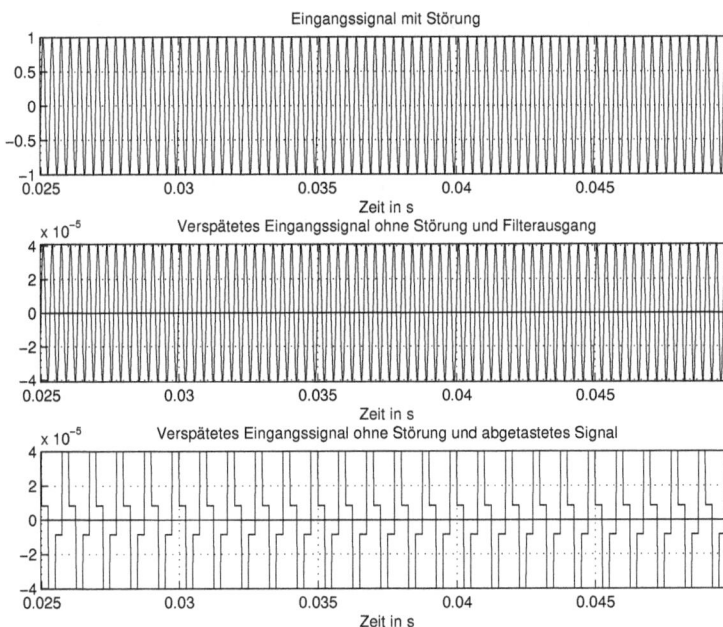

Abb. 1.19: *Signale des Modells für Anti-Aliasing-Filter bei Überabtastung, wenn nur die Störung anliegt (ueber_antialias_1.m, ueber_antialias1.mdl)*

Interessant ist die letzte Darstellung aus Abb. 1.19, die das im ersten Nyquist-Bereich verschobene Signal aus der Störung zeigt. Bei einer Störung mit 3000 Hz und Abtastfrequenz von 4000 Hz erhält man ein verschobenes Signal der Frequenz -1000 Hz ($n = -1$ für f_n). Diese Frequenz ist leicht aus der Darstellung festzustellen. Vom Zeitpunkt 0,035 bis zum Zeitpunkt 0,04 sind es 5 Perioden die somit genau 1000 Hz bedeuten (0,005/5 = 0,001s = 1ms).

In praktischen Anwendungen sind so große Störungen nicht realistisch, sie werden hier nur als didaktische Fälle behandelt. Die Eingangsschaltungen eines A/D-Wandlers sind sorgfältig gegen Einstreuungen von außen abgeschirmt. Die Störungen von der restlichen Elektronik, die zusammen auf der selben Leiterplatte wie der Wandler liegt, werden ebenfalls mit speziellen

Maßnahmen unterdrückt. Dazu dient z.B. die separate Führung einer Masse für den analogen Teil und einer Masse für den digitalen Teil, die dann an einem einzigen Punkt zusammengeschlossen sind [37].

Die noch vorhandenen Störungen erscheinen als weißes Rauschen mit einer relativ großen Bandbreite. Das Anti-Aliasing-Filter unterdrückt in diesem Fall die Anteile, die zu Störungen durch Verschiebung im ersten Nyquist-Bereich führen können.

In den letzten 20 Jahren haben sich die *Sigma-Delta* A/D-Wandler (und auch D/A-Wandler) in vielen Bereichen, wie Kommunikationstechnik, Messtechnik, Prozessregelung, etc. etabliert und verbreitet [16], [37]. Das Eingangssignal wird sehr stark überabgetastet mit Faktoren (f_s/f_{max}), die vielmals über 64 und 128 liegen. Bei diesen Faktoren kann das Anti-Aliasing-Filter sehr einfach sein und nur mit passiven Bauteilen, die wenig Rauschen erzeugen, aufgebaut werden.

Das ist auch aus folgendem Grund wichtig. Bei diesen Wandlern werden die digitalen Daten oft mit 20 Bit und mehr geliefert. Das sind dann digitale Werte mit einer sehr großen Auflösung. Um diese Auflösung effektiv zu erhalten, müssen die Rauschstörungen am Eingang unter den sogenannten LSB (*Least-Significant-Bit*) [38] als Quantisierungsstufe des Wandlers liegen. Um ein Gefühl für die Größe dieser Stufe zu erhalten, wird für einen Wandler mit $n_B = 20$ Bit und Wandlerbereich von 1 Volt ein Wert LSB $= 1/(2^{20}) \cong 1 \mu V$ ermittelt. Dieser Wert ist sehr klein und nicht so einfach von den Rauschstörungen der Eingangselektronik, die auch das Anti-Aliasing-Filter enthält, zu schützen. Passive Anti-Aliasing-Filter haben den Vorteil, dass sie weniger Rauschen produzieren als die aktiven Filter, die Operationsverstärker enthalten.

2 Spektrum kontinuierlicher und zeitdiskreter deterministischer Signale

2.1 Einführung

Verschiedene Arten von Zeitsignalen können auch im Frequenzbereich beschrieben werden. Für periodische Signale dient die berühmte Fourier-Reihe, um das Signal in harmonische Anteile zu zerlegen. Die aperiodischen Signale werden mit der Fourier-Transformation im Frequenzbereich dargestellt [10], [32]. Die stationären, ergodischen Zufallssignale können auch im Frequenzbereich über die Fourier-Transformation der Autokorrelationsfunktion dargestellt werden [20], [36].

Wenn die Signale analytisch dargestellt sind, kann man die oben genannten Transformationen analytisch durchführen. Vielmals aber sind die Signale Messdaten, für die man keine analytischen Ausdrücke kennt. Die Transformationen müssen dann numerisch ermittelt werden und das führt zu einem wichtigen Werkzeug in der Signalverarbeitung und zwar die sogenannte DFT (*Discrete-Fourier-Transform*) oder ihre effiziente Berechnungsform als FFT (*Fast-Fourier-Transform*) bekannt [6], [33].

In diesem Kapitel werden Experimente durchgeführt, die sich hauptsächlich mit den Annäherungen der gezeigten Transformationen mit Hilfe der DFT oder FFT für deterministische Signale beschäftigen.

2.2 Spektrum periodischer Signale über die Fourier-Reihe

Die Fourier-Reihe ist nach dem französischen Physiker Jean Baptiste Fourier (1768-1830) benannt, der als erster eine periodische Funktion in eine Summe von cosinus- und sinusförmigen Anteilen zerlegt hat.

Ein kontinuierliches periodisches Signal $x(t)$ der Periode T_0

$$x(t + mT_0) = x(t), \quad \text{mit} \quad m \in \mathbb{Z} \tag{2.1}$$

kann in einer unendlichen Summe zerlegt werden:

$$x(t) = \frac{a_0}{2} + \sum_{n=1}^{\infty} a_n \cos(n\omega_0\, t) + \sum_{n=1}^{\infty} b_n \sin(n\omega_0\, t) \tag{2.2}$$

Hier ist $\omega_0 = 2\pi/T_0$ die Kreisfrequenz der Grundkomponente der Zerlegung, die der Periode T_0 entspricht. Die Koeffizienten a_n und b_n, die positiv oder negativ sein können, bestimmen die Anteile der cosinus- und sinusförmigen Komponenten und sind durch

$$a_n = \frac{2}{T_0} \int_0^{T_0} x(t) \cos(n\omega_0 t)\, dt \qquad n = 0, 1, 2, 3, \ldots, \infty$$

$$b_n = \frac{2}{T_0} \int_0^{T_0} x(t) \sin(n\omega_0 t)\, dt \qquad n = 1, 2, 3, \ldots, \infty \tag{2.3}$$

gegeben. Der Term $a_0/2$ in Gl. (2.2) stellt eigentlich den Mittelwert des periodischen Signals dar und diese Zerlegung bildet die mathematische Form für die Fourier-Reihe.

Weil man je einen Sinus- und den entsprechenden Cosinusterm zusammenfassen kann

$$a_n \cos(n\omega_0 t) + b_n \sin(n\omega_0 t) = A_i \cos(n\omega_0 t + \varphi_n), \tag{2.4}$$

ergibt sich eine neue Form für die oben gezeigte Fourier-Reihe:

$$x(t) = \frac{A_0}{2} + \sum_{n=1}^{\infty} A_n \cos(n\omega_0 t + \varphi_n) \tag{2.5}$$

In dieser Form sind die Koeffizienten A_n, $n = 1, 2, 3, \ldots, \infty$ die Amplituden (immer positiv) der entsprechenden Anteile und die Winkel φ_n stellen die Nullphasen bezogen auf den Anfang der Periode, die hier von $t = 0$ bis $t = T_0$ angenommen wurde. Dieses Intervall für die Periode ist in der Definition der Koeffizienten der ersten Form gemäß Gl. (2.3), festgelegt.

Zwischen den Koeffizienten der mathematischen Form a_n, b_n und den Amplituden A_n bzw. Nullphasen φ_n der neuen Form gemäß Gl. (2.5) gibt es folgende Beziehungen:

$$A_0 = a_0$$

$$A_n = \sqrt{a_n^2 + b_n^2}$$

$$\varphi_n = arctan(\frac{-b_n}{a_n}) \quad \text{mit} \quad n = 1, 2, 3, \ldots, \infty \tag{2.6}$$

Weil a_0 auch negativ sein kann, wird A_0 auch negativ und somit ist es keine Amplitude. Man kann aber A_0 als Amplitude eines Anteils der Frequenz null annehmen, wenn man dann für den negativen Fall auch eine Nullphase von π oder $-\pi$ hinzufügt.

Mit Hilfe der Euler-Formel [35]

$$\cos(n\omega_0 t + \varphi_n) = \frac{1}{2}(e^{j(n\omega_0 t + \varphi_n)} + e^{-j(n\omega_0 t + \varphi_n)}) \tag{2.7}$$

kann diese letzte Form der Fourier-Reihe in eine komplexe Form umgewandelt werden:

$$x(t) = \sum_{n=-\infty}^{\infty} c_n\, e^{jn\omega_0 t} \tag{2.8}$$

Die Koeffizienten dieser Form der Fourier-Reihe sind komplex und durch

$$c_n = \frac{1}{T_0} \int_0^{T_0} x(t)\, e^{-jn\omega_0 t}\, dt \tag{2.9}$$

gegeben. Für reelle Signale $x(t)$ müssen die komplexen Koeffizienten die Bedingung

$$c_n = c_{-n}^*$$ (2.10)

erfüllen, wobei ( )* die konjugiert Komplexe darstellt.

Aus diesen komplexen Koeffizienten können die Amplituden und die Nullphasenlagen der reellen, physikalisch vorhandenen Komponenten gemäß Zerlegung (2.5) bestimmt werden:

$$\begin{aligned} A_0/2 &= c_0 \\ A_n &= 2|c_n| \\ \varphi_n &= Winkel(c_n) \quad \text{für} \quad n = 1, 2, 3, \ldots, \infty \end{aligned}$$ (2.11)

Die komplexen Koeffizienten sind leichter zu bestimmen, weil der Umgang mit Exponentialfunktionen einfacher als der Umgang mit trigonometrischen Funktionen ist und ein Existenzbereich von $-\infty$ bis ∞ für mathematische Abhandlungen günstiger ist.

2.3   Amplitudenspektrum

Die Amplituden und Nullphasenlagen der Fourier-Reihe gemäß Gl. (2.5) bilden das sogenannte einseitige Amplituden- und Phasenspektrum eines reellen Signals. Abb. 2.1a zeigt die Darstellung dieses Spektrums. Da $A_0/2$ als Mittelwert in der Periode auch negativ sein kann, ist es üblich dieser Komponente ("Harmonische" der Frequenz null) eine Amplitude gleich dem Betrag von $A_0/2$ zu vergeben und eine Nullphase, die für positive Werte gleich null angenommen wird und für negative Werte wird eine Phase von π oder $-\pi$ angenommen.

Das zweiseitige Amplituden- und Phasenspektrum des gleichen reellen Signals ist in Abb. 2.1b gezeigt. Es entspricht der komplexen Form der Fourier-Reihe gemäß Gl. (2.8). Aus einer Darstellung ist es sehr leicht die andere für reelle Signale zu ermitteln.

Als Beispiel wird die Fourier-Reihe für ein Extremsignal in Form eines periodischen Rechtecksignals, wie in Abb. 2.2 dargestellt, ermittelt. Die zwei Darstellungen unterscheiden sich nur durch den Zeitursprung. Die Amplituden der Harmonischen werden dieselben sein, sie unterscheiden sich nur in den Nullphasen dieser Harmonischen. Wenn die zweite Form angenommen wird, ändern sich die Grenzen für die Integrale: statt von 0 bis T_0 werden die Grenzen von $-T_0/2$ bis $T_0/2$ genommen.

Es werden zuerst die Koeffizienten der komplexen Form der Fourier-Reihe (gemäß Gl. (2.9)) für die Periode gemäß Abb. 2.2b berechnet:

$$c_n = \frac{1}{T_0} \int_{-T_0}^{T_0} x(t) \, e^{-jn\omega_0 t} \, dt = \frac{1}{T_0} \int_{-\tau/2}^{\tau/2} x(t) \, e^{-jn\omega_0 t} \, dt$$ (2.12)
$$n = -\infty, \ldots, -3, -2, -1, 0, 1, 2, 3 \ldots, \infty$$

Das Integral ist, wegen der Exponentialfunktion, leicht zu berechnen und man erhält:

$$c_n = \frac{h\tau}{T_0} \frac{\sin(\pi n \, \tau/T_0)}{\pi n \, \tau/T_0}$$ (2.13)

Für $n = 0$ ist $c_0 = h\tau/T_0$ und ergibt für den Mittelwert $A_0/2 = c_0$ den korrekten Wert $h\tau/T_0$. Die restlichen reellen Harmonischen werden mit $n = 1, 2, 3, \ldots, \infty$ aus diesen komplexen

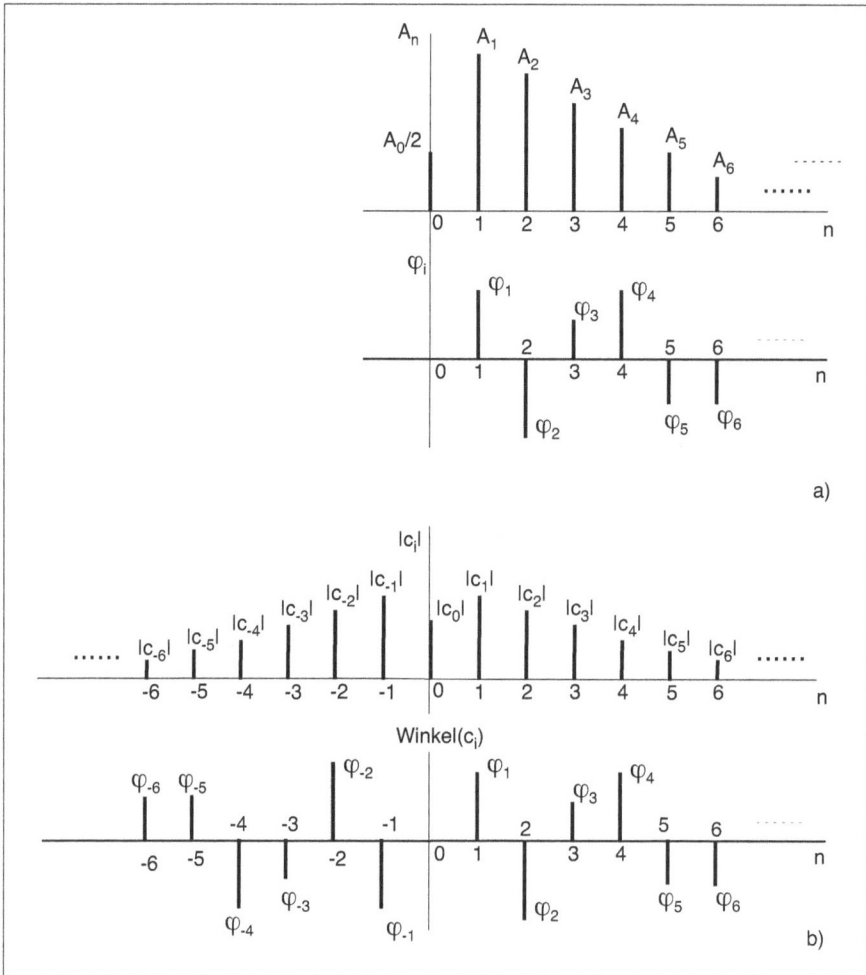

Abb. 2.1: a) Einseitiges und b) zweiseitiges Amplitudenspektrum

Koeffizienten ermittelt:

$$A_n = 2|c_n| = 2\frac{h\tau}{T_0}\left|\frac{\sin(\pi n\,\tau/T_0)}{\pi n\,\tau/T_0}\right|$$

$$\varphi_n = Winkel\left(\frac{\sin(\pi n\,\tau/T_0)}{\pi n\,\tau/T_0}\right)$$

$$n = 1, 2, 3\ldots, \infty$$

(2.14)

Im Skript `fourier_rechteck1.m` ist dieses Spektrum für $\tau/T_0 = 0, 1$, $h = 1$ ermittelt und dargestellt. Abb. 2.3 zeigt das Spektrum. Die Abszisse stellt die Indizes der harmonischen Komponenten dar und kann sehr einfach in Frequenzen umgewandelt werden. Index $n = 1$

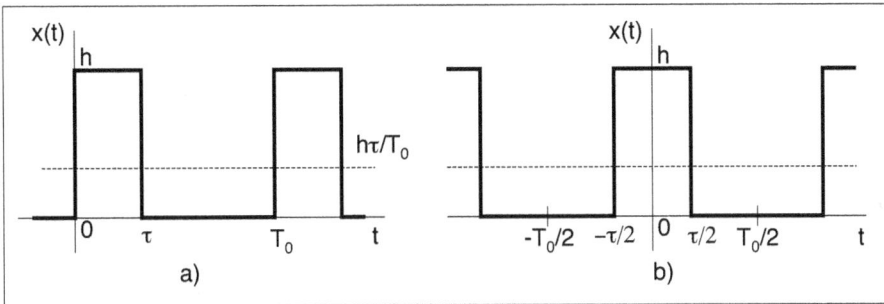

Abb. 2.2: Rechtecksignal mit Tastverhältnis τ/T_0 und Mittelwert $h\tau/T_0$

entspricht der Grundfrequenz $f_0 = 1/T_0$ und die restlichen Frequenzen sind Vielfache der Grundfrequenz.

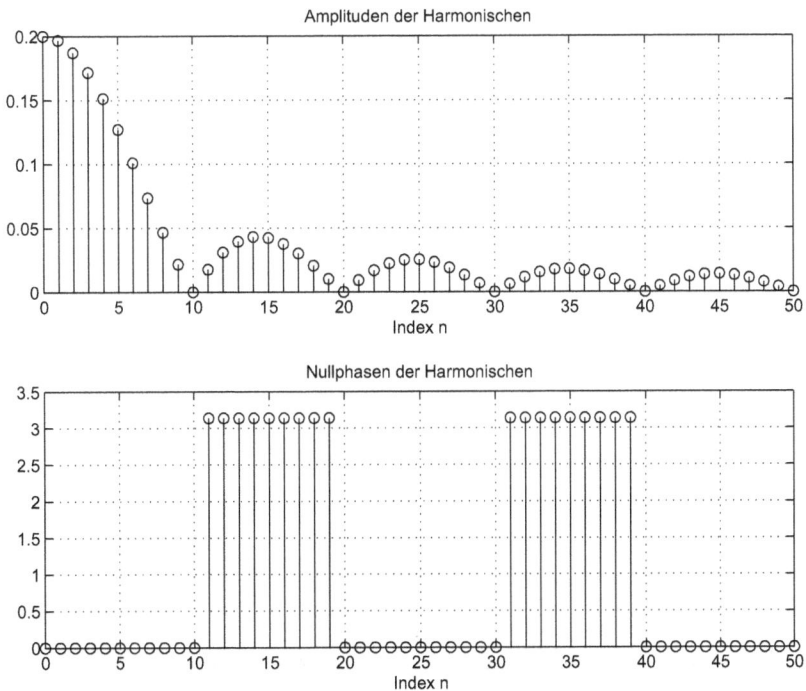

Abb. 2.3: Amplituden- und Phasenspektrum (fourier_rechteck1.m)

Das Skript beginnt mit Initialisierungen:

```
% ------ Initialisierungen
T0 = 1/1000;        % Periode des Signals
tast = 0.1;         % Tastverhältnis
```

```
tau = tast*T0;        % Dauer des Pulses
h = 1;                % Höhe des Pulses
nh = 50;              % Anzahl der Harmonischen die
                      % berechnet werden
......
```

Danach werden die Amplituden und Nullphasen gemäß Gl. (2.14) berechnet:

```
% ------ Ermittlung der Harmonischen
n = 0:nh;             % Index der Harmonischen
An = 2*abs((h*tau/T0)*sinc(n*tau/T0)); % Amplituden der Harmonischen
phin = angle(sinc(n*tau/T0));       % Nullphasen der Harmonischen
......
```

Im gleichen Skript (fourier_rechteck1.m) wird weiter versucht aus der begrenzten Zahl von Harmonischen das ursprüngliche Signal zu rekonstruieren:

```
% ------- Zusammensetzung der Harmonischen
dt = T0/1000;            % Zeitschritt
t = -T0/2:dt:T0/2;       % Zeitbereich einer Periode
nx = length(t);
% x = (h*tau/T0)*ones(1, nx);
x = (An(1)/2)*ones(1, nx);       % Mittelwert
for m = 2:nh
    x = x + An(m)*cos((m-1)*2*pi*t/T0 + phin(m));
end;
.......
```

Abb. 2.4 zeigt das rekonstruierte Signal aus 50 harmonischen Komponenten. Obwohl man sehr viele Harmonische benutzt hat, erscheinen die Überschwingungen mit ca. 9 % an den steilen Flanken. Sie bleiben, auch wenn die Anzahl der Harmonischen gegen unendlich geht. Diese Eigenschaft wurde von Josiah Willard Gibbs (1839-1903) entdeckt und wird als Gibbs-Phänomen bezeichnet [32].

Für ein Signal, bei dem die Amplituden der Harmonischen rascher mit deren Ordnung abklingen, wie z.B. bei einem dreieckigen Signal, ist die Rekonstruktion mit begrenzter Anzahl von Harmonischen mit kleineren Fehlern möglich.

Dem Leser wird empfohlen für das rechteckige Signal das Amplituden- und Phasenspektrum im Falle des Zeitursprungs gemäß Abb. 2.2b in ähnlicher Form zu untersuchen und das MATLAB-Skript entsprechend zu ändern.

2.4 Annäherung der Fourier-Reihe mit Hilfe der DFT

Es wird von der komplexen Form der Fourier-Reihe gemäß Gl. 2.8 ausgegangen:

$$x(t) = \sum_{n=-\infty}^{\infty} c_n \, e^{jn\omega_0 t}$$

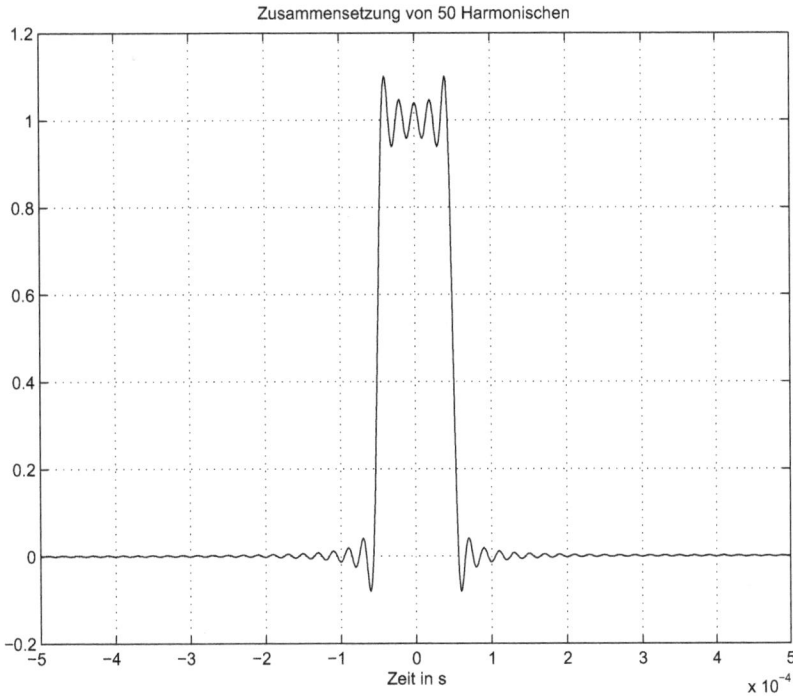

Abb. 2.4: Zusammensetzung der Harmonischen (fourier_rechteck1.m)

Wobei $x(t)$ das periodische Signal der Periode $T_0 = 1/f_0$ darstellt. Die komplexen Koeffizienten c_n sind durch (Gl. 2.9):

$$c_n = \frac{1}{T_0} \int_0^{T_0} x(t)\, e^{-jn\omega_0 t}\, dt \quad \text{mit} \quad n = -\infty, \ldots, -2, -1, 0, 1, 2, \ldots, \infty$$

gegeben und für reelle Signale müssen sie die Bedingung $c_n = c_{-n}^*$ erfüllen. Durch ( )* wird die konjugiert Komplexe bezeichnet.

Um die Koeffizienten c_n für beliebige, z.B. gemessene Verläufe zu erhalten, könnte man die gemessenen Werte einer Periode mit bekannten Funktionen annähern und danach das gezeigte Integral analytisch auswerten.

In vielen Fällen ist die numerische Auswertung des Integrals der einfachere Weg. Dafür wird angenommen, dass in einer Periode T_0 des periodischen Signals, die bei $t = 0$ beginnt, N Abtastwerte mit gleichmäßigen Abständen $T_s = 1/f_s$ zu Verfügung stehen (z.B. als Messwerte). Anders ausgedrückt, das Signal einer Periode wird mit der Abtastfrequenz f_s abgetastet und die Abtastwerte sind $x[kT_s], k = 0, 1, 2, \ldots, N-1$ bzw. $T_0 = NT_s$.

Das gezeigte Integral wird dann mit folgender Summe numerisch angenähert:

$$c_n \cong \frac{1}{T_0} \sum_{k=0}^{N-1} x[kT_s]\, e^{-j2\pi nkT_s/T_0}\, Ts = \frac{1}{N} \sum_{k=0}^{N-1} x[kT_s]\, e^{-j2\pi nk/N}$$

$$k = 0, 1, 2, 3, \ldots, N$$

$$n = -\infty, \ldots, -2, -1, 0, 1, 2, \ldots, \infty$$

(2.15)

Der Bereich für den Index n wurde hier noch laut Definition von $-\infty$ bis ∞ angenommen. Es ist sehr leicht zu beweisen, dass sich die Koeffizienten, wegen der periodischen Exponentialfunktion, periodisch mit der Periode N wiederholen. Es reicht somit die Koeffizienten für die Indizes $n = 0, 1, 2, 3, \ldots, N-1$ zu berechnen. Für diese Werte der Indizes n bildet die Summe

$$X_n = \sum_{k=0}^{N-1} x[kT_s]\, e^{-j2\pi nk/N}$$

$$k = 0, 1, 2, 3, \ldots, N$$

$$n = 0, 1, 2, 3, \ldots, N$$

(2.16)

die DFT (*Discrete Fourier Transformation*) [20], [9], die für N gleich einer ganzen Potenz von 2, effizienter und somit schneller berechnet werden kann. Der entsprechende Algorithmus ist als FFT (*Fast Fourier Transformation*) bekannt [6].

Die Koeffizienten der komplexen Fourier-Reihe werden somit durch

$$c_n \cong \frac{1}{N} X_n$$

$$n = 0, 1, 2, 3, \ldots, N-1$$

(2.17)

geschätzt.

Es gibt in fast allen Programmiersprachen Routinen (inklusive in Assembler) zur Berechnung der FFT-Transformation. In MATLAB wird die DFT bzw. FFT mit der Funktion **fft** berechnet. Wenn $N = 2^p$, $p \in \mathbb{Z}$ dann wird der FFT-Algorithmus eingesetzt.

Zu bemerken sei, dass der explizite Zeitbezug in den letzten Beziehungen, durch Kürzen von T_s, verloren gegangen ist. Das bedeutet, dass aus einer reellen Sequenz von N Werten, die aus der nun zeitdiskreten Periode des Signals $x[kT_s]$, $k = 0, 1, 2, \ldots, N-1$ bestehen, eine Sequenz von N komplexen Werten X_n oder $c_n = X_n/N$ mit $n = 0, 1, 2, \ldots, N-1$ erhalten wird. Wegen

$$e^{-j2\pi(N-n)k/N} = e^{-j2\pi nk/N}$$

(2.18)

ist für N gerade

$$X_n = X_{N-n}^*, \quad n = 1, 2, \ldots, N/2 - 1$$

$$\text{mit} \quad X_{N/2} = \text{Real und nicht Komplex}$$

(2.19)

und für N ungerade

$$X_n = X_{N-n}^*, \quad n = 1, 2, \ldots, (N-1)/2$$

(2.20)

Daraus folgt, dass nur die Hälfte der Werte der Transformierten X_n für reelle Signale unabhängig ist. Die zweite Hälfte mit konjugierten komplexen Werten der ersten Hälfte kann immer aus dieser berechnet werden.

Die DFT (oder FFT) ist umkehrbar und aus der komplexen Sequenz der Transformierten X_n, $n = 0, 1, 2, \ldots, N - 1$ wird die ursprüngliche Sequenz $x[kT_s]$, $k = 0, 1, 2, \ldots, N - 1$ durch

$$x[kTs] = \frac{1}{N} \sum_{n=0}^{N-1} X_n \, e^{j2\pi nk/N} \tag{2.21}$$

rekonstruiert. Für die inverse DFT (oder FFT) kann in MATLAB die Funktion `ifft` eingesetzt werden.

Zurückkehrend zur Berechnung der Koeffizienten der komplexen Form der Fourier-Reihe eines periodischen Signals über die numerische Annäherung des Bestimmungsintegrals dieser Koeffizienten, die zur Gl. 2.16 oder Gl. 2.17 führte, stellt man folgendes fest. Wegen der gezeigten Eigenschaften der Werte X_n der DFT für reelle Signale sind die Koeffizienten c_n nur für harmonische Komponenten bis $N/2$ ($N/2$ für gerade N und $(N - 1)/2$ für ungerade N) unabhängig.

Um mehr Harmonische mit dieser Annäherung zu erfassen, muss man N erhöhen, was eine dichtere Abtastung der kontinuierlichen Periode bedeutet. Wenn das Signal signifikante Harmonische bis zur Ordnung M besitzt, dann ergibt die DFT-Annäherung all diese Harmonischen wenn $N/2 \geq M$ oder $N \geq 2M$ ist. Weil einem Index $m \leq N/2$ die Frequenz mf_s/N entspricht und dem Index M die höchste Frequenz f_{max} assoziiert ist, kann die gezeigte Bedingung auch in Frequenzen ausgedrückt werden: $f_s/2 \geq f_{max}$. Sie entspricht eigentlich dem schon bekannten Abtasttheorem.

Um den Sachverhalt besser zu verstehen, wird im Intervall T_0 (das "Untersuchungsintervall"), das als Periode gilt, eine cosinusförmige Komponente mit einer anderen Periode angenommen, die exakt m mal kleiner ist, wobei m eine ganze Zahl ist ($m \in \mathbb{Z}$):

$$x(t) = \hat{x} \cos(m\frac{2\pi}{T_0}t + \varphi_m), \quad \text{mit} \quad m \in \mathbb{Z} \tag{2.22}$$

Durch Diskretisierung mit N Abtastwerten im Intervall T_0 ($T_0 = NT_s$) erhält man die diskrete Sequenz:

$$x[kT_s] = x[k] = \hat{x} \cos(m\frac{2\pi}{NT_s}kT_s + \varphi_m) = \hat{x} \cos(m\frac{2\pi}{N}k + \varphi_m) =$$

$$\frac{\hat{x}}{2}\left[e^{j(m\frac{2\pi}{N}k + \varphi_m)} + e^{-j(m\frac{2\pi}{N}k + \varphi_m)} \right] \qquad k = 0, 1, 2, \ldots, N - 1 \tag{2.23}$$

Sie wurde mit Hilfe der Eulerschen Formel als Summe zweier Exponentialfunktionen ausgedrückt. Zur Vereinfachung der Schreibweise wird statt $x[kT_s]$ die Bezeichnung $x[k]$ verwendet.

Die DFT dieser Sequenz ist:

$$X_n = \sum_{k=0}^{N-1} x[k]\, e^{-j\frac{2\pi}{N}n\,k} = \frac{\hat{x}}{2}\, e^{j\varphi_m} \sum_{k=0}^{N-1} e^{j\frac{2\pi}{N}(m-n)k} + $$

$$\frac{\hat{x}}{2}\, e^{-j\varphi_m} \sum_{k=0}^{N-1} e^{-j\frac{2\pi}{N}(m+n)k} \tag{2.24}$$

Weil

$$\sum_{k=0}^{N-1} e^{\pm j\frac{2\pi}{N}p\,k} = \begin{cases} 0 & \text{für} \quad p \neq 0 \\ N & \text{für} \quad p = 0 \end{cases} \tag{2.25}$$

erhält man für die obige DFT:

$$X_n = \begin{cases} 0 & \text{für} \quad n \neq m \quad n \neq N-m \\[2mm] \dfrac{\hat{x}}{2} N\, e^{j\varphi_m} & \text{für} \quad n = m \\[2mm] \dfrac{\hat{x}}{2} N\, e^{-j\varphi_m} & \text{für} \quad n = N-m \end{cases} \tag{2.26}$$

Mit dem Skript fft_1.m werden diese Ergebnisse durch Simulation dokumentiert:

```
% Programm fft_1.m in dem die FFT für ein cosinusförmiges
% Signal ermittelt und dargestellt wird
clear
% ------- Signal
T0 = 1;            % Angenommene Periode der Grundwelle
                   % oder Untersuchungsintervall
N = 40;            % Anzahl der Abtastwerte in T0
Ts = T0/N;         % Abtastperiode
fs = 1/Ts;         % Abtastfrequenz
ampl = 10;         % Amplitude
phi  = pi/3;       % Nullphase bezogen auf das Untersuchungsintervall
m = 4;             % Ordnung der Harmonischen
k = 0:N-1;         % Indizes der Abtastwerte
n = k;             % Indizes der FFT (Bins der FFT)
xk = ampl*cos(2*pi*m*k/N + phi);    % Signal
Xn = fft(xk);      % FFT des Signals
betrag_Xn = abs(Xn)/N;        phase_Xn = angle(Xn);

p = find(abs(real(Xn))<1e-8 & abs(imag(Xn))<1e-8);
phase_Xn(p) = 0;   % Entfernung der Fehler in der Phasenberechnung
% ------- Darstellungen
figure(1);
subplot(311), stem(k, xk, 'LineWidth', 1.5);
    hold on;
```

```
    plot(k, xk);
    title(['Abtastwerte des Signals (N = ',num2str(N),';  m = ',...
    num2str(m),'< N / 2)']);
    xlabel('Indizes k des Signals');
    grid on;     hold off;
subplot(312), stem(n, betrag_Xn);
    title(['Betrag der FFT / N (N = ',num2str(N),';  m = ',...
    num2str(m),'< N / 2)']);
        %xlabel('Indizes der FFT (Bins der FFT)');
    ylabel('|FFT| / N');              grid on;
subplot(313), stem(n, phase_Xn);
    title(['Winkel der FFT in Rad (N = ',num2str(N),';  m = ',...
    num2str(m),'< N / 2)']);
    xlabel('Indizes der FFT (Bins der FFT)');     grid on;
    ylabel('Rad');
% ------- Darstellung mit Zeit als Abszisse für das Signal
% und Frequenzen in den Abszissen für die FFT
figure(2);
t = k*Ts;        % Umwandlung der Indizes k in Zeiten
f = n*fs/N;      % Umwandlung der Indizes n in Frequenzen
subplot(311), stem(t, xk, 'LineWidth', 1.5);
        hold on;
        plot(t, xk);
    title(['Abtastwerte des Signals (N = ',num2str(N),';  m = ',...
    num2str(m),'< N / 2)']);
    xlabel('Zeit in s');
    grid on;         hold off;
subplot(312), stem(n, betrag_Xn);
    title(['Betrag der FFT / N (N = ',num2str(N),';  m = ',...
    num2str(m),'< N / 2)']);
        %xlabel('Indizes der FFT (Bins der FFT)');
    ylabel('|FFT| / N');              grid on;
subplot(313), stem(n, phase_Xn);
    title(['Winkel der FFT in Rad (N = ',num2str(N),';  m = ',...
    num2str(m),'< N / 2)']);
    xlabel(['Frequenz in Hz (fs = ',num2str(fs),' Hz)']);
    grid on;                 ylabel('Rad');
```

Es wurde eine Periode für die Grundwelle von $T_0 = 1$ s angenommen. Mit der Wahl $N = 40, m = 4$ wird die Abtastperiode $T_s = T_0/N$ s und die Periode des cosinusförmigen Signals $T_m = T_0/m$ s festgelegt. Entsprechend ist die Frequenz dieses Signals $f_m = 1/T = m/T_0 = f_s \, m/N$ Hz.

Im Skript werden die eventuellen Phasenfehler, die entstehen können durch die Berechnung über den Arkustangens des Verhältnisses Imaginärteil/Realteil, entfernt.

Abb. 2.5 zeigt ganz oben die Abtastwerte des cosinusförmigen Signals mit exakt vier ($m = 4$) Perioden im Untersuchungsintervall, das als Periode der Grundwelle angenommen wird. Darunter ist der Betrag der FFT geteilt durch N mit den zwei Ausschlägen gemäß Gl. (2.26) bei $n = m = 4$ und bei $n = N - m = 16$ der Größe gleich der Amplitude des Signals geteilt durch zwei $\hat{x}/2$ dargestellt.

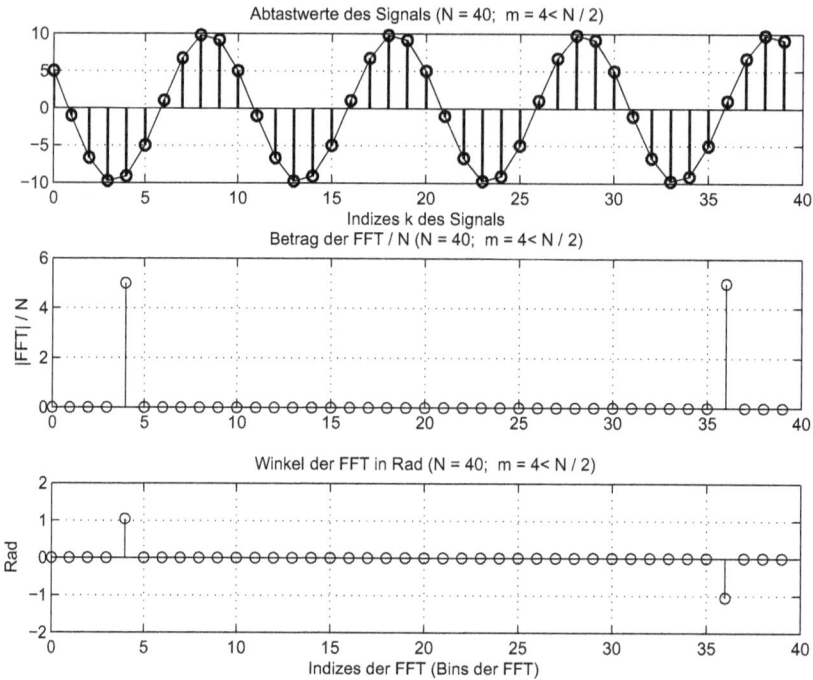

Abb. 2.5: Angenommene Periode des Signals, Betrag der FFT/N und Winkel der FFT (fft_1.m)

Ganz unten ist der Winkel der FFT gezeigt und er entspricht in der ersten Hälfte der DFT der Nullphase des Signals von $\pi/3$. Klar zu erkennen ist die Tatsache, dass die erste und zweite Hälfte der DFT für dieses reelle Signal konjugiert komplex sind.

In diesen Darstellungen sind in der Abszisse die Indizes $k = 0, 1, 2, \ldots, N-1$ für das Signal respektiv die Indizes $n = 0, 1, 2, \ldots, N-1$ (als "Bins") für die FFT gezeigt. Um diese in Zeitwerte bzw. in Frequenzen zu umwandeln bedient man sich folgender Beziehungen:

$$t = k\, T_s \quad \text{mit} \quad k = 0, 1, 2, \ldots, N-1$$
$$f = \frac{n}{N}\, f_s \quad \text{mit} \quad n = 0, 1, 2, \ldots, N-1 \tag{2.27}$$

Im Skript wird auch eine Darstellung (`figure(2)`) mit diesen neuen Abszissen erzeugt aber hier nicht mehr gezeigt.

Es wurde $m < N/2$ gewählt und die "Spektralenlinien" sind leicht mit dem kontinuierlichen und zeitdiskreten Signal zu assoziieren. Wenn $m > N/2$ und $m < N$ ist, dann erscheinen die zwei Spektrallinien vertauscht. Die Linie bei $n = N - m$ verschiebt sich im Bereich bis $N/2$ und es entsteht *Aliasing*, wie schon im ersten Kapitel gezeigt. Die Bedingung des Abtasttheorems, die hier durch $m < N/2$ gegeben ist, wurde verletzt.

Mit Hilfe des Skripts `fft_2.m` wird die Darstellung aus Abb. 2.6 erzeugt, in der ein Fall mit $N = 20$ und $m = 16 > N/2$ simuliert wird. Aus den Abtastwerten erkennt man die Verschiebung des reellen, kontinuierlichen Signals der Frequenz von 16 Hz zur Frequenz von 4

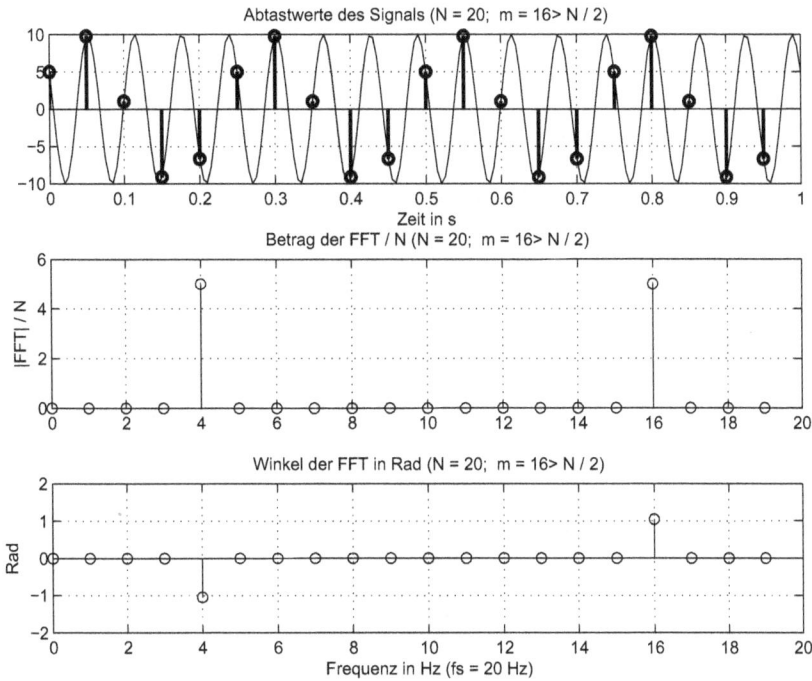

Abb. 2.6: Kontinuierliches Signal mit $m > N/2$ und seine Abtastwerte, Betrag der FFT/N und Winkel der FFT mit Abszissen in s bzw. Hz (fft_2.m)

Hz im ersten Nyquist-Bereich von 0 bis 10 Hz. Das Skript `fft_2.m` ist eine einfache Erweiterung des vorherigen Skriptes `fft_1.m` mit der Erzeugung des kontinuierlichen Signals für $m > N/2$:

```
........
% Kontinuierliches Signal der Frequenz m/T0
dt = Ts/10;
t = 0:dt:T0;
xt = ampl*cos(2*pi*m*t/T0 + phi);   % kontinuierliches Signal
........
```

Wenn $m > N$ ist, oder in Frequenzen ausgedrückt $f_m > f_s$ ist, dann stellen die zeitdiskreten Abtastwerte des Signals, wegen der Mehrdeutigkeit der zeitdiskreten Signale, ein im ersten Nyquist-Intervall verschobenes Signal dar. Abb. 2.7a zeigt die Verschiebung der Indizes für den Fall $nN < m < nN + N/2$. Die gleiche Verschiebung im Frequenzbereich ist in Abb. 2.7b dargestellt. Die Nullphase der verschobenen Komponente bleibt dieselbe. Wenn aber $nN + N/2 < m < (n+1)N$ dann ändert sich das Vorzeichen für die Nullphase der verschobenen Komponente im erstem Nyquist-Intervall. Es wurde ein gerader Wert für N angenommen.

Im Skript `fft_3.m` wird dieser Fall exemplarisch für $N = 20$ und $m = 45$ simuliert. Das Skript ist aus dem vorherigen (`fft_2.m`) mit kleinen Änderungen erzeugt worden. Die Schrittweite für die Erzeugung des kontinuierlichen Signals `dt` ist viel kürzer gewählt, so dass

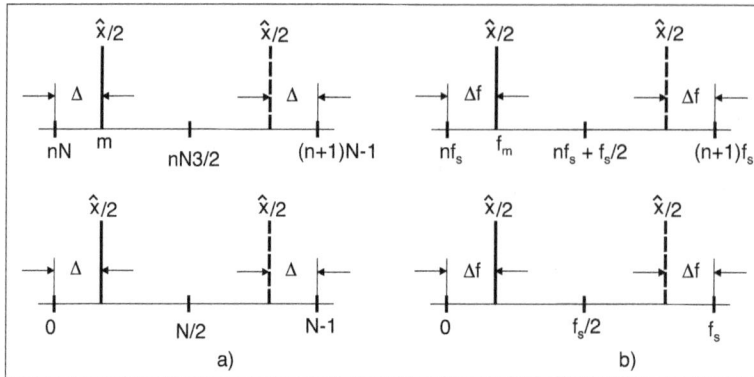

Abb. 2.7: a) Verschiebung der Indizes und b) des Frequenzbereichs für den Fall $m > N$

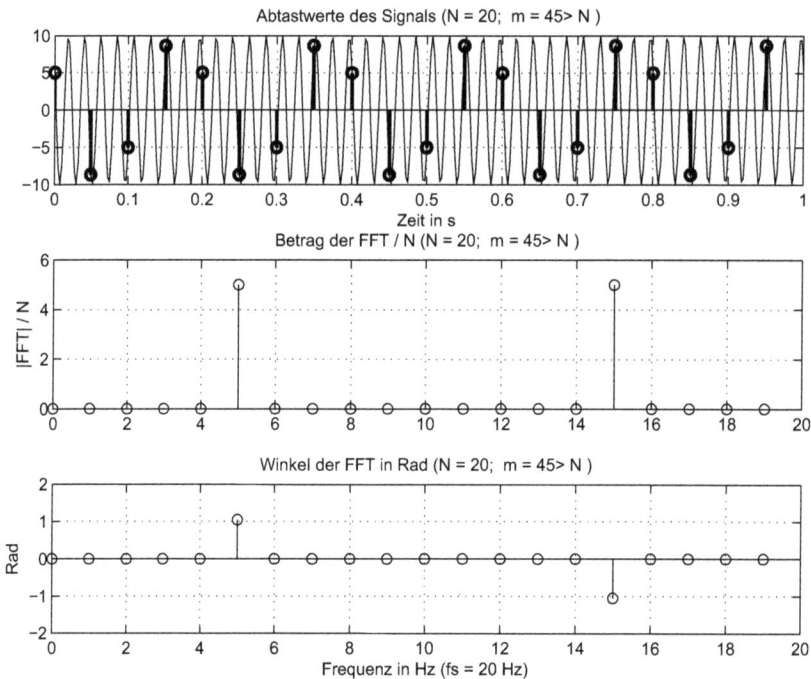

Abb. 2.8: Kontinuierliches Signal mit $m > N$ und seine Abtastwerte, Betrag der FFT/N und Winkel der FFT mit Abszissen in s bzw. Hz (fft_3.m)

dieses Signal kontinuierlich erscheint.

Das Ergebnis ist in Abb. 2.8 gezeigt. Das Signal mit $f_m = 45$ Hz entsprechend dem Wert $m = 45$ wird im ersten Nyquist-Intervall auf $f_\Delta = 45 - 40 = 5$ Hz verschoben. Die konjugiert komplexe Spektrallinie von 55 Hz wird auf 15 Hz verschoben. Die Nullphasen bleiben erhalten, weil m im Bereich $nN < m < nN + N/2$ liegt. Wenn das Skript mit $m = 55$ gestartet wird, dann sind die Beträge die gleichen, nur die Phasen ändern ihre Vorzeichen.

Auch hier sollte der Leser durch ändern der Parameter und auch der Skripte weitere Experimente durchführen.

2.4.1 Der Schmiereffekt (*Leakage*) der DFT

Bis jetzt wurde angenommen, dass $m \in \mathbb{Z}$ eine ganze Zahl ist und somit besitzt die harmonische Komponente exakt eine ganze Anzahl von Perioden in dem Untersuchungsintervall, das wiederum als Periode der Grundwelle zu sehen ist. Diese Bedingung führt dazu, dass in der DFT (oder FFT) die Spektrallinie auf einen Bin oder Index als ganze Zahl fällt. Wenn die harmonische Komponente "abgehackt" ist und im Untersuchungsintervall nicht eine ganze Anzahl von Perioden besitzt, dann fällt ihr Indizes oder ihre Frequenz zwischen den vorhandenen Bins der DFT. Das wird mit einem Index m, der nicht mehr eine ganze Zahl ist, simuliert. Es enstehen dann mehrere Spektrallinien in der Umgebung des nicht vorhandenen Index, die man als Schmiereffekt, englisch *Leakage* bezeichnet.

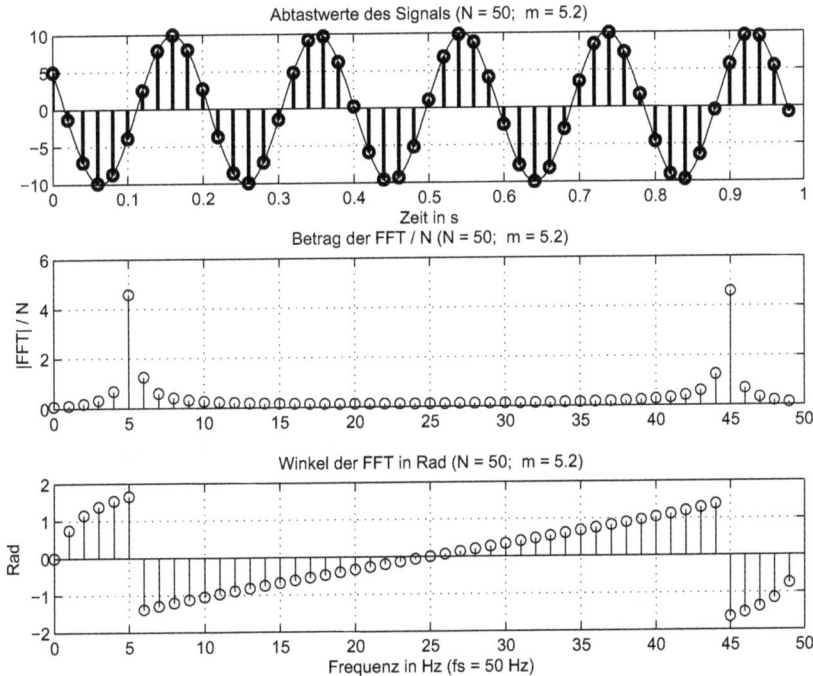

Abb. 2.9: Kontinuierliches Signal mit $m \neq \mathbb{Z}$ und seine Abtastwerte, Betrag der FFT/N und Winkel der FFT mit Abszissen in s bzw. Hz (fft_4.m)

Im Skript `fft_4.m` wird dieser Effekt für $N = 50$ und z.B. $m = 5,2$ untersucht. Wegen des Schmiereffekts werden mehrere Spektrallinien in der Umgebung der Linie für $m = 5$ und für $m = 6$ erscheinen, wie Abb. 2.9 zeigt.

Das Untersuchungsintervall kann als ein Ausschnitt aus einem unendlichen, stationären

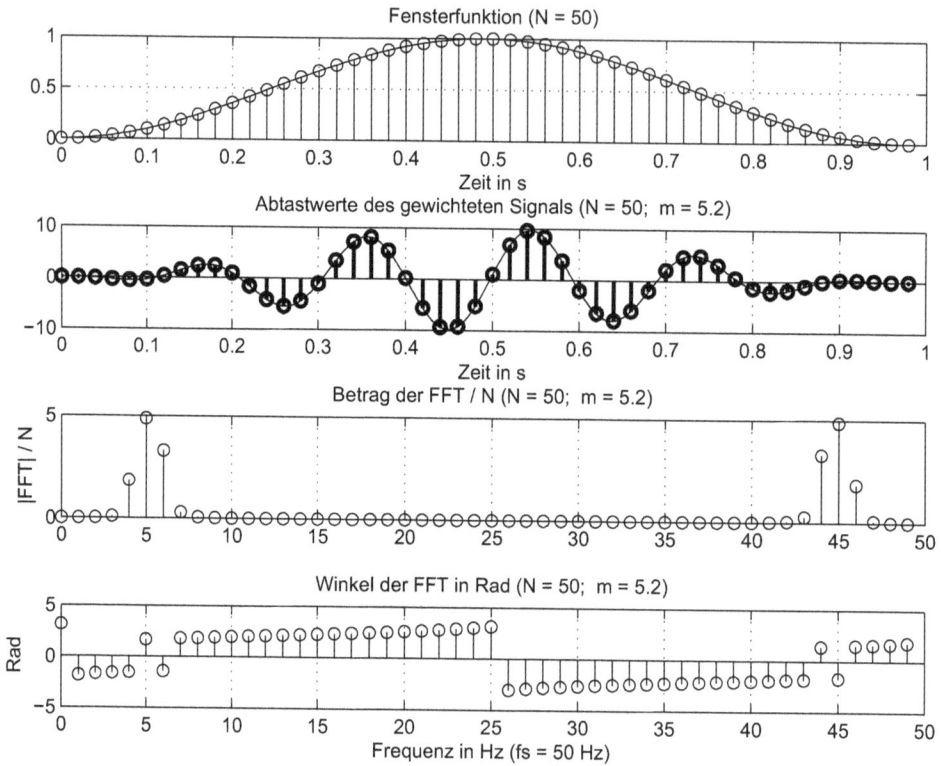

*Abb. 2.10: Fensterfunktion, gewichtetes, kontinuierliches Signal mit m ≠ ℤ und seine Abtast-
werte, Betrag der FFT/N und Winkel der FFT mit Abszissen in s bzw. Hz (fft_4.m)*

Signal angesehen werden, den man durch die Multiplikation mit einem rechteckigen Fenster
erhält. Die Multiplikation im Zeitbereich bedeutet im Frequenzbereich eine Faltung zwischen
den Fourier-Transformierten des Signals und des rechteckigen Fensters [26], das zu diesem
Schmiereffekt führt.

Der Schmiereffekt kann mit anderen Fensterfunktionen, die das Signal gewichten, gemin-
dert werden [2], [1]. Der Anfang und das Ende des Signals im Untersuchungsintervall werden
verkleinert, so dass das Signal im Untersuchungsintervall nicht mehr abgehackt erscheint. Bekannt sind viele Fensterfunktionen, die man in MATLAB auch über Funktionen wie `hamming`,
`hann`, `hanning`, `chebwin`, `kaiser`, etc. zur Verfügung hat . Die einfachste Fensterfunktion ist die `triang` in Form eines Dreiecks, so dass der Anfang und das Ende des Signals im
Untersuchungsintervall auf null gezogen werden.

Abb. 2.10 zeigt das gleiche Signal mit $N = 50$ und z.B. $m = 5,2$ gewichtet mit der
Hanning-Fensterfunktion und die entsprechenden Spektrallinien. Ganz oben sieht man die
Fensterfunktion und darunter das gewichtete Signal, das nicht mehr unterbrochen erscheint
und als periodisches Signal mit gleichem Anfang und Ende zu betrachten ist. Viele Spektrallinien sind jetzt in der Umgebung der Linien $m = 5$ auf null gesetzt, es bleiben aber noch einige
zusätzliche Linien. Aus dem Amplitudenspektrum meint man fälschlicherweise es gibt mehrere

(hier drei) harmonische Komponenten mit $m = 4, m = 5$ und $m = 6$, allerdings weniger als ohne Fensterfunktion. Die DFT (oder FFT) für die Schätzung der komplexen Koeffizienten der Fourier-Reihe wird beim Einsatz der Fensterfunktion nicht mehr mit N geteilt sondern mit der Summe der Gewichtungswerte der Fensterfunktion:

```
. . . . . . .
% Abgetastetes und gewichtetes Signal
nw = N;
w = hann(nw);
% w = hamming(nw);
xk = w'.*(ampl*cos(2*pi*m*k/N + phi));     % Gewichtetes Signal
Xn = fft(xk);     % FFT des Signals
betrag_Xn = abs(Xn)/sum(w);          phase_Xn = angle(Xn);
p = find(abs(real(Xn))<1e-8 & abs(imag(Xn))<1e-8);
phase_Xn(p) = 0;    % Entfernung der Fehler in der Phasenberechnung
. . . . . . .
```

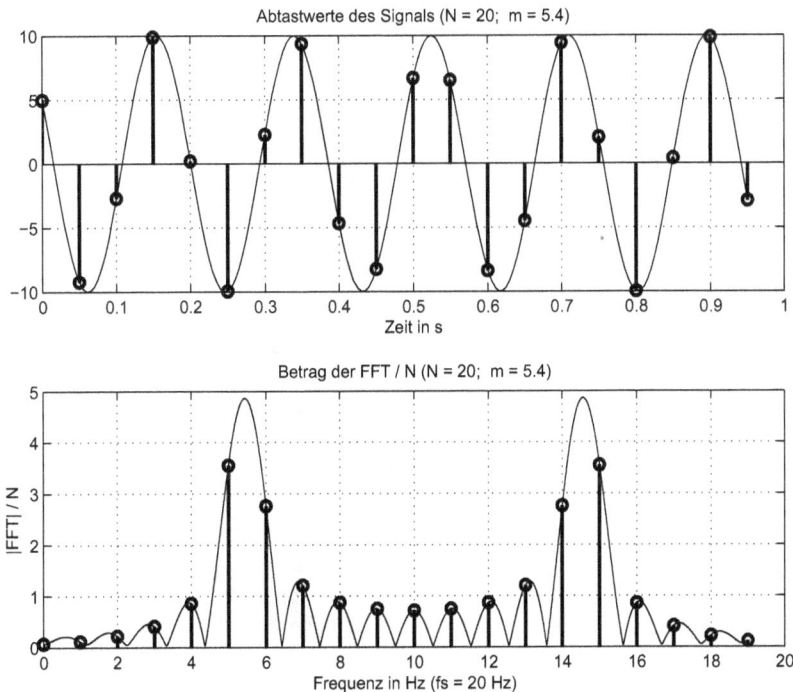

Abb. 2.11: *Kontinuierliches Signal mit* $m \neq \mathbb{Z}$ *und seine Abtastwerte, Betrag der FFT/N und Winkel der FFT mit Abszissen in s bzw. Hz* (fft_5.m)

Wenn man kurzzeitig die DFT-Transformation X_n gemäß Definition

$$X_n = \sum_{k=0}^{N-1} x[k]\, e^{-j2\pi n\, k/N} \tag{2.28}$$

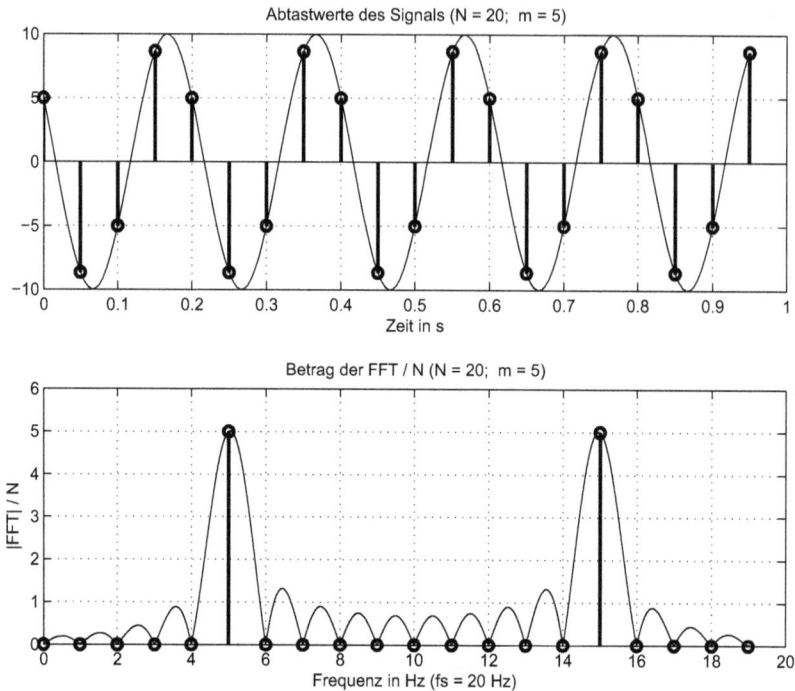

Abb. 2.12: Kontinuierliches Signal mit $m \in \mathbb{Z}$ und seine Abtastwerte, Betrag der FFT/N und Winkel der FFT mit Abszissen in s bzw. Hz (fft_5.m)

als Funktion einer kontinuierlichen Variablen n zwischen 0 und $N-1$ annimmt, oder besser gesagt, sie mit viel kleineren Schrittweiten für n berechnet, erhält man für den Betrag eine kontinuierliche Hülle aus zwei $sinx/x$-Funktionen mit Maximalwerten bei m und $N-m$ und Nullwerte in Abstand eins.

Die Werte des Betrags an den vorhandenen Bins sind jetzt durch diese Hülle gegeben. Für ganze Werte von $m \in \mathbb{Z}$ liegen die Maximalwerte genau bei den Bins m und $N-m$ und die Nullwerte liegen genau an den restlichen Bins. Im Skript fft_5.m wird diese Hülle und die Linien bei den normalen Bins für $N=20$ ermittelt. Es wird einmal mit $m=5,4$ und danach mit $m=5$ aufgerufen. Abb. 2.11 zeigt das Ergebnis für $m=5,4$ und das Entstehen des Schmiereffekts ist klar ersichtlich. Die Hülle und die Bins für $m=5$ sind in Abb. 2.12 dargestellt.

Die Skriptzeilen, in denen die Hülle ermittelt wird, sind:

```
......
nn = 0:0.001:N-1;          % Schrittweite für n
np = length(nn);
Xnn = zeros(1, np);
for p = 1:np               % Berechnung der "kontinuierlichen" DFT
  Xnn(p) = sum(xk.*exp(-j*2*pi*nn(p)*k/N));
end;
```

```
Xnn = Xnn/N;
.......
```

Die Hülle ist eigentlich das Ergebnis der Faltung im Frequenzbereich zwischen der Fourier-Transformierten des Signals und der Fensterfunktion, die in diesem Fall die Rechteckfensterfunktion ist.

Dem Leser wird als Übung empfohlen das Skript `fft_5.m` so zu ändern, dass die Hülle für eine mit Fensterfunktion gewichtete Signalsequenz ermittelt und dargestellt wird, um zu sehen, wie der Schmiereffekt gedämpft werden kann. Die Lösung der Übung ist in Skript `fft_6.m` enthalten.

Experiment 2.1: Die Fourier-Reihe über die DFT für ein Signal mit begrenzter Anzahl von Harmonischen

In diesem Experiment wird ein periodisches Signal mit begrenzter Anzahl von harmonischen Komponenten über die DFT untersucht. Es wird folgendes Signal anfänglich angenommen:

$$x(t) = -10 + 5\cos(2\pi 100\, t + \pi/3) - 12\sin(2\pi 200\, t - \pi/4) + 20\cos(2\pi 2300\, t - pi/5) \quad (2.29)$$

Für $f_s = 1000$ Hz erfüllen die ersten zwei Harmonischen der Frequenzen $f_1 = 100$ Hz und $f_2 = 200$ Hz das Abtasttheorem. Die letzte Komponente der Frequenz $f_3 = 2300$ Hz wird mit einer verschobenen Spiegelung bei $f_4 = 2300 - 2000 = 300$ Hz im ersten Nyquist-Bereich erscheinen. Die erste Hälfte der DFT wird somit Komponenten bei $100, 200$ und 300 Hz besitzen. Die zweite Hälfte (wegen des reellen Signals) als konjugiert Komplexe der ersten Hälfte wird Komponenten bei $900, 800$ und 700 Hz haben.

Die DFT geht von cosinusförmigen Komponenten aus und somit muss man das Signal umschreiben:

$$x(t) = -10 + 5\cos(2\pi 100\, t + \pi/3) + 12\cos(2\pi 200\, t + \pi/4) + 20\cos(2\pi 2300\, t - pi/5) \quad (2.30)$$

Es werden $N = 1000$ Abtastwerte aus diesem stationären Signal im Untersuchungsintervall angenommen. Dadurch erhält man eine Auflösung der DFT von $\Delta f = fs/N = 1$ Hz und alle Komponenten entsprechen ganzen Werten für m und führen nicht zu *Leakage*. Die Werte für m sind leicht zu ermitteln $m_i = f_i/\Delta f = N\, f_i/f_s$ mit $f_1 = 100, f_2 = 200, f_3 = 300$ Hz.

Die zeitdiskrete Sequenz im Untersuchungsintervall schreibt sich jetzt, wie folgt:

$$x[k] = -10 + 5\cos(2\pi\, 100\, k/1000 + \pi/3) + 12\cos(2\pi\, 200\, k/1000 + \pi/4) +$$
$$20\cos(2\pi\, 2300\, k/1000 - \pi/5) \quad (2.31)$$
$$k = 0, 1, 2, \ldots N - 1 \quad \text{mit} \quad N = 1000$$

Im Skript `fourier_reihe1.m` wird dieses Experiment programmiert:

```
% Programm fourier_reihe1.m in dem die Fourier-Reihe
% über die DFT für ein Signal mit begrenzter Anzahl
% von Harmonischen ermittelt wird
```

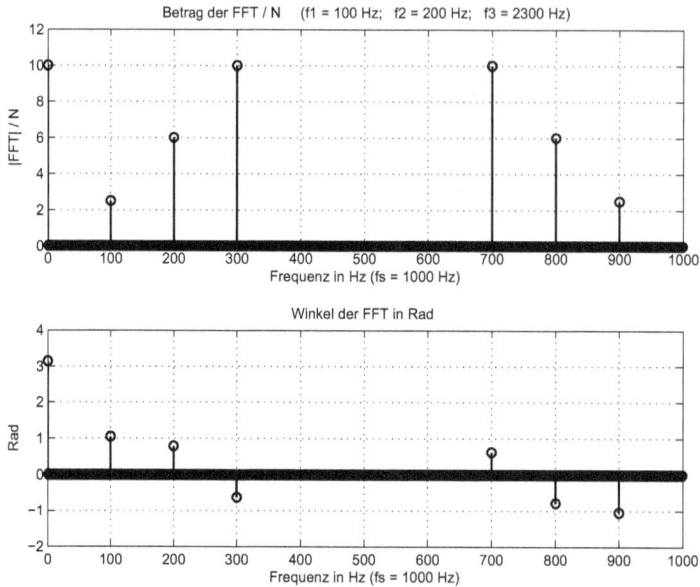

Abb. 2.13: Amplituden- und Phasenspektrum des Signals (fourier_reihe1.m)

```
clear
% ------- Parameter des Signals
xm = -10;         % Mittelwert
f1 = 100;         % Frequenz 1. Harmonische
ampl1 = 5;        % Amplitude 1. Harmonische
phi1 = pi/3;      % Nullphase 1. Harmonische
f2 = 200;         % Frequenz 2. Harmonische
ampl2 = 12;       % Amplitude 2. Harmonische
phi2 = pi/4;      % Nullphase 2. Harmonische
f3 = 2300;        % Frequenz 3. Harmonische
%f3 = 2300.4;     % Frequenz 3. Harmonische
ampl3 = 20;       % Amplitude 3. Harmonische
phi3 = -pi/5;     % Nullphase 3. Harmonische
fs = 1000;        % Abtastfrequenz
N = 1000;         % Anzahl Abtastwerte im Untersuchungsintervall
k = 0:N-1;
% ------- Zeitdiskretes Signal
xk = xm + ampl1*cos(2*pi*k*f1/fs + phi1)+...
          ampl2*cos(2*pi*k*f2/fs + phi2)+...
          ampl3*cos(2*pi*k*f3/fs + phi3);
% ------- Amplitudenspektrum über DFT
Xn = fft(xk);
betrag_Xn = abs(Xn)/N;        phase_Xn = angle(Xn);
n = 0:N-1;
p = find(abs(real(Xn))<1e-8 & abs(imag(Xn))<1e-8);
```

```
phase_Xn(p) = 0;    % Entfernung der Fehler in der Phasenberechnung
figure(1);
text = '(f1 = 100 Hz;    f2 = 200 Hz;    f3 = 2300 Hz)';
subplot(211), stem(n, betrag_Xn, 'LineWidth', 1.2);
        title(['Betrag der FFT / N        ',text]);
        xlabel(['Frequenz in Hz (fs = ',num2str(fs),' Hz)']);
        ylabel('|FFT| / N');        grid on;
subplot(212), stem(n, phase_Xn,  'LineWidth', 1.2);
        title(['Winkel der FFT in Rad ']);
        xlabel(['Frequenz in Hz (fs = ',num2str(fs),' Hz)']);
        ylabel('Rad');              grid on;
```

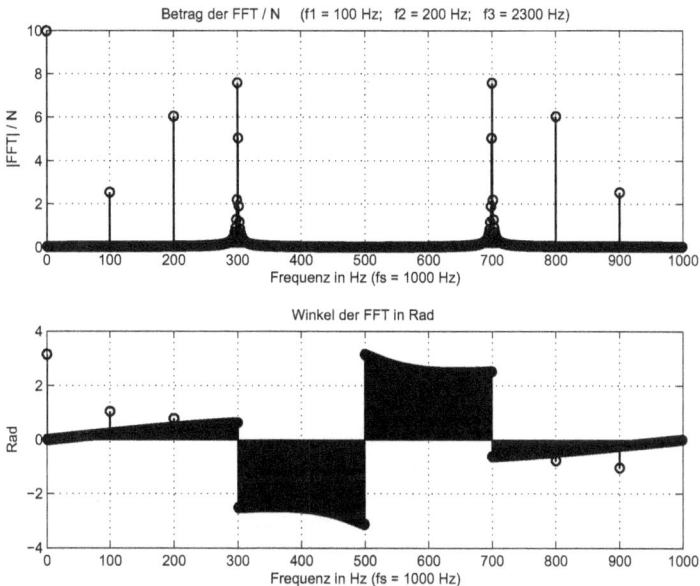

Abb. 2.14: *Amplituden- und Phasenspektrum des Signals, wenn die dritte Harmonische* Leakage *ergibt (*fourier_reihe1.m)

Abb. 2.13 zeigt das Amplituden- und Phasenspektrum des Signals. Der Mittelwert wird im Amplitudenspektrum positiv erhalten und die Nullphasenlage von π ergibt das negative Vorzeichen. Die restlichen Linien im Amplitudenspektrum stellen immer die halben Amplituden dar. Im Phasenspektrum sind die korrekten Nullphasen der cosinusförmigen Harmonischen im ersten Nyquist-Bereich enthalten: $\pi/3$, $\pi/4$ und $-\pi/5$. Im zweiten Nyquist-Bereich sind dieselben Werte mit umgekehrten Vorzeichen $-\pi/3$, $-\pi/4$ und $\pi/5$ zu sehen.

In diesem Fall hat keine Harmonische zu *Leakage*-Effekt geführt. Wenn eine Harmonische eine Frequenz hat, die zu *Leakage* führt, wie z.B. mit $f_3 = 2300,4$ Hz, dann erhält man das Spektrum aus Abb. 2.14. Es wurde mit dem gleichen Skript erzeugt, in dem nur die Frequenz f_3 geändert wurde.

Im Skript `fourier_reihe2.m` wird das gleiche Signal, das eine Harmonische mit *Leakage* hat, mit einer Fensterfunktion gewichtet und danach mit der DFT untersucht.

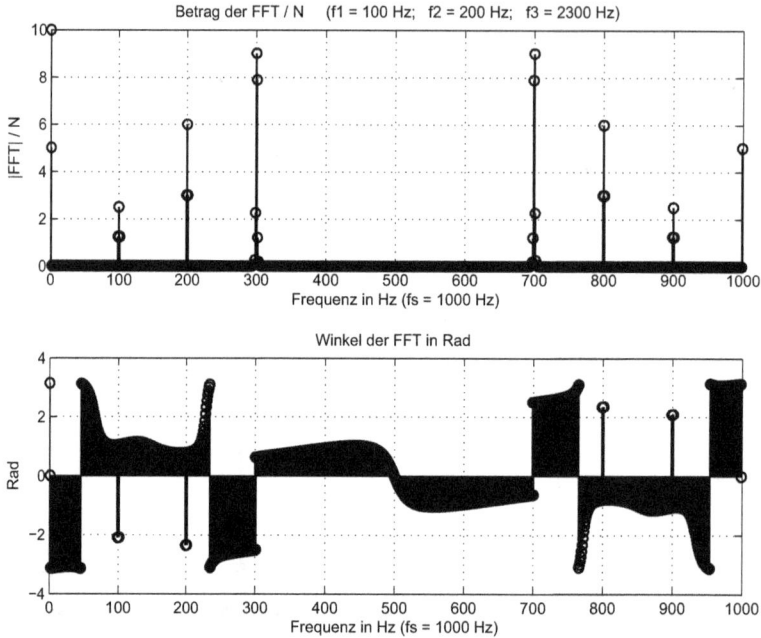

Abb. 2.15: Amplituden- und Phasenspektrum des Signals, wenn die dritte Harmonische Leakage *ergibt und das Signal mit Fensterfunktion gewichtet ist (*fourier_reihe2.m*)*

Abb. 2.15 zeigt das entsprechende Linienspektrum, das jetzt auch für die Harmonischen, die ursprünglich kein *Leakage* hatten, zusätzliche Linien beinhaltet. In Abb. 2.16 ist der Bereich um die zweite Harmonische der Frequenz $f_2 = 200$ Hz vergrößert dargestellt. Die höchste Linie im Amplitudenspektrum, die gleich 6 ist, stellt weiterhin korrekt die halbe Amplitude dieser Harmonischen ($\hat{x}_2 = 12$). Die Phase von $\varphi_2 = \pi/4 = 0,7854$ im Phasenspektrum ist die korrekte Nullphase der gleichen Harmonischen. Es entstehen aber im Amplitudenspektrum zwei zusätzliche, symmetrische Linien und im Phasenspektrum sind auch mehr Linien, sowohl links als auch rechts von der gewünschten Linie.

Die zusätzlichen zwei Linien im Amplitudenspektrum sind leicht zu erklären. Die eingesetzte Hanning-Fensterfunktion [10] ist durch

$$w[k] = \frac{1}{2}\left(1 - \cos(\frac{2\pi k}{N-1})\right), \quad \text{mit} \quad 0 \leqq k \leqq N-1 \tag{2.32}$$

gegeben. Die Multiplikation dieses Fensters z.B. mit der Harmonischen der Frequenz $f_2 = 200$ Hz

$$x_2[k] = 12 \cos(2\pi 200 k/1000 + \pi/4), \quad \text{mit} \quad 0 \leqq k \leqq N-1 \tag{2.33}$$

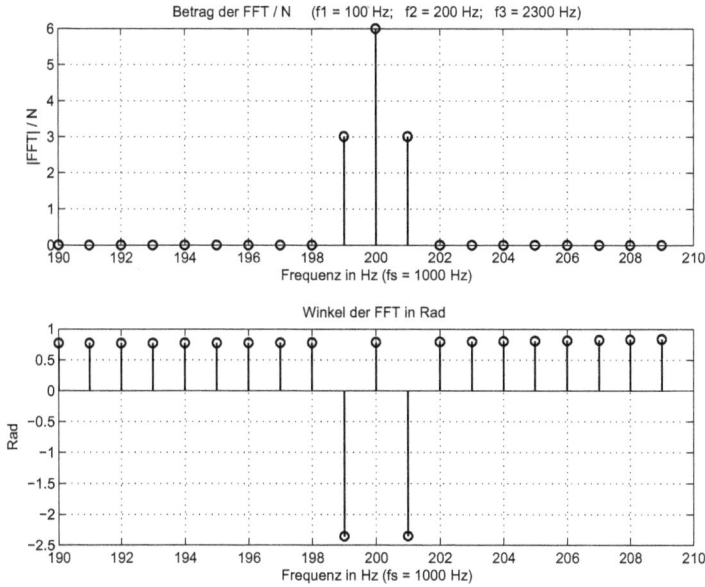

Abb. 2.16: Amplituden- und Phasenspektrum des gewichteten Signals für die Harmonische mit $f_2 = 200$ Hz, bei der ursprünglich kein Leakage auftritt (fourier_reihe2.m)

ergibt folgende Glieder:

$$
\begin{aligned}
w[k]x_2[k] =\,&6\cos(2\pi 200 k/1000 + \pi/4)-\\
&3\left[\cos(2\pi(200/1000 + \frac{2\pi}{N-1})k + \pi/4)\right]-\\
&3\left[\cos(2\pi(200/1000 - \frac{2\pi}{N-1})k + \pi/4)\right]
\end{aligned}
\tag{2.34}
$$

Die zusätzlichen Spektrallinien entsprechen den zwei letzten Gliedern dieser Gleichung und besitzen die relativen und absoluten Frequenzen:

$$
\begin{aligned}
\frac{200}{1000} + \frac{1}{1000-1} &\cong 201/1000 \quad \text{oder} \quad 201\,Hz\\
\frac{200}{1000} - \frac{1}{1000-1} &\cong 199/1000 \quad \text{oder} \quad 199\,Hz
\end{aligned}
\tag{2.35}
$$

Die Amplituden dieser Glieder erscheinen im Amplitudenspektrum (Abb. 2.16). In der komplexen Form, die über die DFT erzeugt wird, sind die Amplituden nochmals durch zwei geteilt. Das Teilen der DFT mit $\sum(w) \cong 500$ statt mit $N = 1000$ ergibt dann die Werte aus der Abb. 2.15.

In ähnlicher Weise entstehen auch die zusätzlichen Linien für die andere Harmonische der Frequenz $f_1 = 100$ Hz, die ursprünglich auch kein *Leakage* ergab. Der maximale Betrag im Amplitudenspektrum und der entsprechende Wert der Phase sind auch hier korrekt.

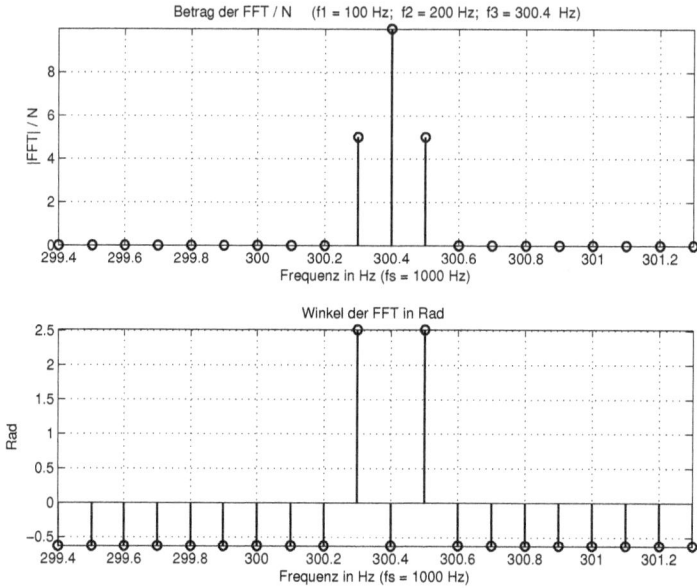

Abb. 2.17: Amplituden- und Phasenspektrum des Signals mit N = 10000 (Auflösung der DFT 0,1 Hz/Bin) in der Umgebung der Frequenz $f_3 = 300,4$ Hz (fourier_reihe4.m)

Beim Mittelwert, der einer Frequenz gleich null entspricht, entsteht aus demselben Grund und zwar über die Fensterfunktion, eine zusätzliche Spektrallinie. Mit der Zoom-Funktion der Darstellung aus Abb 2.15 sieht man diese Linie bei Bin 1, die der Grundfrequenz entspricht. Die Cosinusfunktion aus dem Ausdruck der Fensterfunktion hat die Periode annähernd gleich der Größe des Untersuchungsintervalls oder der Grundperiode.

Bei der verschobenen Harmonischen mit $f_3 = 2300,4$ Hz, die *Leakage* ergab und im Spektrum sowohl die Amplitude als auch die Phase mit großen Fehlern zeigte (Abb. 2.14), werden über die Fensterfunktion und das Teilen der DFT mit $\sum(w)$ statt mit N andere Fehler erhalten. Statt Betrag 10 wird jetzt ein Wert von 9,0117 erhalten und statt $-\pi/5 = -0,6283$ wird eine total falsche Phase von 0,6271 erhalten.

Die Erklärung ist wieder in der Fourier-Transformierten der Fensterfunktion zu suchen. Weil das Fenster vom Zeitindex 0 bis $N-1$ genommen wird, ist die Phase ihrer Transformierten linear und hat eine Steilheit $d\varphi(\omega)/d\omega$ gleich der Verspätung $T_s(N/2)$. Diese verfälscht nach der Faltung mit der Fourier-Transformierten des Signals dessen Nullphase. Korrekte Phase erhält man nur, wenn die Auflösung der DFT $\Delta f = f_s/N$ so gut ist, dass ein Bin für diese Frequenz vorhanden ist.

Eine Möglichkeit die Auflösung zu erhöhen ist das Untersuchungsintervall zu vergrößern und mehrere Abtastwerte für die DFT (oder FFT) zur Verfügung zu stellen. Im Skript fourier_reihe4.m wird N auf 10000 erhöht. Zur Vereinfachung ist hier die dritte Harmonische mit der verschobenen Frequenz von $f_3 = 300,4$ Hz (statt 2300,4) angenommen. Die Auflösung ist jetzt $\Delta f = f_s/N = 0,1$ Hz/Bin und somit ist auch für die Frequenz f_3 ein Bin vorhanden. Abb. 2.17 zeigt die Umgebung dieser Frequenz aus der ersichtlich wird, dass die

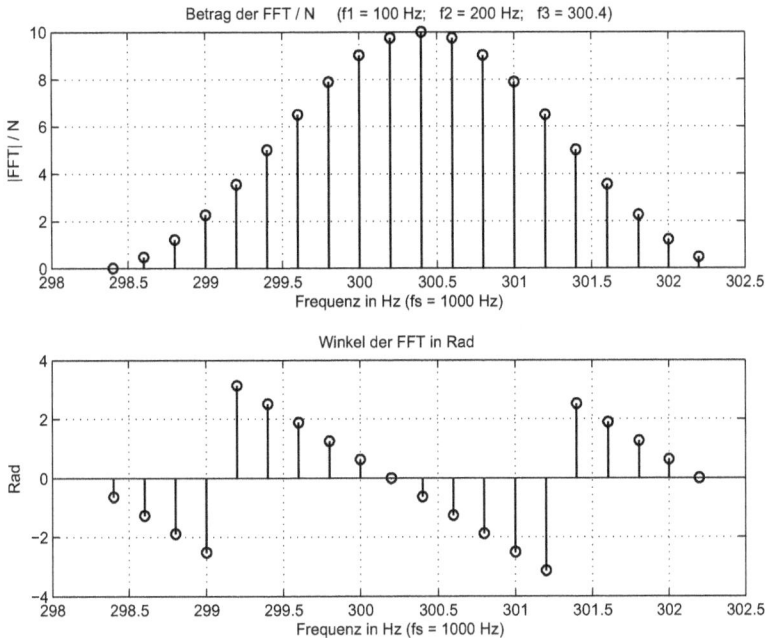

Abb. 2.18: Amplituden- und Phasenspektrum des mit Nullwerten erweiterten Signals (FFT mit 5000 Punkten und 0,2 Hz/Bin Auflösung der DFT) in der Umgebung der Frequenz $f_3 = 300,4$ Hz (fourier_reihe5.m)

Phase die korrekte Nullphase von $-\pi/5$ ist.

Im Skript `fourier_reihe4.m` bleibt das Signal mit $N = 1000$ Werten, aber die FFT wird mit 5000 Werten aufgerufen, so dass die Auflösung jetzt $\Delta f = f_s/5000 = 0,2$ Hz/Bin ist. Abb. 2.18 zeigt das Spektrum in der Umgebung der Frequenz von $f_3 = 300,4$ Hz. Der Betrag und die Phase entsprechen wieder der halben Amplitude und der Nullphase dieser Harmonischen. Die Zwischenwerte sind aber interpolierte Werte, die eigentlich die Auflösung nicht erhöhen.

Man erkennt die Fourier-Transformierte des Fensters in Form einer $sin(x)/x$-Funktion und die lineare Phase in der Umgebung der Frequenz von 300 Hz. Bei der Frequenz von 300,4 Hz erhält man die korrekte Phase als Nullphase dieser Harmonischen. Sie hat die lineare Phase des Fensters nach unten verschoben.

Bei *Leakage* ist die Phase des Fensters die Ursache für einen systematischen Fehler in der absoluten Phase der FFT. Wenn man in der Anwendung aber Phasendifferenzen benötigt, dann kann man die FFT auch mit *Leakage* benutzen, weil der systematische Fehler durch Differenz unterdrückt wird. In dem nächsten Experiment wird so eine Anwendung simuliert. In praktischen Anwendungen bei denen die Daten als Messungen vorliegen, entsteht gewöhnlich *Leakage* und man setzt die üblichen Fensterfunktionen ein.

Experiment 2.2: Modal-Analyse eines Hochhauses mit 3 Stockwerken

Durch die Modal-Analyse werden die Schwingungsarten einer Struktur, die auch Schwingungsmoden genannt werden, ermittelt [13], [7]. Hier wird eine einfache Struktur in Form eines "Hochhauses" mit drei Etagen, wie in Abb. 2.19a gezeigt, untersucht. Die prinzipiellen Moden sind in den Abbildungen 2.19b, c und d gezeigt, die später auch mit der Stärke der Auslenkungen (Amplituden) ergänzt wurden.

Die erste Art entspricht der tiefsten Eigenfrequenz des Systems und zeigt, dass alle drei Massen in die selbe Richtung schwingen. Die nächste Eigenfrequenz führt zur Art aus Abb. 2.19c, die wegen der Symmetrie der Struktur einen Schwingungsknoten für die Masse m_2 ergibt. Schließlich zeigt die letzte Art, die sich bei der höchsten Eigenfrequenz einstellt, dass die Masse m_2 entgegen den anderen zwei Massen schwingt, die sich gleichphasig bewegen.

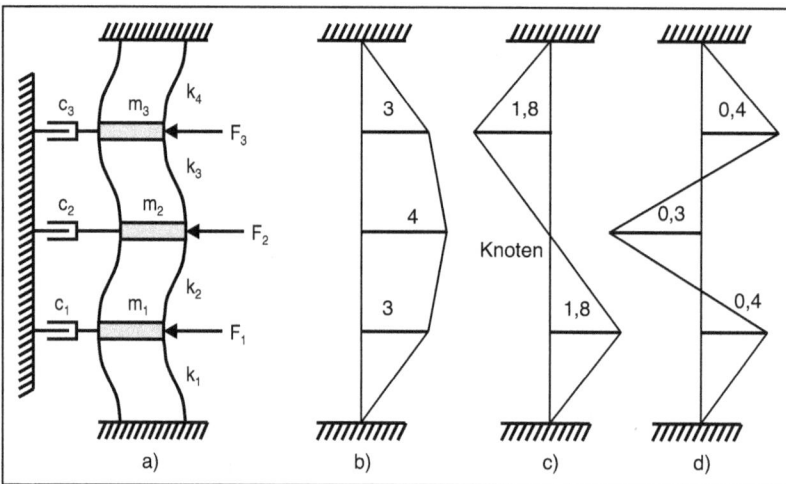

Abb. 2.19: Hochhaus mit drei Etagen und die möglichen Schwingungsarten (Moden)

Im Experiment werden diese Arten aus der Messung der Schwingungen der Lagen dieser Massen ermittelt, wenn z.B. die letzte Masse mit einer Stoßkraft erregt wird. Obwohl die Signale aus einem aperiodischen Vorgang stammen, wird das gewählte Untersuchungsintervall als Periode angenommen und die Schwingungen als Harmonische eines periodischen Signals betrachtet.

Das System wird mit Hilfe eines Zustandsmodells beschrieben [10], [32], das sich aus folgenden Differentialgleichungen ableitet:

$$m_1\ddot{y}_1 + c_1\dot{y}_1 + k_1 y_1 + k_2(y_1 - y_2) = F_1;$$
$$m_2\ddot{y}_2 + c_2\dot{y}_2 + k_2(y_2 - y_1) + k_3(y_2 - y_3) = F_2; \qquad (2.36)$$
$$m_3\ddot{y}_3 + c_3\dot{y}_3 + k_4 y_3 + k_2(y_3 - y_2) = F_3;$$

Mit y_i wurden die Lagen der drei Massen relativ zur Gleichgewichtslage bezeichnet. Die Zeitabhängigkeit wurde zur Vereinfachung in den Bezeichnungen weggelassen. Die Koeffizienten c_i stellen äquivalente viskose Dämpfungen dar und die Koeffizienten k_i sind äquivalente Federkonstanten dieses Feder-Masse-Systems. Aus den Differentialgleichungen ergeben sich sechs Zustandsvariablen:

$$x_1 = y_1; \quad x_2 = y_2; \quad x_3 = y_3; \quad x_4 = \dot{y}_1; \quad x_5 = \dot{y}_2; \quad x_6 = \dot{y}_3; \qquad (2.37)$$

Das Zustandsmodell in kompakter Matrixform ist:

$$\begin{aligned} \dot{x} &= \mathbf{A}x + \mathbf{B}u \\ y &= \mathbf{C}x + \mathbf{D}u \end{aligned} \qquad (2.38)$$

Im Vektor $\mathbf{u}$ sind die drei Kräfte, die auf die Massen einwirken, enthalten und im Vektor $\mathbf{y}$ als Ausgangsvektor sind nur die Lagen der Massen zusammengefasst.

Im Skript Hoch_haus2.m werden am Anfang die Matrizen des Modells gebildet:

```
% Modal-Analyse eines Hochhauses (hoch_haus2.m) mit drei
% Stockwerken (über die FFT)
clear;
% ------- Zustandsmodell des Hochhauses
m = [1, 1, 1];          % Massen der Etagen
k = [1, 1, 1, 1];       % Steifigkeit der Ersatzfeder
c = [0.05, 0.05, 0.05]/2;    % Viskose Ersatzdämpfungen
A = zeros(6,6);         A(1:3, 4:6) = eye(3,3);
A(4,1) = -(k(1) + k(2))/m(1);        A(4,2) = k(2)/m(1);
A(4,4) = -c(1)/m(1);
A(5,1) = k(2)/m(2);     A(5,2) = -(k(2) + k(3))/m(2);
A(5,3) = k(3)/m(2);     A(5,5) = -c(2)/m(2);
A(6,2) = k(3)/m(3);     A(6,3) = -(k(4) + k(3))/m(3);
A(6,6) = -c(3)/m(3);
B = [zeros(3,3); 1/m(1) 0 0; 0 1/m(2) 0; 0 0 1/m(3)];
C = [eye(3,3), zeros(3,3)];
D = [zeros(3,3)];
```

Danach werden einige Parameter der Simulation definiert und die Kraft F_3 als Stoß auf die letzte Masse m_3 gebildet. Die Antwort wird mit der MATLAB-Funktion lsim aus der *Control System Toolbox* ermittelt:

```
% ------- Simulation der Antwort auf einen
% Hammerstoss
ni = 1000;              % Anzahl Abtastwerte (gerade Zahl)
Ts = 0.5;               % für die Ermittlung der Antwort
fs = 1/Ts;
puls = 5;               % Dauer des Stosses
staerke = 100;          % Stärke des Stosses
F3 = [staerke*ones(puls,1); zeros(ni-puls,1)]; % Stoss
u = [zeros(ni,2), F3];  % Eingangsstoss
t = 0:Ts:(ni-1)*Ts;     % Simulationszeit
my_sys = ss(A,B,C,D);   % System Definition
x0 = zeros(6,1);        % Anfangsbedingungen des Zustandvektors
[y, x] = lsim(my_sys, u, t, x0);   % Ermittlung der Antwort mit lsim
........
```

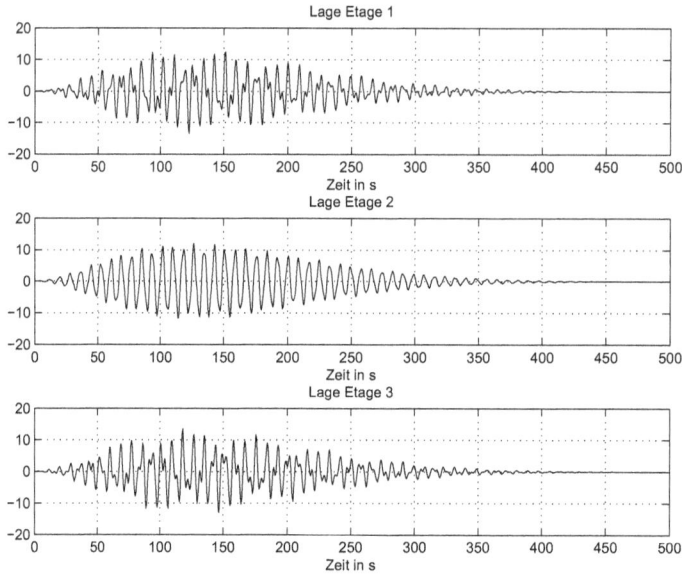

Abb. 2.20: Gewichtete Lagen der drei Massen nach einer Anregung mit einem Hammerstoß
(hoch_haus2.m)

Das resultierende Feld y enthät in drei Spalten die Lagen der Massen, die jetzt analysiert werden. Zuerst werden sie mit der Hann-Fensterfunktion gewichtet und dargestellt. Abb. 2.20 zeigt die drei erhaltenen Signale.

```
N = ni;
w = hann(N);               % Fensterfunktion
y = y.*[w,w,w];      % Gewichtung des Zustandvektors
........
```

Die Spektren werden, wie schon bekannt, über die FFT berechnet:

```
........
% ------- Amplituden- und Phasenspektren über die FFT
Y1 = fft(y(:,1))/sum(w);
Y2 = fft(y(:,2))/sum(w);
Y3 = fft(y(:,3))/sum(w);
........
% Berechnung der Winkel der FFT (Phasenspektren)
phi1 = angle(Y1);
phi2 = angle(Y2);
phi3 = angle(Y3);
........
```

Abb. 2.21 zeigt die Amplitudenspektren für die Lagen der drei Massen. Alle Eigenfrequenzen des Systems sind in der ersten und letzten Darstellung ersichtlich. In der zweiten Darstellung, die der Masse m_2 entspricht, fehlt die Amplitude der zweiten Eigenfrequenz, weil die Schwin-

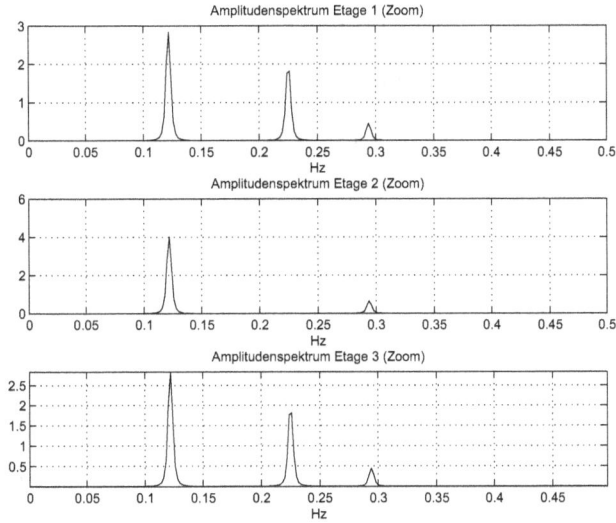

Abb. 2.21: Amplitudenspektren der Lagen der drei Massen (hoch_haus2.m)

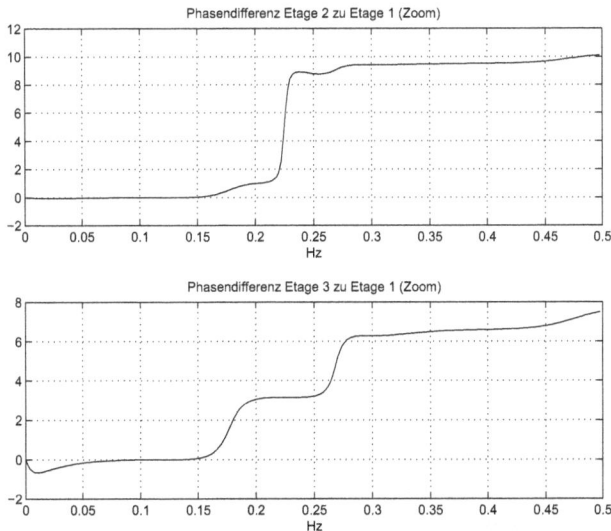

Abb. 2.22: Phasendifferenzen von Masse 2 und Masse 1 bzw. Masse 3 und Masse 1 (hoch_haus2.m)

gungsart hier einen Knoten hat. Die Darstellung ist ein Ausschnitt (Zoom) der vollständigen FFT, die im Skript erzeugt und hier nicht mehr gezeigt wird.

Aus den Winkeln der drei FFTs werden die Differenzen der Winkel der Masse m_2 und der Masse m_1 bzw. Masse m_3 und ebenfalls der Masse m_1 ermittelt. Daraus ergeben sich die Schwingungsarten bei den drei Eigenfrequenzen.

```
.......
% Darstellung der Phasendifferenzen Etage 2 zu Etage 1 und
% Etage 3 zu Etage 1
figure(3);       clf;
subplot(211), plot((0:N-1)*fs/N, unwrap(phi2-phi1));
title('Phasendifferenz Etage 2 zu Etage 1');
xlabel('Hz');      grid on;
axis tight;
subplot(212), plot((0:N-1)*fs/N, unwrap(phi3-phi1));
title('Phasendifferenz Etage 3 zu Etage 1');
xlabel('Hz');      grid on;
axis tight;
.......
% ------- Zoom der FFT
ndst = 1:fix(N/4);
.......
figure(5);       clf;
subplot(211), plot((ndst-1)*fs/N, unwrap(phi2(ndst)-phi1(ndst)));
        title('Phasendifferenz Etage 2 zu Etage 1 (Zoom)');
        xlabel('Hz');      grid on;
%axis tight;
subplot(212), plot((ndst-1)*fs/N, unwrap(phi3(ndst)-phi1(ndst)));
        title('Phasendifferenz Etage 3 zu Etage 1 (Zoom)');
        xlabel('Hz');      grid on;
%axis tight;
```

Tabelle 2.1: Halbe Amplituden und relative Phasenlagen

Frequenz	Ampl. m_1	φ_{11}	Ampl. m_2	φ_{21}	Ampl. m_3	φ_{31}
f_1	3	0	4	0	3	0
f_2	1,8	0	0	Knoten	1,8	π
f_3	0,4	0	0,3	3π	0,4	2π

Tabelle 2.1 fasst die Ergebnisse aus den Abbildungen 2.21 und 2.22 zusammen. Daraus resultieren auch die Schwingungsarten (Moden) aus Abb. 2.19b, c und d in denen auch die Amplituden angegeben sind. Gewöhnlich werden die Auslenkungen aus solchen Bildern normiert, z.B. bezogen auf die Auslenkung der Masse m_1.

Im Skript hoch_haus1.m sind die Eigenfrequenzen aus der Zoom-Darstellung gelesen und mit vertikalen Linien markiert, so dass man die Phasendifferenzen, die in der Tabelle eingetragen sind, lesen kann. Weitere Experimente können über das Skript hoch_haus2.m durchgeführt werden. Als Beispiel kann man das letzte Stockwerk mit k = [1,1,1,0] frei schwingen lassen und die Schwingungsarten für diesen, nicht mehr symmetrischen Fall, ermitteln.

In einigen Anwendungen sind die Amplituden der Harmonischen sehr unterschiedlich und in der linearen Darstellung verschwinden die kleinen Amplituden relativ zu den großen. In diesen Fällen ist eine logarithmische Skalierung sehr nützlich. Vielmals wird das Amplitudenspektrum in "dB" (decibel) dargestellt [34]:

$$A(\omega)^{dB} = 20 \log_{10} \frac{A(\omega)}{A_{ref}} \tag{2.39}$$

Hier ist $A(\omega)$ ein beliebiges Amplitudenspektrum und A_{ref} ist eine positive Bezugsamplitude, mit verschiedenen Werten für verschiedene technische Bereiche. Es wird hier $A_{ref} = 1$ angenommen, so dass die Umwandlung der dB in Amplitudenwerte sehr einfach ist:

$$A(\omega) = 10^{A(\omega)^{dB}/20} \tag{2.40}$$

In den gezeigten Amplitudenspektren aus Abb. 2.21 sind die Amplituden der angeregten Schwingungen bei der dritten Eigenfrequenz relativ klein und hier ist eine logarithmische Darstellung sehr nützlich. Im Skript `hoch_haus2.m` wird zuletzt das gezoomte Amplitudenspektrum auch logarithmisch erzeugt und dargestellt (Abb. 2.23). Man erkennt hier besser den

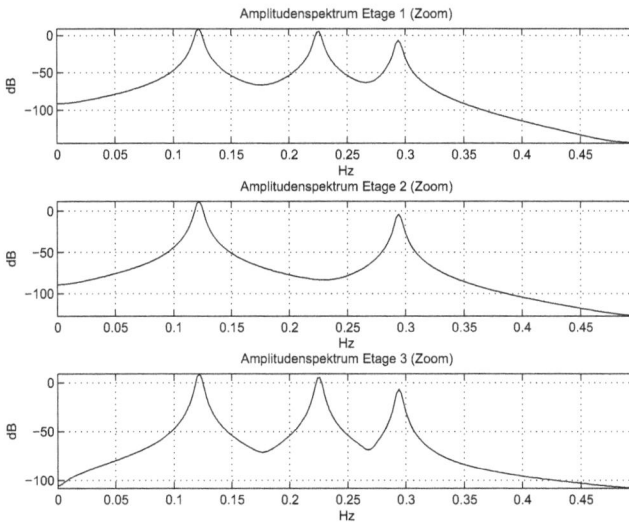

Abb. 2.23: Amplitudenspektren der Lagen der drei Massen in dB (hoch_haus2.m)

Knoten bei der zweiten Eigenfrequenz in der Bewegung der zweiten Masse. Für andere Parameter, wie z.B. `k = [1,1,1,0]`, welche die Verbindung der letzten Etage zur Bezugsmasse oben unterbricht, zeigt die logarithmische Darstellung auch die relativ kleinen Amplituden der zweiten Masse.

Die Dauer des Anregungspulses beeinflusst auch die gezeigten Spektren. Man kann sich für die Anregung durch einen realen Puls folgendes Modell vorstellen. Ein idealer Impuls in Form einer Delta-Funktion erzeugt über ein Halteglied nullter Ordnung [15], [23] den realen Puls mit begrenzter Größe und Dauer verschieden von null. Somit ist das Spektrum des Pulses durch den Frequenzgang des Halteglieds nullter Ordnung geformt. Im Bereich der Eigenschwingungen sollte der Frequenzgang flach sein. Die zusätzliche Phasenverschiebung durch dieses Glied wird in den Differenzen aufgehoben [15], [23].

Die Skripte sind in ihrer Komplexität auf ein Minimum reduziert, um sie verständlich zu bewahren. Es wurde z.B. auf eine im Programm automatische Suche der Maximalwerte in den Amplitudenspektren verzichtet und dadurch auch auf die automatische Feststellung der Eigenfrequenzen. Der Leser kann, ausgehend von diesen Skripten, die Programme erweitern und die Untersuchung so gestalten, dass alle signifikanten Werte automatisch ermittelt werden.

Experiment 2.3: Fourier-Reihe über die FFT für ein rechteckiges Signal

Im Skript `fourier_pulse1.m` wird eine Periode eines rechteckigen periodischen Signals über die DFT (FFT) untersucht. Weil das rechteckige Signal sehr viele Harmonische besitzt und dadurch Aliased-Komponenten wegen der Abtastung auftreten, stellt es ein gutes didaktisches Beispiel dar.

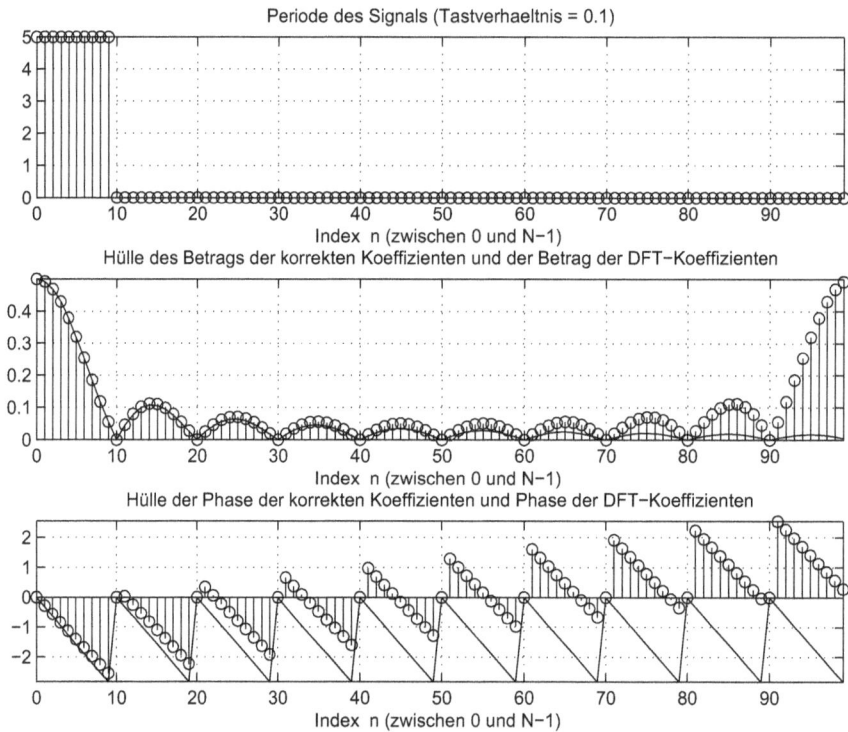

Abb. 2.24: a) Periode des Signals b) Hülle des Betrags der korrekten Koeffizienten und der Betrag der DFT-Koeffizienten c) Hülle der Phase der korrekten Koeffizienten und Phase der DFT-Koeffizienten (fourier_pulse1.m)

Abb. 2.24 zeigt ganz oben die Periode des Signals, das so abgetastet ist, dass darin 100 Abtastwerte enthalten sind. Das Tastverhältnis als Verhältnis Dauer-Puls/Dauer-Periode ist hier 0,1 und kann einfach im Skript geändert werden. Am Anfang wird die Periode des Signals im

Vektor x gebildet und danach über die DFT das komplexe Spektrum angenähert:

```
.........
% ------- Parameter der Pulsfolge
N = 100;            % Anzahl der Abtastwerte in einer Periode
ntau = 10;           % Dauer des Pulses in der Periode
Ts = 1e-3;          % Abtastperiode
fs = 1/Ts;          % Abtastfrequenz
T0 = N*Ts;          % Periode
h = 5;              % Höhe des Pulses
x = h*[ones(1, ntau), zeros(1, N-ntau)];          % Periode des Signals
% ------- DFT der Periode
X = fft(x)/N;           % DFT
betrag_X = abs(X);        % Betrag der DFT
phase_X = angle(X);       % Winkel der DFT
p = find(abs(real(X))<1e-8 & abs(imag(X))<1e-8);
phase_X(p) = 0;    % Entfernung der Fehler in der Phasenberechnung
```

Das Ergebnis wird mit der Hülle der korrekten Koeffizienten der Fourier-Reihe verglichen. Für eine Periode, die wie in Abb. 2.2a bei der Abtastung angenommen wurde, sind die korrekten Koeffizienten der komplexen Fourier-Reihe einfach zu berechnen:

$$c_n = \frac{h\tau}{T_0}\, e^{-j\pi n\tau/T_0}\, \frac{\sin(\pi n\tau/T_0)}{\pi n\tau/T_0} \tag{2.41}$$

Wobei T_0 die Dauer der Periode ist und τ die Dauer des Pulses der Höhe h ist. Das Tastverhältnis ist somit τ/T_0. Im Skript werden diese Koeffizienten wie folgt berechnet:

```
% ------- Hülle der idealen komplexen Fourier-Koeffizienten
n = 0:N-1;
cn = (h*ntau/N)*exp(-j*pi*n*ntau/N).*sinc(n*ntau/N);
betrag_cn = abs(cn);           phase_cn = angle(cn);
p = find(abs(real(cn))<1e-8 & abs(imag(cn))<1e-8);
phase_cn(p) = 0;    % Entfernung der Fehler in der Phasenberechnung
.........
```

In Abb. 2.24 in der Mitte sind die Beträge der DFT-Koeffizienten geteilt durch N zusammen mit den Beträgen der korrekten Koeffizienten cn als Hülle dargestellt. Es entsteht Aliasing für die Harmonischen, deren Frequenzen über $f_s/2$ liegen, die zu Fehlern der Annäherung über die DFT führen. Die Annäherung der realen Koeffizienten über die DFT geht nur bis zu den Indizes $N/2$. An dieser Grenze erhält man die größten Fehler. Weil die Amplituden der Harmonischen mit steigendem Index abnehmen, werden die Fehler immer kleiner und sind vernachlässigbar im ersten Bereich bis zum Index 10 oder 20.

Zu bemerken sei, dass hier die Aliased-Harmonischen genau die gleichen Bins im ersten Nyquist-Intervall wie die Harmonischen aus diesem Intervall belegen und dadurch entstehen Fehler bei der Schätzung der komplexen Koeffizienten der Fourier-Reihe über die DFT.

Ganz unten in Abb. 2.24 sind die Hülle der Phase der korrekten Koeffizienten und die Phasen der DFT gezeigt. Die Abweichungen der Phasen sind wiederum relativ groß in der Umgebung von N/2. In Abb. 2.25 ist das erste Nyquist-Intervall bis Index N/2 (oder $f_s/2$) gezeigt, um die Fehler besser hervor zu heben.

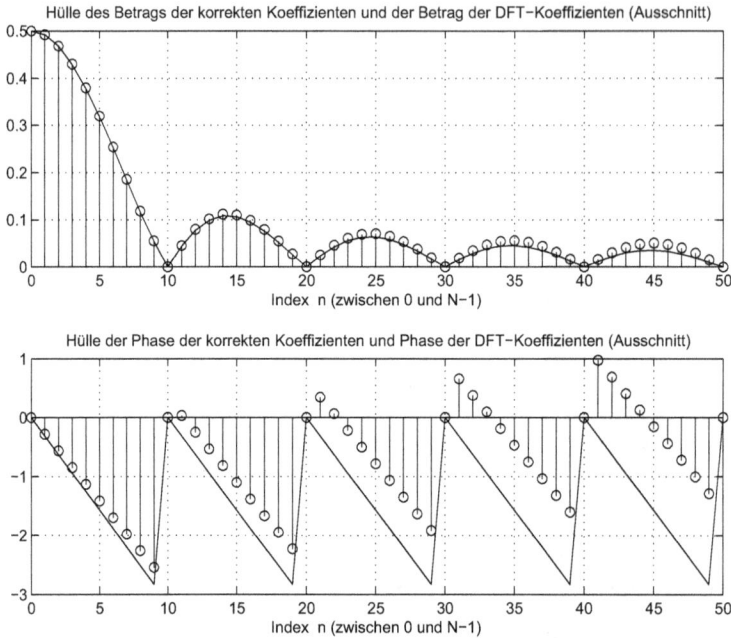

Abb. 2.25: Hülle des Betrags der korrekten Koeffizienten und der Betrag der DFT-Koeffizienten bzw. Hülle der Phase der korrekten Koeffizienten und Phase der DFT-Koeffizienten (Ausschnitt) (fourier_pulse1.m)

Wenn man die Periode dichter mit größerem Wert für N abtastet, werden die Fehler am Anfang des ersten Nyquist-Intervalls kleiner. Der Leser kann einfach die Parameter der Simulation ändern, um weitere Aspekte zu untersuchen. Als Beispiel ist mit kleinerem Tastverhältnis die erste Nullstelle (T_0/τ) der Hülle der Koeffizienten größer, was dazu führt, dass sich die harmonischen Komponenten mehr ausdehnen und größere Fehler zu erwarten sind.

Für ein rechteckiges bipolares Signal mit $\tau = T_0/2$ und Pulshöhe h, das mit dem Intervall τ beginnt, findet man in Tabellen [3] folgende Fourier-Reihe:

$$x(t) = \frac{4h}{\pi}\left(\sin(2\pi t/T_0) + \frac{1}{3}\sin(2\pi t 3/T_0) + \frac{1}{5}\sin(2\pi t 5/T_0)\dots\right) \tag{2.42}$$

Sie entspricht den Koeffizienten der komplexen Fourier-Reihe, die durch

$$c_n = h\,e^{-j\pi n/2}\frac{\sin(\pi n/2)}{\pi n/2}, \qquad n = \pm1, \pm2, \pm3, \dots$$
$$c_0 = 0 \tag{2.43}$$

gegeben sind. Die geraden Koeffizienten sind alle null. Dieses rechteckige Signal besitzt viele Harmonische und durch Abtastung entsteht die Möglichkeit einer mehrfachen Verschiebung, bei der die Aliased-Harmonischen nicht auf die gleichen Bins der FFT wie die Harmonischen aus dem ersten Nyquist-Intervall fallen.

Um die mehrfache Aliasing-Möglichkeit zu verstehen, sind in Abb. 2.26 einige Fälle skizziert. Der erste Fall a) zeigt welche Komponenten des Betrags des Spektrums eines kontinuierlichen Signals, das sich über die Frequenz $f_s/2$ ausdehnt, im ersten Nyquist-Intervall aliased (oder verschoben) werden. Sie sind geschwärzt hervorgehoben. Im zweiten Fall dehnt sich der Betrag des Spektrums des kontinuierlichen Signals über die Frequenz f_s, was dazu führt, dass zwei Teile dieses Spektrums im ersten Nyquist-Intervall verschoben werden. Einmal wird der Bereich zwischen $f_s/2$ und f_s über das ganze erste Nyquist-Intervall verschoben. Hinzu kommt noch der Bereich, der über der Frequenz f_s liegt.

Abb. 2.26c zeigt schließlich, wie vier Teile des Betrags des Spektrums des kontinuierlichen Signals im ersten Nyquist-Intervall verschoben werden.

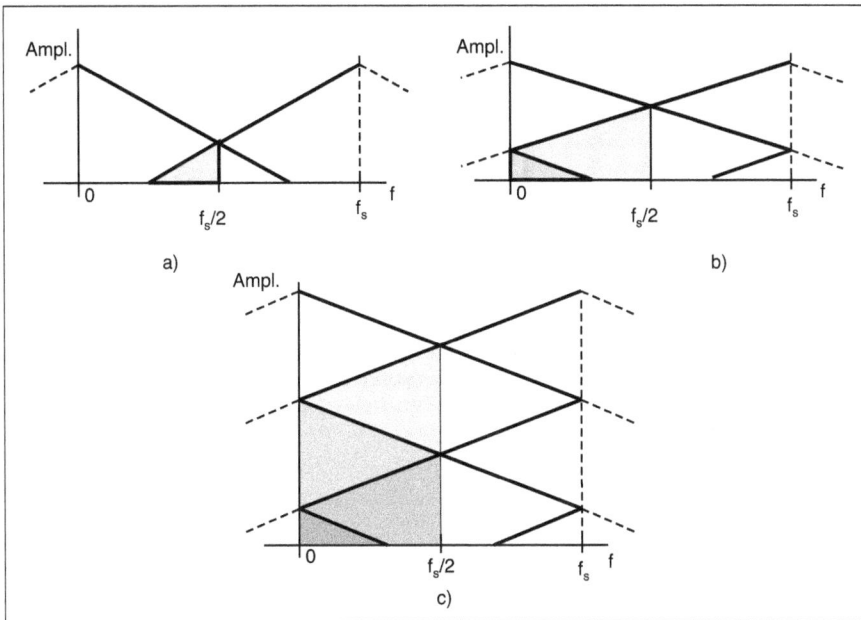

Abb. 2.26: Mögliche Aliasing-Fälle

Die Phasenlagen der verschobenen Komponenten bleiben dieselben für Frequenzen, die im Intervall $nf_s < f < nf_s + f_s/2$ liegen und ändern ihr Vorzeichen für Frequenzen, die im Intervall $nf_s + f_s/2 < f < (n+1)f_s$ liegen.

Als Beispiel wird bei $f_s = 1000$ Hz eine Harmonische der Frequenz $f = 3200$ Hz, die zwischen $3f_s$ und $3f_s + f_s/2$ liegt, zur Frequenz 200 Hz mit derselben Phasenlage verschoben. Dagegen wird eine Harmonische der Frequenz $f = 3800$ Hz, die zwischen $3f_s + f_s/2$ und $4f_s$ liegt, zur gleichen Frequenz von 200 Hz mit geändertem Vorzeichen der Phasenlage verschoben.

Im Skript `aliasing_1.m` wird das Linienspektrum eines bipolaren rechteckigen Signals untersucht. Am Anfang werden die Harmonischen des Signals (gemäß der Fourier-Reihe aus der Tabelle) im ersten Nyquist-Intervall zusammen mit den verschobenen berechnet und dargestellt. Die entsprechenden Programmzeilen sind:

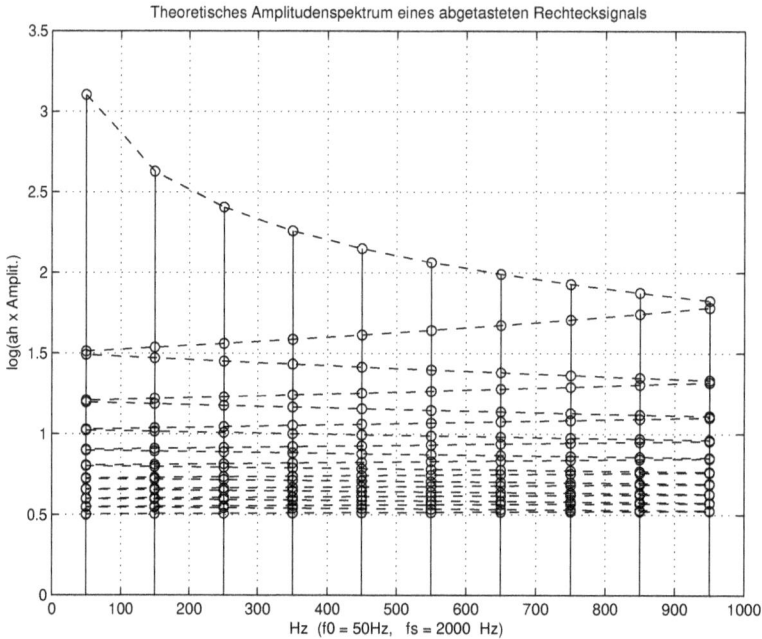

Theoretisches Amplitudenspektrum eines abgetasteten Rechtecksignals

Abb. 2.27: Harmonische und verschobene Harmonische des rechteckigen Signals für f_s/f_0 eine ganze Zahl (aliasing_1.m)

```
% Skript aliasing_1.m in dem das Amplitudenspektrum
% eines abgetasteten rechteckigen Signals untersucht wird

clear;
f0 = 50;          % Frequenz des rechteckigen Signals
fs = 2000;        % Abtastfrequenz
n = 0:200;
k = 2*n + 1;      % Index der ungeraden Harmonischen
nk = length(k);
h = 1;            % Hoehe des rechteckigen Signals
ah = 1e3;         % Skalierungsfaktor, so dass ak_min > 1 ist
ak = ah*(4*h/pi)./k;   % Theoretische Amplituden der Harmonischen
fk = f0*k;        % Frequenzen der Harmonischen
%###############
falias = zeros(1,nk);   % Verschobene (Aliased) Frequenzen
for p = 1:nk
    f_temp = rem(fk(p), fs);
%   f_temp = mod(fk(p), fs);
    if (f_temp < fs/2),
        falias(p) = f_temp;
    else falias(p) = fs - f_temp;
    end;
```

```
end;
figure(1);    clf;
stem(falias, log10(ak));
La = axis;    axis([0,fs/2, 0, La(4)]);
hold on;
plot(falias, log10(ak),'--r');
hold off;
title('Theoretisches Amplitudenspektrum eines abgetasteten Rechtecks');
xlabel(['Hz ', '(f0 = ', num2str(f0),'Hz,    fs = ', num2str(fs),' Hz)']);
ylabel('log(ah x Amplit.)');   grid on;
.....
```

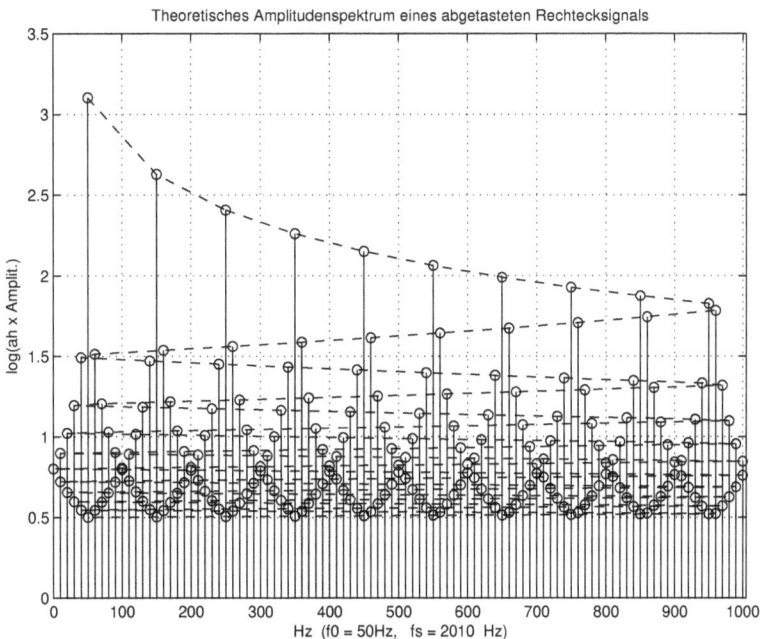

Abb. 2.28: Harmonische und verschobene Harmonische des rechteckigen Signals für f_s/f_0 keine ganze Zahl (aliasing_1.m)

Mit Hilfe der MATLAB-Funktion **mod** oder **rem** wird festgestellt in welchem Intervall die Frequenzen der jeweiligen ungeraden Harmonischen liegen ($nf_s < f < nf_s+f_s/2$ oder $nf_s + f_s/2 < f < (n+1)f_s$), um sie danach korrekt zu verschieben.

Abb. 2.27 zeigt die Amplituden der ersten 200 Harmonischen für $f_0 = 50$ Hz und $f_s = 2000$ Hz logarithmisch skaliert. Um die Darstellung der Linien mit der Funktion **stem** zu ermöglichen, wird die Höhe der Pulse h mit ah multipliziert, so dass auch die kleinen Amplituden größer als eins sind und mit der Funktion **stem** als Linien nach oben dargestellt werden.

Weil das Verhältnis $f_s/f_0 = 40$ eine ganze Zahl ist, fallen die verschobenen Harmonischen auf die gleichen Frequenzen der Harmonischen mit Frequenzen im ersten Nyquist-Intervall. Die letzteren sind in der Darstellung die höchsten Linien.

Wenn f_s/f_0 keine ganze Zahl ist, wie z.B. für $f_0 = 50\,\text{Hz}$ und $f_s = 2010\,\text{Hz}$ ($f_s/f_0 = 40, 2$), dann fallen die verschobenen Harmonischen nicht mehr auf die gleichen Frequenzen der Harmonischen aus dem ersten Nyquist-Intervall.

Abb. 2.28 zeigt die Amplituden der Harmonischen logarithmisch skaliert für so einen Fall mit $f_0 = 50\,\text{Hz}$ und $f_s = 2010\,\text{Hz}$.

Die Analyse dieses Signals mit Hilfe der FFT zeigt, dass im Falle der Frequenzen der verschobenen Harmonischen, die auf die gleichen Frequenzen der Harmonischen aus dem ersten Nyquist-Intervall fallen (Abb. 2.27), diese vektoriell addiert werden. Dadurch entstehen Fehler für die Harmonischen aus dem ersten Nyquist-Intervall bei der Untersuchung mit der FFT.

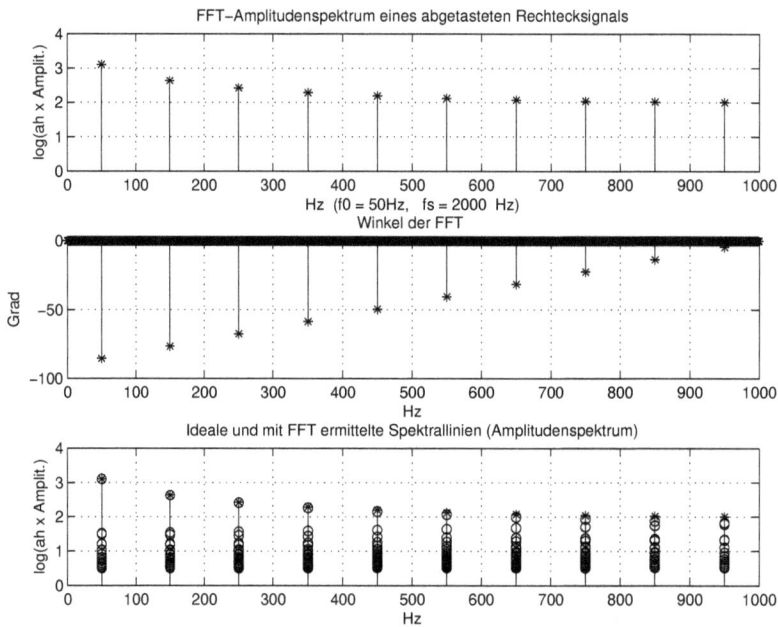

Abb. 2.29: Ideale und mit der FFT ermittelte Spektrallinien des rechteckigen Signals für f_s/f_0 eine ganze Zahl (aliasing_1.m)

Wenn die Frequenzen der verschobenen Harmonischen nicht auf die gleichen Frequenzen der Harmonischen aus dem ersten Nyquist-Intervall fallen (Abb. 2.28), sind keine oder viel kleinere Fehler bei einer Untersuchung mit der DFT oder FFT zu erwarten.

Im gleichen Skript `aliasing_1.m` wird das Signal mit der DFT untersucht. Dafür werden im Untersuchungsintervall für die DFT eine ganze Zahl von Perioden des Signals einbezogen, so dass kein *Leakage* entsteht. Als Beispiel für $f_s/f_0 = 2010/50 = 40, 2$ muss man wenigstens 10 Perioden im Untersuchungsintervall nehmen. Im Programm werden immer `np = 100` Perioden genommen, so dass für die meisten Verhältnisse `np*fs/f0` eine ganze Zahl ist.

Das rechteckige Signal wird aus einem sinus- oder cosinusförmigen Signal, das mit einer viel kleineren Zeitschrittweite definiert ist, mit Hilfe der Funktion **sign** erhalten. Dieses quasi-kontinuierliche Signal wird nacher durch Dezimierung auf die Abtastfrequenz f_s gebracht und DFT-transformiert:

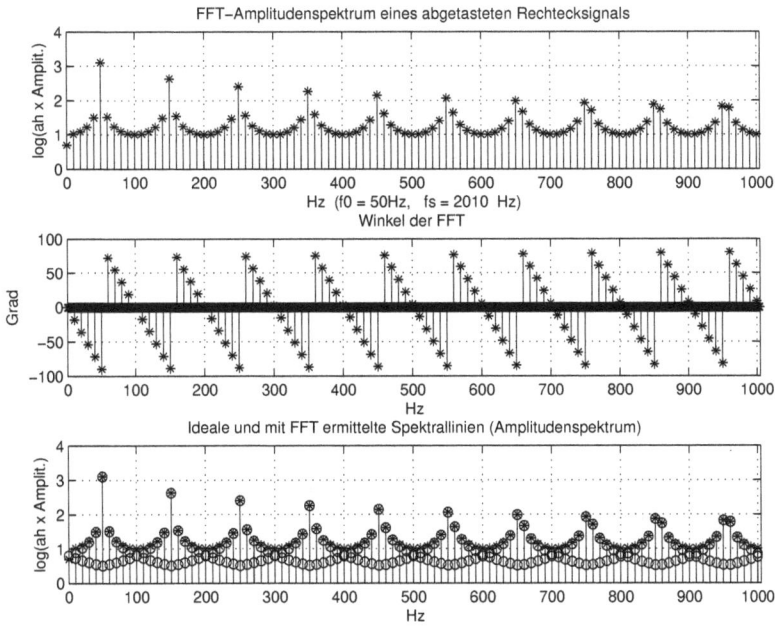

Abb. 2.30: Ideale und mit der FFT ermittelte Spektrallinien des rechteckigen Signals für f_s/f_0 keine ganze Zahl (aliasing_1.m)

```
......
% ------- FFT-Amplitudenspektrum
% Signal
T0 = 1/f0;
Tfinal = 100*T0;    % (fs/f0)*100 muss eine ganze Zahl sein !!!
nk = 100;           % Zur Bildung des kontinuierlichen Signals
fs1 = nk*fs;        % Für die Schrittweite des kontinuierlichen Signals
dt0 = 1/fs1;
t = 0:dt0:Tfinal - dt0;
%x = ah*h*sign(cos(2*pi*t*f0));    % Rechteckiges Signal
x = ah*h*sign(sin(2*pi*t*f0));     % Rechteckiges Signal
.......
X = fft(x);         nfft = nx;  % FFT
nd = fix(nfft/2);
figure(3);      clf;
subplot(311);
    stem((0:nd-1)*fs/nfft, [log10(abs(X(1))/nfft),...
        log10(2*abs(X(2:nd))/nfft)],'*');
    La = axis;    axis([0,fs/2, 0, ceil(max(log10(2*abs(X)/nfft)))]);
    title('FFT-Amplitudenspektrum eines abgetasteten Rechtecks');
    xlabel(['Hz  ', '(f0 = ', num2str(f0),'Hz,   fs = ', ...
        num2str(fs),'  Hz)']);
```

```
    ylabel('log(ah x Amplit.)');   grid on;
% ------- Ideale und mit FFT ermittelte Spektrallinien
%figure(4);     clf;
subplot(312);
    phi = angle(X)*180/pi;
    phi = phi.*(1-(abs(real(X))<1e-8 & abs(imag(X))<1e-8));
    % Entfernen der falschen Winkel
    stem((0:nd-1)*fs/nfft, phi(1:nd),'*');
    La = axis;    axis([0,fs/2, La(3), La(4)]);
    title('Winkel der FFT ');
    xlabel('Hz');    ylabel('Grad');   grid on;
subplot(313);
    stem(falias, log10(ak));
    La = axis;    axis([0,fs/2, 0, La(4)]);
    hold on;
    stem((0:nd-1)*fs/nfft, [log10(abs(X(1))/nfft),...
        log10(2*abs(X(2:nd))/nfft)],'*');
    La = axis;    axis([0,fs/2, 0, La(4)]);
    hold off;
    title('Ideale und mit FFT ermittelte Spektrallinien ');
    xlabel('Hz');    ylabel('log(ah x Amplit.)');   grid on;
```

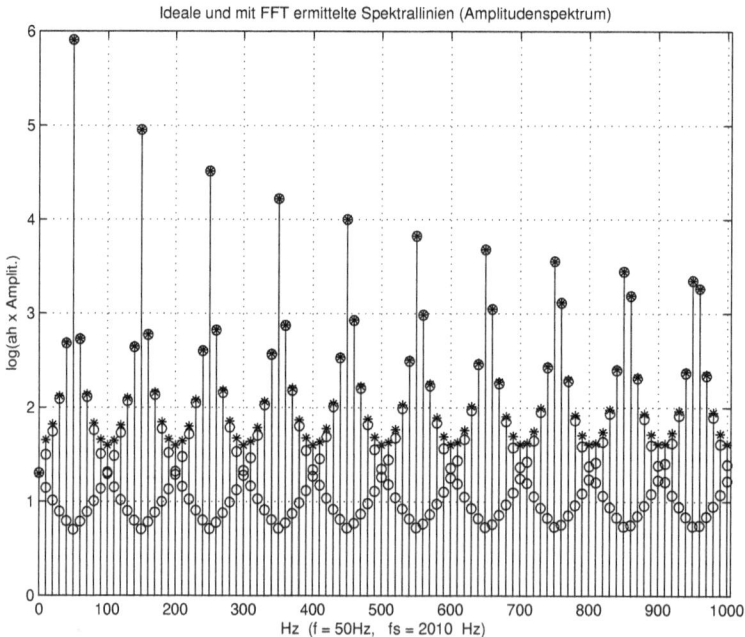

Abb. 2.31: Ideale und mit der FFT ermittelte Spektrallinien des dreieckigen Signals für f_s/f_0 keine ganze Zahl (aliasing_2.m)

Abb. 2.29 zeigt ganz oben die Beträge der DFT im ersten Nyquist-Intervall und darunter sind die Winkel der DFT dargestellt. Ganz unten sind mit kleinen Kreisen die idealen Harmonischen gezeigt und überlagert sind die Beträge der DFT dargestellt, die mit "*" gekennzeichnet sind. Mit der Zoom-Funktion kann man feststellen, dass am Anfang, wie erwartet, die Unterschiede relativ klein sind, weil die Aliased-Harmonischen relativ klein sind. Gegen $f_s/2$ sind die Aliased-Harmonischen vergleichbar mit den Harmonischen aus dem ersten Nyquist-Intervall und die Fehler sind größer. In Abb. 2.30 ist ein ähnliches Bild für den Fall, dass f_s/f_0 keine ganze Zahl ist, gezeigt.

Im Skript `aliasing_2.m` wird ein dreieckiges Signal ähnlich untersucht. Bei diesem Signal klingen die Harmonischen rascher ab [3] und dadurch beeinflussen die Aliased-Harmonischen des abgetasteten Signals nicht so stark die Harmonischen aus dem ersten Nyquist-Intervall, auch wenn sie auf die gleichen Frequenzen fallen. Die DFT-Analyse bestätigt diesen Sachverhalt. Abb. 2.31 zeigt die idealen und die mit der FFT ermittelten Spektrallinien für ein dreieckiges Signal, bei dem $f_s/f_0 = 40,2$ keine ganze Zahl ist. Die idealen Linien sind mit "o" und die der FFT sind mit "*" gekennzeichnet. Die Übereinstimmung für dieses Signal ist viel besser.

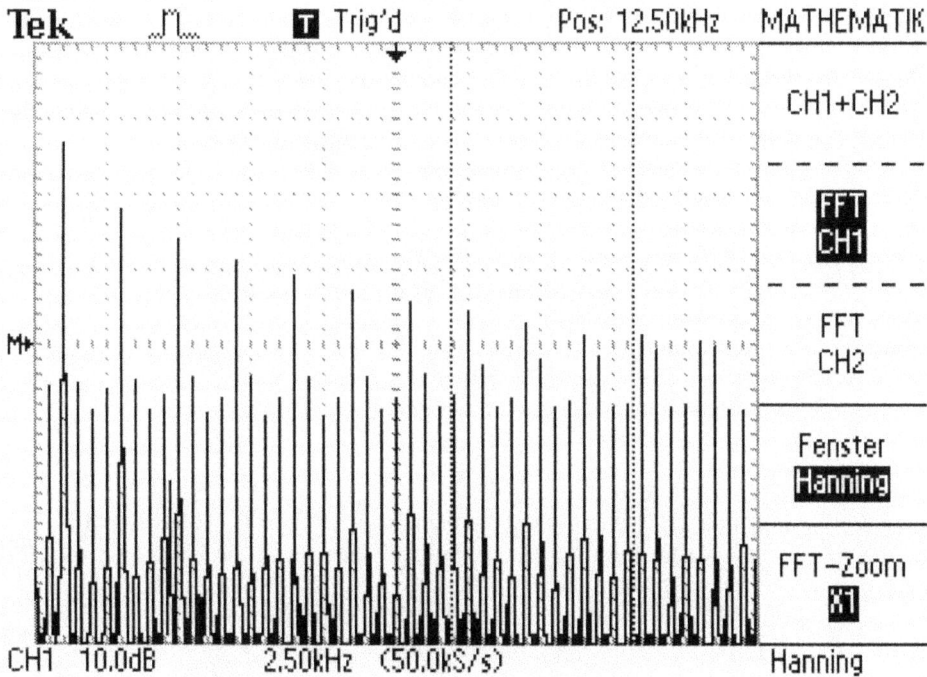

Abb. 2.32: FFT-Untersuchung eines rechteckigen Signals der Frequenz 1 kHz mit dem Oszilloskop Tektronix TDS 220

Dem Leser wird empfohlen mit den Parametern der Simulationen auch andere Experimente durchzuführen. Der ausführliche, dargestellte Sachverhalt dient einem didaktischen und einem praktischen Zweck. Immer mehr digitale Oszilloskope besitzen auch die FFT-Funktion, wie z.B. das digitale Oszilloskop von Typ Tektronix TDS 220, das Signale bis zu einer Bandbreite von 100 MHz mit maximaler Abtastfrequenz von 1 GHz verarbeiten kann.

Für die FFT-Funktion wird ein Speicher (*Buffer*) mit 2048 Plätzen FFT-transformiert. Das interne rechteckige Signal mit 1 kHz Frequenz, das zur Eichung des Tastkopfes dient, kann als Quelle für eine FFT-Untersuchung dienen. Durch Ändern der Abtastfrequenz erhält man Amplitudenspektren, die den oben durch Simulation erhaltenen Spektren ähnlich sind.

Als Beispiel zeigt Abb. 2.32 eine Oszilloskop-Darstellung, die man für eine Abtastfrequenz von 50 kS/s (Kilo-Sample/s) mit Hanning-Fenster erhält. Die Auflösung des Oszilloskops ist 2,5 kHz/Div, wobei "Div" das Intervall der Rasterung der Anzeige des Oszilloskops ist. Der Bildschirm zeigt immer 10 Divisionen. Mit einer höheren Abtastfrequenz erhält man in der Darstellung mehr Harmonische. Die Darstellung zeigt immer nur das erste Nyquist-Intervall bis $f_s/2$. Bei $f_s = 50$ kHz und Periode des Signals von 1 kHz erhält man 50 Abtastwerte in einer Periode. Mit einem *Buffer* von 2048 Speicherplätzen für die FFT sind es ca. 41 Perioden im Untersuchungsintervall.

Experiment 2.4: Testen der A/D-Wandler mit Hilfe der FFT

In den Datenblättern der A/D-Wandler sind oft Messungen der FFT gezeigt, aus denen man den effektiven Signal-Rauschabstand (englisch SNR *Signal to Noise Ratio*) des Wandlers ermitteln kann. Der Signal-Rauschabstand ist als Verhältnis der mittleren Leistung des Signals zu der mittleren Leistung des Quantisierungsfehlers definiert, wobei dieser als Rauschen angenommen wird. Der SNR wird gewöhnlich in dB angegeben:

$$SNR^{dB} = 10 \log_{10} \frac{\text{Mittlere Leistung Signal}}{\text{Mittlere Leistung des Quantisierungsfehlers}} \qquad (2.44)$$

Der Signal-Rauschabstand ist somit direkt verbunden mit der Anzahl der Bits n_B des Wandlers und mit der Form des Eingangssignals. Für ein gleichmäßig verteiltes Eingangssignal, das den ganzen Bereich des Wandlers belegt, ist der Signal-Rauschabstand durch

$$SNR^{dB} = 6\, n_B \qquad (2.45)$$

gegeben [37]. Mit anderen Worten, jedes zusätzliche Bit ergibt 6 dB Gewinn im Signal-Rauschabstand. Für ein sinusförmiges Eingangssignal ändert sich ein bisschen diese Beziehung:

$$SNR^{dB} = 6\, n_B + 1,8 \qquad (2.46)$$

Für eine Anzahl von Bits $n_B \geq 8$ kann der Wert 1,8 vernachlässigt werden.

Mit Hilfe der FFT, durch Messung, will man den effektiven vorhandenen Wert des SNR eines Wandlers ermitteln. Der Wandler wird mit einem sinusförmigen Signal von einem guten Generator ohne zusätzliche Harmonische betrieben und eine ganze Anzahl von Perioden werden abgetastet und FFT-transformiert. Die ganze Anzahl von Perioden führt dazu, dass kein *Leakage* vorkommt. Es wird eine Primzahl von Perioden erfasst, so dass kein Muster mit bevorzugten Frequenzen in der FFT auftreten kann.

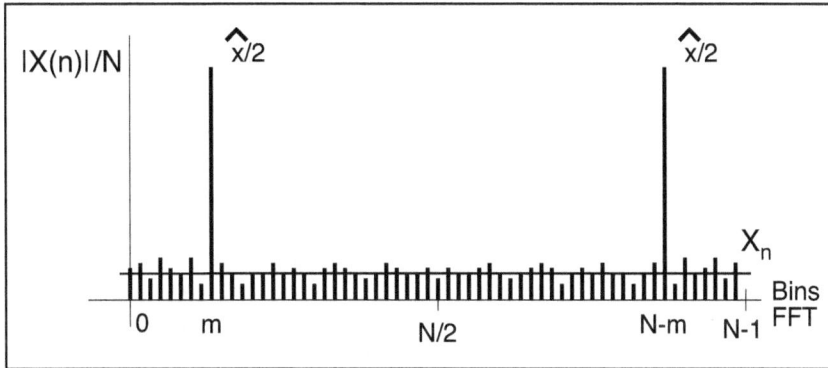

Abb. 2.33: Betrag der FFT für einen A/D-Wandler, der sinusförmig angeregt wird

In Abb. 2.33 ist eine Skizze des Betrags der FFT für diese Messung gezeigt. Die zwei Hauptlinien entsprechen dem sinusförmigen Signal und die anderen sind eine Realisierung wegen des Quantisierungsfehlers. Wenn man mehrere Beträge der FFT mittelt, wiederholen sich die Hauptlinien und die kleinen Fehlerkomponenten tendieren alle zu einem Mittelwert, der in der Skizze mit der horizontalen Linie angedeutet wurde.

Die FFT wird im Weiteren durch $X(n)$ bezeichnet, wobei die Variable n die Indizes oder Bins der FFT darstellt, die N Bins im Bereich zwischen 0 und $N-1$ hat. Dem sinusförmigen Signal entspricht der Index m bzw. $N-m$ als Spiegelung. Die mittlere Leistung des Signals ist einfach zu berechnen. Die halbe Amplitude wird aus der FFT durch $\hat{x}/2 = |X(m)|/N$ berechnet. Der Effektivwert ist dann $\hat{x}/\sqrt{2} = \sqrt{2}|X(m)|/N$ und die Leistung als quadrierter Effektivwert wird:

$$P_s = 2\frac{|X(m)|^2}{N^2} \tag{2.47}$$

Wobei durch P_s die mittlere Leistung des Signals bezeichnet wird.

In der Annahme, dass die Rauschkomponenten wegen des Quantisierungsfehlers gleiche Höhe haben und vorübergehend auch als harmonische Komponenten betrachtet werden, ist deren Leistung P_n ähnlich zu ermitteln:

$$P_n = 2\sum_{n=0}^{N/2} \frac{|X(n)|^2}{N^2} \cong \frac{N|X_n|^2}{N^2} = \frac{|X_n|^2}{N} \tag{2.48}$$

Hier ist X_n die mittlere Höhe der Linien, die den Fehlerrauschen entsprechen, und ist in der Skizze aus Abb. 2.33 durch die horizontale Linie gegeben.

Der Signal-Rauschabstand (SNR) wird gemäß Definition aus Gl. (2.44) berechnet:

$$
\begin{aligned}
SNR^{dB} = & 10\log_{10}\Big(\frac{P_s}{P_n}\Big) = 20\log_{10}\Big(\frac{|X(m)|}{|X_n|}\Big) - 10\log_{10}(N/2) = \\
& 20\log_{10}(|X(m)|) - 20\log_{10}(|X_n|) - 10\log_{10}(N/2) = \\
& 0 - 20\log_{10}\Big(\frac{|X_n|}{|X(m)|}\Big) - 10\log_{10}(N/2)
\end{aligned} \tag{2.49}
$$

Da $|X_n|/|X(m)|$ kleiner als eins ist, wird $-20\,\log(|X_n|/|X(m)|)$ positiv und man muss nur den Korrekturfaktor $10\,\log(N/2)$ abziehen, um aus der FFT, dargestellt als

$$20\,\log_{10}(|X(n)|/|X(m)|),$$

den SNR in dB zu ermitteln.

Mit der Funktion `ad_test1.m` wird die Messung des Signal-Rauschabstandes simuliert. Als Argumente werden folgende Variablen angenommen: die Anzahl der Bits `nB` des Wandlers, die Anzahl `N` der Abtastwerte im Untersuchungsintervall (eine ganze Potenz von 2, wie z.B. 1024, 2048, etc.), die Anzahl der Perioden `np` des sinusförmigen Signals im Untersuchungsintervall und `harm1` bzw. `harm2` als Amplituden von zwei Harmonischen des Ausgangssignals des Wandlers. Die Nichtlinearität der Quantisierungskennlinie führt zu Oberwellen im Ausgang des Wandlers, die mit den zwei Harmonischen simuliert werden.

Über dieses Verfahren kann man auch den Klirrfaktor (englisch *Total Harmonic Distortion*), der den Anteil der Oberwellen im Signal beschreibt, messen.

Die Funktion beginnt mit Initialisierungen und der Bildung des Eingangssignals und des quantisierten Ausgangssignals:

```
function ad_test1(nB, N, np, harm1, harm2);
% Testen von A/D-Wandlern mit Hilfe der FFT-Transformation
% Argumente: nB = Anzahl der Bits des Wandlers
%            N = Anzahl der Abtastwerte (1024, 2048, etc.)
%            np = Anzahl der Perioden des Signals (Primzahl z.B. 127)
%            harm1 = Amplitude der ersten Oberwelle
%            harm2 = Amplitude der zweiten Oberwelle
% Routine: quantis(x)
% Testaufruf:  ad_test1(16, 2*4096, 3*127, 1e-5, 5e-6);

k = 0:N-1;
period = N/np;  % Anzahl der Abtastwerte in einer Periode
ampl = 1;
% ------- Signale
x = ampl*sin(2*pi*k/period + pi/3) + harm1*sin(2*pi*k*2/period) + ...
    harm2*sin(2*pi*k*3/period);

q = 2*ampl/(2^nB);    % Quantisierungsstufe
y = zeros(1,N);       % Initialisierung des Ausgangssignals
y = quantis(x, q, nB);
.......
```

Die Quantisierung wird mit der Unterfunktion `quantis` durchgeführt. Es wird eine *Midrise*-Kennlinie [37], [29] für den Quantisierer angenommen, so dass der Ausgangswert durch folgende Beziehung in der MATLAB-Syntax gegeben ist:

```
y = q*fix(x/q) + sign(x)*(q/2);
```

Wobei q die Quantisierungsstufe

$$q = \frac{2\hat{x}}{2^{n_B}} \tag{2.50}$$

ist und x bzw. y das Eingangs- und Ausgangssignal des Quantisierers sind. Der Ausdruck für y bildet eigentlich den Kern der Unterfunktion `quantis`. Zuerst wird in der Funktion `ad_test1.m` die Kennlinie des Quantisierers dargestellt. Man sollte die Funktion mit einer kleinen Anzahl von Bits aufrufen (z.B. mit nB = 4 Bits), um die Stufen der Kennlinie zu sehen. Allerdings sollte man nur `figure(1)` und `figure(2)` sichten, da die FFT in diesem Fall noch nicht aussagekräftig ist, weil die Quantisierungsfehler sehr groß sind. Sinnvoll ist eine Anzahl von Bits $n_B \geq 8$ zu untersuchen.

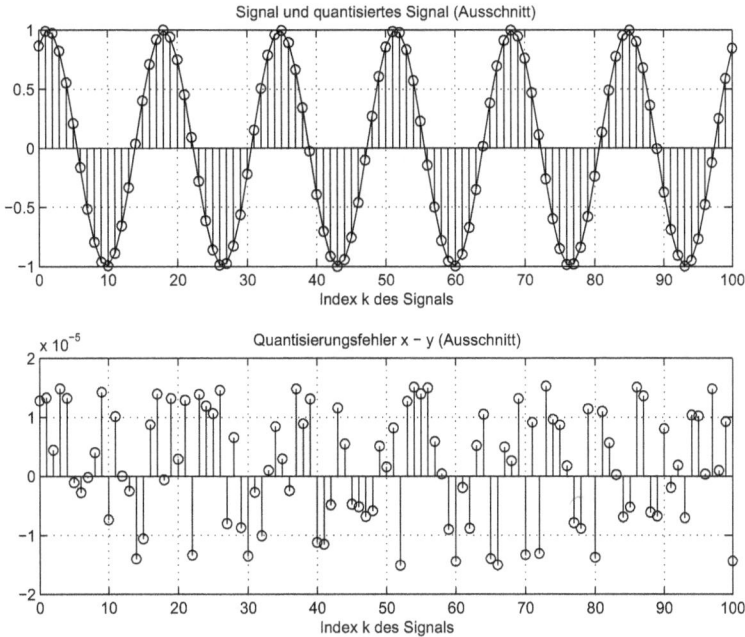

Abb. 2.34: Eingangs- und quantisiertes Ausgangssignal bzw. der Quantisierungsfehler (ad_test1.m)

Das nächste Bild, das in der Funktion erzeugt wird (Abb. 2.34) stellt oben das Eingangs- und Ausgangssignal des Quantisierers dar. Da die Fehler relativ zur Amplitude klein sind, ist das Eingangssignal als kontinuierliches Signal dargestellt. Der Fehler wird als Differenz der Signale an den Abtaststellen ermittelt.

Das benötigte Amplitudenspektrum wird wie folgt ermittelt:

```
.........
% ------- Spektrum des quantisierten Signals
Y = abs(fft(y));
YdB = 20*log10(abs(Y)/max(abs(Y)));
figure(3);    clf;
plot(0:N-1, YdB);
title(['Betrag der |FFT|/max(|FFT|) in dB (N = ',num2str(N),...
  ' ; nB = ',num2str(nB),' ; Anzahl Perioden = ',num2str(np),' )']);
xlabel('Index der FFT (Bins');    grid on;
```

```
La = axis;       axis([La(1), N-1, -(100+3*nB), La(4)]);
SNR_ideal = 6*nB + 1.8;
grundrausch = -SNR_ideal - 10*log10(N/2);
hold on;
plot([La(1), N-1], [-SNR_ideal, -SNR_ideal],'r');
plot([La(1), N-1], [grundrausch, grundrausch],'r');
    text(N/4, -SNR_ideal + 5, '6*nB + 1,8');
    text(N/4, grundrausch + 15, '6*nB + 1,8 + 10*log10(N/2)');
hold off;
```

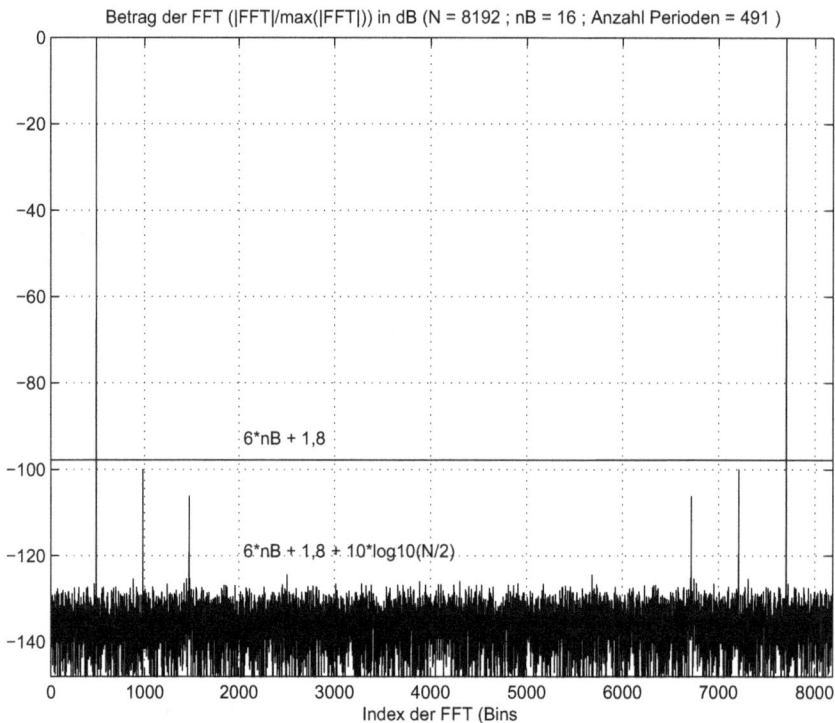

Abb. 2.35: $20\ log_{10}(|FFT|/max(|FFT|))$ (ad_test1.m)

Der Betrag der FFT wird mit dem maximalen Wert normiert, so dass das sinusförmige Signal bei 0 dB liegt und die Komponenten wegen der Fehler im negativen Bereich erscheinen. Abb. 2.35 zeigt das Ergebnis für folgende Argumente:

```
ad_test1(16, 2*4096, 491, 1e-5, 5e-6);
```

In der Darstellung sind auch zwei horizontale Linien eingetragen. Die eine, die man hier sieht, stellt das ideale Ergebnis dar, das aus der Auswertung der FFT hervorgehen müsste. Zu dem Wert, der diese Linie darstellt, wurde der Korrekturfaktor $-10\ log_{10}(N/2)$ addiert und man erhät dann das sogenannte "Grundrauschen", das eigentlich aus der Messung zu ermitteln wäre. Das Grundrauschen liegt im geschwärzten Bereich der Darstellung und ist hier nicht sichtbar. In der Abbildung `figure(3)`, die im Skript erzeugt wird, ist das Grundrauschen mit roter Farbe dargestellt und gut sichtbar. Es ergibt für die Ordinate einen Wert von $\cong -134$ dB.

Im letzten Teil der Funktion `ad_test1.m` wird das SNR direkt aus der mittleren Leistung des Signals und des Fehlers berechnet, was nur in der Simulation möglich ist. In einer realen Messung kann man nicht den Fehler und somit dessen mittlere Leistung ermitteln. Man erhält `SNR_gesch = 98,0498` dB statt des Wertes, der aus $6 n_B + 1,8$ hervorgeht von 97,8 dB.

Das entsprechende Grundrauschen ist `grund_rausch = -134,173` dB statt des idealen Grundrauschens, das aus $-(6 n_B + 1,8 + 10 \log_{10}(N/2)$ ermittelt wird von -133,924 dB. Die Programmzeilen dieser Berechnungen sind:

```
% -------- Geschätztes SNR
Pn = mean((x-y).^2);     % Mittlere Leistung des Quantisierungsfehlers
Ps = (1/sqrt(2))^2;      % Mittlere Leistung des Signals
SNR_gesch = 10*log10(Ps/Pn)     % SNR in dB
grund_rausch = -SNR_gesch - 10*log10(N/2)     % Grundrauschen
```

Wichtig ist aber, dass man das Grundrauschen aus den Werten der FFT ermittelt und rückwärts mit Hilfe des Faktors $10 \log_{10}(N/2)$ das geschätzte SNR berechnet. Dafür werden aus den Werten des Spektrums `YdB` die minus unendlichen Werte und die Werte, die dem Signal entsprechen, entfernt, um danach den Mittelwert zu berechnen:

```
% -------- Geschätztes Grundrauschen aus der FFT
p = find(YdB == -Inf);   % Entfernen der unendlichen Werte
YdB(p) = YdB(p+3);
p = find(YdB == 0);      % Entfernen der Höchstwerte (FFT des Signals)
YdB(p) = YdB(p+3);
grund_rausch_gesch = mean(YdB)   % Geschätztes Grundrauschen
```

Man erhält einen Wert von `grund_rausch-gesch = -136,6446` dB statt des idealen Wertes von -133, 924 dB.

Am Ende der Funktion `ad_test1.m` ist die Unterfunktion `quantis1` zur Quantisierung enthalten:

```
%#######################
function y = quantis(x, q, nB);
% Quantisierungsfunktion Typ "Midrise"
% mit Quantisierungsstufe q und nB Bits
m = length(x);
y = q*fix(x/q) + sign(x)*(q/2);          % Die Quantisierung
for k = 1:m,
    if abs(y(k)) > (2^nB-1)*q/2;   % Überschreiten des Bereichs
        y(k) = (q/2)*sign(y(k))*(2^nB-1);
    end;
end;
```

In der Darstellung aus Abb. 2.35 sind auch die zwei simulierten Oberwellen zu erkennen. Der Abstand dieser Linien zum Pegel 0 dB stellt den zum Signal relativen Wert dieser Oberwellen dar und wird hier mit har_1, har_2 bezeichnet. Aus der Darstellung geht für har_1 ein Wert von -100 dB hervor. Bei einer Amplitude des Signals von 1 Volt erhält man eine Amplitude dieser Oberwelle von $10^{-100/20} = 10^{-5}$ V. So viel wird auch in dem Aufruf

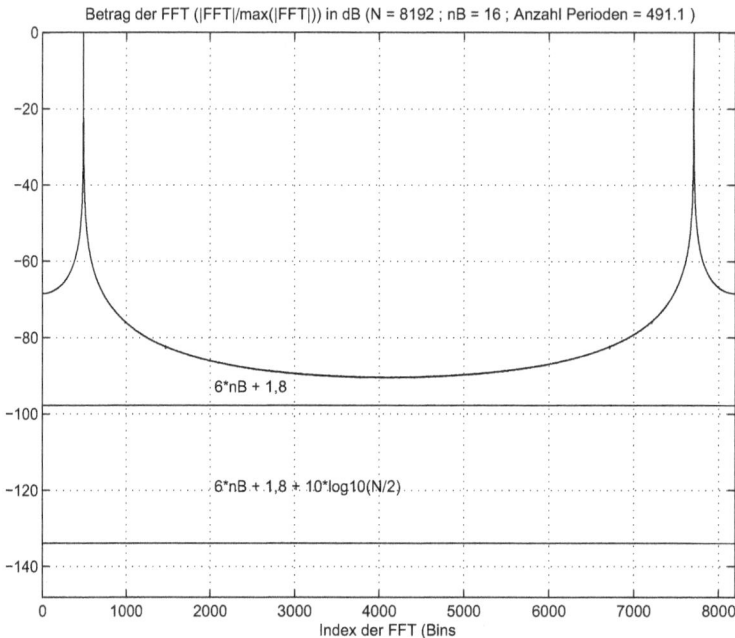

Abb. 2.36: $20\ log_{10}(|FFT|/max(|FFT|))$ *für den Fall mit* Leakage *(*ad_test1.m*)*

```
ad_test1(16, 2*4096, 491, 1e-5, 5e-6);
```

angenommen. Ähnlich kann aus der Darstellung die Amplitude der zweiten Oberwelle geschätzt werden, um danach den Klirrfaktor zu berechnen [37].

Das in diesem Experiment beschriebene Verfahren ist für die Messung der effektiven Anzahl von Bits der A/D-Wandler vom Typ Sigma-Delta wichtig [16]. Hier wird das kontinuierliche Signal stark überabgetastet und in eine 1-Bit-Sequenz umgewandelt. Über ein digitales Filter wird aus dieser 1-Bit-Sequenz die Endauflösung mit z.B. $n_B = 18; 20$ oder mehr Bits erhalten.

In dieser Messung darf kein *Leakage* entstehen und die Auswertung muss so gesteuert werden, dass immer eine ganze Anzahl Perioden des Signals im Untersuchungsintervall erfasst wird. Um zu sehen was geschieht wenn das nicht der Fall ist, muss man die Funktion mit np als reellen Wert aufrufen, wie z.B. in:

```
ad_test1(16, 2*4096, 491.1, 1e-5, 5e-6);
```

Es werden jetzt 491,1 Perioden benutzt und das Ergebnis ist in Abb. 2.36 gezeigt. Die horizontalen Linien zeigen die idealen Werte die bei der Auswertung zu schätzen wären.

In der Funktion ad_test2 wird eine Hann-Fensterfunktion eingesetzt und man kann die Abweichungen der geschätzten Werte ähnlich ermitteln. Die Fensterfunktion rettet die Messung, aber die geschätzten Werte sind mit größeren Abweichnugen versehen (Abb. 2.37).

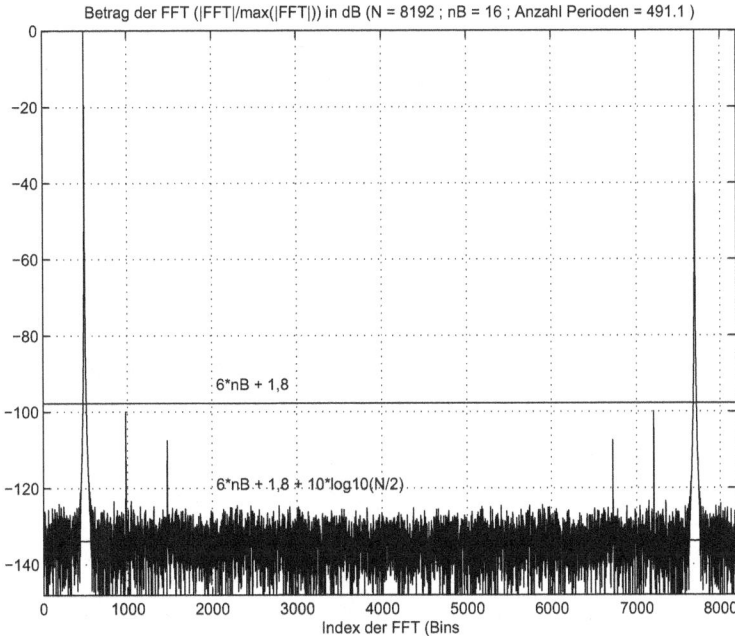

Abb. 2.37: $20 \, log_{10}(|FFT|/max(|FFT|))$ *für den Fall mit* Leakage *und Hann-Fensterfunktion* (ad_test2.m)

2.5 Spektrum aperiodischer Signale über die Fourier-Transformation

Es wurde gezeigt, dass man mit Hilfe der Fourier-Reihe kontinuierliche, periodische Signale in cosinus- und sinusförmige Komponenten zerlegen kann und dadurch eine Beschreibung im Frequenzbereich erhält. Es stellt sich nun die Frage, ob eine Beschreibung im Frequenzbereich auch für aperiodische Signale möglich ist. Die Antwort ist ja, und das nötige Werkzeug ist die Fourier-Transformation [2], [1], [32], [10].

Bei einem periodischen Signal der Periode T_0 ist der Abstand der Spektrallinien seines Spektrums gleich $\omega_0 = 2\pi/T_0$ oder $1/T_0$ in Hz. Wenn man T_0 immer größer macht $T_0 \to \infty$, wird aus einem periodischen ein aperiodisches Signal erzeugt, das dazu führt, dass sich die Spektrallinien verdichten und zuletzt die Oberwellenfrequenz $n\omega_0 \to \omega$ eine kontinuierliche Variable wird.

Die Koeffizienten der komplexen Fourier-Reihe, definiert durch

$$c_n = \frac{1}{T_0} \int_{-T_0/2}^{T_0/2} x(t) \, e^{-j \, n\omega_0 t} \, dt, \quad \text{mit} \quad n = 0, \pm 1, \pm 2, \dots, \pm\infty \tag{2.51}$$

werden leider mit wachsendem T_0 immer kleiner. Das Produkt $c_n T_0$ bleibt aber begrenzt und sein Grenzwert, wenn $T_0 \to \infty$ geht, wird als Fourier-Transformation des dadurch erhaltenen aperiodischen Signals bezeichnet:

$$X(j\omega) = \lim_{T_0 \to \infty} c_n \, T_0 = \int_{-\infty}^{\infty} x(t) \, e^{-j\,\omega t} \, dt \quad \text{mit} \quad -\infty < \omega < \infty \qquad (2.52)$$

Sie ist eine kontinuierliche Funktion in ω und existiert im üblichen Sinn, wenn das Definitionsintegral konvergiert. Dafür muss sich $x(t)$ "ordentlich verhalten" und absolut integrierbar sein:

$$\int_{-\infty}^{\infty} |x(t)| \, dt < \infty \qquad (2.53)$$

Ordentlich verhalten bedeutet hier, dass das Signal eine begrenzte Anzahl von Unstetigkeiten und eine begrenzte Anzahl von Maxima bzw. Minima in jedem begrenzten Zeitintervall besitzt (Dirichlet-Bedingungen für beliebige, begrenzte Zeitintervalle). Die meisten realen Signale, die physikalisch generierbar sind, verhalten sich ordentlich und erfüllen die gezeigte Bedingung.

Als Beispiel für ein Signal, das diese Einschränkung nicht erfüllt, ist das konstante Signal $x(t) = 1$ für $-\infty < t < \infty$ zu nennen. Die Mathematiker haben aber auch hier eine Lösung gefunden durch die Delta-Funktion [10], [32], die später besprochen wird.

Die Fourier-Transformation als komplexe Funktion in ω ist eine umkehrbare Funktion:

$$x(t) = \frac{1}{2\pi} \int_{-\infty}^{\infty} X(j\omega) \, e^{j\,\omega t} d\omega \qquad (2.54)$$

Sie definiert die sogenannte inverse Fourier-Transformation. Die Definitionen ausgedrückt mit Frequenzen in Hz ($f = \omega/(2\pi)$) sind ähnlich:

$$X(f) = \int_{-\infty}^{\infty} x(t) \, e^{-j\,2\pi f t} dt \qquad (2.55)$$

$$x(t) = \int_{-\infty}^{\infty} X(f) \, e^{j\,2\pi f t} df \qquad (2.56)$$

Mit $X(f)$ wurde vereinfacht die komplexe Fourier-Transformation in f bezeichnet.

Die Vorgehensweise bei der Bildung des gezeigten Limes wird am Beispiel des Signals aus Abb. 2.2b erläutert. Wenn $T_0 \to \infty$ geht, bleibt als Signal ein gerader Puls der Dauer τ und Höhe h, die hier zur Vereinfachung gleich eins angenommen wird ($h = 1$). Die komplexe Form der Fourier-Reihe ist für diese Annahme der Periode:

$$c_n = \frac{h\tau}{T_0} \frac{\sin(\pi n \, \tau/T_0)}{\pi n \, \tau/T_0} \qquad (2.57)$$

Aus dem Limes von $c_n T_0$ für $T_0 \to \infty$ mit $n\pi/T_0 = n\omega_0/2 \to \omega/2$ erhält man:

$$\lim_{T_0 \to \infty} c_n \, T_0 = \tau \frac{\sin(\omega \, \tau/2)}{\omega \, \tau/2} = X(j\omega) \qquad (2.58)$$

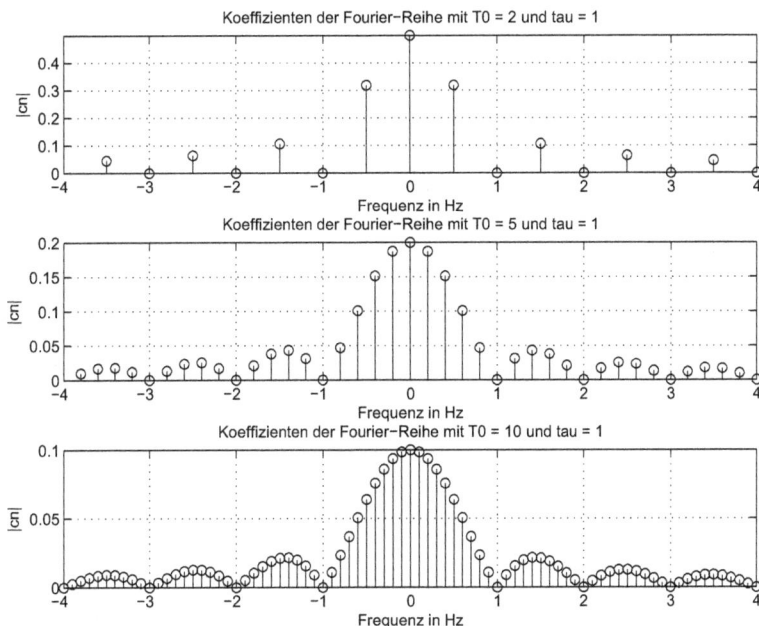

Abb. 2.38: *Koeffizienten der Fourier-Reihe für verschiedene Perioden der periodischen Pulse* (fourier_transf1.m)

Für das Signal aus Abb. 2.2a sind die Koeffizienten der Fourier-Reihe gemäß Gl. (2.41) durch

$$c_n = \frac{h\tau}{T_0} e^{-j\pi n\tau/T_0} \frac{\sin(\pi n \, \tau/T_0)}{\pi n \, \tau/T_0} \tag{2.59}$$

gegeben und sie unterscheiden sich nur durch die zusätzliche lineare Phase $-\pi n\tau/T_0$:

$$\text{Winkel}(c_n) = -\pi n\tau/T_0 + \text{Winkel}\left(\frac{\sin(\pi n \, \tau/T_0)}{\pi n \, \tau/T_0}\right) \tag{2.60}$$

Der gleiche Limes führt hier zu folgender Fourier-Transformation:

$$X(j\omega) = \tau e^{-j(\omega\tau/2)} \frac{\sin(\omega \, \tau/2)}{\omega \, \tau/2} \tag{2.61}$$

Als Funktion von f in Hz erhält man:

$$X(f) = \tau e^{-j(\pi f\tau)} \frac{\sin(\pi f \, \tau)}{\pi f \, \tau} \tag{2.62}$$

Die Einheit der Fourier-Transformation ist wegen des Faktors τ und $h = 1$ Volt gleich Volt · s oder Volt/Hz und stellt somit eine "Amplitudendichte" dar.

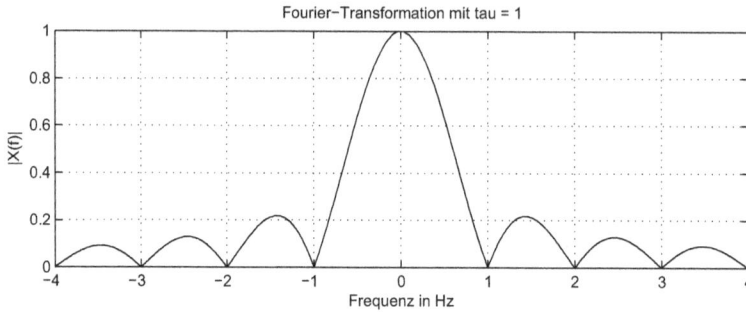

Abb. 2.39: Die Fourier-Transformation des Pulses (fourier_transf1.m)

Im Skript `fourier_transf1.m` sind die Beträge der Koeffizienten der Fourier-Reihe gemäß Gl. (2.57) für drei verschiedene Perioden T_0 berechnet und dargestellt. Abb. 2.38 zeigt diese Darstellung. Mit steigender Periode verdichten sich die Linien und die Stärke der Linien wird immer kleiner.

Das Ergebnis des Limes ist im Skript auch ermittelt und in Abb. 2.39 dargestellt. Bei $f = 0$ ist der Wert des Betrages gleich τ und für $\tau = 1$ gleich eins. Die Nullstellen des Betrags sind Vielfache von $1/\tau$ und liegen in diesem Fall bei Vielfachen von 1 Hz.

Man muss feststellen, dass auch bei einem derartigen Extremsignal in Form eines Pulses, der Betrag der Fourier-Transformation relativ rasch mit dem Betrag der Frequenz $|f|$ abklingt und es bestehen gute Chancen die Fourier-Transformation auch hier über die DFT oder FFT numerisch anzunähern. Das wird das Thema des nächsten Kapitels sein. Der Puls als Extremsignal, dessen Fourier-Transformation hier ermittelt wurde, wird für die Wahl der Parameter der DFT für weitere aperiodische Signale dienen.

2.6   Annäherung der Fourier-Transformation kontinuierlicher Signale mit Hilfe der DFT

Als numerisches Verfahren für die Berechnung der Fourier-Transformation bei aperiodischen Signalen, für die man keine analytische Form kennt, bietet sich dasselbe Werkzeug wie für die Fourier-Reihe und zwar die DFT (oder FFT). Das Definitionsintegral aus Gl. 2.52

$$X(j\omega) = \int_{-\infty}^{\infty} x(t)\, e^{-j\,\omega t}\, dt \quad \text{mit} \quad -\infty < \omega < \infty \tag{2.63}$$

wird durch folgende Summe angenähert:

$$X(j\omega) \cong \hat{X}(j\omega) = \sum_{k=0}^{N-1} x[kT_s]\, e^{-j\,\omega kT_s}\, T_s \tag{2.64}$$

Es wurde angenommen, dass das aperiodische Signal nur für $t \geq 0$ definiert ist und der Zeitbereich mit signifikanten Werten in N Intervalle der Größe T_s unterteilt wurde. Mit anderen

Worten, es wird vorausgesetzt, dass $x(t) \to 0$ für $t \to \infty$ und nur ein begrenzter Zeitbereich untersucht werden muss. Dieser Bereich wird mit einer Abtastfrequenz $f_s = 1/T_s$ diskretisiert.

Die Annäherung $\hat{X}(j\omega)$ als kontinuierliche komplexe Funktion von ω ist periodisch mit der Periode $\omega_s = 2\pi f_s = 2\pi/T_s$. Das bedeutet, dass man nur eine Periode untersuchen muss. Für reelle Signale $x(t)$ bzw. $x[kT_s]$ ist eine Hälfte dieser Periode die konjugiert Komplexe der zweiten Hälfte.

Für die numerische Auswertung muss auch ω diskretisiert werden. Um zur DFT zu gelangen, wird der Frequenzbereich einer Periode von 0 bis $2\pi/T_s = 2\pi f_s$ auch in N Intervalle unterteilt, so dass der laufende Wert ω_n durch

$$\omega_n = \Delta\omega \, n = \frac{2\pi}{NT_s} n = 2\pi n \frac{f_s}{N} \tag{2.65}$$

gegeben ist. Die numerische Annäherung wird dann:

$$\hat{X}(j\Delta\omega \, n) = T_s \sum_{k=0}^{N-1} x[kT_s] \, e^{-j \, 2\pi nk/N} = T_s \, X_n \tag{2.66}$$
$$n = 0, 1, 2, 3, \ldots, N-1$$

Wobei X_n die DFT der diskreten Sequenz $x[kT_s]$, $k = 0, 1, 2, \ldots, N-1$ ist. Wenn N eine ganze Potenz von 2 ist, kann die DFT über die FFT effizienter und somit rascher berechnet werden.

Wenn die korrekte Fourier-Transformation bandbegrenzt ist, so dass sich $X(j\omega)$ bis $\omega_{max} = \pm 2\pi f_{max}$ ausdehnt, dann muss laut Abtasttheorem $f_s \geq 2 \, f_{max}$ sein und daraus folgt eine Bedingung für die Abtastperiode T_s:

$$T_s \leq \frac{1}{2f_{max}} \tag{2.67}$$

Eine gewünschte Frequenzauflösung der DFT, die durch $\Delta\omega = 2\pi f_s/N$ oder $\Delta f = f_s/N$ gegeben ist, ergibt eine Bedingung bezüglich der Anzahl N der nötigen Intervalle:

$$N \geq \frac{2\pi}{\Delta\omega T_s} = \frac{f_s}{\Delta f} \tag{2.68}$$

Im Falle, dass der Zeitbereich des aperiodischen Signals mit einem Wert für T_s nicht die nötige Anzahl der Abtastwerte für die gewünschte Frequenzauflösung ergibt, wird der Zeitbereich mit Nullwerten erweitert. In der englischen Literatur nennt sich diese Operation *Zero-Padding*.

Die Fehler durch die Annäherung über die DFT (oder FFT) werden am Beispiel des Pulses der Dauer τ und Höhe h gezeigt, für den im vorherigen Kapitel die korrekte Fourier-Transformation in Gl. (2.62) berechnet wurde.

$$X(f) = \tau h \, e^{-j\pi f \tau} \frac{\sin(\pi f \, \tau)}{\pi f \, \tau} \tag{2.69}$$

Im Skript `fourier_transf2.m` wird der Betrag der korrekten Fourier-Transformation mit dem Betrag der Annäherung über die DFT verglichen:

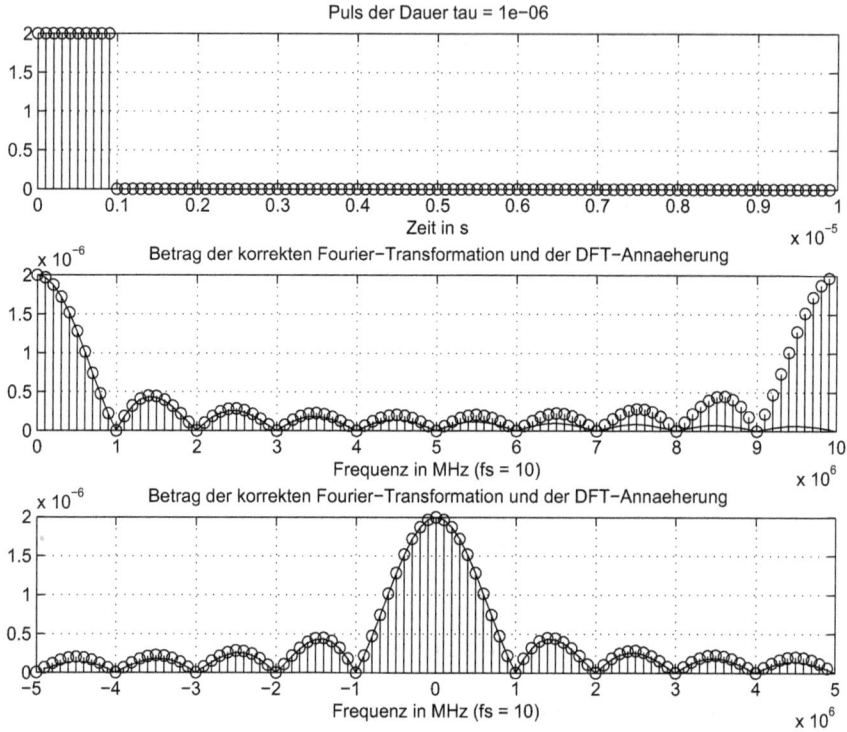

Abb. 2.40: Puls und Betrag der korrekten Fourier-Transformation und Betrag der DFT-Annäherung (fourier_transf2.m)

```
. . . . . . . . . .
% ------- Initialisierungen
tau = 1e-6;              % Dauer des Pulses
f_max = 5/tau;          % Angenommene maximale Frequenz
Ts = 1/(2*f_max);       % Abtastperiode
fs = 1/Ts;              % Abtastfrequenz
df = 1/(tau*10);        % Auflösung der DFT
N = round(fs/df);       % Anzahl der Abtastwerte
h = 2;                  % Höhe des Pulses
% -------- Der Puls
np = round(tau/Ts);     % Anzahl der Abtastwerte im Puls
x = h*[ones(1, np), zeros(1, N-np)];
% -------- Korrekte Fourier-Transformation
f = 0:df:fs;
Xk = h*tau*sinc(f*tau);
% -------- Annäherung über die DFT (oder FFT)
Xn = Ts*fft(x);
% ###########################
figure(1);      clf;
```

```
subplot(311), stem((0:N-1)*Ts, x);
title(['Puls der Dauer tau = ',num2str(tau)]);
xlabel('Zeit in s');      grid on;

subplot(312), plot(f, abs(Xk));
hold on
stem((0:N-1)*fs/N, abs(Xn));
hold off
title(['Betrag der korrekten Fourier-Transformation und der ',...
'DFT-Annaeherung']);
xlabel(['Frequenz in MHz (fs = ', num2str(fs/1e6),')']);      grid on;
% -------- Darstellung im Bereich -fs/2 bis fs/2
f = -fs/2+df:df:fs/2;
Xk = h*tau*sinc(f*tau);
Xn = fftshift(Xn);
subplot(313), plot(f, abs(Xk));
hold on
stem((-N/2:N/2-1)*fs/N, abs(Xn));
hold off
title(['Betrag der korrekten Fourier-Transformation und der ',...
'DFT-Annaeherung']);
xlabel(['Frequenz in MHz (fs = ', num2str(fs/1e6),')']);      grid on;
```

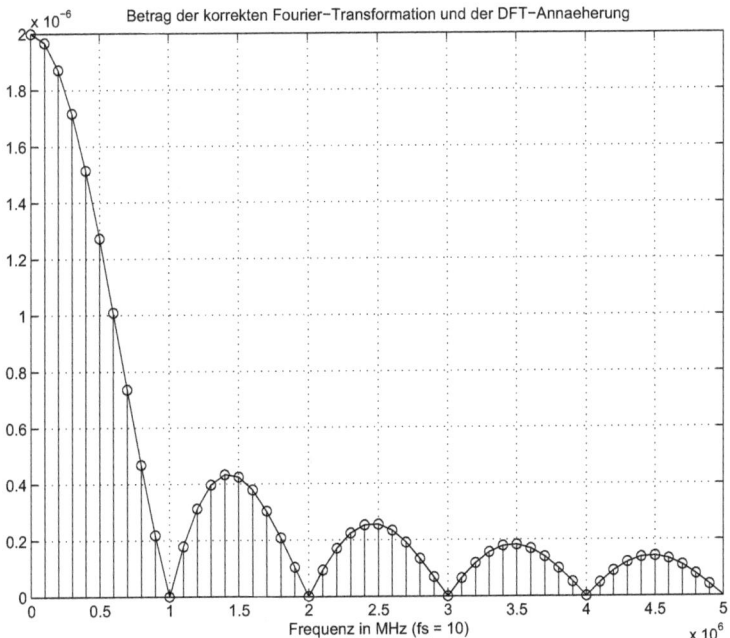

Abb. 2.41: Betrag der korrekten Fourier-Transformation und Betrag der Annäherung über die DFT mit Korrekturfaktor (fourier_transf3.m)

In Abb. 2.40 als Ergebnis ist ganz oben der abgetastete Puls dargestellt und darunter ist der Betrag der korrekten Fourier-Transformation (kontinuierlicher Verlauf) zusammen mit den frequenzdiskreten Werten der Annäherung gezeigt. Wie erwartet, führt auch hier die Abtastung des Pulses zu der Periodizität der Annäherung über die DFT und dadurch zu Aliasing oder Verschiebung im Frequenzbereich, die wiederum zu Fehlern führt. Diese sind am größten in der Nähe der Frequenz $f_s/2$. Nicht zu vergessen sei die Tatsache, dass die Annäherung nur bis zu dieser Frequenz zu betrachten sei. Im letzten *Subplot* ist die Darstellung im Bereich von $-f_s/2$ bis $f_s/2$ gezeigt. Die Umwandlung der DFT für diesen Bereich wird mit der MATLAB-Funktion **fftshift** realisiert.

In der Umgebung der Frequenz null ist die Annäherung sehr gut, sie verschlechtert sich mit steigender Frequenz. Da aber das Signal in Form eines Pulses einen relativ ausgedehnten Frequenzbereich besitzt und viele Signale in der Technik bandbegrenzt sind, kann man vermuten, dass bei solchen Signalen die Abweichungen viel kleiner sind. In [10] ist ein Korrekturfaktor für eine bessere Annäherung abgeleitet:

$$X(f) \cong X_{n_k} = T_s \frac{1 - e^{-j2\pi n/N}}{j2\pi n/N} X_n \quad \text{mit} \quad n = 1, 2, \ldots, N/2 \tag{2.70}$$

Er basiert auf der Annahme, dass das Signal zwischen den Abtastwerten konstant ist und stellt eigentlich die Übertragungsfunktion eines Halteglieds Nullter-Ordnung dar. Der Korrekturfaktor kann nur bis zu $n = N/2$ oder $f_s/2$ eingesetzt werden. Den ersten Wert sollte man nicht korrigieren, weil der Zähler und Nenner des Faktors für $n = 0$ ebenfalls null sind.

Abb. 2.41 zeigt den Betrag der korrekten Fourier-Transformation und den Betrag der Annäherung über die DFT mit Korrekturfaktor, die im Skript `fourier_transf3.m` erzeugt wird. Die Übereinstimmung ist jetzt viel besser und im Bereich, der dargestellt wird, ist in der Graphik kein Unterschied festzustellen.

Experiment 2.5: Die Annäherung der Fourier-Transformation einer abklingenden Schwingung über die DFT

In diesem Experiment wird die Annäherung der Fourier-Transformation über die DFT für folgende zwei Signale untersucht:

$$
\begin{aligned}
x_1(t) &= A\, e^{-bt} \cos(\omega_0\, t), \quad \text{mit} \quad t \geq 0; \quad b > 0 \\
x_2(t) &= A\, e^{-bt} \sin(\omega_0\, t), \quad \text{mit} \quad t \geq 0; \quad b > 0
\end{aligned}
\tag{2.71}
$$

Die Fourier-Transformationen dieser Signale sind in [10] angegeben:

$$
\begin{aligned}
X_1(j\omega) &= A \frac{b + j\omega}{b^2 + \omega_0^2 - \omega^2 + 2jb\,\omega} \\
X_2(j\omega) &= A \frac{\omega_0}{b^2 + \omega_0^2 - \omega^2 + 2jb\,\omega}
\end{aligned}
\tag{2.72}
$$

Im Skript `fourier_transf6.m` wird die Annäherung der Fourier-Transformation über die DFT für das erste Signal aus Gl. (2.71) ermittelt und dargestellt:

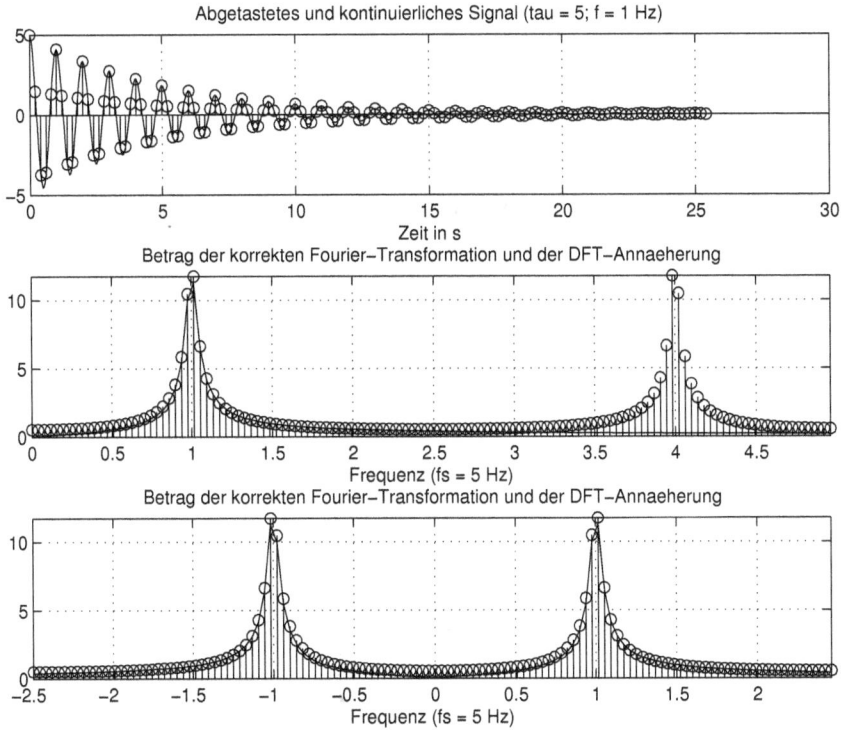

Abb. 2.42: Signal und Betrag der korrekten Fourier-Transformation und der Annäherung über die DFT (fourier_transf6.m)

```
.........
% ------- Initialisierungen
tau = 5;                    % Zeitkonstante für das Abklingen (b)
T = tau/5;                  % Periode der cosinusförmigen Funktion
f0 = 1/T;                   % Frequenz der cosinusförmigen Funktion
ampl = 5;                   % Amplitude
fs = 5*f0;                  % Abtastfrequenz
Ts = 1/fs;                  % Abtastperiode
N = 128;                    % Anzahl der Abtastwerte im
                            % Untersuchungsintervall
% -------- Abtastwerte des Signals
t = 0:Ts:(N-1)*Ts;
x = ampl*exp(-t/tau).*cos(2*pi*f0*t);
% Das kontinuierliche Signal
tk = 0:Ts/5:(N-1)*Ts;       % Dichter abgetastet
xk = ampl*exp(-tk/tau).*cos(2*pi*f0*tk);
% -------- Korrekte Fourier-Transformation
df = fs/N;
f = 0:df:fs-df;                      s = j*2*pi*f;
```

```
%Xk = ampl*(s + 1/tau)./((s+1/tau).^2 + (2*pi*f0)^2); % Aus Literatur
Xk = ampl*(1/tau+j*2*pi*f)./((1/tau)^2+(2*pi*f0)^2-(2*pi*f).^2 ...
    +2*j*2*pi*f/tau); % Aus Literatur
% -------- Annäherung über die DFT (oder FFT)
Xn = Ts*fft(x);
......
```

Die korrekte Fourier-Transformation wird gemäß erster Gl. (2.72) berechnet.

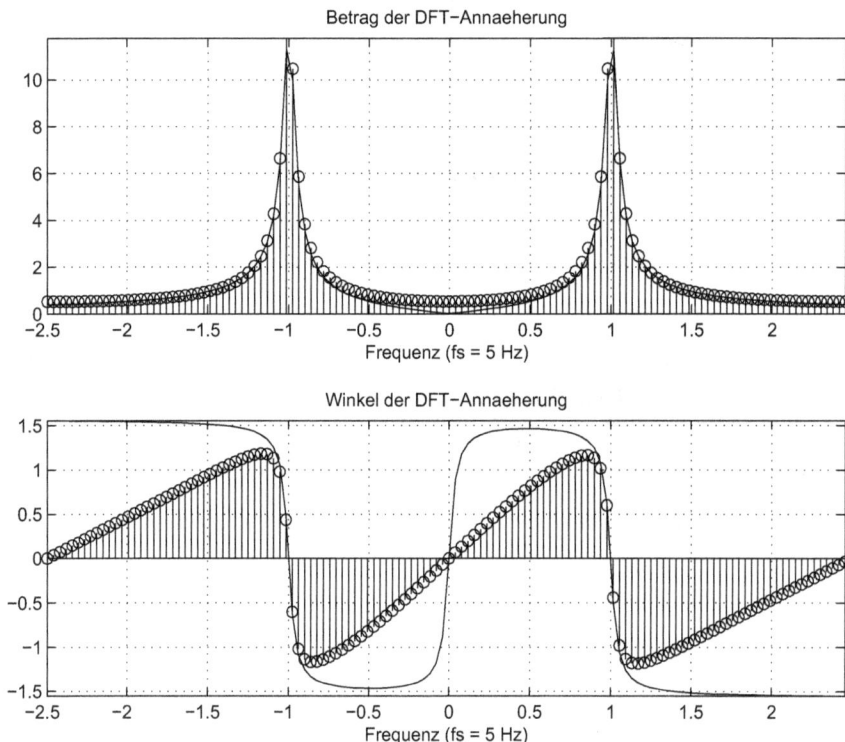

Abb. 2.43: Betrag und Phase der korrekten Fourier-Transformation und der Annäherung über die DFT (fourier_transf6.m)

Abb. 2.42 zeigt die Ergebnisse dieser Untersuchung. Ganz oben ist das kontinuierliche und abgetastete Signal dargestellt. Das Signal klingt ab und der signifikante Teil ist im Untersuchungsintervall enthalten. Es ist auch mit einer Abtastfrequenz fs abgetastet, die fünf mal größer als die Frequenz des Signals f0 ist. Die Anzahl der Abtastwerte wurde relativ klein gewählt (N = 128) damit man in den Darstellungen noch die zeitdiskreten Werte leicht erkennen kann.

Darunter ist der Betrag der korrekten Fourier-Transformation kontinuierlich dargestellt und der Betrag der DFT-Annäherung ist diskret über die MATLAB-Funktion **stem** gezeigt. Mit der Zoom-Funktion der Darstellung kann man die Unterschiede leicht sichten.

Ganz unten in Abb. 2.42 sind die gleichen Beträge im Bereich $-f_s/2$ bis $f_s/2$ statt im

Bereich 0 bis f_s dargestellt. In Abb. 2.43 sind sowohl die Beträge als auch die Phasen der korrekten Fourier-Transformation (kontinuierlich) und der Annäherung über die DFT gezeigt. Die Annäherung des Betrags ist relativ gut, die der Phase beinhaltet viel größere Fehler.

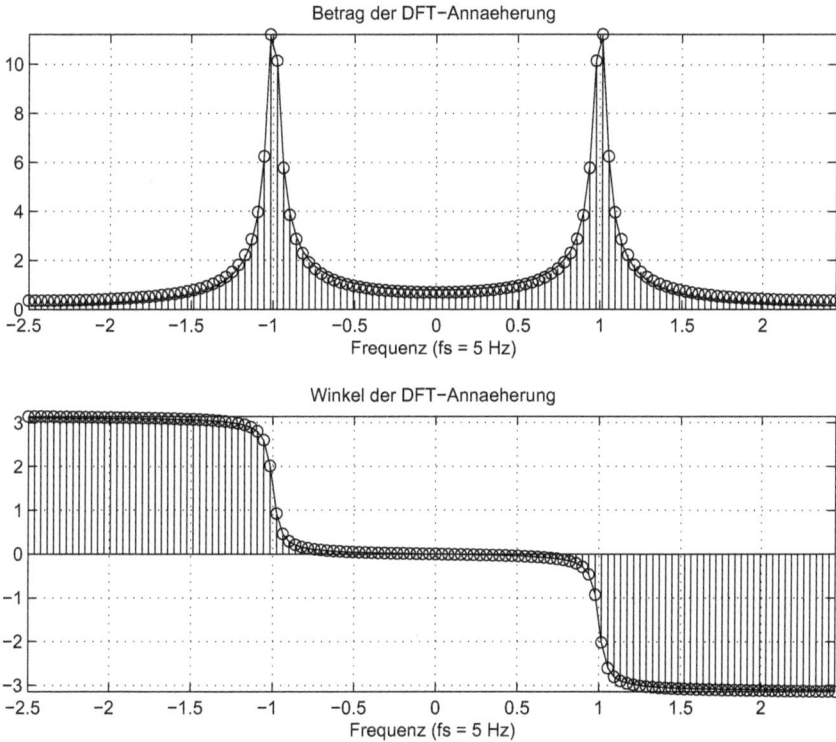

Abb. 2.44: *Betrag und Phase der korrekten Fourier-Transformation und der Annäherung über die DFT für ein sinusförmiges Signal (*fourier_transf7.m*)*

Für die DFT ist das Untersuchungsintervall eine Periode eines periodischen zeitdiskreten Signals [6] und der steile Anfang des cosinusförmigen Signals ergibt durch Aliasing der Oberwellen diesen größeren Phasenfehler. Es ist zu erwarten, dass die Annäherung eines sinusförmigen Signals mit Nullphase gleich null kleinere Phasenfehler bringt.

Im Skript fourier-transf7.m wird das zweite Signal aus Gl. (2.71), das ein derartiges Signal darstellt, ähnlich untersucht. Der Unterschied zu dem vorherigen Skript, besteht nur in der Berechnung der korrekten Fourier-Transformation gemäß zweiter Gl. (2.72):

```
........
% -------- Korrekte Fourier-Transformation
df = fs/N;
f = 0:df:fs-df;          s = j*2*pi*f;
% Xk = ampl*(2*pi*f0)./((s+1/tau).^2 + (2*pi*f0)^2); % Aus Literatur
Xk = ampl*2*pi*f0./((1/tau)^2 + (2*pi*f0)^2 - (2*pi*f).^2 ...
    + 2*j*2*pi*f/tau); % Aus Literatur
```

```
% -------- Annäherung über die DFT (oder FFT)
Xn = Ts*fft(x);
......
```

Die Annäherung des Betrags und besonders der Phase ist jetzt viel besser, wie in Abb. 2.44 gezeigt ist.

Der Leser kann weitere Experimente durchführen, in dem die Parameter variiert werden oder die einfachen Skripte erweitert werden. Sicher kann man auch hier die steile Anfangsstelle des ersten Signals mit Fensterfunktion entschärfen, was auch ein sinnvolles Experiment ist.

2.7   Erweiterte Fourier-Transformation

Die Signale, die bis jetzt untersucht wurden, haben die Bedingungen für die Existenz der Fourier-Transformation

$$\int_{-\infty}^{\infty} |x(t)| \, dt < \infty \tag{2.73}$$

erfüllt. Beispiel für ein Signal, das diese Einschränkung nicht erfüllt, ist eine Konstante $x(t) = a$ für $-\infty < t < \infty$. Im ordinären Sinn besitzt dieses Signal keine Fourier-Transformation.

Die Delta-Funktion [10], [1], [32] die auch als Einheitsimpuls bekannt ist, und durch

$$\delta(t) = 0, \quad \text{für} \quad t \neq 0$$
$$\int_{-\epsilon}^{\epsilon} \delta(t) \, dt = 1, \quad \text{für alle} \quad \epsilon > 0 \tag{2.74}$$

definiert wird, erweitert die Klasse der Signale, für die eine Fourier-Transformation existiert. Die erste Bedingung führt dazu, dass

$$\delta(t) \, e^{-j\omega \, t} = \delta(t) \tag{2.75}$$

und das Definitionsintegral der Fourier-Transformation ergibt:

$$\int_{-\infty}^{\infty} \delta(t) \, e^{-j\omega \, t} \, dt = 1 \tag{2.76}$$

Die Fourier-Transformation eines Einheitsimpulses ist somit gleich eins.

Ähnlich kann vorgegangen werden, um aus einer Transformierten $X(j\omega) = \delta(\omega)$ in Form eines Einheitsimpulses bei $\omega = 0$ das entsprechende Zeitsignal $x(t)$ zu ermitteln. Aus

$$x(t) = \frac{1}{2\pi} \int_{-\infty}^{\infty} X(j\omega) \, e^{j\omega \, t} \, d\omega = \frac{1}{2\pi} \int_{-\infty}^{\infty} \delta(\omega) \, e^{j\omega \, t} \, d\omega =$$
$$\frac{1}{2\pi} \int_{-\infty}^{\infty} \delta(\omega) \, d\omega = \frac{1}{2\pi} = \text{konst.} \tag{2.77}$$

folgt, dass die Fourier-Transformation eines konstanten Signals $x(t) = a$ ein Einheitsimpuls der Stärke $a/(2\pi)$ bei $\omega = 0$ ist.

In vielen technischen Bereichen spielen die sinus- oder cosinusförmigen Signale eine wichtige Rolle. Sie erfüllen nicht die Bedingungen für die Existenz der Fourier-Transformation im üblichen Sinn. Mit der gezeigten Erweiterung über die Delta-Funktion erhält man auch hier Fourier-Transformationen.

Wenn die Fourier-Transformation eines konstanten Signals eine Delta-Funktion bei $\omega = 0$ ist, weil die ganze Leistung des Signals bei dieser Frequenz konzentriert ist, kann man annehmen, dass bei einem cosinusförmigen Signal $x(t) = \cos(\omega_0\, t)$ für $-\infty < t < \infty$ die Leistung im Frequenzbereich um diese Frequenz ω_0 konzentriert ist.

Der Einfachheit halber wird das Problem umgekehrt und man sucht die Zeitfunktion $x(t)$, die eine Fourier-Transformation der Form

$$X(j\omega) = \pi\Big[\delta(\omega - \omega_0) + \delta(\omega + \omega_0)\Big] \tag{2.78}$$

besitzt. Aus

$$\begin{aligned}
x(t) =& \frac{1}{2\pi}\int_{-\infty}^{\infty} X(j\omega)\, e^{j\omega\, t}\, d\omega = \\
& \frac{1}{2}\int_{-\infty}^{\infty}\delta(\omega - \omega_0)\, e^{j\omega\, t}\, d\omega + \frac{1}{2}\int_{-\infty}^{\infty}\delta(\omega + \omega_0)\, e^{j\omega\, t}\, d\omega
\end{aligned} \tag{2.79}$$

wird mit Hilfe der Extraktionseigenschaft der Delta-Funktion, die in der Definition (2.74) enthalten ist, und für diesen Fall durch

$$\begin{aligned}
\int_{-\infty}^{\infty}\delta(\omega - \omega_0)\, e^{j\omega\, t}\, d\omega &= e^{j\omega_0\, t} \\
\int_{-\infty}^{\infty}\delta(\omega + \omega_0)\, e^{j\omega\, t}\, d\omega &= e^{-j\omega_0\, t}
\end{aligned} \tag{2.80}$$

gegeben ist, für $x(t)$ folgendes Ergebnis erhalten:

$$x(t) = \frac{1}{2}e^{j\omega_0\, t} + \frac{1}{2}e^{-j\omega_0\, t} = \cos(\omega_0\, t) \tag{2.81}$$

Die erweiterte Fourier-Transformation eines cosinusförmigen Signals besteht aus zwei Delta-Funktionen bei ω_0 und $-\omega_0$, die noch mit π gewichtet sind.

Die direkte Anwendung des Definitionsintegrals für die Bestimmung der Fourier-Transformation von $x(t) = \cos(\omega_0\, t)$ führt zum gleichen Ergebnis, wenn die Delta-Funktion durch das folgende äquivalente Integral definiert wird:

$$\begin{aligned}
\delta(\omega) =& \frac{1}{2\pi}\int_{-\infty}^{\infty} e^{j\omega\, t}\, dt = \\
& \frac{1}{2\pi}\int_{0}^{\infty}\left(e^{j\omega\, t} + e^{-j\omega\, t}\right) dt = \frac{1}{\pi}\int_{0}^{\infty}\cos(\omega\, t)\, dt
\end{aligned} \tag{2.82}$$

Ein kleines MATLAB-Skript (`delta_funk1.m`) kann das letzte Integral in einer einfachen Weise dem Leser verständlich machen. Es wird das Integral durch eine annähernde Summe

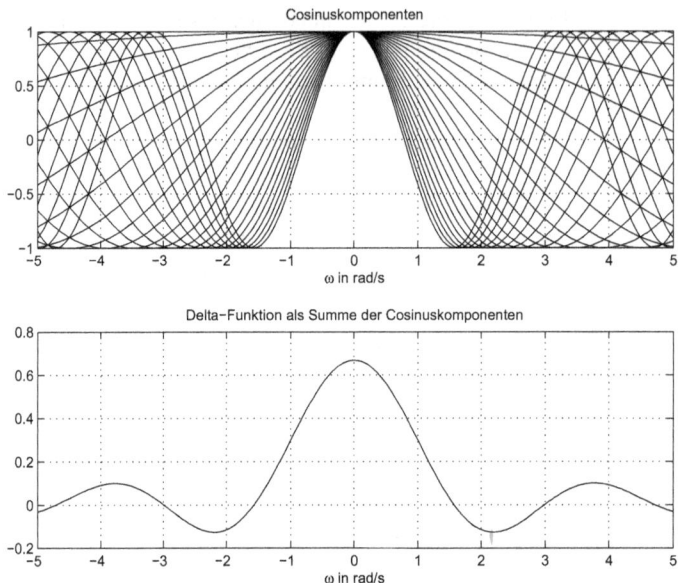

Abb. 2.45: Annäherung der Delta-Funktion gemäß Gl. (2.82) (delta_funk1.m)

berechnet:

$$\delta(n\Delta\omega) = \frac{1}{\pi} \int_0^\infty \cos(n\Delta\omega\, t)\, dt \cong \frac{1}{\pi} \sum_{k=0}^{N-1} \cos(n\Delta\omega\, k\Delta t)\, \Delta t \tag{2.83}$$

$$n = -M, -M+1, \ldots, 0, \ldots, M-1, M$$

Ein Bereich für ω in der Umgebung $\omega = 0$ wird in $2M$ Intervalle der Größe $\Delta\omega$ unterteilt und für diese diskreten Werte wird die Funktion $\delta(\omega)$ ermittelt. Die Zeit als zweite Variable in der Summe auf der rechten Seite wird auch diskretisiert, so dass $t = k\Delta t, k = 0, 1, 2, \ldots, N-1$ ist.

Je mehr Cosinusterme in der Summe genommen werden, desto besser ist die Annäherung der Delta-Funktion. Abb. 2.45 zeigt im oberen Teil diese Cosinusterme mit t=0:0.1:2 und ω zwischen -5 bis 5 mit $\Delta\omega = 0,05$ rad/s. Da für die Delta-Funktion (oder Einheitsimpuls) die Fläche gemäß

$$\int_{-\infty}^\infty \delta(\omega)\, d\omega = 1 \tag{2.84}$$

gleich eins sein muss, wird am Ende des Programms auch diese Fläche durch

$$\text{Fläche} \cong \Delta\omega \sum_{n=-M}^M \delta(n\Delta\omega) \tag{2.85}$$

geschätzt. Für die relativ kleine Anzahl der Cosinusterme der Summe erhält man eine geschätzte Fläche von 1,2044 statt 1.

Aus der Abbildung sieht man, wie die Cosinusfunktionen, die alle bei $\omega = 0$ den Wert eins besitzen, in der Summe einen Impuls bei $\omega = 0$ ergeben. Bei $\omega \neq 0$ führt die Summe zu relativ kleinen Werten, die mit steigender Anzahl der Cosinusfunktionen null werden.

Man kann in der selben Art jetzt die erweiterte Fourier-Transformation eines sinusförmigen Signals

$$x(t) = \sin(\omega_0 \, t + \varphi) \tag{2.86}$$

direkt berechnen. Laut Definitionsintegral ist:

$$X(j\omega) = \int_{-\infty}^{\infty} x(t) \, e^{-j\omega \, t} \, dt = \frac{1}{2j} \int_{-\infty}^{\infty} (e^{j(\omega_0 \, t + \varphi)} - e^{-j(\omega_0 \, t + \varphi)}) \, e^{-j\omega \, t} \, dt =$$
$$\frac{1}{2j} e^{j\varphi} \int_{-\infty}^{\infty} e^{-j(\omega - \omega_0) \, t} \, dt - \frac{1}{2j} e^{-j\varphi} \int_{-\infty}^{\infty} e^{-j(\omega + \omega_0) \, t} \, dt \tag{2.87}$$

Die letzten Integrale führen gemäß Gl. (2.82) zu Delta-Funktionen

$$\int_{-\infty}^{\infty} e^{-j(\omega - \omega_0) \, t} \, dt = 2\pi\delta(\omega - \omega_0)$$
$$\int_{-\infty}^{\infty} e^{-j(\omega + \omega_0) \, t} \, dt = 2\pi\delta(\omega + \omega_0) \tag{2.88}$$

und somit ist die Fourier-Transformation des Signals $x(t) = sin(\omega_0 \, t + \varphi)$ durch

$$X(j\omega) = \frac{1}{j}\pi \left[e^{j\varphi}\delta(\omega - \omega_0) - e^{-j\varphi}\delta(\omega + \omega_0) \right] =$$
$$\pi \left[e^{j(\varphi - \pi/2)}\delta(\omega - \omega_0) - e^{-j(\varphi - \pi/2)}\delta(\omega + \omega_0) \right] \tag{2.89}$$

gegeben. Der Betrag dieser komplexen Funktion besteht aus zwei Delta-Funktionen bei ω_0 und $-\omega_0$, die mit π wie beim cosinusförmigen Signal gemäß Gl. (2.78) gewichtet sind. Die Nullphase φ des Signals zusammen mit dem Winkel $\pi/2$ wegen des j aus dem Nenner ergeben eine Phasenlage bei ω_0 von $(\varphi - \pi/2)$ und $-(\varphi - \pi/2)$ bei $-\omega_0$.

Auch für die Cosinusfunktion mit Nullphase $x(t) = \cos(\omega_0 t + \varphi)$ kann die abgeleitete Form aus Gl. (2.78) erweitert werden:

$$X(j\omega) = \pi \left[e^{j(\varphi)}\delta(\omega - \omega_0) + e^{-j(\varphi)}\delta(\omega + \omega_0) \right] \tag{2.90}$$

Abb. 2.46 zeigt zusammenfassend die drei Signale, für die eine erweiterte Fourier-Transformation mit Hilfe der Delta-Funktion ermittelt wurde. Ganz oben das konstante Signal $x(t) = a$ für das die Leistung bei $\omega = 0$ konzentriert ist und im Frequenzbereich der Fourier-Transformation eine mit a gewichtete Delta-Funktion bei dieser Frequenz ergibt.

In der Mitte ist eine cosinusförmige Funktion der Amplitude a und Nullphase φ ($x(t) = a \cos(\omega_0 \, t + \varphi)$), die im Betrag zu zwei Delta-Funktionen bei ω_0 und $-\omega_0$ führt und zeigt, dass die Leistung des Signals bei diesen Frequenzen konzentriert ist. Der Winkel der Fourier-Transformation dieses reellen Signals ist punktsymmetrisch um null.

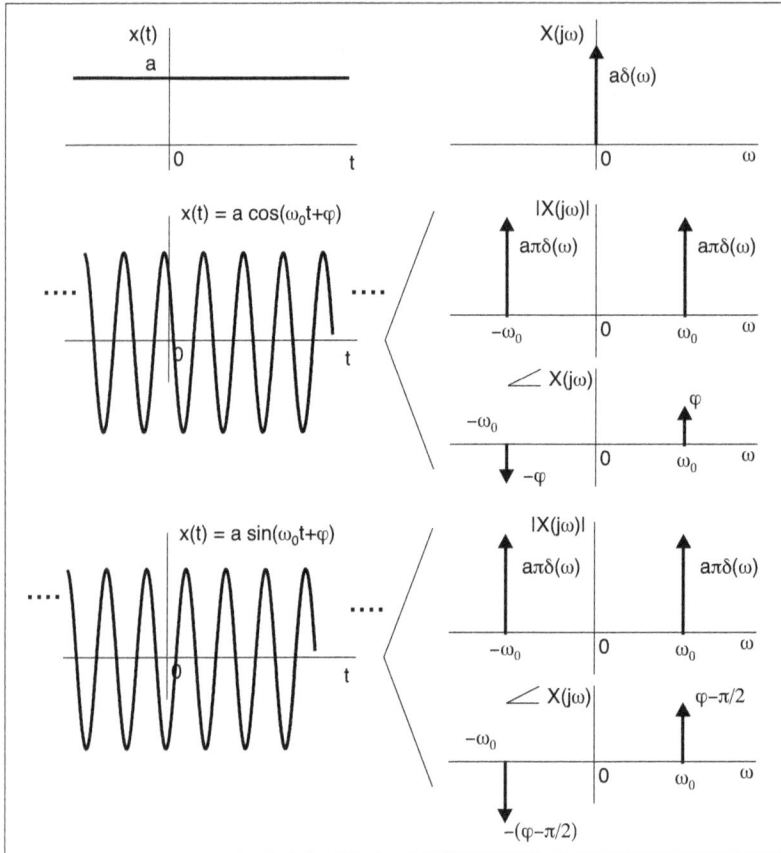

Abb. 2.46: Drei Signale und ihre erweiterten Fourier-Transformierten

Ähnlich ist ganz unten die erweiterte Fourier-Transformation des Signals $x(t) = a \sin(\omega_0 t + \varphi)$ dargestellt. Der Winkel der Fourier-Transformation enthält zusätzlich eine Phasenverschiebung von $\pi/2$.

Bei einem periodischen Signal, das aus einer Summe von cosinusförmigen Signalen mit bestimmten Amplituden und bestimmten Phasenlagen zusammengesetzt ist, besteht seine Fourier-Transformierte aus Delta-Funktionen bei den entsprechenden Frequenzen der Harmonischen und deren gespiegelten negativen Frequenzen.

Wenn statt der Kreisfrequenz ω die Frequenz $f = \omega/(2\pi)$ in Hz angenommen wird, dann sind die Fourier-Transformierten durch

$$x(t) = a\cos(2\pi f_0 t + \varphi) \rightarrow$$
$$X(f) = \left[e^{j(\varphi)}\delta(f - f_0) + e^{-j(\varphi)}\delta(f + f_0) \right] \qquad (2.91)$$

$$x(t) = a\sin(2\pi f_0 t + \varphi) \rightarrow$$
$$X(f) = \left[e^{j(\varphi - \pi/2)} \delta(f - f_0) - e^{-j(\varphi - \pi/2)} \delta(f + f_0) \right] \qquad (2.92)$$

gegeben.

Folgende allgemein gültige Beziehungen können oft für die Ermittlung der erweiterten Fourier-Transformation eingesetzt werden:

$$\delta(\omega) = \frac{1}{2\pi} \int_{-\infty}^{\infty} e^{-j\omega t} \, dt \qquad \delta(f) = \int_{-\infty}^{\infty} e^{-j2\pi f t} \, dt \qquad (2.93)$$

Da diese Beziehungen eine Symmetrie bezüglich der Variablen ω oder f und t aufweisen, ergeben sich auch folgende Formen:

$$\delta(t) = \frac{1}{2\pi} \int_{-\infty}^{\infty} e^{j\omega t} \, d\omega \qquad \delta(t) = \int_{-\infty}^{\infty} e^{j2\pi f t} \, df \qquad (2.94)$$

Das Vorzeichen der Exponentialfunktion spielt keine Rolle und in Anlehnung an die inverse Fourier-Transformation wird hier das Pluszeichen benutzt.

Der Abtastungsprozess kann mit Hilfe eines Produkts zwischen einem periodischen Signal der Periode $T_s = 2\pi/\omega_s = 1/f_s$ bestehend aus Delta-Funktionen (oder Einheitsimpulse) und dem kontinuierlichen Signal dargestellt werden. Die Abtastwerte sind dadurch Delta-Funktionen, die mit den zeitdiskreten Werten aus dem kontinuierlichen Signal gewichtet sind:

$$x[kT_s] = x(t)\, s(t) \qquad \text{wobei}$$
$$s(t) = \sum_{k=-\infty}^{\infty} \delta(t - kT_s) = \frac{1}{T_s} \sum_{k=-\infty}^{\infty} e^{j2\pi f_s k\, t} \qquad (2.95)$$

Das periodische Signal aus Delta-Funktionen $s(t)$ besitzt auch eine erweiterte Fourier-Transformation, die leicht abzuleiten ist:

$$S(j\omega) = \frac{1}{T_s} \sum_{k=-\infty}^{\infty} \delta(\omega - k\omega_s) = f_s \sum_{k=-\infty}^{\infty} \delta(\omega - k\omega_s)$$

$$\qquad (2.96)$$

$$S(j2\pi f) = S(f) = f_s \sum_{k=-\infty}^{\infty} \delta(f - kf_s)$$

Die Fourier-Transformation der periodischen Folge von Delta-Funktionen ist ebenfalls periodisch in ω mit einer Periode ω_s und besteht auch aus Delta-Funktionen der Fläche gleich $1/T_s$, wie in Abb. 2.47 gezeigt.

Die Delta-Funktionen sind in Abb. 2.46 und Abb. 2.47 mit Pfeilen nach oben dargestellt, um sie von den realen Pulsen zu unterscheiden. Ihre Fläche, durch ein Integral berechnet, stellt ihre Stärke dar.

Der Abtastprozess, modelliert als Produkt zwischen einem kontinuierlichen Signal $x(t)$ und

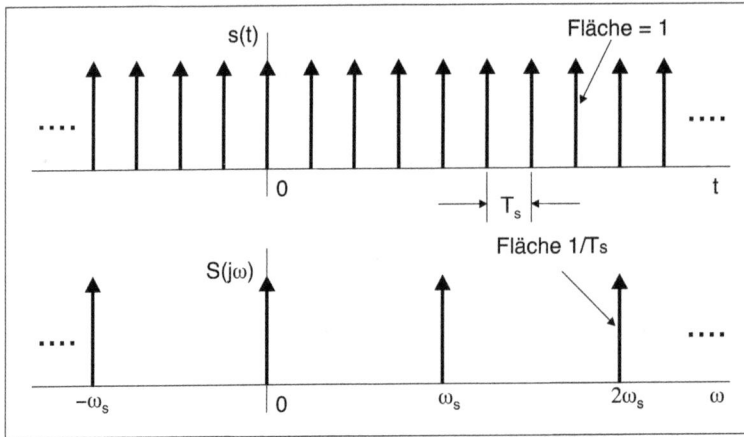

Abb. 2.47: Die erweiterte Fourier-Transformation einer periodischen Folge von Delta-Funktionen

der periodischen Folge von Delta-Funktionen $s(t)$, führt zu einer Fourier-Transformation:

$$x_s(t) = x(t)\, s(t) = \frac{1}{T_s} \sum_{k=-\infty}^{\infty} x(t)\, e^{j2\pi f_s kt}$$

$$X_s(\omega) = \frac{1}{T_s} \sum_{n=-\infty}^{\infty} X(j(\omega - n\omega_s)) \quad \text{oder} \tag{2.97}$$

$$X_s(f) = \frac{1}{T_s} \sum_{n=-\infty}^{\infty} X(f - n\,f_s)$$

Das Ergebnis zeigt, dass die Fourier-Transformation $X_s(j\omega)$ des abgetasteten Signals $x_s(t)$ periodisch mit der Periode ω_s (oder f_s) ist und aus der periodischen Fortsetzung im Abstand ω_s der Fourier-Transformation $X(j\omega)$ des kontinuierlichen Signals $x(t)$ besteht. Abb. 2.48 skizziert diesen Sachverhalt. Ganz oben ist links das kontinuierliche Signal und rechts ist der Betrag der Fourier-Transformierten dargestellt. Darunter sind ähnlich die Delta-Folge $s(t)$ und ihre Fourier-Transformation gezeigt. Die Multiplikation des Signals im Zeitbereich mit den Delta-Funktionen $s(t)$ hat zur Faltung des Spektrums $X(f)$ mit dem Spektrum $S(f)$ im Frequenzbereich und zum Ergebnis gemäß Gl. (2.97) geführt (Abb. 2.48c).

In Abb. 2.48d ist der Fall gezeigt, für den das Abtasttheorem verletzt wurde ($f_{max} > f_s/2$) und die Spektren des abgetasteten Signals kreuzen sich. Die Rekonstruktion des kontinuierlichen Signals aus den Abtastwerten wird zu Fehlern führen. Das Kreuzen der Spektren wird, wie schon bekannt, als Aliasing betrachtet.

Vom Standpunkt eines Ingenieurs aus ist die Fourier-Transformierte eine Dichte und zwar eine Amplitudendichte. Wenn das Signal eine Spannung ist, ergibt das Definitionsintegral die Einheit Volt mal Sekunde oder Volt/Hz. Das Integral dieser Dichte, z.B. über eine infinitesimal kleine Umgebung der Frequenz einer Harmonischen, kann ihre Amplitude nur mit Hilfe dieser speziellen Delta-Funktion ergeben.

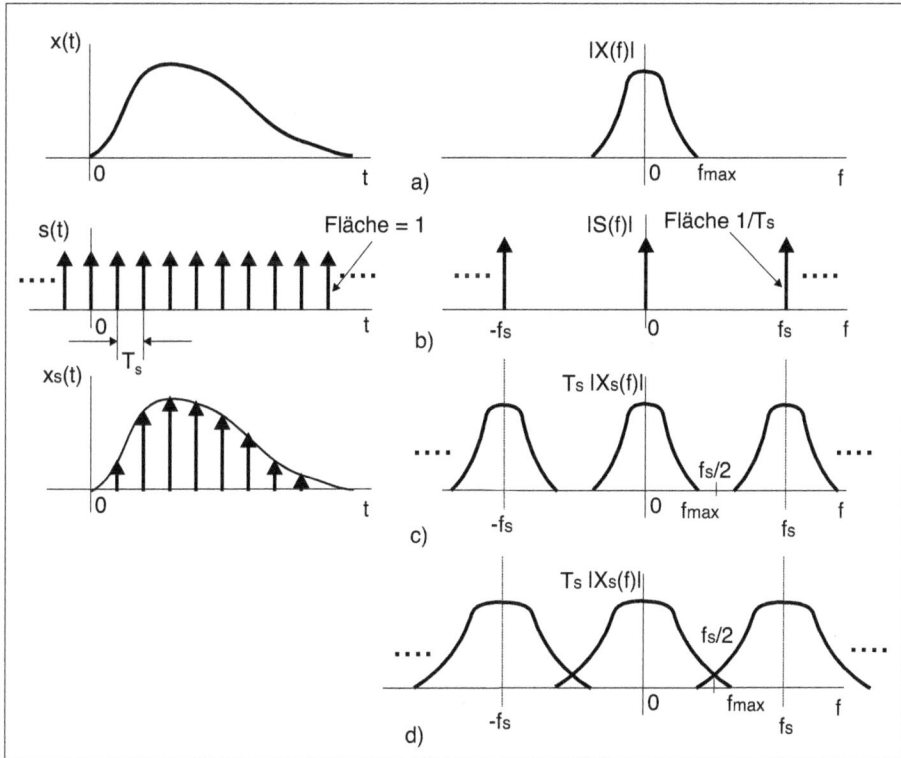

Abb. 2.48: Die Fourier-Transformation eines abgetasteten Signals

Die Delta-Funktion ist eine Idealisierung, die real nicht nachgebildet werden kann, sie spielt aber eine große Rolle in der Theorie der linearen Systeme und dient zur Modellierung vieler physikalischen Vorgänge. Als Beispiel kann man die Eigenschaften des Ausgangssignals eines D/A-Wandlers mit folgendem Modell beschreiben. Die Abtastwerte als Gewichtungen von Delta-Funktionen werden als Eingangssignale eines Halteglieds nullter Ordnung angenommen und die Impulsantwort dieses Gliedes führt dann zu dem bekannten physikalisch realen Ausgangssignal mit gleichen Werten zwischen den Abtastmomenten.

2.8   DFT-Annäherung der Fourier-Transformation zeitdiskreter Signale

Mit der Vorstellung, dass die Abtastwerte gewichtete Delta-Funktionen sind, kann man die Theorie der kontinuierlichen linearen Systeme auch für lineare zeitdiskrete Systeme anwenden. Ein zeitdiskreter Wert $x[kT_s]$ kann in folgender Form mit Hilfe einer Delta-Funktion als kontinuierliche Variable geschrieben werden:

$$x[kT_s] = x_k \, \delta(t - kT_s) \tag{2.98}$$

Die Positionierung auf der Zeitachse ist durch die Delta-Funktion $\delta(t - kT_s)$ gegeben, die nur für $t = kT_s$ verschieden von null ist und die Gewichtung mit dem Wert x_k ergibt den korrekten Abtastwert als Delta-Funktion zu diesem Zeitpunkt.

Für diese Darstellung der zeitdiskreten Werte kann jetzt auch die übliche Definition der Fourier-Transformation angewandt werden. Für eine zeitdiskrete Sequenz von Delta-Funktionen

$$x(t) = \sum_{k=-\infty}^{\infty} x_k \, \delta(t - kT_s) \tag{2.99}$$

erhält man eine Fourier-Transformation, die als *Discrete-Time-Fourier-Transformation* kurz DTFT bekannt ist:

$$X(j\omega) = \int_{t=-\infty}^{\infty} x(t) \, e^{-j\omega \, t} \, dt = \int_{t=-\infty}^{\infty} \sum_{k=-\infty}^{\infty} x_k \, \delta(t - kT_s) \, e^{-j\omega \, t} \, dt =$$

$$\sum_{k=-\infty}^{\infty} x_k \int_{t=-\infty}^{\infty} \delta(t - kT_s) \, e^{-j\omega \, t} \, dt = \tag{2.100}$$

$$\sum_{k=-\infty}^{\infty} x_k \, e^{-j\omega \, kT_s}$$

Mit der Frequenz in Hz ausgedrückt, ist die DTFT durch

$$X(j2\pi f) = X(f) = \sum_{k=-\infty}^{\infty} x_k \, e^{-j2\pi f \, kT_s} \tag{2.101}$$

gegeben. Sie ist eine kontinuierliche Funktion in f (oder ω). Wegen der Exponentialfunktion ist es leicht zu zeigen, dass die DTFT $X(f)$ periodisch in f mit einer Periode f_s ist. Man muss somit nur eine Periode z.B. mit $0 \leq f \leq f_s$ oder $-f_s/2 \leq f \leq f_s/2$ berechnen und untersuchen.

Für kausale Abtastwerte, die mit $k \geq 0$, $k = 0, 1, 2, \ldots, N-1$ definiert sind, nähert man sich der DFT. Die DFT ist nichts anderes als die im Frequenzbereich abgetastete DTFT. Die numerische Annäherung der kontinuierlichen DTFT für diskrete Frequenzen

$$n\Delta f = n\frac{f_s}{N}, \quad \text{mit} \quad n = 0, 1, 2, 3, \ldots, N-1 \tag{2.102}$$

führt auf die DFT:

$$X(j2\pi f)|_{f=n\Delta f} = X(f)|_{f=n\Delta f} = X_n = \sum_{k=0}^{N-1} x[kT_s] \, e^{-j2\pi n \, k/N} \tag{2.103}$$

Die Abtastwerte x_k werden hier mit der Bezeichnung $x[kT_s]$ ersetzt um sie wiederum mit der Positionierung in Zeit darzustellen. Abb. 2.49 skizziert den oben beschriebenen Sachverhalt. Ganz oben ist der Betrag $|X(j\omega)|$ der DTFT einer zeitbegrenzten Sequenz von Abtastwerten

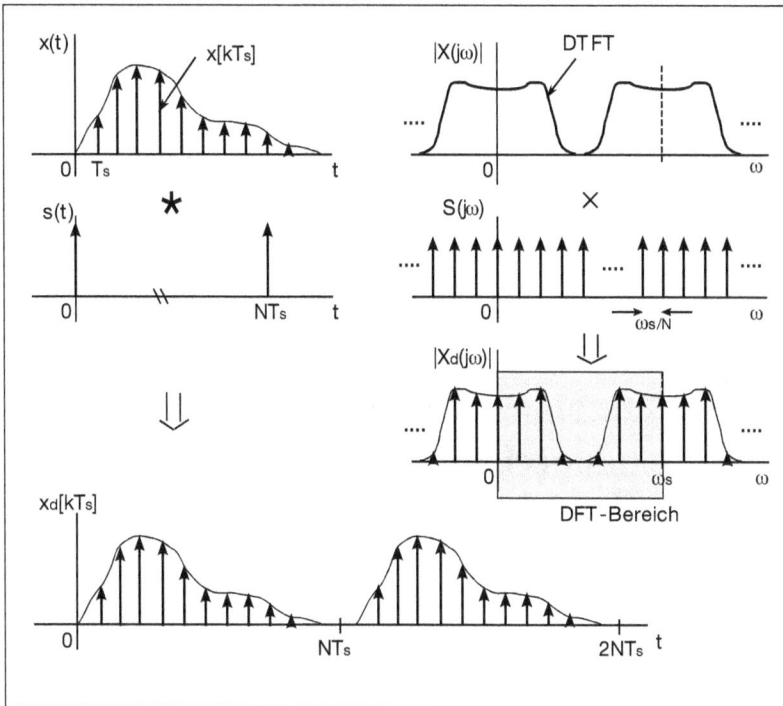

Abb. 2.49: Die Abtastung der DTFT um die DFT zu bilden

$x[kT_s]$ dargestellt. Darunter ist die periodische Sequenz der Delta-Funktionen $S(j\omega)$ mit deren Hilfe die kontinuierliche DTFT durch Multiplikation abgetastet wird.

Der Multiplikation ($\times$) im Frequenzbereich entspricht eine Faltung ($*$) der zeitdiskreten Sequenz $x[kT_s]$ mit der inversen Fourier-Transformierten $s(t)$ der periodischen Delta-Funktionen $S(j\omega)$. Diese Faltung zeigt, dass die Abtastung im Frequenzbereich, die zur DFT führt, die zeitdiskrete Sequenz als periodisch mit einer Periode NT_s annimmt.

Die Erkenntnis, dass für die DFT das Untersuchungsintervall eine Periode einer zeitdiskreten Sequenz ist, spielt eine wichtige Rolle bei der Berechnung der Faltung und Korrelation zweier Sequenzen [32], [10] mit Hilfe der DFT.

Das Parseval-Theorem für die zeitdiskreten Sequenzen ist jetzt [20], [36]:

$$\sum_{k=-\infty}^{\infty} x[kT_s]^2 = \frac{T_s}{2\pi} \int_{-\pi/T_s}^{\pi/T_s} |X(j\omega T_s)|^2 \, d\omega =$$

$$\frac{1}{2\pi} \int_{-\pi}^{\pi} |X(j\Omega)|^2 \, d\Omega \quad \text{mit} \quad \Omega = 2\pi \frac{f}{f_s} \tag{2.104}$$

Das Integral in f ausgedrückt, ergibt:

$$\sum_{k=-\infty}^{\infty} x[kT_s]^2 = \frac{1}{f_s} \int_{-f_s/2}^{f_s/2} |X(f)|^2 \, df = T_s \int_{-f_s/2}^{f_s/2} |X(f)|^2 \, df \qquad (2.105)$$

Für eine in Zeit begrenzte Sequenz und mit der Periode der DTFT von 0 bis f_s erhält man:

$$\sum_{k=0}^{N-1} x[kT_s]^2 \cong \frac{1}{f_s} \sum_{n=0}^{N-1} |X_n|^2 \frac{f_s}{N} = \frac{1}{N} \sum_{n=0}^{N-1} |X_n|^2 \qquad (2.106)$$

Hier ist f_s/N die Auflösung der DFT, die durch X_n bezeichnet ist und die N Bins besitzt. Sie wird durch Abtastung der DTFT $X(f)$ im Frequenzbereich gemäß Gl. (2.103) erhalten.

Experiment 2.6: Fourier-Transformation des Ausschnitts eines periodischen Signals über die DFT

Dieses Experiment soll die vorherigen Sachverhalte anschaulich und dadurch verständlich vermitteln. Es wird ein Ausschnitt eines sinus- oder cosinusförmigen Signals mit Hilfe der DFT transformiert. Abb. 2.50a zeigt das unendlich ausgedehnte Signal und dessen erweiterte Fourier-Transformation in Form der Delta-Funktionen bei $-f_0$ bzw. f_0.

Darunter ist links das Fenster gezeigt, das durch Multiplikation mit dem Signal den Ausschnitt der Größe T_w ergibt. Rechts sieht man den Betrag der Fourier-Transformation des Fensters in Form des Betrags $|sin(x)/x|$ mit Nullstellen an den Vielfachen von $1/T_w$. Umso ausgedehnter das Fenster oder die Größe von T_w ist, desto kleiner wird $1/T_w$ und der Betrag der Fourier-Transformation des Fensters nähert sich einer Delta-Funktion.

Die Multiplikation des Signals mit der Fensterfunktion im Zeitbereich entspricht einer Faltung im Frequenzbereich (Abb. 2.50c). Die Faltung mit Delta-Funktionen ist sehr einfach. In der Darstellung wird der Ursprung des Betrags $|W(f)|$ an den Stellen der Delta-Funktionen gebracht (bei $-f_0$ und f_0).

Der Ausschnitt wird mit der periodischen Sequenz von Delta-Funktionen $s(t)$ weiter durch Multiplikation abgetastet (Abb. 2.50d). Dieser Abtastung im Zeitbereich entspricht eine Faltung im Frequenzbereich mit der Fourier-Transformierten $S(j2\pi f)$ der Abtastsequenz, die als Ergebnis ganz unten gezeigt ist. Es ist die DTFT der zeitdiskreten Sequenz $x_d[kT_s]$. Die DFT stellt dann weiter die Abtastung der DTFT (die hier nicht mehr gezeigt ist) und für diese DFT sind die Abtastwerte des Ausschnitts die Periode einer periodischen Sequenz der Dauer $T_w = NT_s$.

Wenn bei der Abtastung der DTFT die Auflösung der DFT so ist, dass die Nullstellen der Fourier-Transformation des Fensters (Abb. 2.50) genau in die Bins der DFT fallen, dann sind im Erscheinungsbild der DFT nur zwei Linien zu sehen, wie die ideale Fourier-Transformation des unendlich ausgedehnten Signals, die ganz oben im Bild als Delta-Funktionen gezeigt ist. Das geschieht wenn im Intervall T_w exakt eine ganze Anzahl von Perioden des sinusförmigen Signals liegt. Ansonsten sieht man in der DFT die Linien mit der Hülle der Funktionen $sin(x)/x$ aus Abb. 2.50e (unten rechts) im üblichen Bereich der DFT von 0 bis f_s ($0 \le f \le f_s$).

Das ist eine Erkenntnis, die man schon bei periodischen Signalen unter den Begriff *Leakage* oder Schmiereffekt gesehen hat. Dort konnte man mit einer anderen als der rechteckigen Fensterfunktion diesen Schmiereffekt mindern. Das ist wichtig wenn man die idealen zwei Linien für die Fourier-Transformation des sinusförmigen Signals erwartet.

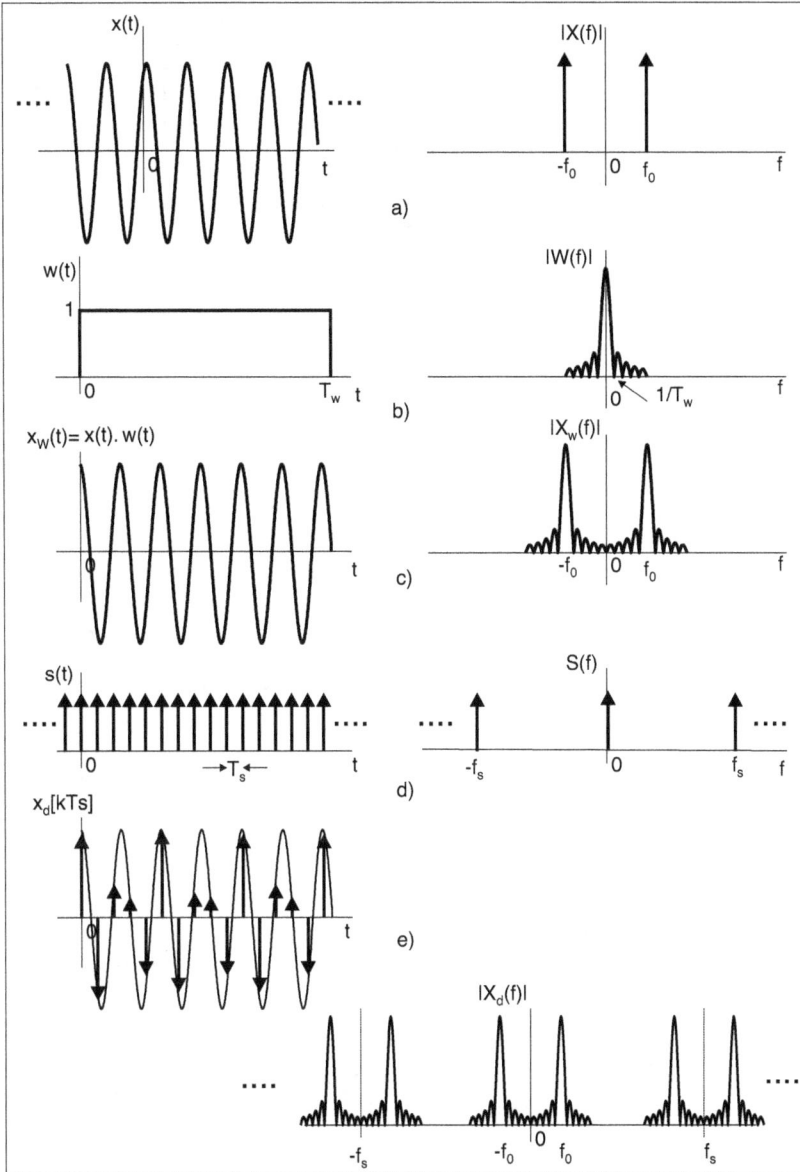

Abb. 2.50: Fourier-Transformation des Ausschnittes eines periodischen Signals

Im Skript `dtft_dft1.m` wird die Annäherung der DTFT eines Ausschnitts von einem cosinusförmigen Signal ermittelt und dargestellt. Es beginnt, wie immer, mit Initialisierungen gefolgt von der Bildung des kontinuierlichen und zeitdiskreten Signals. Vom letzteren wird die DFT ermittelt:

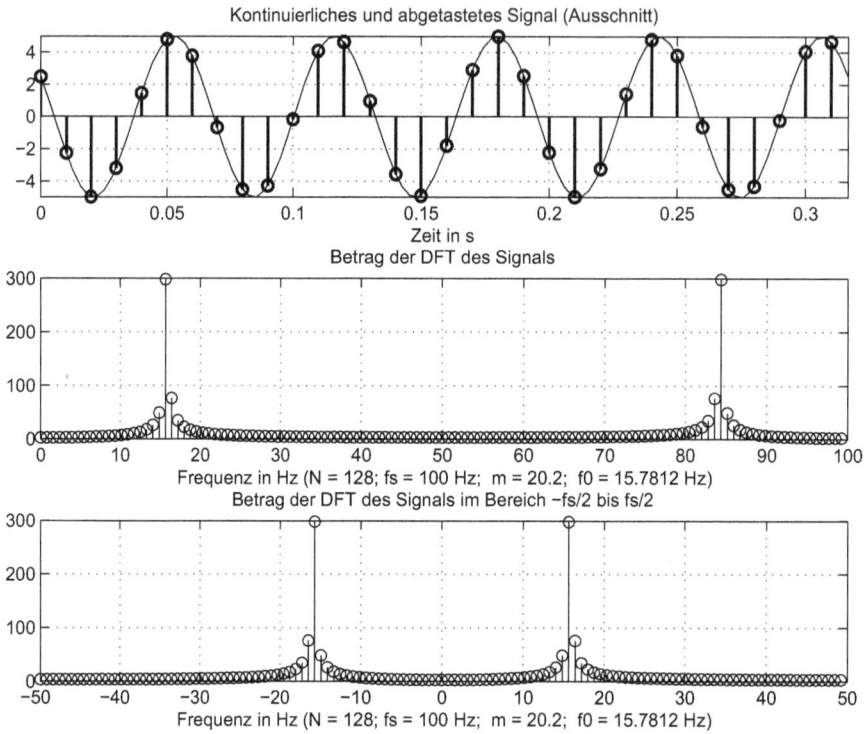

*Abb. 2.51: Fourier-Transformation des Ausschnittes eines periodischen Signals über die DFT ermittelt (*dtft_dft1.m*)*

```
.........
% ------- Parameter des Signals
N = 128;    % Anzahl der Abtastwerte im Untersuchungsintervall
m = 20.2;   % Anzahl der Perioden des Signals im Untersuchungsintervall
fs = 100;   Ts = 1/fs;   % Abtastfrequenz und Abtastperiode
f0 = m*fs/N;   T0 = 1/f0;  % Frequenz und Periode des Signals
Tw = m*T0;                 % Größe des Untersuchungsintervalls
ampl = 5;   phi0 = pi/3;  % Amplitude und Nullphase
% ------- Kontinuierliches Signal
dt = T0/20;
t = 0:dt:(N-1)*Ts;
xk = ampl*cos(2*pi*t*f0 + phi0);
% ------- Abgetastetes Signal
xd = ampl*cos(2*pi*f0*(0:N-1)/fs + phi0);
.........
% ------- DFT des Ausschnitts
Xd = fft(xd);
.........
```

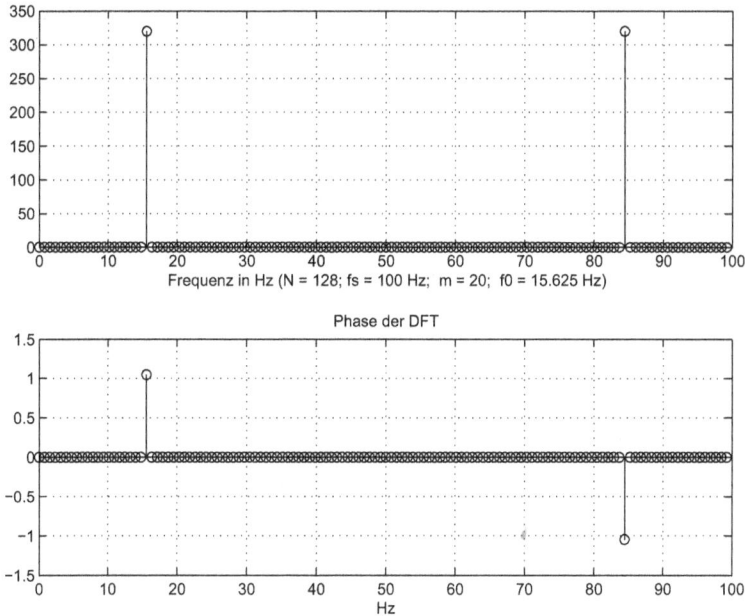

Abb. 2.52: Fourier-Transformation des Ausschnittes eines periodischen Signals über die DFT ermittelt, wenn eine ganze Anzahl Perioden im Untersuchungsintervall liegen (dtft_dft1.m)

Abb. 2.51 zeigt das Ergebnis für den Fall, dass keine ganze Anzahl von Perioden im Untersuchungsintervall liegt ($m = 20, 2$). Die Linien des Betrags der DFT haben als Hülle die Funktion $sin(x)/x$, die der Fourier-Transformation des rechteckigen Fensters, mit dem der Ausschnitt gebildet wurde, entspricht. Bei der Ermittlung der Koeffizienten der Fourier-Reihe mit Hilfe der DFT wäre dieser Fall, der Fall mit *Leakage*.

Im Skript wird auch eine Darstellung erzeugt, in der sowohl der Betrag als auch die Phase der DFT als Annäherung der DTFT gezeigt wird. Abb. 2.52 enthält diese Darstellung für $m = 20$, was exakt zwanzig Perioden des Signals im Untersuchungsintervall bedeutet.

Hier ist auch die Nullphase von $\pi/3$ als Winkel der DFT zu sehen. Wenn man den Betrag der DFT (hier 320) mit $N = 128$ teilt, erhält man die halbe Amplitude der Signals $320/128 = 2, 5$ als Annäherung der Fourier-Reihe für dieses Signal.

2.9 Spektrum komplexer Signale

Wegen der Additionseigenschaft [10] ist die Fourier-Transformation eines komplexen Signals gleich der Summe der Fourier-Transformation des Realteils und der des Imaginärteils multipliziert mit j:

$$z(t) = x(t) + j\, y(t)$$
$$Z(f) = X(f) + j\, Y(f) \tag{2.107}$$

In der Kommunikationstechnik werden oft komplexe Signale eingesetzt, um z.B. einseitige

Signale im Basisband zu erhalten. Es sind Signale mit einer Fourier-Transfomation, die Anteile nur für positive oder nur für negative Frequenzen enthält. Die Fourier-Transformation besitzt nicht mehr die Symmetrie, die bei reellwertigen Signalen vorkommt.

Ein kleines Beispiel soll zeigen wie man aus zwei reellwertigen Signalen ein komplexes einseitiges Signal erhalten kann. Ein cosinusförmiges Signal der Frequenz f_m und das mit $-\pi/2$ phasenverschobene Signal werden in ein komplexes Signal zusammengesetzt:

$$z(t) = x(t) + jy(t) = a\,\cos(2\pi f_m t) + j a \sin(2\pi f_m t) = \\ a\,\cos(2\pi f_m t) + j\,a\,\cos(2\pi f_m t - \pi/2) \tag{2.108}$$

Die erweiterten Fourier-Transformierten sind gemäß Gl. (2.91) und (2.92) durch

$$X(f) = a[\delta(f - f_m) + \delta(f + f_m)] \\ Y(f) = a[e^{-j\pi/2}\,\delta(f - f_m) + e^{j\pi/2}\,\delta(f + f_m)] \tag{2.109}$$

gegeben. Die Fourier-Transformierte des komplexen Signals wird jetzt:

$$Z(f) = X(f) + j\,Y(f) = a[\delta(f - f_m) + \delta(f + f_m)] + \\ a\{e^{j\pi/2}[e^{-j\pi/2}\delta(f - f_m) + e^{j\pi/2}\delta(f + f_m)]\} = 2a\delta(f - f_m) + 0 \quad (2.110) \\ \text{weil} \quad e^{j\pi/2}e^{-j\pi/2} = 1 \quad \text{und} \quad e^{j\pi/2}e^{j\pi/2} = e^{j\pi} = -1$$

Das Ergebnis zeigt, dass die Fourier-Transformation des komplexen Signals aus einer Delta-Funktion mal $2a$ bei $f = f_m$ besteht. Der Real- und Imaginärteil als reellwertige Signale haben die Fourier-Transformierten mit der bekannten Punktsymmetrie.

Es stellt sich jetzt die Frage, was bezweckt man mit einem komplexen Signal, das eine viel größere Flexibilität in der Gestaltung des Spektrums bringt. Hinzu kommt noch die Tatsache, dass man ein komplexes Signal in der Realität nur durch seinen Real- bzw. Imaginärteil erzeugen und handhaben kann.

Wenn man diese Teile in einer Quadraturmodulation mit Träger der Frequenz f_0 benutzt [21], [22], dann erhält man wieder ein reellwertiges Signal, dessen Spektrum aus dem Spektrum des komplexen Signals gebildet ist. Der Ursprung des Spektrums des komplexen Signals bei $f = 0$ im Frequenzbereich verschiebt sich zur Frequenz $f = f_0$ und im negativen Frequenzbereich erhält man die bekannte Symmetrie für reellwertige Signale.

Die Quadraturmodulation wird durch folgende Operation erhalten:

$$s(t) = x(t)\,\cos(2\pi f_0 t) + y(t)\,\sin(2\pi f_0 t) \tag{2.111}$$

In einer komplexen Schreibweise ist dieses Signal durch

$$s(t) = R_e\{z(t)\,e^{j2\pi f_0 t}\} \quad \text{mit} \quad z(t) = x(t) + j\,y(t) \tag{2.112}$$

gegeben, wobei $R_e\{\}$ den Realteil darstellt.

Das Spektrum oder Fourier-Transformation des Signals $s(t)$ ist:

$$S(f) = \int_{-\infty}^{\infty} s(t)\,e^{-j2\pi f t}\,dt = \int_{-\infty}^{\infty} R_e\{z(t)\,e^{j2\pi f_0 t}\}e^{-j2\pi f t}\,dt \tag{2.113}$$

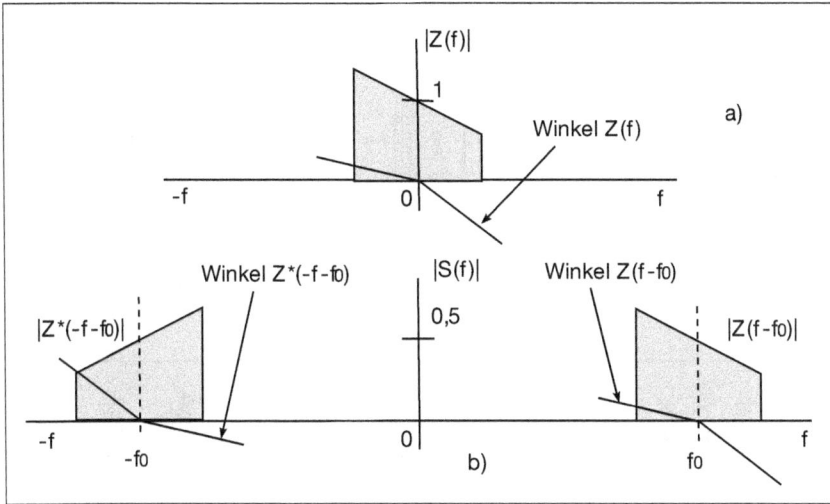

Abb. 2.53: Ergebnis einer Quadraturmodulation mit Träger der Frequenz f_0 ausgehend von einem komplexen Signal

Der Realteil einer komplexen Größe ζ kann durch

$$R_e\{\zeta\} = \frac{1}{2}(\zeta + \zeta^*) \qquad (2.114)$$

ausgedrückt werden, wobei ζ^* die konjugiert Komplexe von ζ ist. Die Fourier-Transformation $S(f)$ des Signals $s(t)$ in der Annahme, dass die Fourier-Transformation des komplexen Signals $z(t)$ mit $Z(f)$ bezeichnet ist, wird:

$$S(f) = \frac{1}{2} \int_{-\infty}^{\infty} \left[z(t)e^{j2\pi f_0 t} + z^*(t)e^{-j2\pi f_0 t} \right] e^{-j2\pi f t} \, dt$$
$$\frac{1}{2}\left[Z(f - f_0) + Z^*(-f - f_0) \right] \qquad (2.115)$$

Zum besseren Verständnis des Ergebnisses aus Gl. (2.115) dient die Skizze aus Abb. 2.53. Sie zeigt oben das Spektrum eines komplexen Signals, das die bekannte Symmetrie der reellwertigen Signale nicht mehr haben muss. Nach der Quadraturmodulation mit Träger der Frequenz f_0 erhält man ein reellwertiges Signal, das die erwähnte Symmetrie für rellwertige Signale wieder besitzt und darunter gezeigt wird.

Im Skript `komplex_1` wird ein kleines Experiment programmiert, das die Sachverhalte anschaulich erläutert. Es werden zwei cosinusförmige Signale addiert und als Realteile eines komplexen Signals angenommen. Dieselben Signale mit $\pi/2$ verschoben bilden weiter den Imaginärteil des komplexen Signals. Gemäß Gl. (2.110) besitzt das Spektrum dieses komplexen Signals im Basisband in der Umgebung der Frequenz $f = 0$ nur Anteile für positive Frequenzen. Abb. 2.54 zeigt oben die Signale, die den Realteil bilden und darunter die Signale, die den Imaginärteil darstellen.

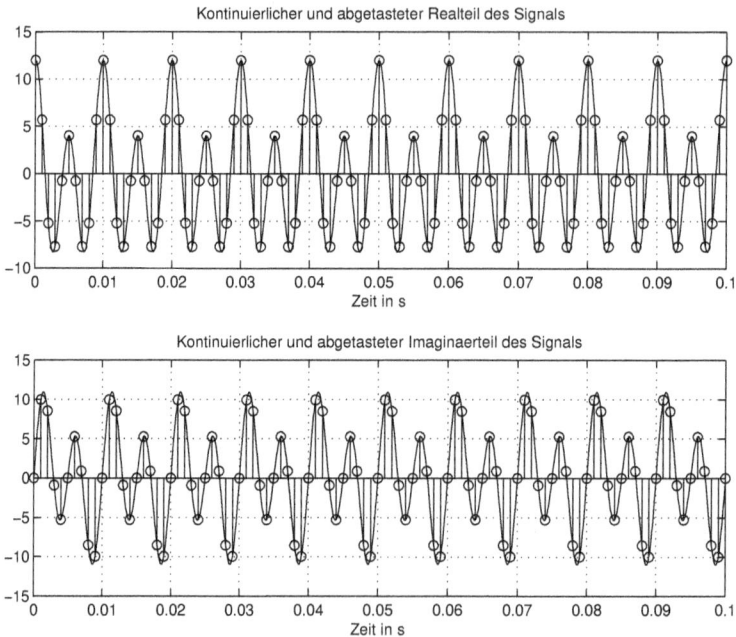

Abb. 2.54: Kontinuierlicher und abgetasteter Real- und Imaginärteil des Signals (komplex 1.m)

In Abb. 2.55 sind die entsprechenden Amplitudenspektren gezeigt und zwar von links beginnend die Spektren der reellwertigen Signale des Real- und Imaginärteils. Man erkennt die bekannte Symmetrie. Rechts oben ist das Spektrum des komplexen Signals im Frequenzbereich $0 \leq f \leq f_s$ und darunter dasselbe Spektrum im Bereich $-f_s/2 \leq f \leq f_s/2$ gezeigt. Die letzte Darstellung ist wie immer mit der MATLAB-Funktion **fftshift** aus der normalen DFT (oder FFT) erhalten.

Die abgetasteten Signale werden in folgenden Zeilen des Skripts erzeugt:

```
.........
% ------ Abgetastetes Signal
fs = 1000;                        Ts = 1/fs;
td = 0:Ts:Tfinal-Ts;
xd = a1 *cos(2*pi*fm*td) + a2*cos(2*pi*2*fm*td);;
yd = a1 *cos(2*pi*fm*td-pi/2) + a2*cos(2*pi*2*fm*td - pi/2);;
zd = xd + j*yd;
........
```

Daraus werden dann die Amplitudenspektren gebildet:

```
.........
% -------- Amplitudenspektren
Xd = fft(xd)/N;      Yd = fft(yd)/N;
Zd = fft(zd)/N;
........
```

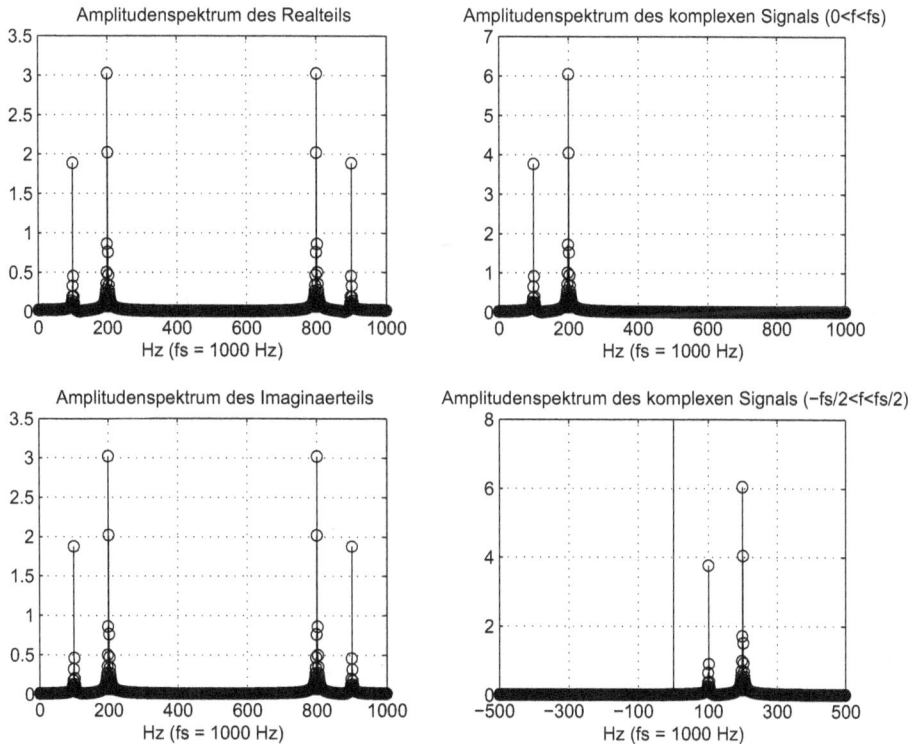

Abb. 2.55: Amplitudenspektren des Real- und Imaginärteils und des komplexen Signals (kom-plex_1.m)

In den gezeigten Amplitudenspektren ist *Leakage* aufgetreten, weil nicht eine ganze Zahl von Perioden der Signale im Untersuchungsintervall liegt. Durch Ändern der Dauer `Tfinal` auf eins statt 1,002 entsteht kein *Leakage* mehr und die Spektren sind vertikale Linien.

Um ein asymmetrisches Spektrum mit Linien nur im negativen Frequenzbereich zu erhalten, muss man nur das Vorzeichen der Sinuskomponente ändern (Abb. 2.56).

Dem Leser wird empfohlen mit den Parametern zu experimentieren. Ein Aufruf des Skripts mit nur einem Signal (`a2 = 0`) ist auch sehr interessant.

2.10 Zusammenfassung

In diesem Kapitel wurden einige Experimente durchgeführt, in denen die Spektren deterministischer, kontinuierlicher und zeitdiskreter Signale über die DFT (oder FFT) ermittelt werden. Ausgegangen wird immer von einem Ausschnitt mit N Abtastwerten $x[kT_s]$, $k = 0, 1, 2, \ldots, N-1$ und daraus wird die DFT (oder FFT) X_n, $n = 0, 1, 2, \ldots, N-1$ ermittelt:

$$X_n = \sum_{k=0}^{N-1} x[kT_s]\, e^{-j2\pi nk/N} \quad \text{mit} \quad n = 0, 1, 2, \ldots, N-1 \tag{2.116}$$

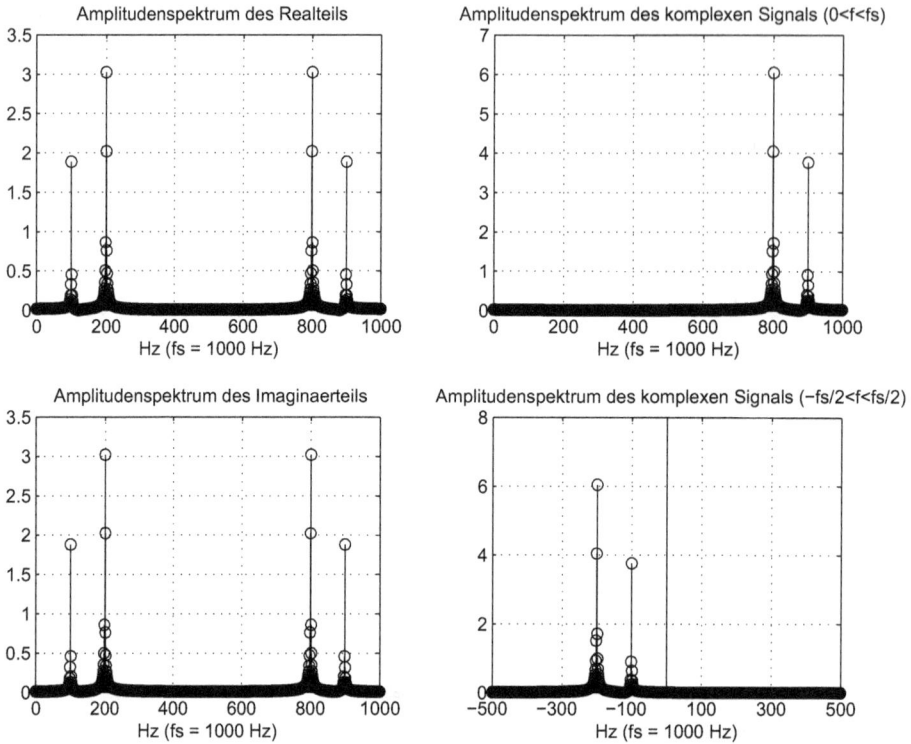

Abb. 2.56: Amplitudenspektren des Real- und Imaginärteils und des komplexen Signals, wenn das Vorzeichen der Sinuskomponente geändert wird (komplex_1.m)

Diese wird durch verschiedene Normierungen als Annäherung der unterschiedlichen Spektren benutzt. Es werden hier nochmals kompakt die Ergebnisse dieses Kapitels zusammengefasst.

2.10.1   Annäherung der komplexen Fourier-Reihe

Die Annäherung der Koeffizienten c_n, $n = 0, 1, 2, \ldots, N-1$ der komplexen Fourier-Reihe wird aus

$$c_n = \frac{1}{N} X_n \quad \text{mit} \quad n = 0, 1, 2, \ldots, N-1$$

$$X_n = \sum_{k=0}^{N-1} x[kT_s]\, e^{-j2\pi nk/N} \tag{2.117}$$

ermittelt.

Wenn das Untersuchungsintervall, aus dem die Abtastwerte entnommen werden, harmonische Komponenten enthält, die keine ganze Anzahl von Perioden in diesem Intervall haben, entsteht *Leakage*. Um diesen Effekt zu mindern, werden die Abtastwerte mit Fensterfunktionen gewichtet. Bekannt sind die Fenster Hanning, Hamming, Kaiser etc. Wenn w_i, $i = 0, 1, 2, \ldots, N - 1$ die N Gewichtungswerte des Fensters darstellen, dann wird in diesem Fall die Normierung $1/N$ durch $1/\sum(w_i)$ ersetzt:

$$c_n = \frac{1}{\sum_{i=0}^{N-1} w_i} X_n \quad \text{mit} \quad n = 0, 1, 2, \ldots, N - 1 \tag{2.118}$$

Von den N Koeffizienten c_n für reelle Signale sind nur die Koeffizienten der erste Hälfte unabhängig. Für N gerade ist diese Hälfte von $n = 0$ bis $N/2$ und für N ungerade ist sie von $n = 0$ bis $(N - 1)/2$. Die zweite Hälfte dieser Koeffizienten enthält die konjugiert komplexen Koeffizienten der ersten Hälfte.

Die aliased Komponenten können im ersten Nyquist-Intervall auf dieselben Bins der DFT für die Komponenten dieses Intervalls fallen und verursachen Fehler. Diese Fehler sind am größten in der Umgebung des $N/2$-Bins. Wenn die aliased Komponenten nicht auf dieselben Bins fallen, dann erscheinen zusätzliche Komponenten, die die Interpretation des Ergebnisses erschweren.

Leakage muss man bei Messungen mit Hilfe der DFT, wie z.B. bei der Messung des Signalrauschabstands (SNR), vermeiden oder mit Fensterfunktionen mindern.

Das Parseval-Theorem für die Fourier-Reihe, das besagt, dass die mittlere Leistung des Signals in einer Periode gleich der quadratischen Summe der komplexen Koeffizienten ist

$$P = \frac{1}{T_0} \int_0^{T_0} x^2(t)\, dt = \sum_{n=-\infty}^{\infty} |c_n|^2 \tag{2.119}$$

kann auch hier annähernd überprüft werden:

$$\frac{1}{N} \sum_{k=0}^{N-1} x^2[kT_s] \cong \sum_{n=0}^{N-1} |c_n|^2 \tag{2.120}$$

Diese Überprüfung ist sehr geeignet, um festzustellen ob die eingesetzte Normierung korrekt ist.

2.10.2 Annäherung der Fourier-Transformation kontinuierlicher Signale über die DFT

Die Annäherung der Fourier-Transformation kontinuierlicher Signale über die DFT wird durch

$$X(j2\pi f)|_{f=n\Delta f} = X(f)|_{f=n\Delta f} = T_s X_n \quad \text{mit} \quad n = 0, 1, 2, \ldots, N - 1$$
$$X_n = \sum_{k=0}^{N-1} x[kT_s]\, e^{-j2\pi nk/N} \tag{2.121}$$

ermittelt, wobei T_s die Abtastperiode ist, mit deren Hilfe aus dem kontinuierlichen Signal die zeitdiskrete Sequenz $x[kT_s]$, $k = 0, 1, 2, \ldots, N - 1$ entnommen wird.

Weil für die DFT das Untersuchungsintervall als Periode eines periodischen zeitdiskreten Signals gilt, ist die Problematik der Fehler und der aliased Komponenten gleich der, die bei der Annäherung der Fourier-Reihe besprochen wurde.

Auch hier sollte man das Parseval-Theorem benutzen, um das Ergebnis zu überprüfen. In diesem Fall ist das Theorem durch Gl. (2.106) gegeben und hier nochmals gezeigt:

$$\sum_{k=0}^{N-1} x[kT_s]^2 \cong \frac{1}{N} \sum_{n=0}^{N-1} |X_n|^2$$

Wenn die Parameter der DFT (oder FFT) korrekt gewählt sind, kann man brauchbare Ergebnisse auch für die erweiterte Fourier-Transformation erhalten. Das hat auch das Experiment bewiesen, in dem die Fourier-Transformation eines Auschnitts eines sinus- oder cosinusförmigen Signals untersucht wurde.

2.10.3 Annäherung der Fourier-Transformation zeitdiskreter Signale (DTFT) über die DFT

Die Annäherung der Fourier-Transformation zeitdiskreter Signale, in der Literatur als *Discrete Time Fourier Transformation* kurz DTFT bekannt [10], [17] ist ohne Fehler über die DFT zu ermitteln. Die DFT stellt eigentlich die im Frequenzbereich abgetastete DTFT dar:

$$X(j2\pi f)|_{f=n\Delta f} = X(f)|_{f=n\Delta f} = X_n \quad \text{mit} \quad n = 0, 1, 2, \ldots, N-1$$

$$X_n = \sum_{k=0}^{N-1} x[kT_s] \, e^{-j2\pi nk/N} \tag{2.122}$$

Die DTFT ist eine kontinuierliche periodische Funktion in f (oder ω) der Periode f_s (oder ω_s) die in der DFT frequenzdiskret dargestellt ist. Die Auflösung der Darstellung ist von der Anzahl N der Bins der DFT abhängig. Sie kann erhöht werden, wenn man das zeitdiskrete Signal mit Nullwerten erweitert.

Die MATLAB-Funktion `fft(x, nfft)` hat zwei Argumente: **x** als Vektor der Werte der zeitdiskreten Sequenz und `nfft` als gewünschte Anzahl der Bins der DFT (oder FFT). Wenn `nfft` größer als die Länge n der Sequenz ist, dann wird automatisch die Sequenz mit `nfft-n` Nullwerten erweitert.

3 Spektrum kontinuierlicher und zeitdiskreter stochastischer Signale

3.1 Einführung

Die Theorie der stochastischen Signale und Systeme und die Verfahren für die Schätzung der Spektren sind eine große Herausforderung, weil die zugrunde liegende Mathematik sehr anspruchsvoll ist [20], [36], [8]. Anderseits kann man sehr viele Algorithmen, wie z.B. zur Schätzung der Spektren, mit Hilfe der MATLAB-Funktionen und Werkzeugen anschaulich und verständlich darstellen, um parallel zur Theorie eine Grundlage für ihren praktischen Einsatz zu erhalten.

Die meisten praktischen Signale sind zufällig und gewöhnlich ist nur eine Stichprobe verfügbar und dadurch nicht immer repräsentativ. Die Simulation ermöglicht die Eigenschaften eines Zufallsprozesses mit Hilfe vieler Stichproben zu bestimmen und führt somit zu korrekten statistischen Aussagen.

Am Anfang dieses Kapitels werden die wichtigsten Informationen über die Parameter eines stochastischen Prozesses wie die Varianz, die Abweichung von den theoretischen Werten bei der Schätzung, etc. beschrieben. Der größte Teil des Kapitels behandelt die Schätzung der spektralen Leistungsdichte, speziell durch den Einsatz der DFT oder FFT. Diese Themen werden mit ausgewählten, praxisnahen Experimenten begleitet.

3.2 Zufallsvariablen

In der Praxis sind die Signale selten deterministisch und können nicht direkt durch eine Gleichung dargestellt werden. Als Beispiel, ein Sprach- oder ein Musiksignal kann nicht mit einem Ausdruck dargestellt werden. Die meisten Signale aus Ingenieur- und Wissenschaftsbereichen sind stochastischen Ursprungs (auch zufällig genannt).

Die Charakterisierung eines Zufallsignals ist durch seine statistischen Eigenschaften gegeben: Wahrscheinlichkeitsdichte, Mittelwert, Varianz, Autokorrelation etc. In theoretischen Abhandlungen sind diese Größen deterministisch und auf die Menge aller Realisierungen eines Prozesses anwendbar.

In praktischen Problemen müssen diese Größen basierend auf Messungen geschätzt werden, die aus einer begrenzten Menge von Messdaten bestehen, die wiederum aus Beobachtungen des Prozesses hervorgehen. Weil die Schätzungen aus Zufallswerten stammen, sind sie selbst Zufallsvariablen. Man kann nur wahrscheinliche Aussagen zu der Übereinstimmung mit den wirklichen korrekten Eigenschaften machen, z.B. mit 95 % Konfidenzintervall.

Es werden hauptsächlich stationäre und ergodische Zufallsprozesse angenommen. Der Einfluss dieser Prozesse auf lineare Systeme ist theoretisch gut in der Literatur dokumentiert [20].

Die Erkenntnisse daraus werden dann auch umgekehrt eingesetzt, um mit Hilfe eines linearen Systems bestimmte Zufallssignale zu generieren.

Wie bei den deterministischen Signalen ist sowohl die Beschreibung im Zeitbereich als auch die Beschreibung im Frequenzbereich wichtig. Die direkte Anwendung der Fourier-Transformation ist hier nicht geeignet, aber die Fourier-Transformation der Korrelationsfunktion, die theoretisch eine deterministische Größe ist, führt zu einem Spektrum, in Form einer spektralen Leistungsdichte, die als Beschreibung im Frequenzbereich dienen kann.

Eine Zufallsvariable ist durch ihre Wahrscheinlichkeitsdichte (englisch *Probability Density Function* kurz PDF) definiert:

$$p_{\mathbf{v}}(v) = \frac{d}{dv} P_{\mathbf{v}}(v) \tag{3.1}$$

Wegen der sehr großen Verbreitung der Abkürzung PDF, die auch für den Einsatz einiger MATLAB-Funktionen wichtig ist, wird sie auch hier gelegentlich benutzt.

Mit $P_{\mathbf{v}}$ wurde die Wahrscheinlichkeitsverteilung bezeichnet für $\mathbf{v}$ als Zufallsvariable und v als ein partikulärer Wert dieser Zufallsvariable:

$$P_{\mathbf{v}}(v) = \text{Wahrscheinlichkeit, dass } [\mathbf{v} \leq v] \text{ ist} \tag{3.2}$$

Die Wahrscheinlichkeitsdichte $p_{\mathbf{v}}(v)$ kann als die Wahrscheinlichkeit angesehen werden, dass die Zufallsvariable $\mathbf{v}$ im Intervall v bis $v + dv$ liegt, geteilt durch dv. Daraus folgt:

$$P_{\mathbf{v}}(v) = \int_{-\infty}^{v} p_{\mathbf{v}}(x) \, dx \tag{3.3}$$

In vielen Fällen reichen der Mittelwert $m_{\mathbf{v}}$ und die Varianz $\sigma_{\mathbf{v}}^2$ für die Beschreibung der Zufallsvariable:

$$
\begin{aligned}
m_{\mathbf{v}} &= E\{\mathbf{v}\} = \int_{-\infty}^{\infty} v \, p_{\mathbf{v}}(v) \, dv \\
\sigma_{\mathbf{v}}^2 &= E\{|\mathbf{v} - m_{\mathbf{v}}\} = \int_{-\infty}^{\infty} (v - m_{\mathbf{v}})^2 \, p_{\mathbf{v}}(v) \, dv
\end{aligned}
\tag{3.4}
$$

Die Erwartungswerte $E\{\}$ sind theoretisch Konstanten, können aber nicht genau mit begrenzten Datensätzen der Zufallsvariablen ermittelt werden.

3.2.1 Normal verteilte Zufallsvariablen

Die MATLAB-Funktionen **rand**(m, n) und **randn**(m, n) erzeugen Matrizen mit m Zeilen und n Spalten, die so genannte Pseudo-Zufallszahlen gleichmäßig bzw. normal verteilt enthalten. Der Name Pseudo bedeutet, dass die generierten Zahlen nicht ganz richtige Zufallszahlen sind. Mit einer riesigen Periode, die in den meisten praktischen Fällen ausreichend ist, wiederholen sie sich [17], [36].

In der Natur gibt es sehr oft Zufallsvariablen die normal oder annähernd normal verteilt sind. Das ist auch eine Bestätigung des "Zentral-Limes-Theorems" [17], [36], das besagt, dass die Mittelung unabhängiger Zufallsvariablen mit verschiedenen Wahrscheinlichkeitsdichten eine Zufallsvariable ergibt, die zu einer normalen auch als Gaußverteilung bekannt, tendiert. Das

Theorem verlangt die Mittelung sehr vieler Zufallsvariablen, praktisch aber reichen schon mehr als 12, um eine gute normalverteilte Zufallsvariable zu erhalten.

Die Wahrscheinlichkeitsdichte $p_{\mathbf{v}}(v)$ für eine normal verteilte (oder gaußverteilte) Zufallsvariable ist

$$p_{\mathbf{v}}(v) = \frac{1}{\sigma_{\mathbf{v}}\sqrt{2\pi}}\, e^{-(v - m_{\mathbf{v}})^2/(2\sigma_{\mathbf{v}}^2)} \tag{3.5}$$

und diese Zufallsvariablen werden abgekürzt durch $\mathcal{N}(m_{\mathbf{v}}, \sigma_{\mathbf{v}}^2)$ gekennzeichnet. Die Faktoren führen dazu, dass die Bedingung

$$\int_{-\infty}^{\infty} p_{\mathbf{v}}(v)\, dv = 1 = P_{\mathbf{v}}(v < \infty) \tag{3.6}$$

erfüllt ist. Mit $m_{\mathbf{v}}$ und $\sigma_{\mathbf{v}}$ sind der Mittelwert und die Standardabweichung bezeichnet. Die Varianz ist durch $\sigma_{\mathbf{v}}^2$ gegeben.

Im Skript gauss_1.m wird die Wahrscheinlichkeitsdichte einer Sequenz von Zufallsvariablen, die mit der MATLAB-Funktion **randn** erzeugt wird, geschätzt. Man setzt dazu die Funktion **hist** ein, die die Häufigkeiten der Werte eines Vektors in einer vorgegebenen Anzahl von Intervallen ermittelt. Die Summe der Häufigkeiten muss gleich der Anzahl der Werte in der Probe sein. Jeder Wert der Probe muss in irgendein Intervall fallen.

Die Häufigkeiten geteilt durch die gesamte Anzahl der Werte ist eine Schätzung der Wahrscheinlichkeiten der Werte aus jedem Intervall. Wenn man weiter die Häufigkeiten mit der Größe der Intervalle, die alle gleich groß sind, teilt, erhält man eine Schätzung der Wahrscheinlichkeitsdichte (PDF). Mit steigender Anzahl der Werte und der Intervalle nähert sich diese Schätzung der theoretischen, deterministischen Wahrscheinlichkeitsdichte gemäß Gl. (3.5).

Im Skript gauss_1.m ist eine Darstellung dieser Schätzung erzeugt und dargestellt:

```
.......
% ------- Sequenz
n = 1000;          % Anzahl der Werte
mx = 2;            % Mittelwert
sigmax = 1;        % Standardabweichung
x = sigmax*randn(1,n) + mx;        % Sequenz
% ------- Häufigkeit
ni = 20;           % Anzahl der Intervalle
[H, i] = hist(x, ni);     % Häufigkeiten in ni Intervalle
di = i(2) -i(1);          % Größe der Intervalle
pdf_gs = (H/n)/di;        % geschätzte pdf (Wahrscheinlichkeitsdichte)
% ------- Die ideale Wahrscheinlichkeitsdichte
dx = 0.1;
xid = mx-4*sigmax:dx:mx+4*sigmax;     % Bereich für die ideale PDF
pxid = (1/(sigmax* sqrt(2*pi)))*exp(-(xid - mx).^2/(2*sigmax^2));
.......
```

Im Skript wird zuerst die Sequenz generiert und danach die Häufigkeiten mit der Funktion **hist** im Vektor H für ni = 20 Intervalle ermittelt. Im Vektor i liefert diese Funktion die Werte der Mitte der Intervalle (Repräsentanten der Intervalle), so dass man die Häufigkeiten mit den Intervallen assoziieren kann. Es wird dann die geschätzte Wahrscheinlichkeitsdichte durch Teilen mit der Anzahl der Werte und der Größe der Intervalle in pdf_gs berechnet.

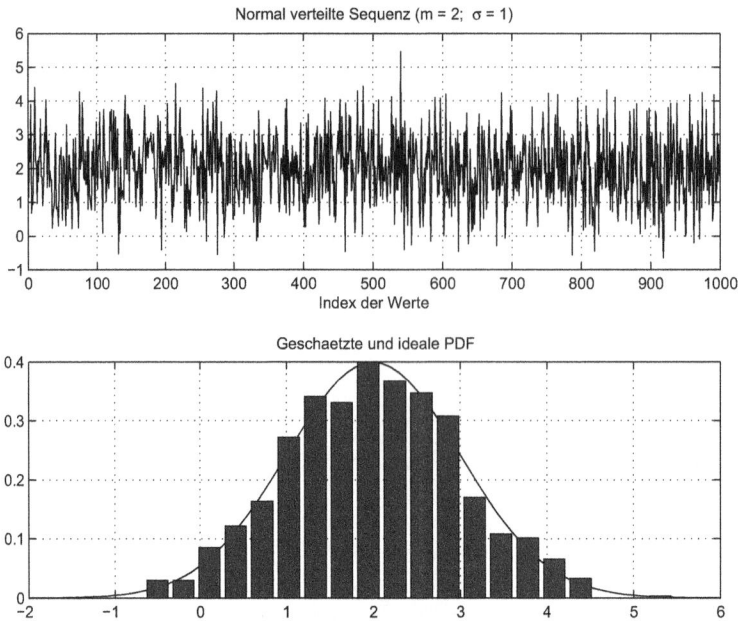

Abb. 3.1: Ideale und geschätzte Wahrscheinlichkeitsdichte einer Sequenz, die mit der MATLAB-Funktion **randn** *erzeugt wird* (gauss_1.m)

Abb. 3.1 zeigt oben die untersuchte Sequenz und darunter die geschätzte Wahrscheinlich-keitsdichte in Form der vertikalen Balken (je ein Balken für jedes Intervall) und die ideale kon-tinuierliche Wahrscheinlichkeitsdichte gemäß Gl. (3.5). Dem Skript kann man auch entnehmen, wie man aus der mit **randn** erzeugten Sequenz mit Mittelwert null und Standardabweichung eins eine beliebige Sequenz $\mathcal{N}(m_v, \sigma_v^2)$ erzeugen kann. Man multipliziert die Sequenz mit der gewünschten Standardabweichung und addiert den gewünschten Mittelwert.

Die normal verteilte Sequenz mit Mittelwert null hat eine Eigenschaft, die man sich leicht merken kann und die besagt, dass die Wahrscheinlichkeit der Werte, die im Betrag größer als $3\sigma_v$ sind, sehr klein ist und zwar kleiner als 0,05. Diese Erkenntnis wurde auch bei der Wahl des Bereiches der Zufallsvariable für die Darstellung benutzt:

```
. . . . . . . .
% ------- Die ideale Wahrscheinlichkeitsdichte
dx = 0.1;
xid = mx-4*sigmax:dx:mx+4*sigmax;     % Bereich für die ideale PDF
. . . . . . .
```

3.2.2   Gemeinsame Zufallsvariablen

Um die statistischen gemeinsamen Eigenschaften zweier normal verteilter Zufallsvariablen zu beschreiben, wird die gemeinsame Wahrscheinlichkeitsdichte (englisch *joint PDF*) definiert:

$$p_{\mathbf{v}_1 \mathbf{v}_2}(x, y) = \frac{1}{2\pi\sqrt{|\mathbf{C}|}} e^{-\frac{1}{2}(\mathbf{v} - \mathbf{m_v})^T \mathbf{C}^{-1}(\mathbf{v} - \mathbf{m_v})} \tag{3.7}$$

Mit $p_{\mathbf{v}_1 \mathbf{v}_2}(x, y)$ wird die Wahrscheinlichkeit, dass $\mathbf{v}_1$ im Intervall x bis $x + dx$ liegt und gleichzeitig, dass $\mathbf{v}_2$ im Intervall y bis $y + dy$ liegt, geteilt durch $dx\, dy$, bezeichnet. Der Vektor $\mathbf{v}$ enthält die Variablen $[x, y]^T$ und der Vektor $\mathbf{m_v}$ enthält die Mittelwerte $[m_{\mathbf{v}_1}, m_{\mathbf{v}_2}]^T$.

Die Matrix $\mathbf{C}$ ist die Kovarianzmatrix der mittelwertlosen Zufallsvariablen $\tilde{\mathbf{v}}_i = \mathbf{v}_i - \mathbf{m}_{\mathbf{v}_i}$:

$$\mathbf{C} = E\left\{ \begin{bmatrix} \tilde{\mathbf{v}}_1 \\ \tilde{\mathbf{v}}_2 \end{bmatrix} \begin{bmatrix} \tilde{\mathbf{v}}_1 & \tilde{\mathbf{v}}_2 \end{bmatrix} \right\} = \begin{bmatrix} E\{\tilde{\mathbf{v}}_1^2\} & E\{\tilde{\mathbf{v}}_1 \tilde{\mathbf{v}}_2\} \\ E\{\tilde{\mathbf{v}}_2 \tilde{\mathbf{v}}_1\} & E\{\tilde{\mathbf{v}}_2^2\} \end{bmatrix} \tag{3.8}$$

Diese Matrix ist immer symmetrisch weil $E\{\tilde{\mathbf{v}}_1 \tilde{\mathbf{v}}_2\} = E\{\tilde{\mathbf{v}}_2 \tilde{\mathbf{v}}_1\}$ ist und zusätzlich ist sie positiv semidefinit. Das bedeutet, dass die quadratische Form, die man mit der Matrix bilden kann, für jeden Spaltenvektor $\mathbf{x}$ immer größer oder gleich null ist:

$$\mathbf{x}^T \mathbf{C} \mathbf{x} \geq 0 \tag{3.9}$$

In der Diagonale enthält die Kovarianzmatrix die Varianzen der zwei Variablen.

Die theoretische Wahrscheinlichkeitsdichte gemäß Gl. 3.7 ist ideal und deterministisch und stellt eine Funktion nach den zwei Variablen x, y dar und hat als Parameter den Vektor der Mittelwerte $[m_{\mathbf{v}_1}, m_{\mathbf{v}_2}]^T$ und die Kovarianzmatrix $\mathbf{C}$. Das bedeutet, dass die Schätzung dieser PDF sich auf die Schätzung der Mittelwerte und der Kovarianzmatrix reduzieren kann.

Im Skript `joint_pdf1.m` wird die Darstellung der gemeinsamen Wahrscheinlichkeitsdichte zweier Zufallsvariablen im 3D-Raum erzeugt:

```
........
clear;
% -------- Parameter der Wahrscheinlichkeitsdichte
mxy = [3, -3];          % Mittelwerte
C = [5, 0.2; 0.2, 5];   % Kovarianzmatrix
% Bereich der Variablen x, y
dx = 0.5;
x = -10:dx:10;     y = x; % Bereich für die Wahrscheinlichkeitsdichte
xm = x-mxy(1);     ym = y-mxy(2); % Variablen minus Mittelwerte
nx = length(xm);   ny = length(ym);
% -------- Die "Joint"-Wahrscheinlichkeitsdichte
C_inv = inv(C);
pxy = zeros(nx,ny);
for m = 1:nx
    for p = 1:ny
        pxy(m,p) = (1/(2*pi*sqrt(det(C))))*exp(-0.5*([xm(m); ym(p)]'*...
            C_inv*[xm(m); ym(p)]));
    end;
```

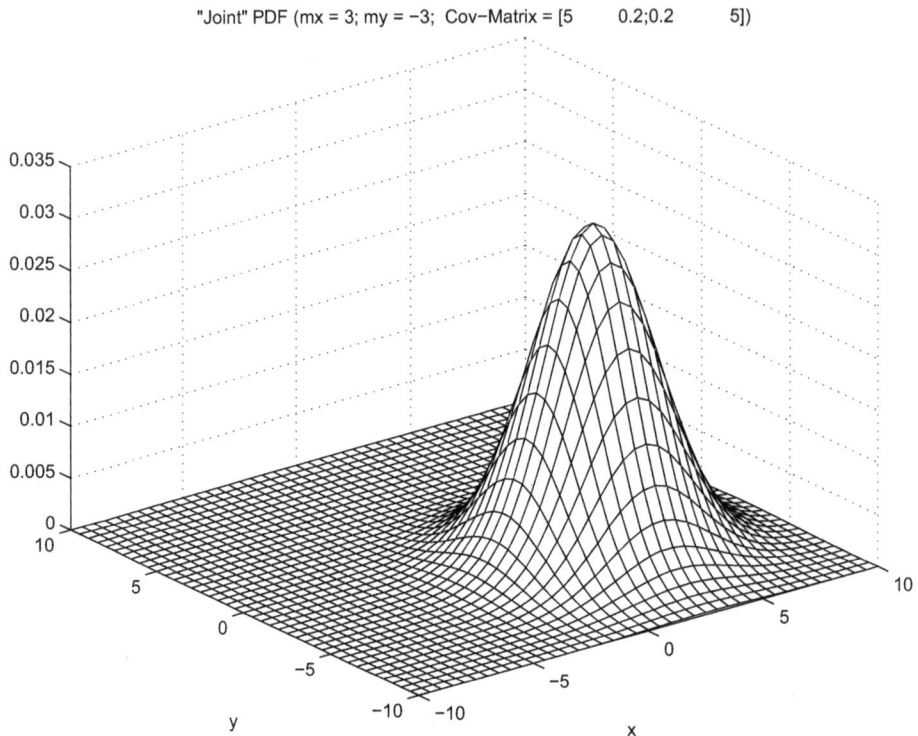

Abb. 3.2: Gemeinsame Wahrscheinlichkeitsdichte zweier normal verteilter Zufallsvariablen
(joint_pdf1.m)

```
end;
% ##################
% ------- Darstellung der "joint" PDF
[Y,X] = meshgrid(x,y);
figure(1);      clf;
mesh(X, Y, pxy);
xlabel('x'),    ylabel('y');
title(['"Joint" Wahrscheinlichkeitsdichte (mx = ',num2str(mxy(1)),...
'; my = ', num2str(mxy(2)),';  Cov-Matrix = [',num2str(C(1:2)),...
    ';',num2str(C(3:4)),'])']);
% Das Integral der Dichte
disp('Integral der Dichte'), sum(sum(pxy))*dx*dx
```

Es wird ein Bereich für die Variablen x, y zwischen -10 bis 10 mit Schrittweite 0,1 gewählt und die Variablen x, y in diesem Bereich initialisiert. Die Subtraktion der angenommenen Mittelwerte mxy(1), mxy(2) ergibt die Variablen xm, ym, mit deren Hilfe die Funktion der gemeinsamen Wahrscheinlichkeitsdichte pxy gemäß Gl. (3.7) berechnet wird.

Abb. 3.2 zeigt diese Wahrscheinlichkeitsdichte für mxy = [3, -3] und eine Kovarianzmatrix C = [5, 0.2; 0.2, 5]. Der maximale Wert der Wahrscheinlichkeitsdichte muss somit bei 3 für x und -3 für y sein. Am Ende des Skripts wird das Integral über den ganzen Bereich der Variablen ermittelt, was einen Wert von 0,9988 statt 1 ergibt.

Auch für mehr Zufallsvariablen gibt es solche Wahrscheinlichkeitsdichten, die im Raum nicht mehr dargestellt werden können. Im Skript cov_1.m wird die Kovarianzmatrix für drei Zufallsvariablen, die in drei Spalten der Matrix x hinterlegt sind, geschätzt. Am Anfang werden drei unabhängige Sequenzen angenommen mit Varianzen 1, 4 und 9. Die Sequenzen werden mit der Funktion **randn**, die mit der Wurzel der Varianz (als Standardabweichung) gewichtet sind, erzeugt:

```
........
% ------ Unabhängige Sequenzen
n = 10000;
x1 = randn(n, 1);   x2 = sqrt(4)*randn(n,1);
x3 = sqrt(9)*randn(n,1);
x = [x1, x2, x3];
% ------ Kovarianz Berechnung
cov_matrix = zeros(3,3);
for k = 1:n
    cov_matrix = cov_matrix + x(k,:)'*x(k,:);
end;
cov_matrix = cov_matrix/n
% cov_matrix = cov_matrix/(n-1)
% ------ Kovarianz über die MATLAB-Funktion cov
cov_matrix_1 = cov(x)
.........
```

Jede Zeile in x ist eine Realisierung der drei Zufallsvariablen aus den drei Spalten. Um die Erwartungen aus der Definition der Kovarianzmatrix zu schätzen, werden die Produkte x(k,:)'*x(k,:) aufaddiert und zuletzt durch die Anzahl der Zeilen geteilt. Die Kovarianzmatrix wird auch mit der MATLAB-Funktion **cov** ermittelt. Da die drei Sequenzen aus den Spalten unabhängig sind, ist die Kovarianzmatrix hauptsächlich eine Diagonalmatrix mit den entsprechenden Varianzen als Werte der Diagonale:

```
cov_matrix =
    1.0063   -0.0023    0.0036
   -0.0023    4.0536    0.0740
    0.0036    0.0740    8.8304
cov_matrix_1 =
    1.0064   -0.0023    0.0037
   -0.0023    4.0540    0.0742
    0.0037    0.0742    8.8302
```

Die cov_matrix ist in der **for**-Schleife berechnet und die cov_matrix_1 wurde mit der Funktion **cov** ermittelt.

Zuletzt werden drei abhängige Sequenzen y1, y2, y3 erzeugt und ebenfalls die Kovarianzmatrix ermittelt:

```
.........
% ------ Abhängige Sequenzen
y1 = x1 + x2;
```

```
y2 = x1 - x2;
alpha = 0.2;
y3 = x1*alpha + x2*(1-alpha);
cov_matrix_2 = cov([y1, y2, y3])
```

Die idealen Werte aus der Matrix kann man in der Annahme berechnen, dass die drei ursprünglichen Sequenzen x1, x2, x3 auch ideal unabhängig sind und die Varianzen 1, 4 und 9 besitzen. So z.B. muss als Varianz von y1 der Wert

$$E\{y_1^2\} = E\{x_1^2 + 2x_1\,x_2 + x_2^2\} = E\{x_1^2\} + E\{x_2^2\} = 5$$
$$\text{weil}\quad E\{2x_1\,x_2\} = 0 \tag{3.10}$$

erhalten werden. Ähnlich ist auch der Erwartungswert $E\{y_1 y_2\}$ zu berechnen:

$$E\{y_1 y_2\} = E\{(x_1 + x_2)\,(x_1 - x_2)\} = E\{x_1^2\} - E\{x_2^2\} = -3$$
$$\text{weil ebenfalls}\quad E\{x_1\,x_2\} = 0 \tag{3.11}$$

Die geschätzten Werte aus dem Skript für Sequenzen der Länge 10000 nähern sich auch in diesem Fall den idealen gezeigten Werten:

```
cov_matrix_2 =
    5.0558   -3.0475    3.4421
   -3.0475    5.0650   -3.0433
    3.4421   -3.0433    2.6341
```

3.3   Nichtstationäre, stationäre und ergodische Zufallsprozesse

Ein Zufallsprozess, der auch als stochastischer Prozess bezeichnet wird, besteht aus einer Schar von Zeitsignalen, die die Werte $\mathbf{v}_k$ zum Zeitpunkt k als Zufallsvariable haben. In dem allgemeinen Fall ist die Wahrscheinlichkeitsdichte dieser Werte vom Zeitpunkt k abhängig. In vielen Fällen ist der Prozess stationär und die Wahrscheinlichkeitsdichte ist dieselbe für alle Momente k. Zusätzlich ist die gemeinsame Wahrscheinlichkeitsdichte (*joint* PDF) der Signale bei k und $k + m$ nur von m als Zeitabstand zwischen den Signalen abhängig.

Wenn man von der Schar des Prozesses nur eine Realisierung kennt, stellt sich die Frage, wie kann man dann die statistischen Eigenschaften (z.B. die Wahrscheinlichkeitsdichte) schätzen. Unter der Annahme, dass der Prozess *ergodisch* ist, kann man die statistischen Mittelungen über die Schar auch aus den Mittelungen über die Zeit berechnen. Das bedeutet z.B., dass der Mittelwert und die Varianz aus

$$m_{\mathbf{v}_k}[k] = E\{\mathbf{v}_k\} = \int_{-\infty}^{\infty} v\, p_{\mathbf{v}_k}(v, k)\, dv$$

$$\sigma_{\mathbf{v}_k}^2[k] = E\{|\mathbf{v}_k - m_{\mathbf{v}_k}|^2\} = \int_{-\infty}^{\infty} |\mathbf{v}_k - m_{\mathbf{v}_k}|^2\, p_{\mathbf{v}_k}(v, k)\, dv \tag{3.12}$$

nicht mehr von k abhängig sind und mit $m_{\mathbf{v}}$ bzw. $\sigma_{\mathbf{v}}^2$ bezeichnet werden. Es wurde eine Schar angenommen, die aus einer unendlichen Anzahl von Realisierungen des partikulären Signals $v[k]$ besteht, die alle mit derselben Regel erzeugt wurden.

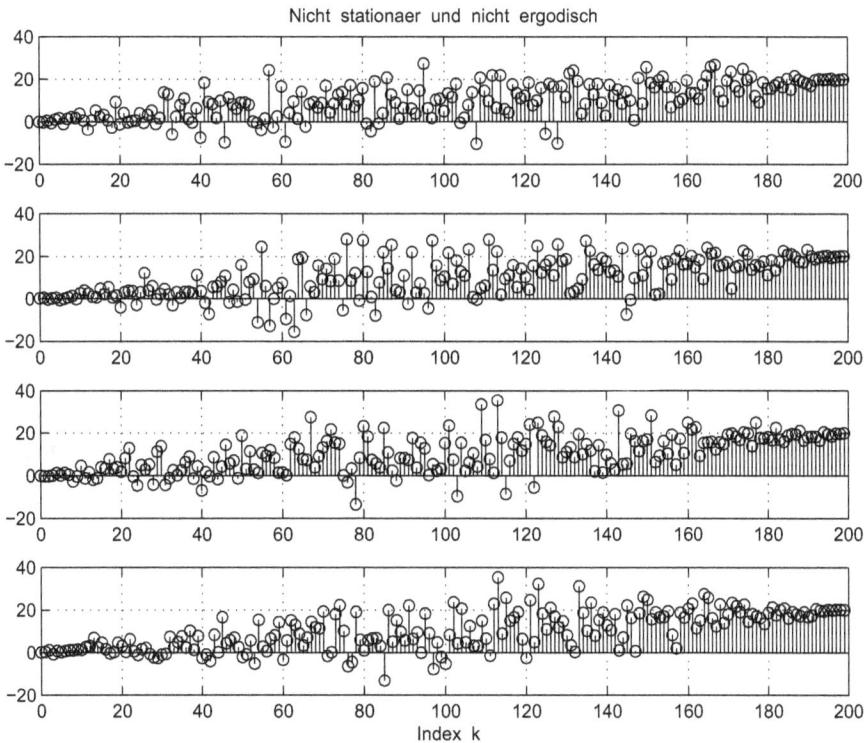

*Abb. 3.3: Schar eines nicht stationären und nicht ergodischen Zufallsprozesses (*schar_1.m*)*

Die Zeitmittelung über eine Realisierung des stochastischen, stationären und ergodischen Prozesses ist z.B. für den Mittelwert durch

$$m_{\mathbf{v}} = \lim_{N \to \infty} \frac{1}{2N+1} \sum_{k=-N}^{N} v[k] \tag{3.13}$$

gegeben. Ein ähnlicher Limes kann auch für die Varianz geschrieben werden:

$$\sigma_{\mathbf{v}}^2 = \lim_{N \to \infty} \frac{1}{2N+1} \sum_{k=-N}^{N} |v[k] - m_{\mathbf{v}}|^2 \tag{3.14}$$

Abb. 3.3 zeigt eine Schar von vier Realisierungen eines Zufallsprozesses, der nicht stationär und nicht ergodisch ist. In Zeit (mit dem Index k) ändert sich sowohl die Varianz als auch der Mittelwert über die Schar.

In Abb. 3.4 ist ein Zufallsprozess dargestellt, der jetzt stationär aber nicht ergodisch ist. Die Mittelwerte (Mittelwert und Varianz) über die Schar sind konstant, sie können aber nicht aus einer Realisierung in Zeit ermittelt werden.

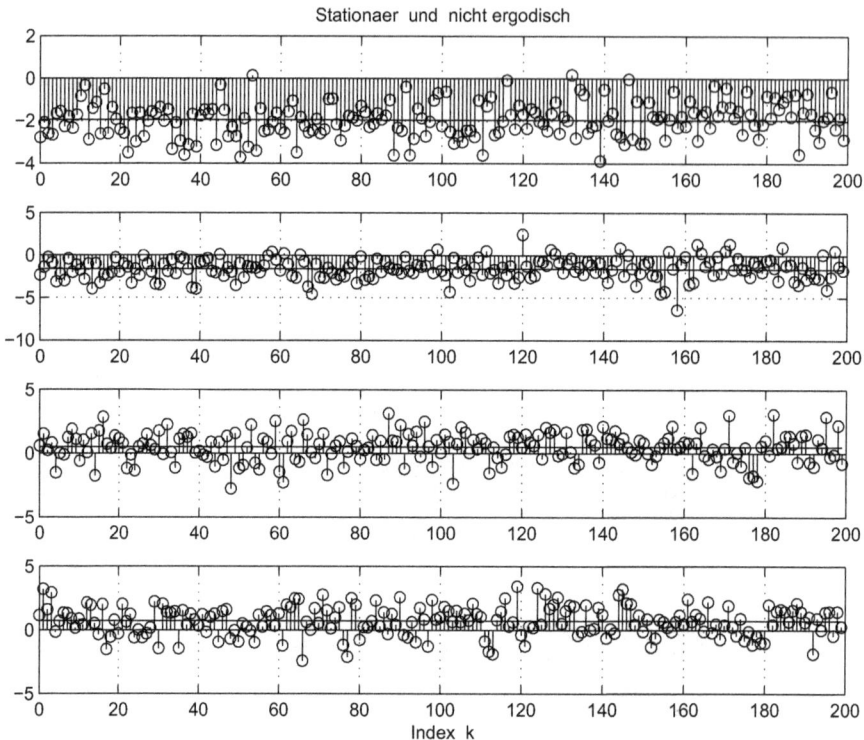

Abb. 3.4: Schar eines stationären und nicht ergodischen Zufallsprozesses (schar_1.m)

Schließlich zeigt Abb. 3.5 einen Zufallsprozess, der sowohl stationär als auch ergodisch ist. Alle vier Realisierungen haben die gleichen Mittelwerte und die gleichen Varianzen. Die Mittelwerte über die Schar können auch aus einer Realisierung in Zeit ermittelt werden.

Um die Darstellungen anschaulich zu gestalten, sind nur vier Realisierungen angenommen, die wiederum relativ kurz sind. Die Prozesse und Darstellungen wurden mit der Funktion aus dem Skript schar_1.m erzeugt. Die Parameter der Prozesse sind so gewählt, dass schon aus der Betrachtung der Darstellungen die Eigenschaften ersichtlich sind.

Dem Leser wird empfohlen die Unterfunktionen der Funktion aus dem Skript schar_1.m, mit deren Hilfe die verschiedenen Zufallsprozesse erzeugt wurden, zu verstehen und für jeden Typ die Funktion des Mittelwertes und der Varianz zu extrahieren.

3.4   Die Schätzung der spektralen Leistungsdichte zufälliger Signale

Es werden stationäre, ergodische Zufallsprozesse angenommen. Diese sind durch Signale dargestellt, die eine mittlere begrenzte Leistung besitzen und im Frequenzbereich durch eine spektrale Leistungsdichte (englisch *Power Spectral Density* kurz PSD) charakterisiert sind.

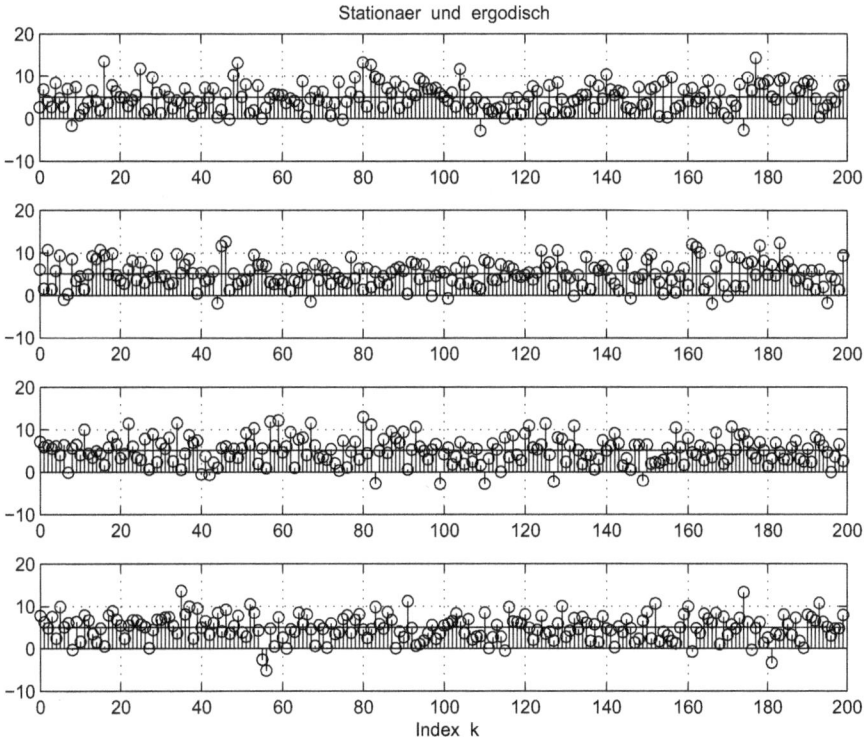

Abb. 3.5: Schar eines stationären und ergodischen Zufallsprozesses (schar_1.m)

Wenn $x(t)$ ein stationärer Zufallsprozess ist, dann ist seine Autokorrelationsfunktion $\gamma_{xx}(\tau)$ durch

$$\gamma_{xx}(\tau) = E\{x^*(t)\, x(t+\tau)\} \tag{3.15}$$

gegeben, wobei durch $E\{\}$ der statistische Erwartungswert bezeichnet wurde. Die spektrale Leistungsdichte ist, über das Wiener-Khintchine-Theorem, die Fourier-Transformation dieser Autokorrelationsfunktion:

$$\Gamma_{xx}(f) = \int_{-\infty}^{\infty} \gamma_{xx}(\tau) e^{-j2\pi f \tau}\, d\tau \tag{3.16}$$

In der Praxis besitzt man gewöhnlich nur eine Realisierung des Prozesses, aus der man die spektrale Leistungsdichte schätzen will. Die richtige Autokorrelationsfunktion $\gamma_{xx}(\tau)$ kennt man nicht und somit kann man auch die Fourier-Transformation $\Gamma_{xx}(f)$ nicht berechnen.

Aus einer Realisierung kann man die mittlere Autokorrelationsfunktion in Zeit für ergodische Prozesse berechnen:

$$R_{xx}(\tau) = \frac{1}{2T_0} \int_{-T_0}^{T_0} x^*(t)\, x(t+\tau)\, dt \tag{3.17}$$

Wobei $2T_0$ das Beobachtungsintervall ist. Für diese Prozesse führt der Limes

$$\lim_{T_0 \to \infty} R_{xx}(\tau) = \lim_{T_0 \to \infty} \frac{1}{2T_0} \int_{-T_0}^{T_0} x^*(t)\, x(t+\tau)\, dt = \gamma_{xx}(\tau) \qquad (3.18)$$

zur korrekten, richtigen Autokorrelationsfunktion.

Die Fourier-Transformation der in Zeit ermittelten Autokorrelationsfunktion $R_{xx}(\tau)$ ergibt eine Schätzung $P_{xx}(f)$ der spektralen Leistungsdichte:

$$P_{xx}(f) = \int_{-T_0}^{T_0} R_{xx}(\tau)\, e^{-j2\pi f \tau}\, d\tau =$$

$$\frac{1}{2T_0} \int_{-T_0}^{T_0} \left[\int_{-T_0}^{T_0} x^*(t)\, x(t+\tau) dt \right] e^{-j2\pi f \tau}\, d\tau = \qquad (3.19)$$

$$\frac{1}{2T_0} \left| \int_{-T_0}^{T_0} x(t)\, e^{-j2\pi ft}\, dt \right|^2$$

Die korrekte, reale spektrale Leistungsdichte $\Gamma_{xx}(\tau)$ ist jetzt der Erwartungswert von $P_{xx}(f)$, für $T_0 \to \infty$:

$$\Gamma_{xx}(f) = \lim_{T_0 \to \infty} E\{P_{xx}(f)\} =$$

$$\lim_{T_0 \to \infty} E\left\{ \frac{1}{2T_0} \left| \int_{-T_0}^{T_0} x(t)\, e^{-j2\pi ft}\, dt \right|^2 \right\} \qquad (3.20)$$

Die Schätzung der spektralen Leistungsdichte $P_{xx}(\tau)$ kann über zwei Wege realisiert werden. Es wird zuerst die Autokorrelationsfunktion $R_{xx}(\tau)$ geschätzt und danach deren Fourier-Transformation berechnet oder direkt gemäß Gl. (3.19).

Es wird jetzt die Schätzung der spektralen Leistungsdichte aus einer Realisierung des Zufallsprozesses, die aus N Abtastwerten $x[kT_s]$, $k = 0, 1, 2, \ldots, N-1$ besteht, untersucht. Man nimmt an, dass $f_s \geq 2f_{max}$ ist, wobei $f_s = 1/T_s$ die Abtastfrequenz ist und f_{max} stellt die höchste Frequenz dar, oberhalb derer das Signal keine Leistung mehr besitzt.

Die Schätzung der Autokorrelationsfunktion aus dieser begrenzten Anzahl von Abtastwerten kann in verschiedenen Arten durchgeführt werden [20]. Eine Möglichkeit ist:

$$r_{xx}[m] = \frac{1}{N} \sum_{k=0}^{N-m-1} x^*[k]\, x[k+m] \quad \text{für} \quad 0 \leq m \leq N-1$$

$$\qquad (3.21)$$

$$r_{xx}[m] = \frac{1}{N} \sum_{k=|m|}^{N-1} x^*[k]\, x[k+m] \quad \text{für} \quad m = -1, -2 \ldots, 1-N$$

Der Limes für $N \to \infty$ führt zur korrekten Autokorrelationsfunktion:

$$\lim_{N \to \infty} E\{r_{xx}[m]\} = \gamma_{xx}[m] \qquad (3.22)$$

Weil auch die Varianz der Schätzung der Autokorrelation null für $N \to \infty$ wird, ist diese eine konsistente Schätzung.

Für reelle Signale bei denen $r_{xx}[m] = r_{xx}[-m]$ vereinfacht sich die Schätzung gemäß Gl. (3.21). Man muss nur die Summe für $m \geq 0$ berechnen. Zusätzlich, wenn $m_{max} \leq N$ ist, dann werden mehrere solche Summen berechnet und dann gemittelt.

Die MATLAB-Funktion **xcorr** wird für die Schätzung der Autokorrelation der Daten aus einem Vektor der Länge N mit Verspätungen m bis zu einem maximalen Wert $m_{max} \leq N$ eingesetzt.

Die Anzahl der Werte in der Schätzung wird mit steigendem m kleiner und dadurch ist auch folgende Normierungsform sinnvoll:

$$r_{xx}[m] = \frac{1}{N-m} \sum_{k=0}^{N-m-1} x^*[k]\, x[k+m] \quad \text{für} \quad 0 \leq m \leq N-1$$

$$r_{xx}[m] = \frac{1}{N-|m|} \sum_{k=|m|}^{N-1} x^*[k]\, x[k+m] \quad \text{für} \quad m = -1, -2\ldots, 1-N \tag{3.23}$$

Die erste Form (gemäß Gl. (3.21)) erhält man in der Funktion **xcorr** mit der Option **'biased'** und die zweite Form (gemäß Gl. (3.23)) wird mit der Option **'unbiased'** vorgegeben.

Die Schätzung der spektralen Leistungsdichte über die Autokorrelation $r_{xx}[m]$ wird jetzt mit

$$P_{xx}(f) = T_s \sum_{m=-(N-1)}^{N-1} r_{xx}[m]\, e^{-j2\pi f m T_s} \tag{3.24}$$

berechnet. Der Faktor T_s entsteht durch die Annäherung des Integrals der spektralen Leistungsdichte gemäß Gl. (3.19) durch eine Summe.

Es ist üblich mit normierten Frequenzen die Gleichungen zu vereinfachen und zu verallgemeinern. Dazu wird die relative Frequenz

$$F = \frac{f}{f_s} = f T_s \tag{3.25}$$

eingeführt und für die spektrale Leistungsdichte wird folgende Form angenommen:

$$P_{xx}(F) = \sum_{m=-(N-1)}^{N-1} r_{xx}[m] e^{-j2\pi F m} \tag{3.26}$$

Die relative Frequenz F nimmt für $0 \leq f \leq f_s$ Werte im Bereich $0 \leq F \leq 1$ an. Später z.B. in der Verarbeitung konkreter Messdaten, für die man die Eigenschaften im Frequenzbereich mit absoluten Frequenzen ausdrücken muss, multipliziert man die Ergebnisse, die mit relativen Frequenzen ausgedrückt sind, durch T_s oder $1/f_s$.

Wenn man jetzt $r_{xx}[m]$ aus Gl. (3.21) hier einsetzt, kann diese Schätzung wie folgt geschrieben werden:

$$P_{xx}(F) = \frac{1}{N} \left| \sum_{k=0}^{N-1} x[k] e^{-j2\pi F\, k} \right|^2 = \frac{1}{N} |X(F)|^2 \tag{3.27}$$

Wobei $X(F)$ die Fourier-Transformation der Sequenz $x[k]$ ist. In absoluten Frequenzen in Hz multipliziert man das Ergebnis mit T_s:

$$P_{xx}(f) = T_s\, P_{xx}(F) = T_s \frac{1}{N}|X(F)|^2 = \frac{1}{(f_s/N)}\left[\frac{1}{N^2}|X(F)|^2\right] \qquad (3.28)$$

Man erkennt die Bildung der Dichte durch die Teilung mit f_s oder mit der Auflösung f_s/N der DFT, die später zur Annäherung der Funktion $X(F)$ eingesetzt wird.

Die Schätzung der spektralen Leistungsdichte gemäß Gl. (3.27) ist als Periodogramm (englisch *Periodogram*) bekannt. Man kann zeigen [20], dass diese Schätzung im Mittel einer mit Dreieckfenster (Bartlett-Fenster) gewichteten Autokorrelationsfunktion entspricht. Das Ergebnis ist eine geglättete (*smoothed*) Version der korrekten, spektralen Leistungsdichte die auch Leakage wegen der begrenzten Anzahl von Daten besitzt.

Die Schätzung der Autokorrelationsfunktion mit $r_{xx}[m]$ ist eine konsistente Schätzung der korrekten Funktion $\gamma_{xx}[m]$. Im Mittel für $N \to \infty$ ist die Schätzung von $P_{xx}(F)$ auch korrekt (*asymptotically unbiased*), die Varianz der Schätzung klingt aber nicht zu null ab und somit stellt sie keine konsistente Schätzung der spektralen Leistungsdichte dar. Der Schmiereffekt (Leakage) führt noch dazu, dass die Auflösung auch eingeschränkt ist.

Das ist der Grund für den Einsatz weiterer Verfahren zur Schätzung der spektralen Leistungsdichte. Bevor diese Verfahren untersucht werden, wird der Einsatz der DFT (oder FFT) bei der Schätzung des Periodogramms besprochen.

3.4.1 Der Einsatz der DFT in der Schätzung der spektralen Leistungsdichte

Wenn N Daten vorhanden sind, wird auch eine DFT mit N Punkten (Bins) für die Schätzung der Fourier-Transformation berechnet. Für das Periodogramm erhält man dann:

$$P_{xx}(f)\Big|_{f=n\,f_s/N} = P_{xx}[n] = T_s \frac{1}{N}\left|\sum_{k=0}^{N-1} x[kT_s]\, e^{-j2\pi nk/N}\right|^2 =$$

$$\frac{1}{(f_s/N)}\frac{1}{N^2}\left|\sum_{k=0}^{N-1} x[kT_s]\, e^{-j2\pi nk/N}\right|^2 \qquad (3.29)$$

$$k = 0,1,2,\ldots,N-1 \quad \text{und} \quad n = 0,1,2,\ldots,N-1$$

Der Faktor T_s wird in den theoretischen Abhandlungen, die mit relativer Frequenz ausgedrückt sind, weggelassen und kann später hinzu genommen werden, um konkret die Einheit der spektralen Leistungsdichte z.B. in $Volt^2/Hz$ zu erhalten. Wenn der Faktor vorhanden ist, dann muss man für den Parseval-Satz bei der Integration (oder Summierung) der spektralen Leistungsdichte mit der Auflösung der DFT f_s/N multiplizieren. Ansonsten, ohne diesen Faktor, multipliziert man mit der relativen Auflösung $1/N$.

In der Praxis führt diese im Frequenzbereich diskrete Schätzung nicht zu einer guten Darstellung der kontinuierlichen Funktion $P_{xx}(f)$ der spektralen Leistungsdichte. Die Ergänzung der Daten mit Nullwerten bis zur Länge $L > N$ durch das sogenannte *Zero Padding* ergibt eine Schätzung für mehr Frequenzwerte, aber diese sind eine Interpolierung der ursprünglichen Werte und dadurch wird die Auflösung nicht erhöht. Diese kann nur durch einen größeren Datensatz (N größer) erhalten werden.

3.5 Weitere Verfahren zur Schätzung der spektralen Leistungsdichte

Es sind die nichtparametrischen Verfahren von Bartlett (1948), Blackman und Tukey (1958) und Welch (1967), die kurz erläutert und mit Experimenten begleitet werden. Der Name nichtparametrische Verfahren bedeutet hier, dass keine Annahmen über das Entstehen der Daten gemacht werden.

Weil die Schätzungen auf Daten mit begrenzter Länge basieren, ist die Frequenzauflösung Δf grob durch die Größe des Fensters N als $\Delta f = f_s/N$ gegeben. Relativ zur Abtastfrequenz ist sie dann durch $\Delta F = \delta f / f_s = 1/N$ ausgedrückt.

3.5.1 Die Bartlett-Methode: Gemittelte Periodogramme

Dieses Verfahren reduziert die Varianz des Periodogramms in drei Etappen. Zuerst wird die Datensequenz von N Werten in K nicht überlappende Segmente unterteilt, wobei die Länge jedes Segments gleich M ist (oder $N = K\,M$):

$$x_i[k] = x[n + iM] \quad i = 0, 1, 2, \ldots, K-1; \quad k = 0, 1, 2, \ldots, M-1 \tag{3.30}$$

Für jedes Segment wird das Periodogramm berechnet:

$$P_{xx}^{(i)}(F) = \frac{1}{M} \left| \sum_{k=0}^{M-1} x_i[k]\, e^{-j2\pi Fk} \right|^2 \tag{3.31}$$

Zuletzt, als letzte Etappe, werden die Periodogramme gemittelt:

$$P_{xx}^B(F) = \frac{1}{K} \sum_{i=0}^{K-1} P_{xx}^{(i)}(F) \tag{3.32}$$

In der Literatur [20] wird gezeigt, dass die Varianz dieser Schätzung mit Faktor K im Vergleich zur Schätzung mit dem Periodogramm reduziert wird. Obwohl hier die kontinuierliche spektrale Leistungsdichte $P_{xx}(F)$ in den Gleichungen benutzt wird, ist das Verfahren in der Praxis ebenfalls mit Hilfe der DFT berechnet.

3.5.2 Die Welch-Methode: Gemittelte modifizierte Periodogramme

Welch hat zwei Änderungen in das Bartlett-Verfahren eingebracht. Zuerst werden hier überlappte Segmente erlaubt. Die Segmente sind somit durch

$$x_i[k] = x[n + iD] \quad k = 0, 1, 2, \ldots, M-1; \quad i = 0, 1, 2, \ldots, L-1 \tag{3.33}$$

gegeben, wobei iD der Startpunkt des Segments mit Index i ist.

Für $D = M$ erhält man nicht überlappende Segmente und die Anzahl L der Datensegmente ist gleich der Anzahl K der Datensegmente des Bartlett-Verfahrens. Wiederum mit $D = M/2$, oder 50 % Überlappung zwischen den sukzessiven Segmenten, erhält man $L = 2K$ Segmente.

Die zweite Änderung der vorherigen Methode besteht darin, dass die Datensegmente für die Periodogramme mit Fensterfunktionen gewichtet werden. Das Ergebnis ist dann ein modifiziertes Periodogramm. Für jedes Segment i wird jetzt folgende Form benutzt:

$$\tilde{P}_{xx}^{(i)}(F) = \frac{1}{MU} \left| \sum_{k=0}^{M-1} x_i[k] w[k] e^{-j2\pi Fk} \right|^2 \tag{3.34}$$

Hier ist U ein Normierungsfaktor wegen des Fensters mit Werten $w[k]$:

$$U = \frac{1}{M} \sum_{k=0}^{M-1} w^2[k] \tag{3.35}$$

Die spektrale Leistungsdichte nach Welch wird dann durch Mittelung dieser modifizierten Periodogramme erhalten:

$$P_{xx}^W(F) = \frac{1}{L} \sum_{i=0}^{L-1} \tilde{P}_{xx}^{(i)}(F) \tag{3.36}$$

In der Literatur [20] wird gezeigt, dass in diesem Verfahren mit 50 % Überlappung und Bartlett-Fenster (Dreieckfenster) die Varianz mit Faktor $\cong 9L/8$ ebenfalls im Vergleich zur Periodogramm-Methode reduziert wird.

3.5.3 Die Blackman-Tukey-Methode: Gewichtete Periodogramme

Hier wird die geschätzte Autokorrelation zuerst mit Fensterfunktion gewichtet und danach wird die Fourier-Transformation eingesetzt, um die spektrale Leistungsdichte zu erhalten. Die Erklärung für dieses Vorgehen ist einfach. Bei großen Verspätungen m der geschätzten Autokorrelation $r_{xx}[m]$, die in die Nähe von N kommen, ist die Varianz der geschätzten Werte dieser Autokorrelation relativ groß, weil eine kleinere Menge von Daten $N - m$ in der Schätzung benutzt werden können. Somit ist die Blackman-Tukey-Schätzung durch

$$P_{xx}^{BT}(F) = \sum_{m=-(M-1)}^{M-1} r_{xx}[m] \, w[m] \, e^{-j2\pi F \, m} \tag{3.37}$$

gegeben, wobei die Fensterfunktion $w[k]$ die Länge $2M - 1$ hat und null für $|m| \geq M$ ist.

Die Fensterfunktion $w[k]$ muss symmetrisch um $m = 0$ sein (ungerade Größe), um eine reelle Schätzung (ohne Imaginärteil) für die spektrale Leistungsdichte zu erhalten. Zusätzlich ist erwünscht, dass das Spektrum der Fensterfunktion nicht negativ wird:

$$W(f) \geq 0 \quad \text{für} \quad |f/f_s| \leq 1/2 \tag{3.38}$$

Diese Bedingung führt dazu, dass $P_{xx}^{BT}(F) \geq 0$ für $|F| \leq 1/2$ ist, was sicherlich eine gewünschte Eigenschaft der geschätzten spektralen Leistungsdichte ist. Nicht alle Fensterfunktionen erfüllen diese Bedingung. So z.B. erfüllen die sehr verbreiteten Hanning- und Hamming-Fenster diese Bedingung nicht, trotz der guten Dämpfung der Seitenkeulen. Ihr Einsatz wird zu negativen Werten des Spektrums in einigen Frequenzbereichen führen.

Tabelle 3.1: Gütefaktoren der Verfahren

Schätzung	Gütefaktor
Bartlett	N/M
Welch (50 % Überlappung)	16 N/(9 M)
Blackman-Tukey	1,5 N/M

Mit der Annahme, dass $W(F)$ schmal im Vergleich zu dem korrekten Spektrum $\Gamma_{xx}(F)$ ist, erhält man für die Varianz dieser Schätzung [20]:

$$\text{var}[P_{xx}^{BT}(F)] \cong \Gamma_{xx}^2(F) \left[\frac{1}{N} \sum_{m=-(M-1)}^{M-1} w^2[m] \right] \tag{3.39}$$

In [20] werden die oben gezeigten Verfahren basierend auf folgendem Gütefaktor

$$Q_A = \frac{\{E\{P_{xx}^A(F)\}\}^2}{\text{var}[P_{xx}^A(F)]} \tag{3.40}$$

verglichen. Der Buchstabe A wird durch B, W oder BT für das jeweilige Verfahren ersetzt. Dieser Gütefaktor ist für das einfache Periodogramm unabhängig von der Länge des Datensatzes N gleich eins. Tabelle 3.1 zeigt zusammenfassend die Gütefaktoren dieser Verfahren. Es ist offensichtlich, dass die Welch- und Blackman-Tukey-Verfahren die besten Schätzungen liefern. Die Unterschiede in den Performanzen sind relativ klein und bei allen Verfahren verbessert sich die Schätzung mit der Größe des Datensatzes N.

Experiment 3.1: Welch-Schätzung der spektralen Leistungsdichte über MATLAB-Funktionen

Es wird ein einfaches Experiment programmiert (`psd_1.m`), in dem die spektrale Leistungsdichte zweier cosinusförmiger Signale plus unabhängiges Rauschen mit der Welch-Methode ermittelt wird:

```
..........
% ------- Signal aus zwei cosinusförmigen Signalen plus Rauschen
fs = 1000;
t = 0:1/fs:10;
f1 = 150;    f2 = 250;    ampl1 = 5;    ampl2 = 2;    varianz = 1;
x = ampl1*cos(2*pi*t*f1) + ampl2*cos(2*pi*t*f2+pi/3)...
    + sqrt(varianz)*randn(size(t));
P_r = varianz/(fs/2);    % PSD für den Rauschanteil
P_rdB = 10*log10(P_r)
% ------- Ermittlung der spektralen Leistungsdichte (PSD)
```

```
segment = 512;        % Größe des Segments
overlap = 50;         % Überlappung in %
%h = spectrum.welch('hann', 512, 50);   % Erzeugt ein Welch Schätzer
h = spectrum.welch('hamming', segment, overlap);
Hpsd = psd(h,x,'Fs',fs,'NFFT',512);      % Berechnung der PSD
% Anzahl der Mittelungen
n_mitt = fix(length(x)/(segment*(1-overlap/100)));
% ------- Darstellung in dB/Hz
figure(1);    clf;
subplot(211),    plot(Hpsd)        % plot PSD
hold on;
plot([0, fs/2], [P_rdB, P_rdB], 'r')
hold off;
title(['Welch spektrale Leistungsdichte in dB/Hz (Segment = ',...
    num2str(segment),' ;  Ueberlappung = ',num2str(overlap),...
    ')']);
% ------- Darstellung linear
Ppsd = Hpsd.Data;
nfft = length(Ppsd);
subplot(212),    plot((0:nfft-1)*fs/(nfft*2), Ppsd);
title([' Spektrale Leistungsdichte (Anzahl Mittelungen =',...
    num2str(n_mitt),')']);
xlabel(['Frequenz in Hz   (fs = ', num2str(fs),' Hz)']);
ylabel('Volt^2/Hz');    grid on;
% ------ Überprüfen mit Parseval-Satz
disp('Mittlere Leistung aus dem Signal = '),
P_x = std(x)^2
disp('Mittlere Leistung aus der PSD = '),
P_f = sum(Ppsd)*fs/(2*nfft)
```

Am Anfang wird das Signal x erzeugt und aus der Varianz des Rauschsignals wird dessen spektrale Leistungsdichte in dB berechnet, um sie später in der Darstellung einzusetzen. Für die Ermittlung der spektralen Leistungsdichte mit MATLAB-Funktionen wird zuerst ein Objekt h von Typ **spectrum.welch** initialisiert. Mit get(h) erhält man seine eingestellten Eigenschaften:

```
>> get(h)
      EstimationMethod: 'Welch'
          WindowName: 'Hamming'
        SegmentLength: 512
        OverlapPercent: 50
          SamplingFlag: 'symmetric'
```

Die spektrale Leistungsdichte wird weiter mit der Funktion **psd**, in der man auch viele Parameter initialisieren kann, ermittelt. Die Hauptargumente sind das zuvor definierte Objekt h und die Signalsequenz x. Der Rest der Argumente ist optional. Mit der Option 'Fs' kann man der Funktion die Abtastfrequenz bekannt machen und mit der Option NFFT wird die Länge der FFT für die Segmente festgelegt. In diesem Skript wurde die Länge der Segmente und der Fensterfunktion (im Objekt **spectrum.welch**) gleich der Länge der FFT gewählt. Die Überlappung wurde in das gleiche Objekt auf 50 % initialisiert.

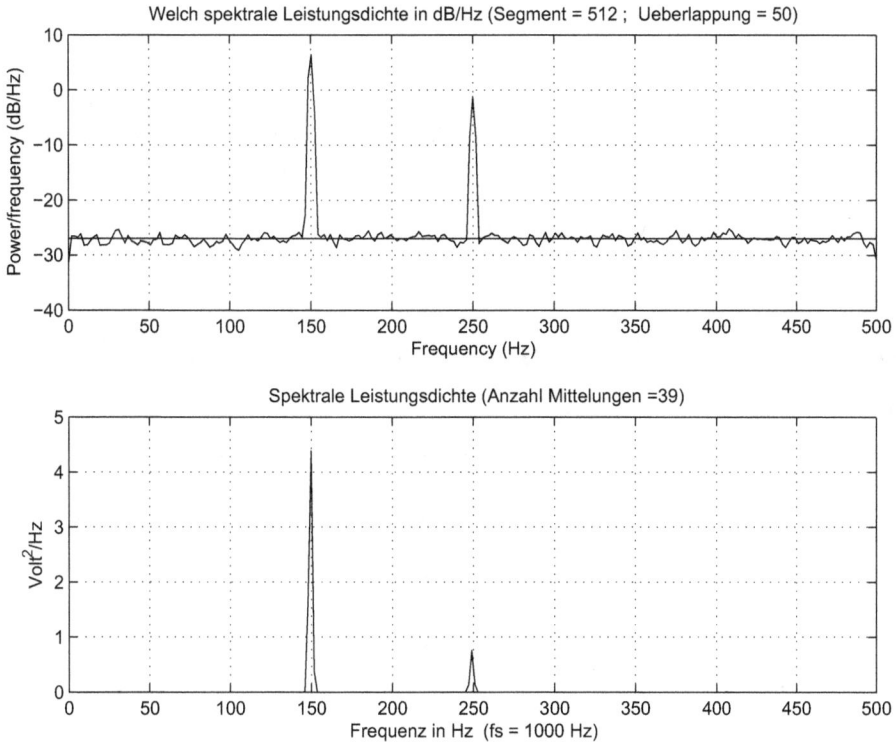

*Abb. 3.6: Die spektrale Leistungsdichte mit Welch-Verfahren ermittelt (*psd_1.m*)*

Abb. 3.6 zeigt die spektrale Leistungsdichte für die Parameter, die im Skript jetzt angegeben sind. Sie können leicht geändert werden, um weitere Experimente durchzuführen. Dazu wurde das Skript in eine Funktion (psd_2.m) umgewandelt, damit man einige Parameter beim Aufruf festlegen kann.

Am Ende des Skripts werden die Ergebnisse mit Hilfe des Satzes von Parseval überprüft. Die mittlere Leistung des Signals, aus dem Signal berechnet, wird durch Quadrierung der Standardabweichung ermittelt. Dieselbe Leistung ergibt sich durch die Summe der Werte der spektralen Leistungsdichte, die mit der Auflösung der eingesetzten FFT und zwar fs/(2*nfft) multipliziert wird, wobei nfft die halbe Länge der FFT ist. Die Funktion **psd** liefert für reelle Signale nur die erste Hälfte der berechneten spektralen Leistungsdichte (hier 256 Bins). Die zwei geschätzten Leistungen unterscheiden sich geringfügig:

```
Mittlere Leistung aus dem Signal =  P_x = 15.4607
Mittlere Leistung aus der PSD =  P_f = 15.3847
```

Die ca. -26 dB für die spektrale Leistungsdichte des Rauschanteils P_rdB, die mit der horizontalen Linie in Abb. 3.6 oben gekennzeichnet ist und die aus der vorausgegebenen Varianz für das Rauschen berechnet wird, erscheint an richtiger Stelle.

Man muss jetzt fragen, was stellen in der Darstellung die zwei "Ausschläge" wegen der deterministischen cosinusförmigen Komponenten dar. Um das zu sehen, wird nur eine Komponente ohne Rauschen initialisiert (ampl2 = 0, varianz = 0) und die zwei mittleren Leistungen gesichtet. Sie entsprechen durch ihren Wert von $(5/\sqrt{2})^2 = 12,5$ (z.B. Volt^2) der Leistung für die eine Komponente. Somit ist klar, es wird auch für diese Komponenten eine Leistungsdichte berechnet und dargestellt. Durch das Leakage erscheint nicht nur eine einzige Linie sondern mehrere Linien mit einer $sinx/x$-Hülle.

Die etwas ältere MATLAB-Funktion **pwelch** kann auch noch benutzt werden. Sie hat als Argumente ähnliche Parameter.

Experiment 3.2: Blackman-Tukey-Schätzung der spektralen Leistungsdichte

In diesem Experiment wird das Blackman-Tukey-Verfahren zur Schätzung der spektralen Leistungsdichte programmiert (psd_korr1.m). Es wird das Signal, das auch im Welch-Verfahren eingesetzt wurde, benutzt. Am Anfang wird, wie immer, das Signal generiert. Die spektrale Leistungsdichte des Rauschanteils muss hier aus der Varianz durch Teilen mit fs statt mit fs/2, wie beim Welch-Verfahren, ermittelt werden:

```
. . . . . . . .
P_r = varianz/fs;       % PSD für den Rauschanteil
P_rdB = 10*log10(P_r)
. . . . . . .
```

Im Welch-Verfahren wird für reelle Signale die ganze Leistung auf fs/2 für die Dichte normiert.

Die Autokorrelationsfunktion wird mit der Funktion **xcorr** berechnet. Durch den Parameter m wird der Bereich von −m bis m für die Autokorrelationsfunktion gewählt. Mit 'unbiased' wird die Autokorrelationsfunktion für die Verspätung m durch eine Summe mit den Grenzen 0 bis nx-m berechnet, wobei durch nx die Länge des Signals bezeichnet ist.

Die so ermittelte Autokorrelationsfunktion wird mit dem Blackman-Fenster gewichtet und danach FFT-transformiert. Weil für die FFT die Autokorrelationssequenz kausal im Bereich 0 bis 2*m+1 angenommen wird, ist hier der Imaginärteil nicht null (oder sehr klein) und die spektrale Leistungsdichte wird über den Betrag der FFT ermittelt. Die kausale Autokorrelationssequenz führt zu einer Phasenverschiebung in der FFT im Vergleich zu einer um $m = 0$ platzierten symmetrischen Autokorrelationssequenz. Das führt dazu, dass der Imaginärteil nicht null ist. Das Skript ist im Rest selbsterklärend:

```
. . . . . . . . . . . . . .
% ------- Signal aus zwei cosinusförmigen Signalen plus Rauschen
fs = 1000;
t = 0:1/fs:10;
f1 = 150;    f2 = 250;
ampl1 = 5;    ampl2 = 2;       varianz = 1;
x = ampl1*cos(2*pi*t*f1) + ampl2*cos(2*pi*t*f2+pi/3)...
    + sqrt(varianz)*randn(size(t));
P_r = varianz/fs;       % PSD für den Rauschanteil
P_rdB = 10*log10(P_r)
```

```
% ------- Autokorrelationsfunktion
m = 256;                       % Verspätung von -m bis m
rk = xcorr(x, m, 'unbiased'); % Normiert mit 1/(N-m)
nk = length(rk);
w = blackman(nk);             % Fensterfunktion
rkw = rk.*w';
% ------- Spektrale Leistungsdichte (DFT der Autokorrelation)
Pr = abs(fft(rkw))/fs;
figure(1);     clf;
subplot(311),  stem(-m:m, rkw);
title('Autokorrelation mit Blackman-Fenster gewichtet');
xlabel('Index m');      grid on;    axis tight;
subplot(312),  plot((0:nk-1)*fs/nk, Pr);
title('PSD linear');
xlabel('Frequenz in Hz');   grid on;
ylabel('Volt^2/Hz');
subplot(313),  plot((0:nk-1)*fs/nk, 10*log10(Pr));
hold on;
plot((0:nk-1)*fs/nk, ones(1,nk)*P_rdB, 'r');
hold off
title('10*log10(PSD)');
xlabel('Frequenz in Hz');   grid on;
ylabel('dB/Hz');
% ------ Ergebnisse mit Parseval-Satz überprüfen
disp('Mittlere Leistung aus dem Signal = '),
P_x = std(x)^2
disp('Mittlere Leistung aus der PSD = '),
nfft = 2*m + 1;
P_f = sum(Pr)*fs/(nfft)
```

Zuletzt werden auch hier die Ergebnisse mit dem Satz von Parseval überprüft. Die Übereinstimmung ist hier sehr gut, wie erwartet etwas besser als beim Welch-Verfahren:

```
Mittlere Leistung aus dem Signal = P_x = 15.5531
Mittlere Leistung aus der PSD = P_f = 15.5516
```

Abb. 3.7 zeigt die Ergebnisse für die im Skript eingestellten Parameter. Der Leser kann sehr leicht die Programme ändern und erweitern z.B. für quantitative Schätzungen der Varianzen der zwei Verfahren abhängig von der Größe der Datensätze.

3.6 Der Einfluss linearer Systeme auf stochastische ergodische Prozesse

Es werden hier nur reelle Signale und Systeme angenommen. Die zeitdiskreten, linearen Systeme sind durch die Einheitspulsantwort, vielmals auch als Impulsantwort bezeichnet, be-

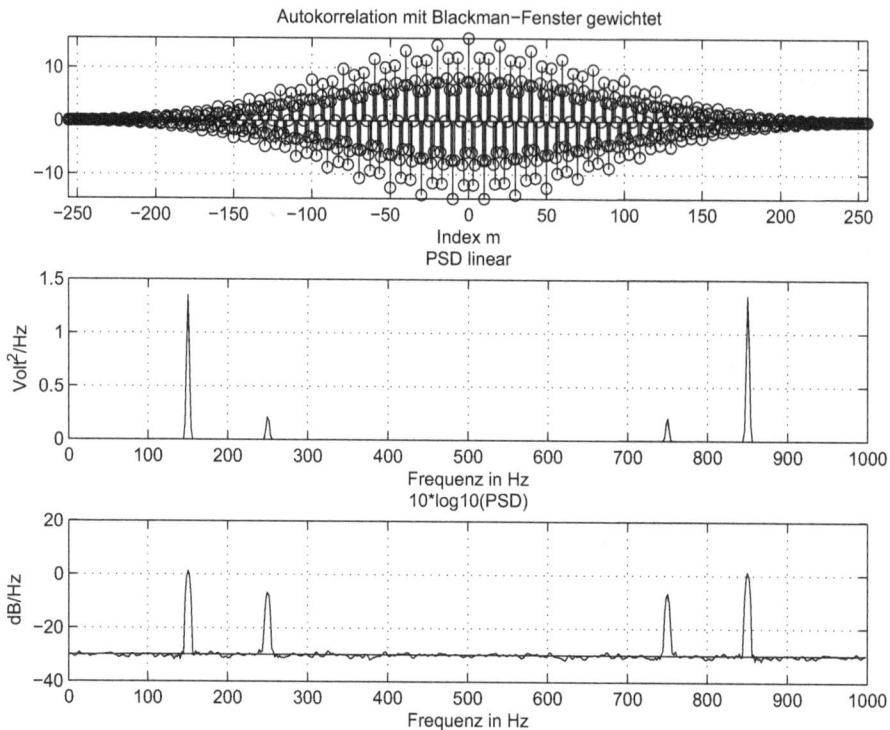

*Abb. 3.7: Die spektrale Leistungsdichte mit Blackman-Tukey-Verfahren ermittelt (*psd_korr1.m*)*

schrieben. Am einfachsten mit Hilfe ihrer Z-Transformation dargestellt:

$$H(z) = \sum_{k=-\infty}^{\infty} h[k]\, z^{-k} \tag{3.41}$$

Angeregt durch eine Eingangssequenz $x[k]$ wird die Ausgangssequenz $y[k]$ (statt $x[kT_s]$, $y[kT_s]$ vereinfacht geschrieben) ein Mitglied des Zufallsprozesses $\mathbf{y}_k$ sein. Der Mittelwert der Ausgangssequenz ist der Mittelwert der Eingangssequenz mal "Gleichstromverstärkung" des Systems:

$$m_y = m_x\, H(e^{j0}) \tag{3.42}$$

Die Autokorrelation der Ausgangssequenz ist:

$$r_{yy}[m] = r_{xx}[m] * \left(\sum_{k=-\infty}^{\infty} h[k]\, h[k+m] \right) \tag{3.43}$$

Die Summe stellt die deterministische Autokorrelation der Einheitspulsantwort dar. Sie kann auch als Faltung (englisch *Convolution*) zwischen $h[k]$ und $h[-k]$ berechnet werden. In MAT-LAB wird diese Faltung mit der Funktion **conv** realisiert:

```
h_conv = conv(h, fliplr(h));
```

Im Vektor h ist die Einheitsimpulsantwort enthalten.

Die spektrale Leistungsdichte des Ausgangsprozesses, in der Annahme eines stationären Zustandes wird:

$$P_{yy}(f) = P_{xx}(f) \left| H(e^{j2\pi fT_s}) \right|^2 \tag{3.44}$$

Die Kreuzkorrelationsfunktion zwischen Eingangs- und Ausgangssequenz ist durch folgende Faltung definiert:

$$r_{xy}[m] = r_{xx}[m] * h[m] \tag{3.45}$$

Im Frequenzbereich ist dann die spektrale Kreuzleistungsdichte mit folgender Multiplikation

$$P_{xy}(f) = P_{xx}(f) \, H(e^{j2\pi fT_s}) \tag{3.46}$$

zu erhalten und wird oft für die Identifikation des Frequenzganges $H(e^{j2\pi fT_s})$ benutzt. Dafür wird zuerst die spektrale Kreuzkorrelationsdichte aus den Spektren der Eingangs- und Ausgangsdaten ermittelt

$$P_{xy}(f) = T_s \frac{1}{N} [X^*(f) \, Y(f)], \tag{3.47}$$

und ähnlich auch die spektrale Leistungsdichte des Eingangssignals berechnet:

$$P_{xx}(f) = T_s \frac{1}{N} [X^*(f) \, X(f)], \tag{3.48}$$

Danach wird der Frequenzgang über die Beziehung 3.46 ermittelt:

$$H(e^{j2\pi fT_s}) = \frac{P_{xy}(f)}{P_{xx}(f)} \tag{3.49}$$

Die Varianz des Ergebnisses wird besser, wenn auch hier, wie beim Bartlett- und Welch-Verfahren, über mehrere Teildatensätze gemittelt wird.

Die spektrale Kreuzkorrelationsdichte kann auch aus der Fourier-Transformation der Kreuzkorrelation berechnet werden:

$$P_{xy}(f) = T_s \sum_{m=-(N-1)}^{N-1} r_{xy}[m] \, e^{-j2\pi fmT_s} \tag{3.50}$$

Es ist zu beachten, dass die spektrale Kreuzleistungsdichte eine komplexe Funktion ist und ihre Berechnung über die DFT, in der die Kreuzkorrelation nicht um $-m_{max} \leq m \leq m_{max}$ sondern mit $0 \leq m \leq 2m_{max}$ angenommen wird, zu einer Phasenverschiebung führt. Man muss auch die spektrale Leistungsdichte $P_{xx}(f)$ aus der Autokorrelation $r_{xx}[m]$ in ähnlicher Art berechnen, so dass diese Phasenverschiebungen im Verhältnis gemäß Gl. 3.49 sich aufheben. Duch m_{max} wurde die maximale Verspätung bezeichnet, für die man die Korrelationsfunktionen berechnet und die als Argument in der MATLAB-Funktion **xcorr** festgelegt wird.

Die Wahl von m_{max} muss dazu führen, dass der signifikante Teil der Kreuzkorrelationsfunktion, der vom Index $m = 0$ versetzt sein kann, noch in der Schätzung enthalten ist. Im folgenden Experiment werden die Sachverhalte näher untersucht und erläutert.

Experiment 3.3: Identifikation des Frequenzgangs mit Hilfe von spektralen Leistungsdichten

Im Skript `ident_1.m` wird am Anfang das Eingangssignal als unabhängige Zufallssequenz (weißes Rauschen) erzeugt und dann mit einem FIR-Filter gefiltert. Die Einheitspulsantwort des Filters, in h enthalten, wird über die MATLAB-Funktion **fir1** ermittelt. Man kann wählen ob man einen Tiefpass oder Bandpass einsetzen will:

```
........
% ------- System als FIR-TP-Filter oder FIR-BP-Filter
nfilter = 128;
h = fir1(nfilter, 0.2);          % TP-Filter
%h = fir1(nfilter, [0.2, 0.4]);   % BP-Filter
% ------- Eingangssignal
nx = 10000;                              x = randn(1,nx);
% ------- Ausgangssignal
y = filter(h,1,x);
% ------- Entfernen des Einschwingteils
ne = nfilter;
x = x(ne:end);          y = y(ne:end);
nx = length(x);
.......
```

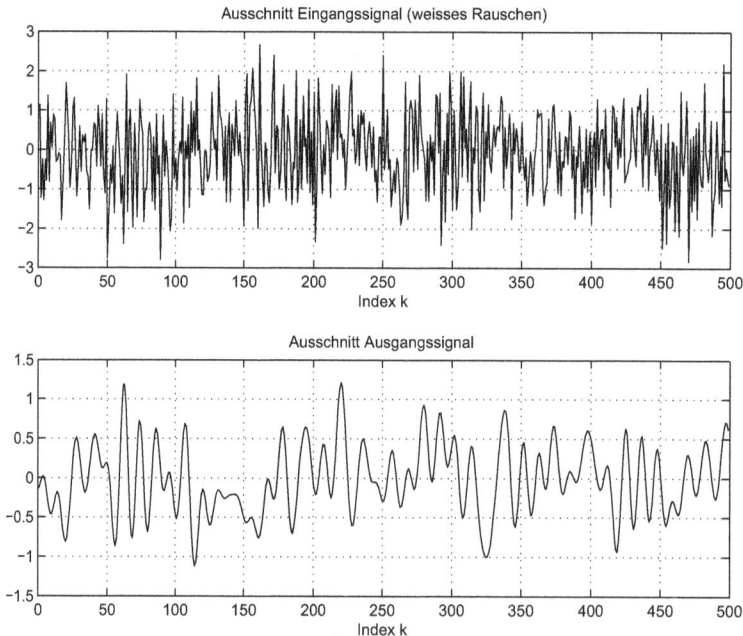

Abb. 3.8: Eingangs- und Ausgangssignal (Ausschnitt) (ident_1.m)

Weiter wird der Einschwingteil sowohl vom Eingangs- als auch vom Ausgangssignal entfernt, um den stationären Teil in der Bearbeitung zu verwenden. Abb. 3.8 zeigt Ausschnitte des Eingangs- und Ausgangssignals.

Zuerst werden die spektralen Leistungsdichten durch Mittelung der DFTs von Teilblöcken aus den Signalen berechnet und der komplexe Frequenzgang geschätzt:

```
. . . . . . . .
% ------- Bestimmung der spektralen Leistungsdichten
% direkt aus der Mittelung der DFTs

nfft = 512; nk = fix(nx/nfft); % Größe der Blöcke und deren Anzahl
Pxx = zeros(1,nfft);      Pxy = Pxx;      % Initialisierungen
for k = 0:nk-1              % Mittelung über Blöcke der Größe nfft
    xtemp = x(k*nfft +1: (k+1)*nfft);
    X = fft(xtemp);
    Pxx = Pxx + conj(X).*X;      % spektrale Leistungsdichte Eingang
    ytemp = y(k*nfft +1: (k+1)*nfft);
    Y = fft(ytemp);
    Pxy = Pxy + conj(X).*Y;      % spektrale Kreuzleistungsdichte
end;
H = Pxy./Pxx;              % Schätzung des Frequenzgangs
. . . . . . .
```

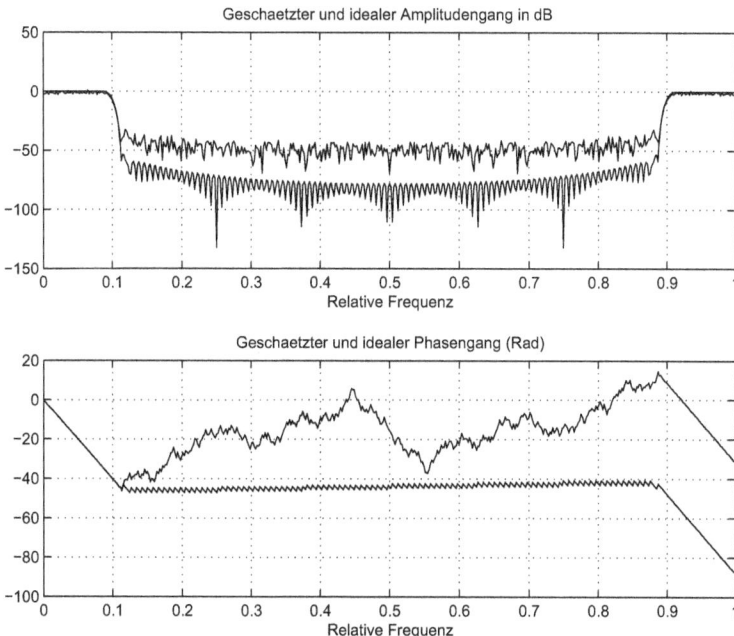

Abb. 3.9: Geschätzter und idealer Amplitudengang (ident_1.m)

Abb. 3.9 zeigt das Ergebnis zusammen mit dem idealen Frequenzgang, der einfach aus der DFT der Einheitspulsantwort h durch Hid = fft(h, nfft) ermittelt wird. Die Übereinstimmung im Durchlassbereich ist sehr gut.

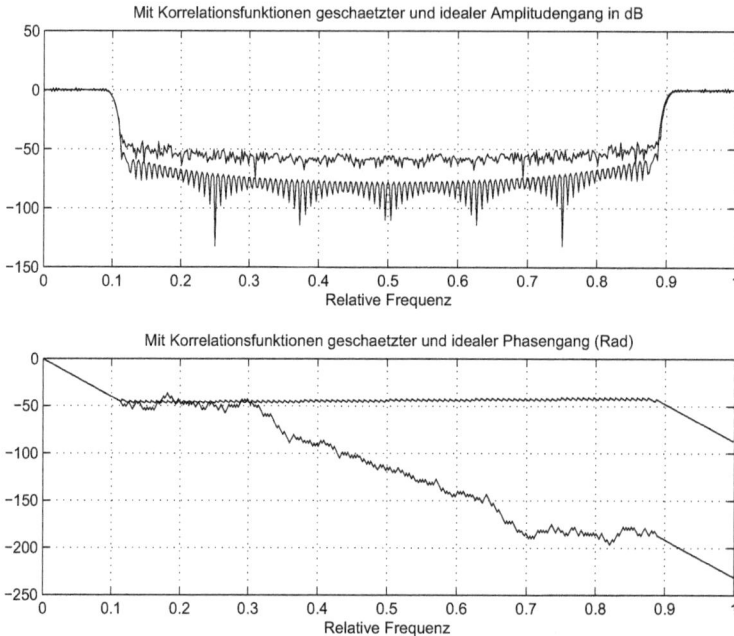

*Abb. 3.10: Über Korrelationsfunktionen geschätzter und idealer Frequenzgang (*ident_1.m*)*

Im letzten Teil des Skripts werden die Leistungsspektraldichten über die Auto- und Kreuzkorrelationsfunktion ermittelt und ebenfalls der Frequenzgang geschätzt:

```
..........
% ------- Bestimmung der spektralen Leistungsdichten
% aus den Korrelationsfunktionen
m_max = 256;                    % muss größer als nfilter sein
%rxx = xcorr(x,x,m_max);
%ryx = xcorr(y,x,m_max);

rxx = xcorr(x,x,m_max,'unbiased');
ryx = xcorr(y,x,m_max,'unbiased');
Pxx = fft(rxx);   % ist nicht nur Realteil wegen der kausalen rxx
Pyx = fft(ryx);
H1 = Pyx./Pxx;
..........
```

Abb. 3.10 zeigt die Ergebnisse für diese Schätzungsart wiederum zusammen mit dem idealen Frequenzgang. Auch hier ist die Übereinstimmung sehr gut. In der Abb. 3.11 sind die geschätzten Korrelationsfunktionen dargestellt. Ganz oben ist die Autokorrelation des Eingangssignals

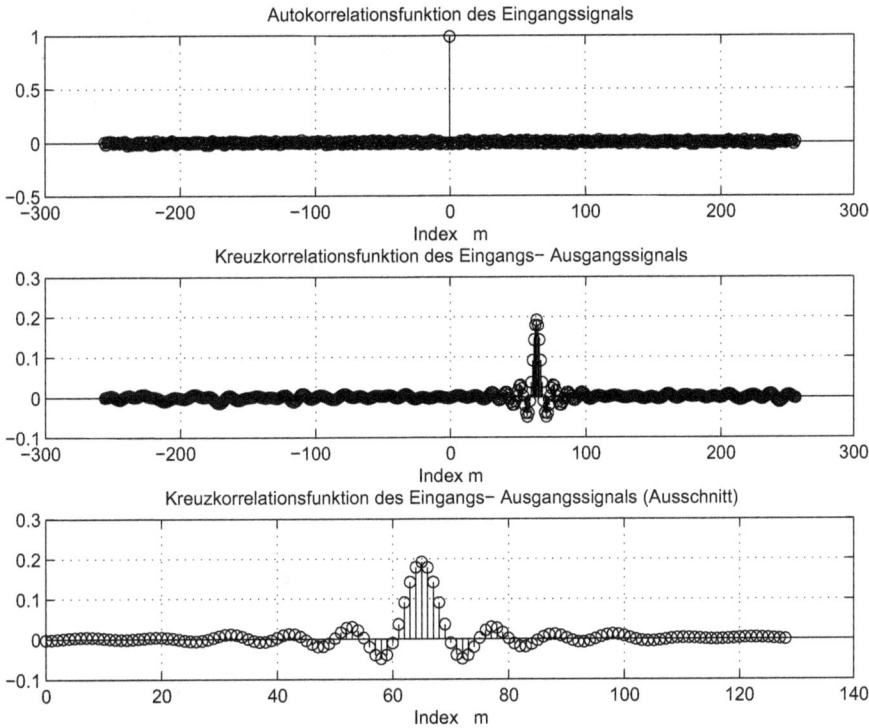

Abb. 3.11: Autokorrelationsfunktion des Eingangs und Kreuzkorrelationsfunktion (mit Ausschnitt) (ident_1.m)

und darunter die Kreuzkorrelationsfunktion gezeigt. Im unteren Teil ist ein Ausschnitt der Kreuzkorrelation nochmals dargestellt, die idealerweise gleich der Einheitspulsantwort des Filters sein muss.

Man kann aus der Darstellung der Kreuzkorrelation sehen, dass sie relativ zum Index $m = 0$ mit der halben Ordnung des Filters (`nfilter/2 = 64`) versetzt erscheint. Daher die Bedingung, dass `m_max > nfilter+1` sein muss, sonst würde die Kreuzkorrelation nicht den signifikanten Teil enthalten.

Experiment 3.4: Einschwingvorgang für Mittelwert und Varianz bei Anregung mit weißem Rauschen

Alle gezeigten Beziehungen basieren auf der Annahme, dass der Ausgangsprozess stationär und ergodisch ist. Wenn das System kausal ist und die Anregung bei $k = 0$ beginnt, dann ist die Ausgangssequenz durch folgende Faltung gegeben:

$$y[k] = h[k] * x[k] = \sum_{n=0}^{\infty} h[n]\, x[k-n] \qquad (3.51)$$

Die Ausgangssequenz ist ebenfalls kausal und kann somit kein stationärer Prozess sein. Wenn man aber das Einschwingen des Systems (den transienten Teil) begrenzt annehmen kann, weil $h[k] \cong 0$ für $k > L$, dann erscheint für $k > L$ der Ausgang als stationär.

Beim Einschwingen ist der Mittelwert des Ausgangs nicht konstant und durch

$$m_y[k] = E\left\{ \sum_{n=0}^{k} h[n]\, x[k-n] \right\} = m_x \sum_{n=0}^{k} h[n] = m_x\, s_t[k] \tag{3.52}$$

gegeben. Mit $s_t[k]$ wurde die Sprungantwort des Systems bezeichnet. Für weißes Rauschen am Eingang (unabhängige zeitdiskrete Sequenz) kann das Einschwingen auch für die Varianz sehr einfach dargestellt werden:

$$\sigma_y^2[k] = \sigma_x^2 \sum_{n=0}^{k} h^2[n] \tag{3.53}$$

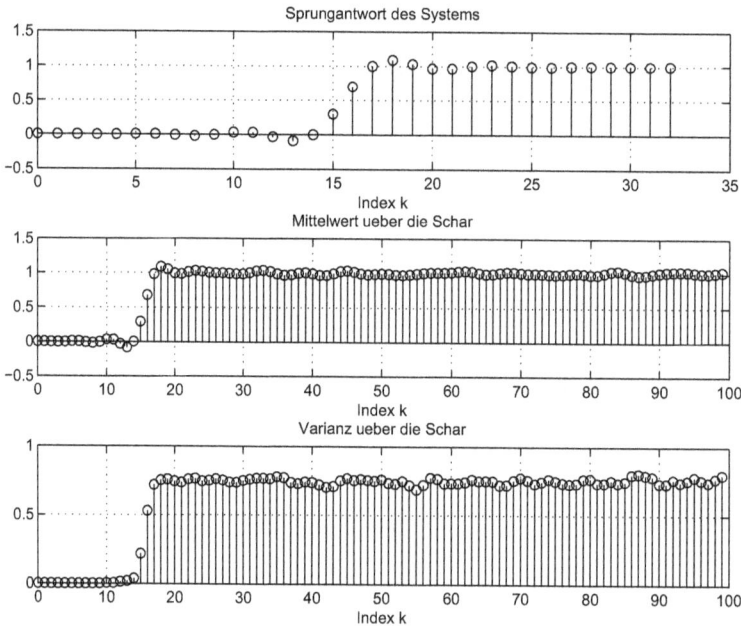

Abb. 3.12: Sprungantwort des Systems, Mittelwert und Varianz über die Schar (transient_1.m)

Im Skript `transient_1.m` wird das Einschwingen über die Schar für ein zeitdiskretes lineares System ermittelt und dargestellt. Als Eingangssequenzen werden unabhängige, normal verteilte Zufallszahlen mit Mittelwert `m_x` und Varianz `varianz_x` benutzt:

```
. . . . . . .
% ------- Schar von Zufallsvariablen
m_x = 1;     varianz_x = 2; % Mittelwert und Varianz
```

```
nx = 100;                    % Länge einer Realisierung
nschar = 2000;               % Anzahl der Realisierungen
x = sqrt(varianz_x)*randn(nschar, nx) + m_x; % Matrix der Schar
% ------- Filterung des Signals
nfilter = 32;                           h = fir1(nfilter, 0.4);
st = cumsum(h);              % Sprungantwort Filter
y = zeros(nschar, nx);       % Filterung der Realisierungen
for p = 1:nschar
    y(p,:) = filter(h,1,x(p,:));
end;
% ------- Schätzung über die Schar des Mittelwerts und der Varianz für y
% über die Schar
mean_y = mean(y);            % Mittelwert über die Spalten
varianz_y = std(y).^2;       % Varianz über die Spalten
ny = length(mean_y);
figure(1);    clf;
subplot(311), stem(0:nfilter, st);
title('Sprungantwort des Systems');        xlabel('Index k');    grid on;
subplot(312), stem(0:ny-1, mean_y);
title('Mittelwert ueber die Schar');       xlabel('Index k');    grid on;
subplot(313), stem(0:ny-1, varianz_y);
title('Varianz ueber die Schar');          xlabel('Index k');    grid on;

% ------- Überprüfen der stationären Varianz von y
h_2 = sum(h.^2);
v_ideal = h_2*varianz_x
```

Abb. 3.12 zeigt die Ergebnisse. Oben ist die Sprungantwort des Systems dargestellt, darunter ist der Verlauf des Mittelwertes und ganz unten der Verlauf der Varianz gezeigt.

Am Ende des Skripts wird die ideale stationäre Varianz gemäß Gl. (3.53) berechnet und man kann sie mit der Varianz aus der Abbildung vergleichen. Der ideale Wert ist 0,7501 und aus der Abbildung mit der Zoom-Funktion kann man den gleichen Wert schätzen.

Experiment 3.5: Untersuchung eines mechanischen Systems angeregt durch eine Zufallsbewegung

Die Zufallsschwingungen in mechanischen Systemen sind in vielen technischen Anwendungen sehr wichtig. In diesem Experiment wird ein Feder-Masse-System vierter Ordnung (mit zwei Freiheitsgraden) untersucht. Das Modell des Systems ist in Abb. 3.13a gezeigt und in Abb. 3.13b ist die Skizze einer Fahrzeugfederung, die als Beispiel für dieses System dienen kann.

Man könnte sich vorstellen, dass k_1, c_1 bzw. k_2, c_2 die Federkonstanten und Dämpfungsfaktoren des Reifens und der Hauptfeder zusammen mit dem Stoßdämpfer darstellen. Die Masse m_1 könnte die Ersatzmasse für die Achse, Felge und den Reifen sein und mit m_2 würde man den Anteil der Masse der Karosserie und Ladung auf diese Achse annehmen. Es werden hier fiktive Parameter benutzt, um die Problematik zu beschreiben und nicht um einen konkreten Fall zu untersuchen.

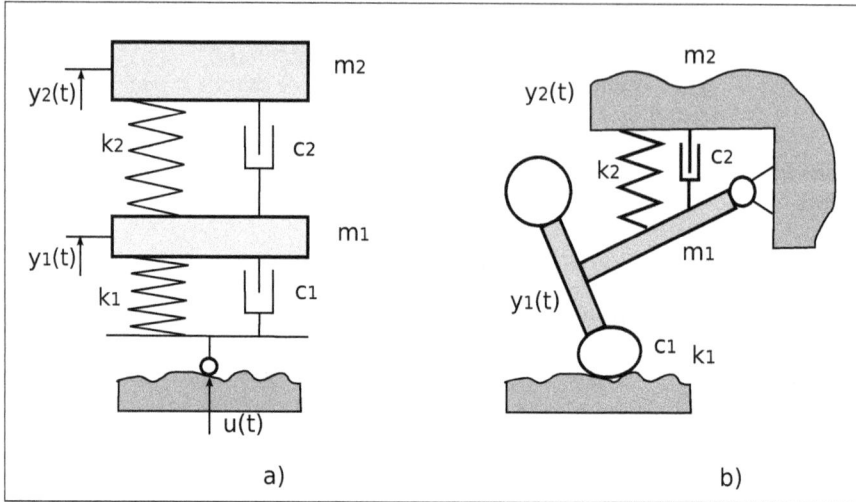

Abb. 3.13: a) Feder-Masse-System mit Bewegungsanregung b) Skizze einer Fahrzeugfederung

Die Bewegungsdifferentialgleichungen der Ersatzmassen des Systems sind:

$$m_1\,\ddot{y}_1 + c_1\,(\dot{y}_1 - \dot{u}) + k_1\,(y_1 - u) + c_2\,(\dot{y}_1 - \dot{y}_2) + k_2\,(y_1 - y_2) = 0$$
$$m_2\,\ddot{y}_2 + c_2\,(\dot{y}_2 - \dot{y}_1) + k_2\,(y_2 - y_1) = 0$$

$$(3.54)$$

Die Ableitung des Eingangs $\dot{u}$ sollte vermieden werden und dafür werden beide Gleichungen einmal integriert und nach den höchsten Ableitungen der Lagen y_1, y_2 aufgelöst:

$$\dot{y}_1 = \frac{1}{m_1}\Big[-c_1(y_1 - u) - k_1 \int (y_1 - u)\,dt - c_2(y_1 - y_2) - k_2 \int (y_1 - y_2)\,dt \Big]$$
$$\dot{y}_2 = \frac{1}{m_2}\Big[-c_2(y_2 - y_1) - k_2 \int (y_2 - y_1)\,dt \Big]$$

$$(3.55)$$

Die Integrale sind vereinfacht geschrieben und die entsprechenden Anfangsbedingungen sind null angenommen worden. Man wählt weiter die Zustandsvariablen dieses Modells:

$$
\begin{aligned}
x_1 &= y_1; & \dot{x}_1 &= \dot{y}_1 \\
x_2 &= y_2; & \dot{x}_2 &= \dot{y}_2 \\
x_3 &= \int (y_1 - u)\,dt; & \dot{x}_3 &= y_1 - u \\
x_4 &= \int (y_1 - y_2)\,dt; & \dot{x}_4 &= y_1 - y_2
\end{aligned}
$$

$$(3.56)$$

Die Differentialgleichungen in diesen Zustandsvariablen sind durch

$$\dot{x}_1 = \frac{1}{m_1}\Big[-(c_1+c_2)\,x_1 + c_2\,x_2 - k_1\,x_3 - k_2\,x_4 + c_1\,u\Big]$$

$$\dot{x}_2 = \frac{1}{m_2}\Big[c_2\,x_1 - c_2\,x_2 + k_2\,x_4\Big] \tag{3.57}$$

$$\dot{x}_3 = x_1 - u$$

$$\dot{x}_4 = x_1 - x_2$$

gegeben. Als Ausgangsvariablen werden die zwei Lagen der Massen angenommen. In einer Matrixform wird dann das Zustandsmodell wie folgt geschrieben:

$$\dot{\mathbf{x}} = \mathbf{A}\mathbf{x} + \mathbf{B}u$$

$$\mathbf{y} = \mathbf{C}\mathbf{x} + \mathbf{D}u \tag{3.58}$$

Der Vektor $\mathbf{x}$ beinhaltet die Zustandsvariablen und der Vektor $\mathbf{y}$ enthält die Ausgangsvariablen. In der MATLAB-Syntax werden die Matrizen $\mathbf{A}, \mathbf{B}, \mathbf{C}, \mathbf{D}$ leicht gebildet (Skript zwei_fms1.m):

```
. . . . . . . .
% ------- System definieren
c1 = 0.5;        c2 = 0.5;
m1 = 1;          m2 = 2;
k1 = 1;          k2 = 1;

A1 = [-(c1 + c2)/m1,  c2/m1, -k1/m1, -k2/m2];
A2 = [c2/m2], -c2/m2, 0, k2/m2];
A3 = [1, 0, 0, 0];
A4 = [1, -1, 0, 0];
A = [A1; A2; A3; A4];

B = [c1/m1, 0, -1, 0]';
C = [eye(2,2), zeros(2,2)];     D = [0;0];

my_sys = ss(A, B, C, D);
%#######################################
figure(1);      clf;
bode(my_sys);               grid on;

figure(2);      clf;
step(my_sys);               grid on;
. . . . . . . .
```

Mit der Zeile my_sys = ss(A, B, C, D); wird das MATLAB-Zustandsmodell my_sys definiert. Alle Funktionen für die Analyse von Systemen aus der *Control System Toolbox* können weiter über diesen Namen aufgerufen werden. So z.B. ergibt der Aufruf **bode**(my_sys) die zwei Frequenzgänge vom Eingang u zu den zwei Ausgängen als Lagen y1, y2. Ähnlich werden mit **step**(my_sys) die zwei Sprungantworten ermittelt und dargestellt.

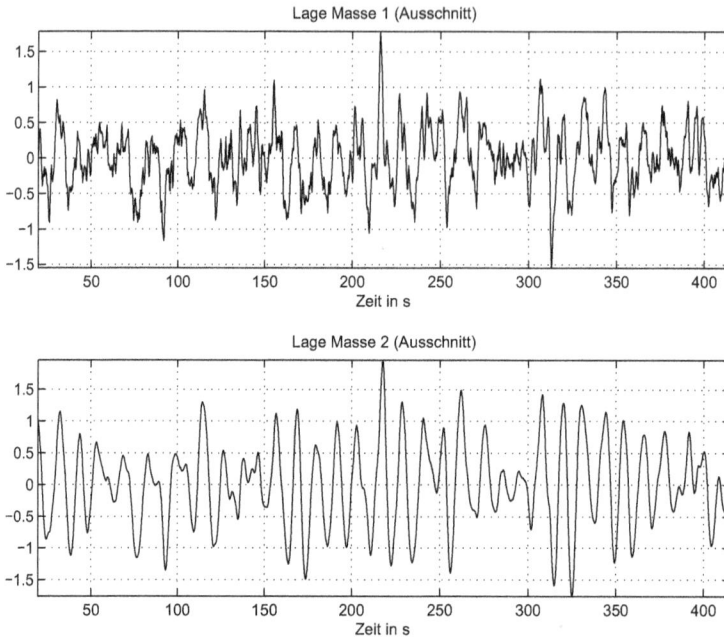

Abb. 3.14: Ausschnitt mit der Lage der Masse 1 und Masse 2 für Zufallsanregung mit unabhängiger Sequenz (zwei_fms1.m)

Die Antwort auf die Zufallsanregung wird mit der MATLAB-Funktion **lsim** aus der *Control System Toolbox* ermittelt. Aus der Sichtung der Sprungantwort (hier nicht gezeigt) kann man die Einschwingzeit schätzen und entsprechend den Anfang der Antwort und Erregung entfernen, um in den stationären Zustand zu gelangen:

```
.........
% ------- Anregung mit weissem Rauschen
Tfinal = 2000;
dt = 0.25;            fs = 1/dt;
t = 0:dt:Tfinal;
nt = length(t);       varianz = 1;
u = sqrt(varianz)*randn(1, nt);   % Eingangserregung
% ------- Antwort des Systems
y = lsim(my_sys, u', t');

t_einsch = 20;        % Geschätzte Einschwingzeit
ne = fix(20/dt);      % Einschwingschritte
u = u(ne:end);        % Entfernen der Einschwingschritte
y = y(ne:end, :);                          t = t(ne:end);
% ------- Ausschnitt Lagen Masse 1 und 2
nd = fix(length(t)/5);
figure(3);        clf;
```

```
subplot(211), plot(t(1:nd), y(1:nd,1));
        title('Lage Masse 1 (Ausschnitt)');        grid on;
        xlabel('Zeit in s');        axis tight;
subplot(212), plot(t(1:nd), y(1:nd,2));
        title('Lage Masse 2 (Ausschnitt)');        grid on;
        xlabel('Zeit in s');        axis tight;
```

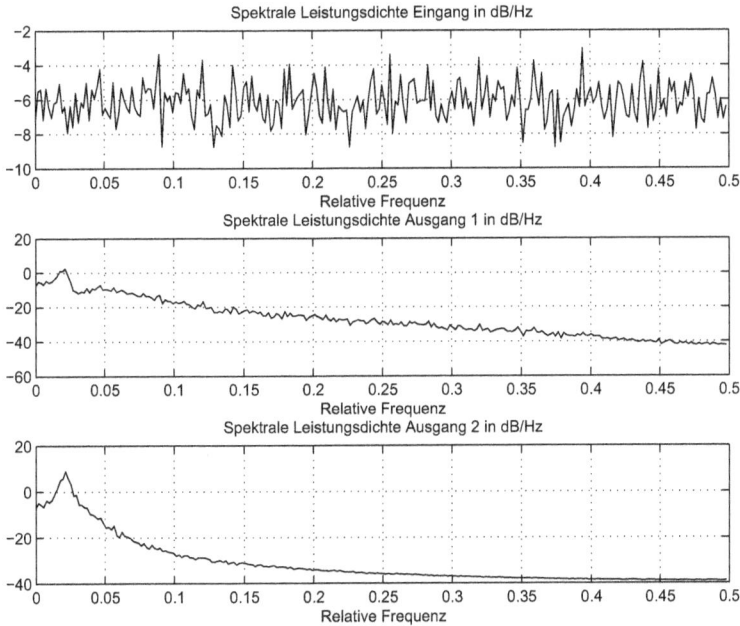

Abb. 3.15: Spektrale Leistungsdichte der Anregung und der Lagen der Masse 1 und Masse 2
(zwei_fms1.m)

Abb. 3.14 zeigt einen Ausschnitt der Lagen für Masse 1 und Masse 2. Weiter im Skript werden die spektralen Leistungsdichten durch Mittelung der Schätzungen über mehrere Blöcke von Daten berechnet:

```
% ------- Bestimmung der spektralen Leistungsdichten
% direkt aus der Mittelung der DFTs
nfft = 512;
nu = length(u);        nk = fix(nu/nfft);
Puu = zeros(1,nfft); % Initialisierungen
Pyy1 = Puu;        Pyy2 = Puu;        Puy1 = Puu;
Puy2 = Puu;
for k = 0:nk-1        % Mittelung über Blöcke der Größe nftt
    xtemp = u(k*nfft +1: (k+1)*nfft);
    U = fft(xtemp);
    Puu = Puu + (conj(U).*U);
    ytemp1 = y(k*nfft +1: (k+1)*nfft,1);
```

```
      ytemp2 = y(k*nfft +1: (k+1)*nfft,2);
      Y1 = fft(ytemp1).';                    Y2 = fft(ytemp2).';
      Pyy1 = Pyy1 + conj(Y1).*Y1;            Pyy2 = Pyy2 + conj(Y2).*Y2;
      Puy1 = Puy1 + conj(U).*Y1;             Puy2 = Puy2 + conj(U).*Y2;
end;
.........
```

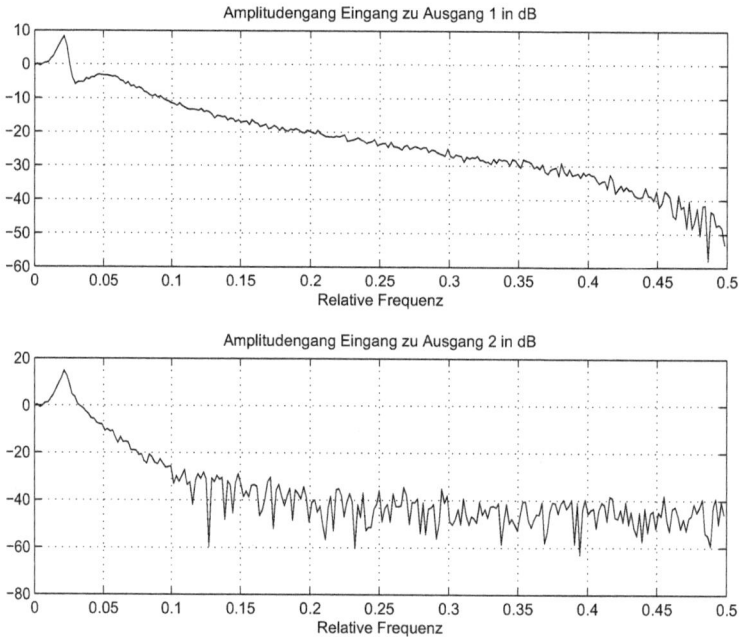

Abb. 3.16: Amplitudengang von der Anregung zur Lage der Masse 1 und zur Lage der Masse 2
*(*zwei_fms1.m*)*

Für die Schätzung der Frequenzgänge vom Eingang zu den zwei Ausgängen muss man keine
weiteren Normierungen durchführen:

```
H1 = Puy1./Puu;      % Übertragungsfunktion Eingang zu Ausgang 1
H2 = Puy2./Puu;      % Übertragungsfunktion Eingang zu Ausgang 2
```

Die Ergebnisse sollte man immer mit Hilfe des Satzes von Parseval überprüfen. Dafür ist
die Normierung sehr wichtig:

```
Puu = (Puu/nk)/nfft/fs;
disp('Leistung_u_f'),          sum(Puu)*fs/nfft
disp('Leistung_u_u'),          std(u)^2

Pyy1 = (Pyy1/nk)/nfft/fs;
disp('Leistung_y1_f'),         sum(Pyy1)*fs/nfft
disp('Leistung_y1_y1'),        std(y(:,1))^2
```

```
Pyy2 = (Pyy2/nk)/nfft/fs;
disp('Leistung_y2_f'),          sum(Pyy2)*fs/nfft
disp('Leistung_y2_y2'),         std(y(:,2))^2
..........
```

Es wird jedes mal die mittlere Leistung aus der spektralen Leistungsdichte und direkt über die Varianz des Signals berechnet und verglichen. Die Übereinstimmung ist sehr gut:

Leistung_u_f	**ans** =	1.0048
Leistung_u_u	**ans** =	1.0046
Leistung_y1_f	**ans** =	0.1774
Leistung_y1_y1	**ans** =	0.1791
Leistung_y2_f	**ans** =	0.4454
Leistung_y2_y2	**ans** =	0.4511

Abb. 3.15 zeigt die spektralen Leistungsdichten der Anregung als Eingang und der Lagen der Masse 1 und Masse 2 als Ausgänge. Die geschätzten Amplitudengänge ebenfalls vom Eingang zu den zwei Ausgängen sind in Abb. 3.16 dargestellt.

Im Skript zwei_fms2.m wird das gleiche mechanische System untersucht mit dem Unterschied, dass hier das kontinuierliche Zustandsmodell in ein zeitdiskretes Modell umgewandelt wird. In dieser Form kann man die idealen, korrekten Frequenzgänge mit den identifizierten besser vergleichen.

Es ist allgemein bekannt, dass ein kontinuierliches System einen Frequenzgang besitzt, der sich vom diskretisierten in der Umgebung von $f = f_s/2$ stark unterscheidet. Sie sind nur am Anfang für $0 \leq f \leq f_s/2$ gleich. Hier werden auch die Phasengänge der identifizierten Frequenzgänge dargestellt, so dass man auch diese mit den idealen vergleichen kann.

In diesem Experiment wurden die spektralen Leistungsdichten direkt laut Definition mit Hilfe der DFT-Transformationen ermittelt. Dem Leser wird empfohlen diese Dichten auch mit den MATLAB-Funktionen **spectrum.welch** und **psd** bzw. mit der Funktion **pwelch** (aus der *Signal Processing Toolbox*) zu berechnen und die Normierungen über den Satz von Parseval zu überprüfen. Man sollte auch versuchen die Datenblöcke mit Fensterfunktionen zu gewichten und die Ergebnisse mit den Ergebnissen aus den gezeigten Experimenten, die ein einfaches rechteckiges Fenster benutzen, zu vergleichen.

In diesem mechanischen Beispiel haben die spektralen Leistungsdichten bei korrekter Normierung als Einheit m^2/Hz, weil die entsprechenden Variablen Lagen in m sind.

Experiment 3.6: Einsatz der MATLAB-Funktionen für die Ermittlung der spektralen Kreuzleistungsdichte zur Identifikation eines mechanischen Systems

In den vorherigen Experimenten wurden die spektralen Kreuzleistungsdichten direkt mit Hilfe der DFT ermittelt. Es gibt in MATLAB (in der *Signal Processing Toolbox*) die Funktion **cpsd** zur Berechnung der spektralen Kreuzleistungsdichte zweier Sequenzen gleicher Länge, die in diesem Experiment eingesetzt wird. Das Verfahren basiert auf Gl. (3.47) und setzt eigentlich das Welch-Verfahren ein. Auch die Argumente dieser Funktion sind die gleichen, wie bei den schon bekannten Funktionen, wie z.B. **pwelch**:

```
Pxy = cpsd(x, y, nwin, noverlap, nfft, fs);
```

Für die Identifikation der Übertragungsfunktion gemäß Gl. (3.49) stellt MATLAB (ebenfalls in der *Signal Processing Toolbox*) die Funktion **tfestimate** zur Verfügung, die intern die vorherige Funktion benutzt und somit ähnliche Argumente benötigt:

```
[H, f] = tfestimate(x, y, nwin, noverlap, nfft, fs);
```

Es wird das Feder-Masse-System aus Abb. 3.17 identifiziert. Es ist das gleiche System wie in Abb 2.19, das dort mit "Hochhaus" bezeichnet wurde.

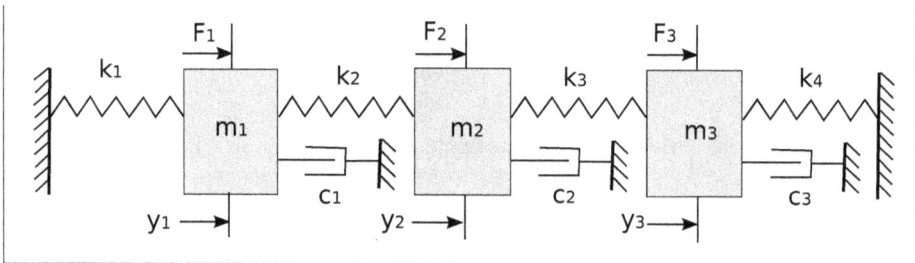

Abb. 3.17: Lineares Feder-Masse-System, das identifiziert wird (fms_ident_1.m)

Im Skript `fms_ident_1.m` wird der Anfangsteil aus dem Skript `hoch_haus2.m` übernommen und mit dem Modell des Feder-Masse-Systems werden neue Signale für zufällige Anregungskräfte generiert:

```
. . . . . . . . . .
% ------- Zustandsmodell des Feder-Masse-Systems
m = [1, 1, 1];        % Massen der Etagen
k = [1, 1, 1, 1];     % Steifigkeit der Ersatzfeder
c = [0.05, 0.05, 0.05]/5;   % Viskose Ersatzdaempfungen

A = zeros(6,6);       A(1:3, 4:6) = eye(3,3);
A(4,1) = -(k(1) + k(2))/m(1);        A(4,2) = k(2)/m(1);
A(4,4) = -c(1)/m(1);
A(5,1) = k(2)/m(2);      A(5,2) = -(k(2) + k(3))/m(2);
A(5,3) = k(3)/m(2);      A(5,5) = -c(2)/m(2);
A(6,2) = k(3)/m(3);      A(6,3) = -(k(4) + k(3))/m(3);
A(6,6) = -c(3)/m(3);
B = [zeros(3,3); 1/m(1) 0 0; 0 1/m(2) 0; 0 0 1/m(3)];
C = [eye(3,3), zeros(3,3)];
D = [zeros(3,3)];
% ------- Bestimmung der Eigenfrequenzen des Systems
[V,E] = eig(A);
eig_w = diag(E);
f1 = imag(eig_w(1))/(2*pi)
f2 = imag(eig_w(3))/(2*pi)
f3 = imag(eig_w(5))/(2*pi)
```

```
% ------- Simulation der Antwort auf
% Zufallskraefte
ni = 2000;              % Anzahl Abtastwerte (gerade Zahl)
Ts = 0.5;               % fuer die Ermittlung der Antwort
fs = 1/Ts;

st_f1 = 0;       st_f2 = 0;        st_f3 = 1;
F1 = sqrt(st_f1)*randn(ni,1);  % Kraft 1
F2 = sqrt(st_f2)*randn(ni,1);  % Kraft 2
F3 = sqrt(st_f3)*randn(ni,1);  % Kraft 3

u = [F1, F2, F3];       % Kraefte als weisses Rauschen
t = 0:Ts:(ni-1)*Ts;     % Simulationszeit

my_sys = ss(A,B,C,D);   % System Definition
x0 = zeros(6,1);        % Anfangsbedingungen des Zustandsvektors

y = lsim(my_sys, u, t, x0);   % Ermittlung der Antwort mit lsim
.........
```

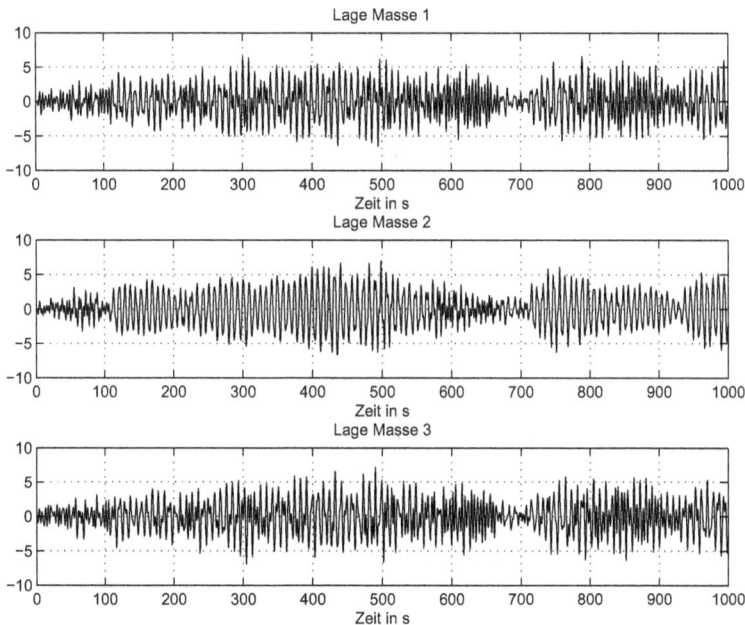

Abb. 3.18: Lagen der Massen 1, 2 und 3 (fms_ident_1.m)

Abb. 3.18 zeigt die Lagen der drei Massen y(:,1:3) für eine Zufallskraft in Form von weißem Rauschen, die auf Masse m_3 einwirkt. Mit den Signalen y(:,1) und y(:,2) wird der Frequenzgang von der Lage der Masse 1 zur Lage der Masse 2 ermittelt und ähnlich wird mit den Signalen y(:,1) und y(:,3) der Frequenzgang von der Lage der Masse 1 zur Lage der Masse 3 berechnet:

```
% ------- Spektrale Leistungs- und Kreuzleistungsdichten
nfft = 512;
% Uebertragungsfunktionen von Masse 1 zu Masse 2
% und von Masse 1 zu Masse 3
[H12, f] = tfestimate(y(:,1),y(:,2),nfft,nfft/2,nfft,fs);
[H13, f] = tfestimate(y(:,1),y(:,3),nfft,nfft/2,nfft,fs);
% Spektrale Leistungsdichten der Massenlagen
P11 = pwelch(y(:,1),nfft,nfft/2,nfft,fs);
P22 = pwelch(y(:,2),nfft,nfft/2,nfft,fs);
P33 = pwelch(y(:,3),nfft,nfft/2,nfft,fs);
```

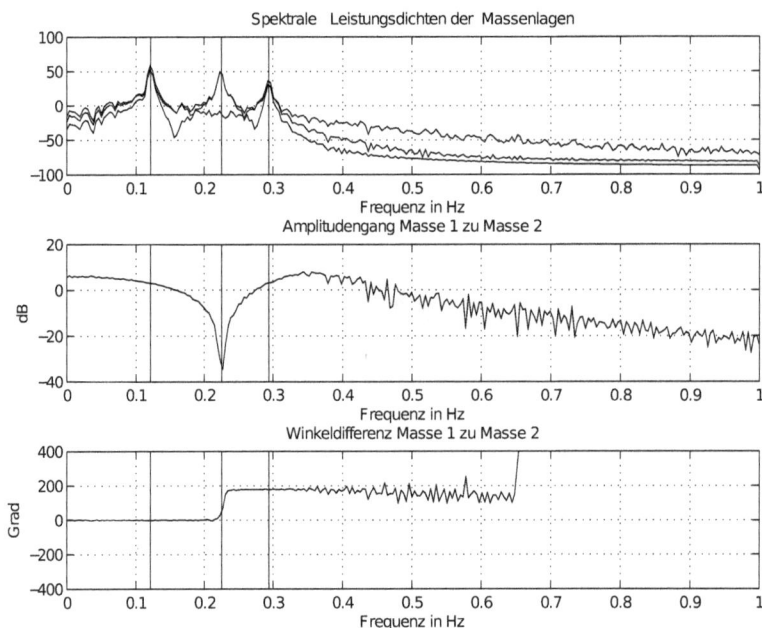

Abb. 3.19: Spektrale Leistungsdichten der Massen und Frequenzgang von der Lage der Masse 1 zur Lage der Masse 2 (fms_ident_1.m)

Es werden auch die spektralen Leistungsdichten der Lagen der einzelnen Massen mit der Funktion **pwelch** berechnet und in den Vektoren P11, P22, P33 hinterlegt. Sie dienen hauptsächlich zur Sichtung der Eigenfrequenzen (Resonanzfrequenzen) des Systems.

Abb. 3.19 zeigt ganz oben die spektralen Leistungsdichten der Lagen der Massen. Man erkennt die drei Eigenfrequenzen des Systems an Stellen der Maximalwerte (*Peaks*). Zu bemerken sei, dass die Lage der Masse 2 keinen *Peak* bei der zweiten Eigenfrequenz besitzt und somit hat sie bei dieser Frequenz einen Knoten. Das sieht man auch im Amplitudengang des Frequenzgangs von der Lage der Masse 1 zur Lage der Masse 2, der darunter dargestellt ist und der eine starke Dämpfung von ca. -35 dB bei dieser Frequenz aufweist.

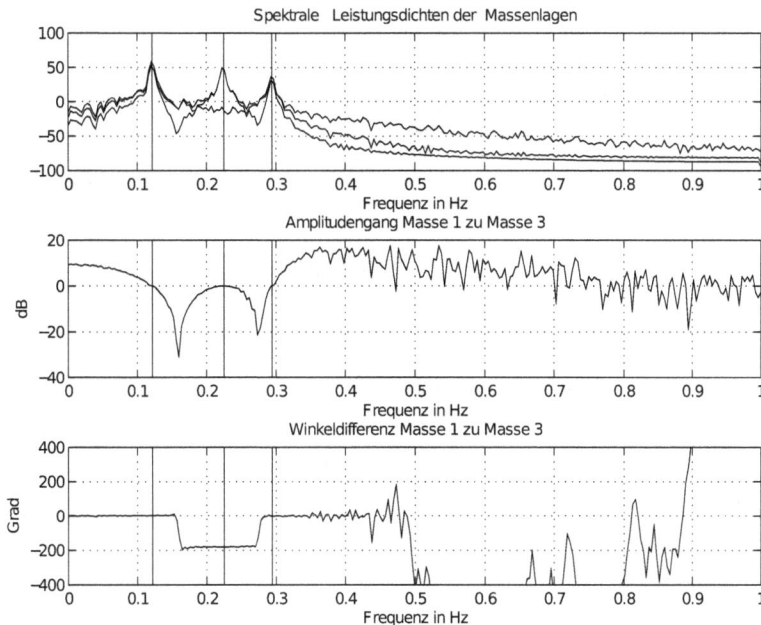

Abb. 3.20: Spektrale Leistungsdichten der Massen und Frequenzgang von der Lage der Masse 1 zur Lage der Masse 3 (fms_ident_1.m)

Bei der ersten Eigenfrequenz stellt man fest, dass eine Verstärkung mit ca. 3 dB (Faktor 1,41) von der Lage der Masse 1 zur Lage der Masse 2 stattfindet und keine Phasenverschiebung vorkommt, wie aus der letzten Darstellung des Phasengangs (der Winkeldifferenz) ersichtlich ist.

Eine ähnliche Verstärkung von ca. 3 dB ist auch bei der dritten Eigenfrequenz zu sehen, aber jetzt findet eine Phasenverschiebung von π statt und somit ist die Bewegung der Massen bei dieser Frequenz in Kontraphase.

Aus der Abb. 3.20, welche die Übertragung von der Lage der Masse 1 zur Lage der Masse 3 beschreibt, ist zu sehen, dass bei keiner Eigenfrequenz Verstärkung vorkommt (0 dB) und die Phasenverschiebung ist null bei der ersten und letzten Eigenfrequenz und hat bei der zweiten Eigenfrequenz einen Wert $-\pi$.

Die Bewegungen der Massen bei den Eigenfrequenzen (die "Schwingungsarten") entsprechen somit den Bewegungsarten, die in Abb. 2.19 für dieses System gezeigt sind und in Abb. 3.23a mit den Ergebnissen aus dieser Analyse ebenfalls dargestellt sind. Bei der zweiten Eigenfrequenz f_2 liegt die Masse 2 in einem Knoten und die Bewegung der Masse 2 enthält diese Frequenz nicht.

In beiden Abbildungen 3.19 und 3.20 (ganz oben) sieht man, dass die spektrale Leistungsdichte der Lage der Masse 2 (mit P22 im Skript bezeichnet) keinen *Peak* bei der zweiten Eigenfrequenz aufweist und dadurch den Knoten anzeigt.

Im Skript fms_ident_2 wird die gleiche Analyse mit einer Anregung in Form eines Pulses für eine Kraft (z.B. F3) durchgeführt. Man erhält die gleichen Ergebnisse und dadurch

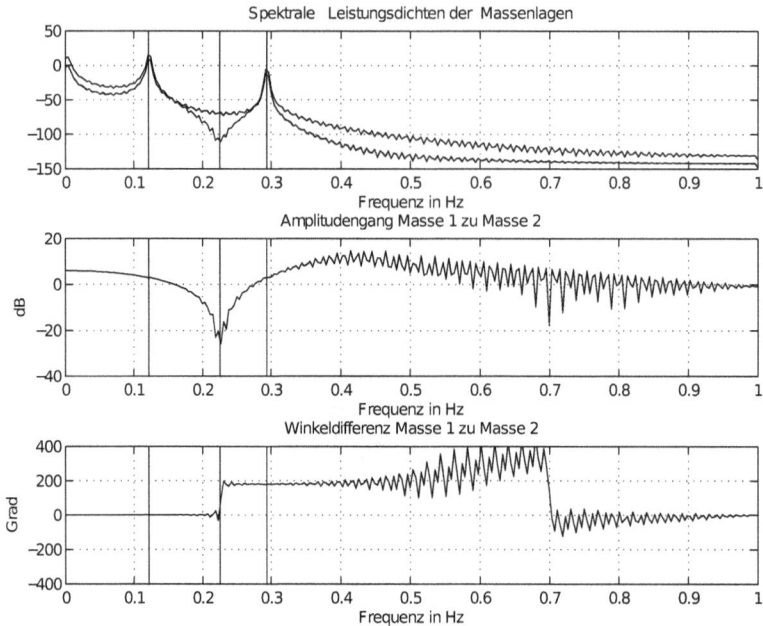

Abb. 3.21: Spektrale Leistungsdichten der Massen und Frequenzgang von der Lage der Masse 1 zur Lage der Masse 2 bei Anregung an Masse 2 (im Knoten) (fms_ident_2.m)

auch die gleichen Schwingungsarten für die drei Massen.

Mit diesem Skript wird auch die Anregung im Knoten, an Masse 2 untersucht. Das erreicht man mit der Wahl `st_f1 = 0; st_f2 = 1; st_f3 = 0;`. Abb. 3.21 zeigt dieselben Variablen für diesen Fall und für die Verbindung: Lage Masse 1 zu Lage Masse 2. Ähnlich zeigt Abb. 3.22 die Variablen für die Verbindung: Lage Masse 1 zu Lage Masse 3.

Daraus kann man die Schwingungsarten, die in Abb. 3.23 gezeigt sind, wie folgt ableiten. Aus Abb. 3.21 geht hervor, dass bei der ersten Eigenfrequenz eine Verstärkung von ca. 3 dB bei der Übertragung von der Lage der Masse 1 zur Lage der Masse 2 stattfindet. Der Knoten an der zweiten Eigenfrequenz ist hier klar sichtbar, sowohl in der Darstellung der spektralen Leistungsdichten (ganz oben), als auch durch die starke Dämpfung in der Darstellung des Amplitudengangs (in der Mitte). Die Verstärkung von der Lage der Masse 1 zur Lage der Masse 2 bei der dritten Eigenfrequenz ist auch ca. 3 dB.

Die Verbindung von der Lage der Masse 1 und Lage der Masse 3 aus Abb. 3.22 zeigt ebenfalls den Knoten bei der zweiten Eigenfrequenz an und die Phasengleichheit bzw. Verstärkung von 0 dB bei der ersten und dritten Eigenfrequenz.

Die Darstellungen sind etwas aufwendiger erzeugt worden und deswegen wird eine davon exemplarisch kurz kommentiert:

```
%----------------------
figure(2);      clf;
n1 = f3;      n2 = f2;      n3 = f1;    % Eigenfrequenzen
subplot(3,1,1); plot(f,20*log10(P11));
```

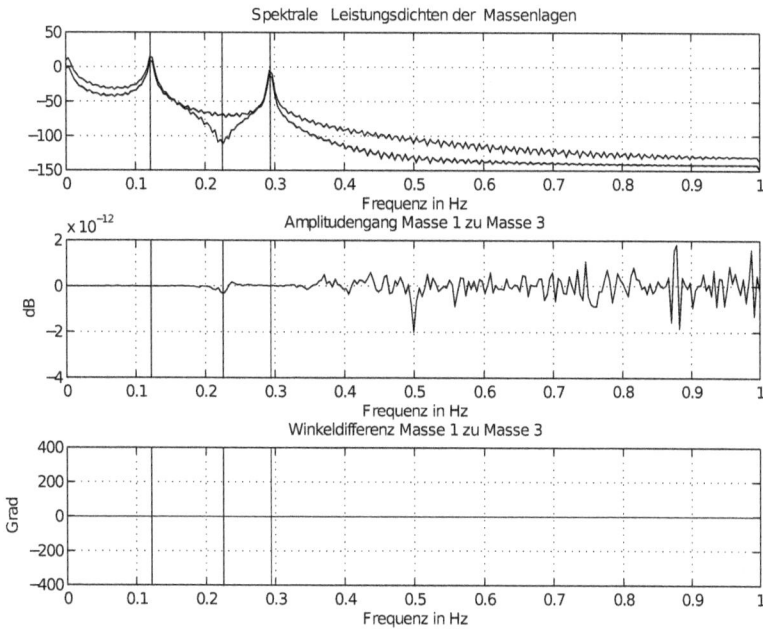

Abb. 3.22: Spektrale Leistungsdichten der Massen und Frequenzgang von der Lage der Masse 1 zur Lage der Masse 3 bei Anregung an Masse 2 (im Knoten) (fms_ident_2.m)

```
title('Spektrale Leistungsdichten der  Massenlagen');
xlabel('Frequenz in Hz');   grid on;
La1 = axis;
hold on;
plot(f,20*log10(P22),'r');
plot(f,20*log10(P33),'g');
plot([n1, n1],[La1(3), La1(4)]);
plot([n2, n2],[La1(3), La1(4)]);
plot([n3, n3],[La1(3), La1(4)]);
hold off;    axis(La1);

subplot(3,1,2); plot(f,20*log10(abs(H12)));
title('Amplitudengang Masse 1 zu Masse 2');
xlabel('Frequenz in Hz');   grid on;
ylabel('dB');
La2 = axis;
hold on;
plot([n1, n1],[La2(3), La2(4)]);
plot([n2, n2],[La2(3), La2(4)]);
plot([n3, n3],[La2(3), La2(4)]);
hold off;    axis(La2);
```

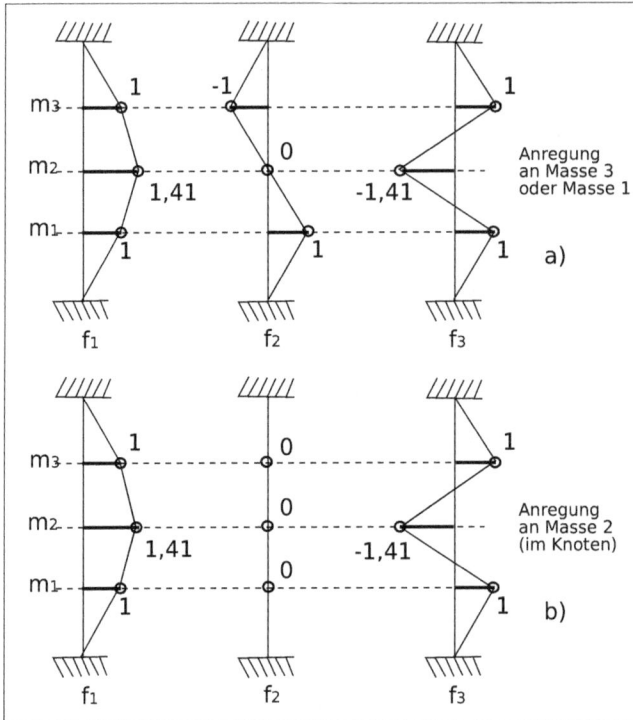

Abb. 3.23: a) Schwingungsarten bei Anregung an Masse 1 oder Masse 3 b) Schwingungsarten bei Anregung an Masse 2 (im Knoten) (fms_ident_1.m, fms_ident_2.m)

```
subplot(3,1,3); plot(f, unwrap(angle(H12))*180/pi);
title('Winkeldifferenz Masse 1 zu Masse 2');
xlabel('Frequenz in Hz'); grid on;
ylabel('Grad');
La3 = axis; axis([La3(1:2), -400, 400])
hold on;
La3 = axis;
plot([n1, n1],[La3(3), La3(4)]);
plot([n2, n2],[La3(3), La3(4)]);
plot([n3, n3],[La3(3), La3(4)]);
hold off; axis(La3);
%--------------------
```

Im **subplot**(3,1,1) werden zuerst die spektralen Leistungsdichten der Lagen der Massen dargestellt. Mit dem Befehl **hold on** wird die Möglichkeit geschaffen alle spektralen Leistungsdichten überlagert darzustellen. Die idealen Eigenfrequenzen, die mit der Funktion **eig** über die Eigenwerte ermittelt wurden, werden jetzt benutzt, um die vertikalen Linien an Stellen der Eigenfrequenzen hinzuzufügen. Dazu benutzt man die Grenzen der Darstellung, die man im vierdimensionalen Vektor La1 gelesen hat. Zuletzt wird das Einfrieren der graphischen Darstellungen, das mit dem **hold on** eingeleitet wurde, wieder mit **hold off** inaktiviert.

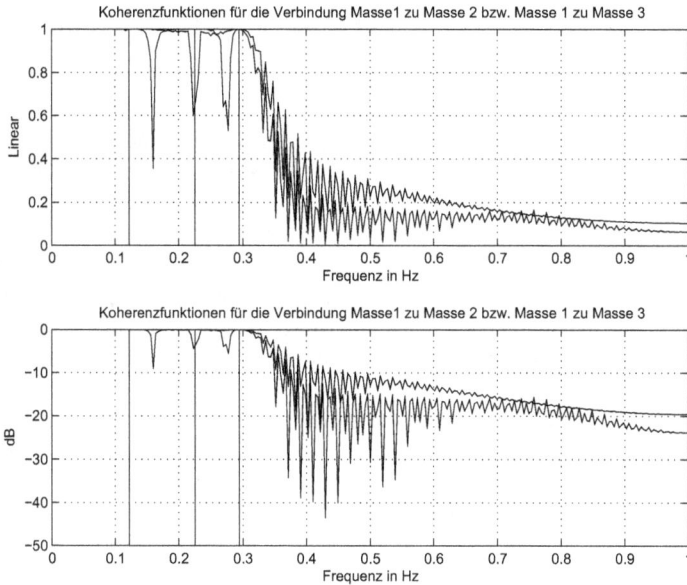

Abb. 3.24: Die Kohärenzfunktion für die Verbindung von Masse 1 zu Masse 2 und von Masse 1 zu Masse 3 bei Anregung an Masse 3 (fms_ident_2.m)

Mit der Kohärenzfunktion $C_{xy}(f)$ definiert als

$$C_{xy}(f) = \frac{|P_{xy}(f)|^2}{P_{xx}(f)P_{yy}(f)} \qquad (3.59)$$

kann die Korrelation zwischen zwei Sequenzen abhängig von der Frequenz geschätzt werden [25], [24]. Sie hat Werte zwischen 0 und 1 und kann mit der MATLAB-Funktion **mscohere** (aus der *Signal Processing Toolbox*) geschätzt werden. Am Ende des Skripts fms_ident_2 wird diese Funktion für die Verbindung zwischen der Lage der Masse 1 und Lage der Masse 2 bzw. zwischen der Lage der Masse 1 und Lage der Masse 3 ermittelt und dargestellt. Die Funktion schätzt intern die spektralen Leistungs- und Kreuzleistungsdichten mit der Welch-Methode und benötigt ähnliche Argumente, wie für die vorherigen Schätzungen:

```
[coher12, f] = mscohere(y(:,1), y(:,2), nfft,nfft/2,nfft,fs);
[coher13, f] = mscohere(y(:,1), y(:,3), nfft,nfft/2,nfft,fs);
```

Abb. 3.24 zeigt diese Funktionen, aus denen hervorgeht, dass bei den Eigenfrequenzen, die mit den vertikalen Linien gekennzeichnet sind, die Kohärenz sehr gut ist und gleich eins für die erste und dritte Eigenfrequenz ist. Bei der zweiten Eigenfrequenz ist die Kohärenz schwach, weil bei dieser Eigenfrequenz der Knoten entsteht. Das Feder-Masse-System wurde mit einer Kraft an Masse 3 angeregt (st_f1 = 0; st_f2 = 0; st_f3 = 1;).

3.7   *Multitaper*-Verfahren zur Schätzung der spektralen Leistungsdichte

Das englische Wort *Tapering* ist eine andere Bezeichnung für den Einsatz einer Fensterfunktion im Zeitbereich. Das Periodogramm-Verfahren benutzt einen Ausschnitt $x[kT_s]$, $k = 0, 1, 2, \ldots, N-1$, den man durch ein rechteckiges Fenster aus der unendlich langen Sequenz $x[kT_s]$ extrahiert hat. Weil die Varianz und Abweichung (*Bias*) dieses Verfahrens nicht akzeptabel sind, wurden die gezeigten Verfahren mit Mittelungen entwickelt.

Im Jahr 1982 wurde eine andere direkte Methode für die Schätzung der spektralen Leistungsdichte entwickelt [30], [8]. In diesem Verfahren werden mehrere Fensterfunktionen für denselben Datenblock benutzt und danach für diese gewichteten Blöcke wird das Periodogramm berechnet. Zuletzt werden die Periodogramme gemittelt. Es wird angenommen, dass mit geeigneten orthogonalen Fensterfunktionen die Periodogramm-Schätzungen unabhängig sind und durch Mittelung die Varianz und die Abweichung reduziert werden.

Der Erfinder dieses Verfahrens hat ursprünglich als Fensterfunktionen die so genannten *Prolate Spheroidal Sequences* kurz DPSS-Sequenzen oder *Slepian-Taper* vorgeschlagen. Jeder andere orthogonale Satz von Sequenzen mit geeigneten Eigenschaften kann ebenfalls eingesetzt werden.

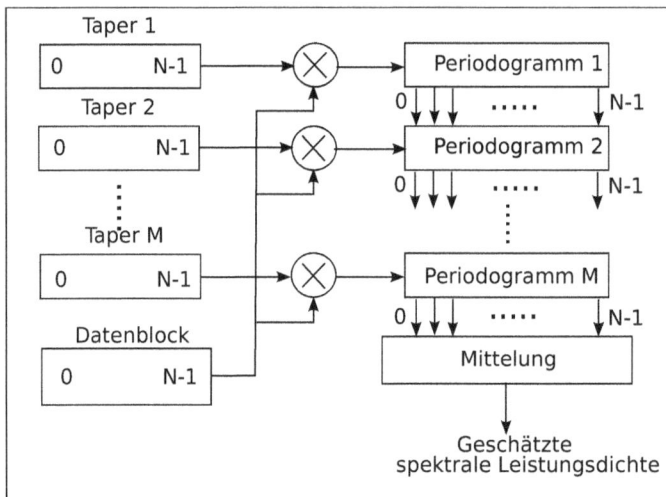

Abb. 3.25: Skizze des Multitaper-*Verfahrens für die Schätzung der spektralen Leistungsdichte*

In Abb. 3.25 ist das *Multitaper*-Verfahren für die Schätzung der spektralen Leistungsdichte skizziert, das weiter kurz beschrieben und mit einem Experiment näher erläutert wird.

Ausgegangen wird von einem Datensatz $x[k]$, $k = 0, 1, 2, \ldots, N-1$ der Länge N und von M orthogonalen Fensterfunktionen (*Tapers*) $w_m[k]$, $k = 0, 1, 2, \ldots, N-1$; $m = 1, 2, \ldots, M$. Die Orthogonalitätsbedingung bedeutet:

$$\sum_{k=0}^{N-1} w_m[k]\, w_p[k]^T = \left\{ \begin{array}{ll} 1 & \text{für} \quad m = p \\ 0 & \text{für} \quad m \neq p \end{array} \right. \tag{3.60}$$

Angenommen die Periodogramm-Schätzung $P_{m,x}(f)$ für die Fensterfunktion $w_m[k]$ ist:

$$P_{m,x}(f) = T_s \frac{1}{N} \left| \sum_{k=0}^{N-1} w_m[k] \, x[k] \, e^{-j2\pi f T_s} \right|^2 \tag{3.61}$$

Die einfache Mittelung der M Periodogramme ergibt die geschätzte spektrale Leistungsdichte dieses Verfahrens:

$$P_x^{MT}(f) = \frac{1}{M} \sum_{m=1}^{M} P_{m,x}(f) \tag{3.62}$$

Die Orthogonalität der Fensterfunktionen führt dazu, dass die individuellen Periodogramme $P_{m,x}(f)$ unabhängig sind und durch Mittelung eine Reduzierung der Varianz stattfindet.

Experiment 3.7: Einsatz der MATLAB-Funktionen für das *Multitaper*-Verfahren

In MATLAB gibt es zur Generierung der *Prolate Spheroidal Sequences* die Funktion **dpss** (aus der *Signal Processing Toolbox*), die folgende Argumente verlangt: die Länge des Datenblocks N, den Wert nw, der für Schätzungen der spektralen Leistungsdichte Werte von $2; 5/2; 3; 7/2$ oder 4 annehmen kann und die Anzahl M der Fensterfunktionen (mit $M \le 2\,nw$).

Im Skript `multi_taper_1.m` wird am Anfang diese Funktion aufgerufen:

```
..........
% ------- Generierung der Fenster
N = 500;         % Blocklänge des Signals
nw = 3;          % 2nw = Anzahl der Fenster (Discrete prolate spheroidal)
M = 5;           % Die M 'most band-limited dpss sequences' (M < 2*nw)
[e,v] = dpss(N, nw, M);
% Spalten von e sind die Fenster (Taper)
en = e*sqrt(N);  % Normierung
```

Abb. 3.26 zeigt die fünf Fensterfunktionen en nach der Normierung. Die Orthogonalitätsbedingung ergibt für die Fenster e in der Diagonale Werte von eins und nach der Normierung Werte von N.

Das Verfahren wird im Skript weiter für zwei sinusförmige Signale plus Rauschen eingesetzt:

```
% ------- Teilspektren für zwei Sinus-Signale
fr1 = 0.21;      x1 = 5*sin(2*pi*(0:N-1)*fr1);
fr2 = 0.23;      x2 = 10*cos(2*pi*(0:N-1)*fr2);
v_r = 10;                 % Varianz des Rauschens
r = sqrt(v_r)*randn(1,N);
x = x1 + x2 + r;   % Signal mit N Abtastwerten
x_t = en.*(repmat(x, M, 1)'); % Signal M mal mit den Fenstern gewichtet
H_t = (abs(fft(x_t)).^2)/N;   % Periodogramm der gewichteten Signale
H_tm = mean(H_t, 2);          % Gemitteltes Periodogramm
........
```

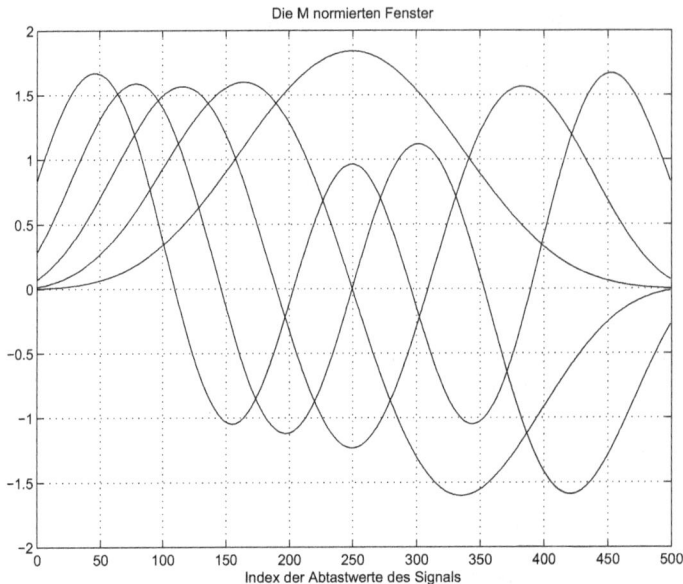

Abb. 3.26: Die fünf Prolate Spheroidal Sequences *Fensterfunktionen (*multi_taper_1.m)

Mit der Funktion **repmat** wird das Signal in M Spalten wiederholt und dann elementwei-
se mit den Fensterfunktionen aus den Spalten von en multipliziert. In H_t werden dann die
Periodogramme berechnet und weiter in H_tm in Zeilenrichtung gemittelt. Mit

```
figure(3);     clf;
subplot(211);
        plot((0:N/2-1)/N, 10*log10(abs(H_t(1:N/2,:))));
        title('Periodogramme der gewichteten Signale');
        ylabel('dB/Bin');     grid on;
subplot(212);
        plot((0:N/2-1)/N, 10*log10(H_tm(1:N/2)));
        title('Mittelwert der Periodogramme')
        xlabel('Relative Frequenz');
        ylabel('dB/Bin');     grid on;
```

wird die Darstellung aus Abb. 3.27 erzeugt. Die Überprüfung des Ergebnisses mit dem Satz
von Parseval wird mit

```
disp('Varianz x'),     std(x)^2
disp('Leistung aus Frequenzbereich'),     sum(mean(H_t,2))/N
```

durchgeführt. Die Übereinstimmung ist sehr gut:

```
Varianz x          ans =      74.5051
Leistung aus Frequenzbereich      ans =      74.8077
```

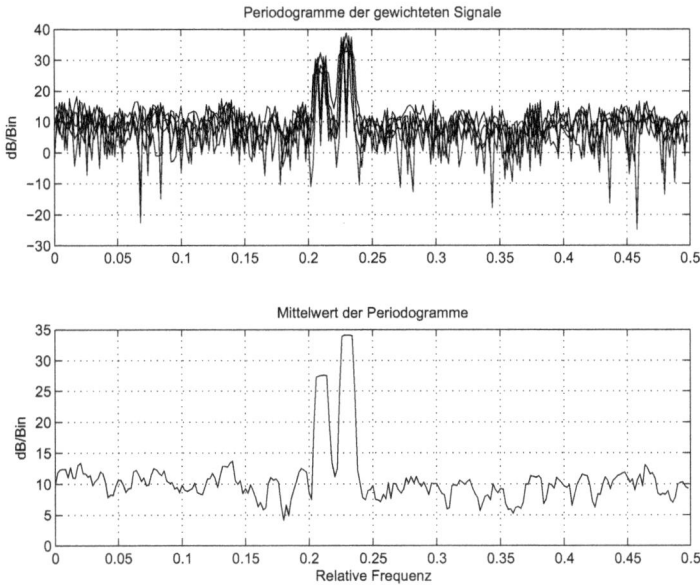

*Abb. 3.27: Die einzelnen Periodogramme und ihr Mittelwert (*multi_taper_1.m)

In MATLAB gibt es auch das Objekt **spectrum**, dass mit **spectrum.mtm** ein Objekt für dieses Verfahren mit Default-Parameter initialisiert. Danach wird mit **psd** die spektrale Leistungsdichte ermittelt:

```
% ------- PSD über spectrum.mtm
nfft = 512;
Hs = spectrum.mtm(e,v);
psd_mtm = psd(Hs, x, 'Fs', 1);
```

Mit der Funktion **pmtm** (aus der *Signal Processing Toolbox*) kann dieses Verfahren ebenfalls eingesetzt werden:

```
% ------- PSD über pmtm
[Pxx, f] = pmtm(x, nw, nfft, 1);
```

Abb. 3.28 zeigt oben die spektrale Leistungsdichte, die mit **spectrum.mtm** und **psd** erhalten wird und unten die spektrale Leistungsdichte, die mit der **pmtm**-Funktion ermittelt wurde.

Ein anderer, einfacherer Satz von orthogonalen Fensterfunktionen ist durch

$$w_m[k] = \sqrt{\frac{2}{N+1}} \sin\left(\frac{\pi(m+1)(k+1)}{N+1}\right), \quad k = 0, 1, 2, \ldots, N-1 \tag{3.63}$$

gegeben [8]. Abb. 3.29 zeigt den normierten Satz orthogonaler Fensterfunktionen und im Skript multi_taper_2.m wird dieser Satz für das gleiche Signal eingesetzt.

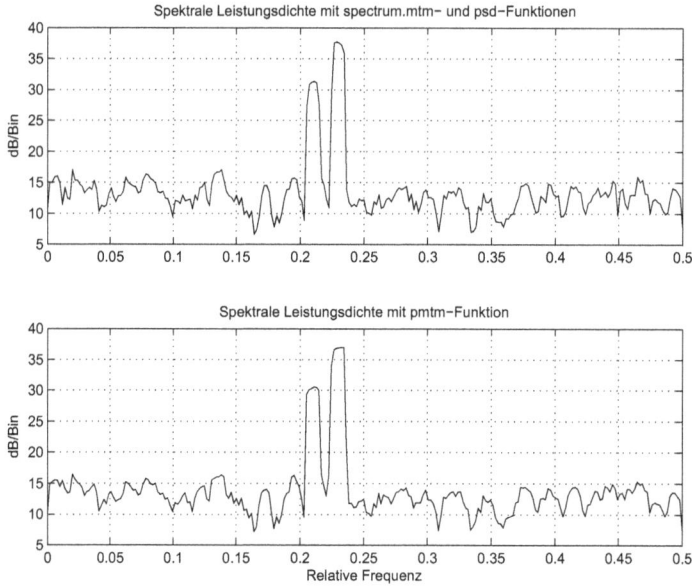

Abb. 3.28: Die spektrale Leistungsdichte über spectrum.mtm *und über* pmtm *(*multi_taper_1.m*)*

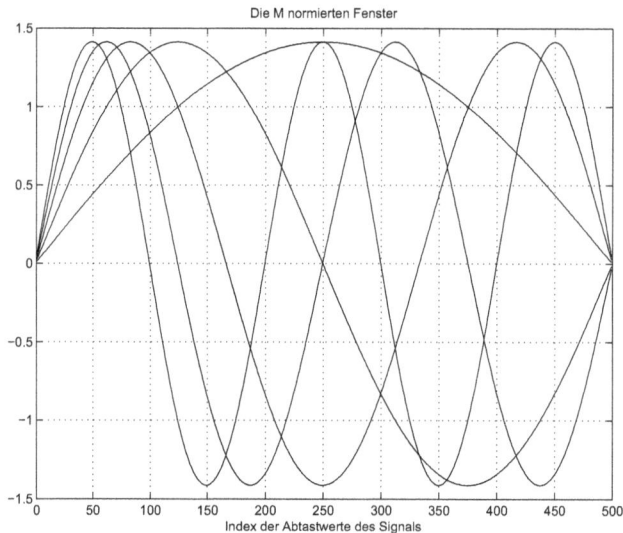

*Abb. 3.29: Die sinus-orthogonalen Fensterfunktionen (*multi_taper_2.m*)*

3.8   Parametrische Methoden zur Schätzung der spektralen Leistungsdichte

Die nicht parametrischen Methoden zur Schätzung der spektralen Leistungsdichte aus den vorherigen Kapiteln sind relativ einfach, gut verständlich und praktisch direkt mit Hilfe der DFT (oder FFT) realisiert. Aus den Experimenten kann man aber sehen, dass gute Schätzwerte nur mit großen Datensätzen möglich sind. Alle diese Methoden sind mit Leakage behaftet, wegen den Fenstern (rechteckig oder andere Arten), die eingesetzt werden.

Die Hauptbegrenzung in den nicht parametrischen Verfahren geht aus der Annahme hervor, dass die geschätzte Autokorrelationsfunktion $r_{xx}[m]$ null für $m \geq N$ ist, wobei N die Größe des Datenblocks darstellt. Diese Annahme begrenzt die Frequenzauflösung und die Qualität der geschätzten Dichten.

In diesem Kapitel werden einige Verfahren zur Schätzung der spektralen Leistungsdichte beschrieben, die die Autokorrelation für Verspätungen $m \geq N$ extrapolieren. Die Extrapolierung ist möglich, wenn man einige *a-priori*-Informationen, über die Art wie die Daten entstanden sind, besitzt. Man kann ein Modell für die Erzeugung der Daten mit einem Satz von Parametern annehmen, die dann aus den Daten geschätzt werden. Mit Hilfe dieser geschätzten Parameter wird dann die spektrale Leistungsdichte berechnet. Die Schätzung der Parameter eines Modells umgeht den Einsatz von Fensterfunktionen. In dieser Form erhält man gute Schätzungen auch mit relativ kurzen Datensätzen.

Die parametrischen Verfahren aus diesem Kapitel basieren auf der Annahme, dass die Sequenz $x[kT_s]$, vereinfacht mit $x[k]$ geschrieben, als Ausgang eines linearen Systems entstanden ist. Das System ist durch folgende zeitdiskrete Übertragungsfunktion

$$H(z) = \frac{B(z)}{A(z)} = \frac{\displaystyle\sum_{n=0}^{q} b_n \, z^{-n}}{1 + \displaystyle\sum_{n=1}^{p} a_n \, z^{-n}} \tag{3.64}$$

oder durch folgende Differenzengleichung

$$x[k] = -\sum_{n=1}^{p} a_n \, x[k-n] + \sum_{n=0}^{q} b_n \, w[k-n] \tag{3.65}$$

beschrieben. Das System hat $w[kT_s]$ (oder vereinfacht $w[k]$) als Eingangssequenz.

Bei der Schätzung der spektralen Leistungsdichte kann man die Eingangssequenz nicht beobachten. In der Annahme eines stationären, ergodischen Prozesses für die verfügbaren Ausgangsdaten, ist die Eingangssequenz auch stationär und ergodisch. Die spektrale Leistungsdichte der Daten $\Gamma_{xx}(f)$ ist durch

$$\Gamma_{xx}(f) = |H(f)|^2 \, \Gamma_{ww}(f) \tag{3.66}$$

gegeben, wobei $\Gamma_{ww}(f)$ die spektrale Leistungsdichte der Eingangssequenz ist und $H(f)$ stellt den komplexe Frequenzgang des Modells dar [20], [2].

Weil das Ziel der Schätzung die spektrale Leistungsdichte $\Gamma_{xx}(f)$ ist, wird die Eingangssequenz als eine unabhängige Sequenz $w[k]$ mit Mittelwert null und Varianz $\sigma_w^2 = E\{|w_{[k]}|^2\}$ angenommen. Diese hat dann eine Autokorrelationsfunktion:

$$\gamma_{ww}[m] = \sigma_w^2 \, \delta[m] \tag{3.67}$$

wobei $\delta[m]$ die Einheitspulsfunktion (oder Kronecker-Operator) ist:

$$\delta[m] = \left\{ \begin{array}{ll} 1 & \text{für} \quad m = 0 \\ 0 & \text{für} \quad m \neq 0 \end{array} \right. \tag{3.68}$$

Die spektrale Leistungsdichte der verfügbaren Daten ist dann einfach:

$$\Gamma_{xx}(f) = \sigma_w^2 \, |H(f)|^2 = \sigma_w^2 \left| \frac{B(f)}{A(f)} \right|^2 \tag{3.69}$$

Hier sind $H(f)$, $B(f)$, $A(f)$ komplexe Funktionen, die man aus $H(z), B(z), A(z)$ mit $z = e^{j2\pi f/f_s}$ erhält.

In den Verfahren, die auf diesen Modellen basieren, wird die spektrale Leistungsdichte in zwei Etappen geschätzt. Zuerst werden aus den Daten $x[k], 0 \leq k \leq N - 1$ die Parameter des Modells a_n, b_n geschätzt. Danach wird die spektrale Leistungsdichte gemäß Gl. (3.69) berechnet.

Das Modell laut Gl. (3.65), das zur Generierung der Daten $x[k]$ angenommen wird, ist in der Literatur [20], [19], [36] unter dem Namen *Autoregressive-Moving-Average*-Modell oder -Prozess der Ordnung (p, q) bekannt und wird kurz als ARMA(p, q)-Modell bezeichnet.

Wenn $q = 0$ und $b_0 = 1$ sind, dann ist die Übertragungsfunktion des Modells einfach $H(z) = 1/A(z)$ und der Ausgang $x[k]$ ist als *Autoregressive* kurz AR(p)-Prozess der Ordnung p genannt.

Das dritte mögliche Modell ist durch $A(z) = 1$ erhalten, so dass $H(z) = B(z)$. Der Ausgang $x[k]$ wird jetzt als *Moving-Average* kurz MA(q)-Prozess der Ordnung q bezeichnet.

Das meist benutzte Modell von diesen drei ist das AR-Modell. Es gibt zwei Gründe dafür. Einmal ist das AR-Modell zur Darstellung von Spektren mit Resonanzspitzen sehr geeignet. Zweitens ist die Schätzung seiner Parameter über lineare Gleichungen relativ einfach. Das MA-Modell benötigt viel mehr Parameter für die korrekte Darstellung solcher Spektren und wird dadurch auch seltener eingesetzt.

Weil das ARMA-Modell sowohl Nullstellen als auch Polstellen besitzt, stellt es eine effizientere Darstellung, hinsichtlich der Anzahl der nötigen Parameter dar.

Das Zerlegungstheorem von Wold [40], [20] besagt, dass jedes ARMA- oder MA-Modell durch ein AR-Modell eindeutig dargestellt werden kann, das eventuell eine unendliche Ordnung haben muss. Das Theorem besagt auch, dass jedes ARMA- oder AR-Modell durch ein MA-Modell, ebenfalls eventuell mit unendlicher Ordnung, dargestellt werden kann. In Hinsicht auf dieses Theorem, wird das Modell gewählt, das mit den wenigsten Parametern die Daten über die spektrale Leistungsdichte korrekt beschreibt. In der Praxis, wie schon erwähnt, wird am häufigsten das AR-Modell eingesetzt.

3.8.1 Beziehung zwischen den Parametern des Modells und der Autokorrelationsfunktion

Wenn man die Differenzengleichung (3.65) mit $x^*[k - m]$ multipliziert und den Erwartungswert ermittelt, erhält man:

$$E\{x[k] \, x^*[k - m]\} = - \sum_{n=1}^{p} a_n \, E\{x[k - n] \, x^*[k - m]\} +$$
$$\sum_{n=0}^{q} b_n \, E\{w[k - n] \, x^*[k - m]\} \tag{3.70}$$

Daraus folgt

$$\gamma_{xx}[m] = -\sum_{n=1}^{p} a_n \, \gamma_{xx}[m-n] + \sum_{n=0}^{q} b_n \, \gamma_{wx}[m-n], \tag{3.71}$$

wobei $\gamma_{wx}[m]$ die Kreuzkorrelation zwischen der Sequenz $w[k]$ und $x[k]$ ist. Mit * wurde die konjugiert Komplexe bezeichnet. Für reelle Signale ist die konjugiert Komplexe gleich dem reellen Signal.

Die Kreuzkorrelation $\gamma_{wx}[m]$ ist mit der Einheitspulsantwort $h[k]$ des Systems verbunden:

$$\gamma_{wx}[m] = E\{x^*[k] \, w[k+m]\} = E\left\{ \sum_{n=0}^{\infty} h[n] \, w^*[k-n] \, w[k+m] \right\} = \sigma_w^2 \, h[-m]$$

weil

$$E\{w^*[k-n] \, w[k+m]\} = \sigma_w^2 \Big|_{n=-m} \tag{3.72}$$

Das Endergebnis basiert auf der Annahme, dass $w[n]$ eine unabhängige Sequenz (weißes Rauschen) ist:

$$\gamma_{wx}[m] = \begin{cases} 0 & \text{für} \quad m > 0 \\ \sigma_w^2 \, h[-m] & \text{für} \quad m \le 0 \end{cases} \tag{3.73}$$

Für $m > q$ und $n = 0, 1, 2, \ldots, q$ ist $\gamma_{wx}[m-n] = 0$ und somit ist

$$\gamma_{xx}[m] = -\sum_{n=1}^{p} a_n \, \gamma_{xx}[m-n] \quad \text{für} \quad m > q \tag{3.74}$$

Wenn $0 \le m \le q$ ist, dann gilt wegen Gl. (3.73):

$$\begin{aligned} \gamma_{xx}[m] &= -\sum_{n=1}^{p} a_n \, \gamma_{xx}[m-n] + \sigma_w^2 \sum_{n=m}^{q} h[-m+n] \, b_n = \\ &\quad -\sum_{n=1}^{p} a_n \, \gamma_{xx}[m-n] + \sigma_w^2 \sum_{n=0}^{q-m} h[n] \, b_{n+m} \quad \text{für} \quad 0 \le m \le q \end{aligned} \tag{3.75}$$

Zusammengefasst erhält man folgende Beziehung zwischen der Autokorrelation $\gamma_{xx}[m]$ und den Parametern a_n, b_n eines ARMA-Modells [20]:

$$\gamma_{xx}[m] = \begin{cases} -\displaystyle\sum_{n=1}^{p} a_n \, \gamma_{xx}[m-n] & \text{für} \quad m > q \\[2ex] -\displaystyle\sum_{n=1}^{p} a_n \, \gamma_{xx}[m-n] + \sigma_w^2 \sum_{n=0}^{q-m} h[n] \, b_{n+m} & \text{für} \quad 0 \le m \le q \\[2ex] \gamma_{xx}^*[-m] & \text{für} \quad m \le 0 \end{cases} \tag{3.76}$$

Wenn man diese Beziehung für den Fall $|m| > q$ begrenzt, erhält man folgendes Gleichungssystem für die Schätzung der a_n Parameter:

$$
\begin{pmatrix}
\gamma_{xx}[q] & \gamma_{xx}[q-1] & \cdots & \gamma_{xx}[q-p+1] \\
\gamma_{xx}[q+1] & \gamma_{xx}(q) & \cdots & \gamma_{xx}[q-p+2] \\
\vdots & \vdots & \cdots & \vdots \\
\gamma_{xx}[q+p-1] & \gamma_{xx}[q+p-2] & \cdots & \gamma_{xx}[q]
\end{pmatrix}
\begin{pmatrix}
a_1 \\ a_2 \\ \vdots \\ a_p
\end{pmatrix}
= -
\begin{pmatrix}
\gamma_{xx}[q+1] \\ \gamma_{xx}[q+2] \\ \vdots \\ \gamma_{xx}[q+p]
\end{pmatrix}
\tag{3.77}
$$

Die b_n Parameter kann man danach nicht ermitteln, weil die Gleichung

$$
\sigma_w^2 \sum_{n=0}^{q-m} h[n]\, b_{n+m} = \gamma_{xx}[m] + \sum_{n=1}^{p} a_n\, \gamma_{xx}[m-n] \quad 0 \leq m \leq q
\tag{3.78}
$$

von der Einheitspulsantwort $h[n]$ (die man nicht kennt) abhängig ist.

Für ein AR(p) Modell, das mit $b_n = 0$, $n = 1, 2, \ldots, p$ und $b_0 = 1$ beschrieben ist, muss man $q = 0$ in der Gl. (3.77) einsetzen, um ein Gleichungssystem für die Ermittlung der Koeffizienten a_n zu erhalten:

$$
\begin{pmatrix}
\gamma_{xx}[0] & \gamma_{xx}[-1] & \cdots & \gamma_{xx}[-p+1] \\
\gamma_{xx}[1] & \gamma_{xx}(0) & \cdots & \gamma_{xx}[-p+2] \\
\vdots & \vdots & \cdots & \vdots \\
\gamma_{xx}[p-1] & \gamma_{xx}[p-2] & \cdots & \gamma_{xx}[0]
\end{pmatrix}
\begin{pmatrix}
a_1 \\ a_2 \\ \vdots \\ a_p
\end{pmatrix}
= -
\begin{pmatrix}
\gamma_{xx}[1] \\ \gamma_{xx}[2] \\ \vdots \\ \gamma_{xx}[p]
\end{pmatrix}
\tag{3.79}
$$

Dieses Gleichungssystem ist in der Literatur als *Yule-Walker-* oder normales Gleichungssystem bekannt [12], [20]. Die Varianz der Eingangssequenz σ_w^2 kann aus folgender Beziehung danach berechnet werden:

$$
\sigma_w^2 = \gamma_{xx}[0] + \sum_{n=1}^{p} a_n\, \gamma_{xx}[-n]
\tag{3.80}
$$

Diese Gleichung wird in die vorherige Matrixgleichung einbezogen und führt schließlich zu folgender Form:

$$
\begin{pmatrix}
\gamma_{xx}[0] & \gamma_{xx}[-1] & \cdots & \gamma_{xx}[-p] \\
\gamma_{xx}[1] & \gamma_{xx}(0) & \cdots & \gamma_{xx}[-p+1] \\
\vdots & \vdots & \cdots & \vdots \\
\gamma_{xx}[p] & \gamma_{xx}[p-2] & \cdots & \gamma_{xx}[0]
\end{pmatrix}
\begin{pmatrix}
1 \\ a_1 \\ \vdots \\ a_p
\end{pmatrix}
=
\begin{pmatrix}
\sigma_w^2 \\ 0 \\ \vdots \\ 0
\end{pmatrix}
\tag{3.81}
$$

Weil $\gamma_{xx}[m] = \gamma_{xx}[-m]$ gilt, ist die linke Matrix eine Toeplitz-Matrix, die effizient mit dem Levinson-Durbin-Algorithmus [20], [12] invertiert werden kann. Mit geschätzten Autokorrelationswerten ist das Verfahren, das auf diesem Gleichungssystem basiert, als *Autokorrelations-Verfahren* bekannt.

Für das MA(q) Modell ist die Autokorrelation $\gamma_{xx}[m]$ mit den Koeffizienten b_n, die auch die Einheitspulsantwort $h[n]$ des Systems jetzt darstellen, durch

$$\gamma_{xx}[m] = \begin{cases} \sigma_w^2 \sum_{n=0}^{q} b_n \, b_{n+m} = \sigma_w^2 \sum_{n=0}^{q} h[n] \, h[n+m] & \text{für} \quad 0 \leq m \leq q \\ 0 & \text{für} \quad m > q \\ \gamma_{xx}^*[-m] & \text{für} \quad m < 0 \end{cases} \tag{3.82}$$

verbunden. Diese Beziehung stellt einen partikulären Fall der Gl. (3.43) aus dem vorherigen Kapitel dar.

3.9 Das Yule-Walker-Verfahren für die Schätzung der Parameter des AR-Modells

In diesem Verfahren wird das Gleichungssystem (3.81) für die Schätzung der Koeffizienten a_n und der Varianz der Eingangssequenz σ_w^2 eingesetzt. Statt der korrekten unbekannten Autokorrelationsfunktion $\gamma_{xx}[m]$ werden die geschätzten *biased* Werte

$$r_{xx}[m] = \frac{1}{N} \sum_{k=0}^{N-m-1} x^*[k] \, x[k+m] \quad \text{für} \quad m \geq 0 \tag{3.83}$$

benutzt, um eine positive semidefinite [27] Autokorrelationsmatrix und ein stabiles AR-Modell zu erhalten. Das bedeutet, dass die Nullstellen des Polynoms $A(z)$, als Pole der Übertragungsfunktion $H(z) = 1/A(z)$, alle im Einheitskreis liegen. Auch wenn die Stabilitätsbedingung nicht kritisch bei der Schätzung der spektralen Leistungsdichte ist, repräsentiert ein stabiles System die Daten besser.

Das normale Gleichungssystem (3.79) wird mit dem Verfahren von Levinson-Durbin gelöst, das in der Literatur ausführlich beschrieben ist [20], [36]. Das Verfahren basiert auf die symmetrische Toeplitz-Form der Hauptmatrix, die zu invertieren ist. Danach wird die Varianz der Eingangssequenz geschätzt.

Die spektrale Leistungsdichte ist schließlich mit Hilfe der Übertragungsfunktion des Systems $H(z) = 1/A(z)$ gemäß Gl. (3.44) berechnet:

$$P_{xx}(f) = P_{ww}(f) \, |H(f)|^2 = T_s \, \sigma_w^2 \frac{1}{\left|1 + \sum_{n=1}^{p} a_n z^{-n}\right|^2_{z=e^{j2\pi f T_s}}} \tag{3.84}$$

Mit Schätzungswerten erhält man folgende Form:

$$P_{xx}^{YW}(f) = T_s \frac{\hat{\sigma}_{wp}^2}{\left|1 + \sum_{n=1}^{p} \hat{a}_p[n] e^{-2\pi f n T_s}\right|^2} \tag{3.85}$$

Hier sind die (über das Levinson-Durbin-Verfahren) geschätzten Koeffizienten des AR-Modells mit $\hat{a}_p[n]$ bezeichnet. Das Tiefzeichen p stellt die Ordnung des Voraussagers (Prädiktors), der auf dem AR-Modell basiert [20] und durch

$$\hat{x}[k] = - \sum_{n=1}^{p} a_p[n]\, x[k-n] \tag{3.86}$$

gegeben ist. Mit $\hat{\sigma}_{wp}^2$ wurde die geschätzte Varianz der Eingangssequenz notiert:

$$\hat{\sigma}_{wp}^2 = r_{xx}[0] \prod_{n=1}^{p} [1 - |\hat{a}_p[n]|^2] \tag{3.87}$$

Diese wird als der kleinste quadratische Fehler des Voraussagers der Ordnung p in dieser Form, statt über Gl. (3.80), berechnet. Die äquivalente Form resultiert aus der rekursiven Art in der die Koeffizienten $\hat{a}_p[n]$ berechnet werden.

Experiment 3.8: Schätzung der Parameter eines AR-Modells mit dem Yule-Walker-Verfahren

In diesem Experiment wird die Identifizierung der Koeffizienten eines AR-Modells mit dem Yule-Walker-Verfahren untersucht, um daraus die spektrale Leistungsdichte zu ermitteln. Im Skript `yule_walker1.m`, das dieser Untersuchung dient, wird am Anfang ein AR-System (oder *All Pole*-System) über die Wahl der Pole der Übertragungsfunktion $H(z) = 1/A(z)$ initialisiert:

```
.........
clear;                  randn('seed', 1379);
% -------- Datensequenz generieren
% Pole der Übertragungsfunktion 1/A(z)
p1 = 0.5;
p2 = 0.7 + j*0.6;       p3 = conj(p2);      % Pole des Systems
p4 = -0.5 + j*0.5;      p5 = conj(p4);
p6 = 0.1 + j*0.2;       p7 = conj(p6);
p = [p1,p2,p3,p4,p5,p6,p7];
ai = poly(p);                        % Koeffizienten des Polynoms A(z)
                                     % (oder des AR-Systems)
% Relative Resonanzfrequenzen
f1r = angle(p2)/(2*pi),     f2r = angle(p4)/(2*pi),
f3r = angle(p6)/(2*pi),
```

Aus den Polen, die im Vektor p zusammengefasst sind, werden weiter über den Befehl **poly** die Koeffizienten des Polynoms $A(z)$ im Vektor `ai` ermittelt. Das sind eigentlich die Koeffizienten des AR-Modells.

Die Polpaare p2, p3; p4, p5; p6, p7; die konjugiert komplex sind, können zu Resonanzen im Frequenzgang führen und für diese werden die zur Abtastfrequenz f_s relativen möglichen Resonanzfrequenzen berechnet.

Danach wird das Eingangssignal u als unabhängige Sequenz (weißes Rauschen) erzeugt und über die Funktion **filter** wird das Ausgangssignal x ermittelt. In figure(1) wird die Sprungantwort des Systems mit Hilfe der Funktion **step** dargestellt und in figure(2) wird der Frequenzgang über die Funktion **freqz** dargestellt:

```
.........
% Eingangssignal in Form von weißem Rauschen
nu = 2000;                 % Länge der Eingangssequenz
var_u = 1;
u = sqrt(var_u)*randn(1, nu);  % Eingangssequenz
x = filter(1, ai, u);                      % Ausgangssignal
Ts = 0.5;             fs = 1/Ts;
my_system = tf(1,ai,Ts);       % System Definition
%################################
figure(1);     clf;
Tfinal = 20;
step(my_system,0:Ts:Tfinal)
title('Sprungantwort des Systems');
xlabel('Zeit in s');        grid on;
figure(2);     clf;           % Frequenzgang
freqz(1,ai, 512,'whole');
title('Frequenzgang des Systems');
..........
```

Es wird weiter das Einschwingen entfernt, um die Daten für die Bearbeitung im stationären Zustand zu erhalten. Für den Einsatz des Levinson-Durbin-Verfahrens, um das Yule-Walker-normale Gleichungssystem zu lösen, wird die Autokorrelationsfunktion der Ausgangssequenz mit dem Befehl **xcorr** ermittelt. Es muss die Normierung mit biased eingestellt werden, um ein stabiles geschätztes AR-Modell zu erhalten. Der Befehl **levinson**, der das Levinson-Durbin-Verfahren implementiert, benötigt aus der symmetrischen Autokorrelationsfunktion rxx1 nur den Teil für $m \geq 0$ und dieser wird in Rxx1 extrahiert und in figure(3) dargestellt:

```
% ------- Entfernen des Einschwingprozesses
ne = 100;
x1 = x(ne:end);          u1 = u(ne:end);
% ------- Identifizieren der AR-Koeffizienten
m = 20;
rxx1 = xcorr(x1,m,'biased');       % Autokorrelation
k = find(rxx1 == max(rxx1));
Rxx1 = rxx1(k:end);              % Teil für m => 0
%################################
figure(3);     clf;
stem(0:m, Rxx1,'Linewidth', 1.5);
title('Autokorrelation für m > 0');
xlabel('Index m');       grid on;
axis tight
% Verfahren Levinson-Durbin
nord = 10;                        % Ordnung des Polynoms A(z)
[ag, error] = levinson(Rxx1, nord);
........
```

In ag sind jetzt die geschätzten Koeffizienten des AR-Modells der Ordnung nord, die etwas größer als die Ordnung des korrekten Systems gewählt wurde, hinterlegt. Bei sieben Polen ist diese Ordnung sieben. Die spektrale Leistungsdichte wird weiter gemäß Gl. (3.84) und (3.85)

mit Hilfe der FFT sowohl für das geschätzte als auch für das ideale Modell ermittelt und dargestellt:

```
% ------- Spektrale Leistungsdichte
nfft = 512;
Pxx = Ts*error./(abs(fft(ag,nfft)).^2);
Pxx_ideal = Ts*var_u./(abs(fft(ag,nfft)).^2);
% Absolute Resonanzfrequenzen
f1a = f1r*fs,          f2a = f2r*fs,          f3a = f3r*fs
figure(4);   clf;
plot((0:nfft-1)*fs/nfft, 10*log10(Pxx));
hold on;
plot((0:nfft-1)*fs/nfft, 10*log10(Pxx_ideal),'r');
hold off;
title([['Ideale und identifizierte spektrale '],...
    ['Leistungsdichte des Ausgangs in dB/Hz']]);
xlabel(['Frequenz in Hz (fs = ', num2str(fs),')']);
ylabel('dB/Hz');   grid on;
```

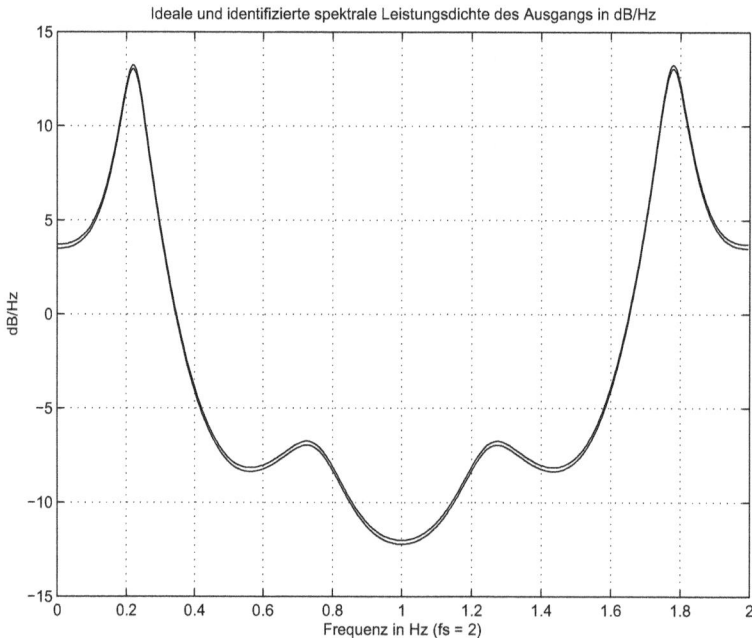

*Abb. 3.30: Ideale und geschätzte spektrale Leistungsdichte (*yule_walker1.m*)*

Abb. 3.30 zeigt die ideale und geschätzte spektrale Leistungsdichte des AR-Modells. Die
Übereinstimmung ist ganz gut, man muss aber nicht vergessen, dass hier auch ideale Bedingungen vorhanden sind. Die Daten stammen aus einem AR-Prozess und es gibt kein Messrauschen,
das in der Praxis immer vorhanden ist.

Im Skript wird auch die Antwort des geschätzten AR-Modells auf die gleiche Anregung ermittelt und überlagert mit der Antwort des korrekten Modells dargestellt:

```
% ------- Antwort des Systems mit den geschätzten Koeffizienten
x2 = filter(1, ag, u);
x2 = x2(ne:end);          % Entfernen des Einschwingprozesses
nx = length(x2);
figure(5);        clf;
my_system2 = tf(1,ag,Ts);  % Neues System definieren
subplot(211), step(my_system2,0:Ts:Tfinal)
title('Sprungantwort des identifizierten Systems');
xlabel('Zeit in s');        grid on;
subplot(212), plot(0:nx-1, [x1', x2']);
title('Antwort des original und identifizierten Systems');
xlabel('Zeit in s');        grid on;
```

Zuletzt werden die Ergebnisse, wie immer, mit Hilfe des Satzes von Parseval überprüft:

```
% ------- Überprüfen der Ergebnisse mit dem Satz von Parseval
disp('Mittlere Leistung aus dem Signal x1')
Pxx_x1 = std(x1)^2
disp('Mittlere Leistung aus der PSD von x1')
Pxx_f  = sum(Pxx)*fs/nfft
disp('Mittlere Leistung aus dem Signal x2')
Pxx_x2 = std(x2)^2
```

Die Übereinstimmumg der mittleren Leistung aus den Signalen und aus der spektralen Leistungsdichte ist sehr gut:

```
Mittlere Leistung aus dem Signal x1:   Pxx_x1 = 4.8528
Mittlere Leistung aus der PSD von x1:   Pxx_f =  4.8520
Mittlere Leistung aus dem Signal x2:   Pxx_x2 = 4.3574
.......
```

Weiter werden die Varianz der Eingangsdaten, die mit dem Befehl **levinson** geliefert wird und die Varianz, die mit der Gl. (3.87) berechnet wurde, mit der Varianz, die direkt gemäß Gl. (3.80) berechnet wurde, verglichen. Man erhält, wie erwartet, die gleichen Werte.

Die idealen Koeffizienten des AR-Modells ai unterscheiden sich ein bisschen von den geschätzten Koeffizienten ag:

```
ai =  1.0000 -1.1000  0.3800  0.1000  0.3225 -0.2737  0.0600 -0.0106
ag =  1.0000 -1.0914  0.3741  0.1143  0.2953 -0.2583  0.0283  0.0241
                                              0.0017  0.0023  0.0168
```

Im Skript yule_walker2.m ist ein ähnliches Experiment programmiert, für ein AR-Modell mit zwei konjugiert komplexen Paaren, die so gewählt sind, dass im Frequenzgang und dadurch auch in der spektralen Leistungsdichte zwei Resonanzen auftreten. Die Übereinstimmung der geschätzten Koeffizienten mit den korrekten Werten ist auch hier sehr gut.

In der *System Identification Toolbox* gibt es Funktionen zur Identifikation von AR-Modellen, die über eine Option das Yule-Walker-Verfahren benutzen. Im Skript ar_yw1.m ist der Einsatz der Funktion **ar** für die Identifizierung des gleichen AR-Modells gezeigt. Die Programmzeilen in denen die Identifizierung stattfindet sind:

```
. . . . . . . . . .
% ------- Entfernen des Einschwingprozesses
ne = 100;                           x1 = x(ne:end);           u1 = u(ne:end);
% ------- Identifizieren des AR-Modells
nord = 10;
ar_modell = ar(x1, nord, 'yw');   % ar Funktion mit YW-Verfahren
ag = polydata(ar_modell);
varianz = get(ar_modell, 'NoiseVariance');
. . . . . . . .
```

Nach der Entfernung des Einschwingprozesses wird die Ordnung des Modells gewählt und dann die Funktion **ar** mit der Option 'yw' aufgerufen. Sie liefert in ar_modell ein *idpoly*-Modell als typisches Objekt der *System Identification Toolbox*:

```
>> ar_modell
Discrete-time IDPOLY model: A(q)y(t) = e(t)
A(q) = 1 - 1.123 q^-1 + 0.4498 q^-2 + 0.03599 q^-3 + 0.3719 q^-4
        - 0.3186 q^-5 + 0.08544 q^-6 - 0.02888 q^-7 + 0.05428 q^-8
                                    - 0.03523 q^-9 + 0.01167 q^-10
Estimated using AR ('yw'/'ppw') from data set x1
Loss function 0.996158 and FPE 1.01803
Sampling interval: 1
```

Um die Koeffizienten des Modells zu extrahieren, wird die Funktion **polydata** benutzt. Alle Eigenschaften des Objekts können mit Hilfe einer Anfrage **get**(ar_modell) erhalten werden:

```
>> get(ar_modell)
ans =
                    a: [1x11 double]
                    b: []
                    c: 1
                    d: 1
                    f: []
                   da: [1x11 double]
. . . . . . . . . . . . .
                   nf: [1x0 double]
                   nk: [1x0 double]
         InitialState: 'Auto'
                 Name: ''
                   Ts: 1
. . . . . . . . . . . .
       ParameterVector: [10x1 double]
                 PName: {}
      CovarianceMatrix: [10x10 double]
         NoiseVariance: 0.9962
            InputDelay: [0x1 double]
             Algorithm: [1x1 struct]
        EstimationInfo: [1x1 struct]
                 Notes: {}
              UserData: []
```

Die Varianz der Eingangssequenz ist in der Eigenschaft `NoiseVariance` und wird aus dem Objekt mit

```
varianz = get(ar_modell, 'NoiseVariance');
```

extrahiert. Der Wert von 0,9962 ist sehr nahe an dem idealen Wert von 1, der benutzt wurde.

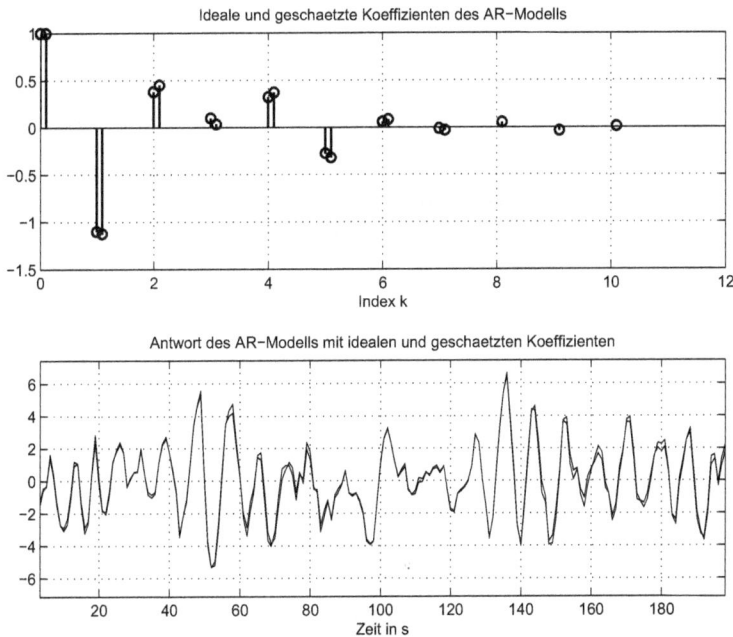

Abb. 3.31: Ideale und geschätzte Koeffizienten des AR-Modells bzw. die Antwort mit den idealen und geschätzten Koeffizienten (ar_yw1.m)

Die Koeffizienten des Modells hätte man auch über einen ähnlichen Aufruf extrahieren können:

```
ag = get(ar_modell, 'a');
```

Abb. 3.31 zeigt oben die Koeffizienten des idealen und des identifizierten AR-Modells, etwas versetzt dargestellt um die Unterschiede (oder Übereinstimmung) besser hervorzuheben. Darunter ist ein Ausschnitt der Antwort mit idealen und geschätzten Koeffizienten auf die gleiche Anregung gezeigt.

Die Funktion **ar** stammt aus der *System Identification Toolbox* und eine ähnliche Funktion **aryule** kommt aus der *Signal Processing Toolbox*.

Im Skript `am2_ar1.m` wird die Annäherung eines AM-Prozesses mit Hilfe eines AR-Modells untersucht. Ein FIR-Tiefpassfilter, angeregt durch weißes Rauschen dient als Generator für den AM-Prozess. Danach wird mit der Funktion **aryule** das AR-Modell identifiziert. Die Ordnung des AR-Modells muss man jetzt viel höher nehmen z.B. `nord = 100`:

. . . .

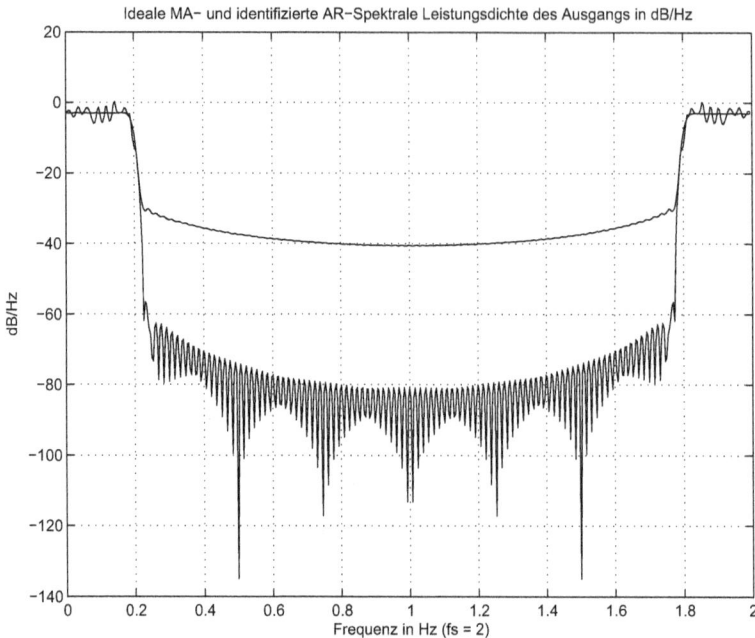

Abb. 3.32: Ideale MA- und identifizierte AR-Spektrale-Leistungsdichte des Ausgangs
(am2_ar1.m)

```
% -------- Datensequenz mit MA-Prozess (FIR-Filter) generieren
n_fir = 128;        h = fir1(n_fir, 0.2);        % FIR-Tiefpass
% Eingangssignal in Form von weißem Rauschen
nu = 2000;          % Länge der Eingangssequenz
var_u = 1;    u = sqrt(var_u)*randn(1, nu);      % Eingangssequenz
% Ausgangssignal
x = filter(h, 1, u);
Ts = 0.5;          fs = 1/Ts;
.........
% ------- Entfernen des Einschwingprozesses
ne = 200;                x1 = x(ne:end);      u1 = u(ne:end);
% ------- Identifizieren der AR-Koeffizienten
% Yule-Walker Verfahren
nord = 100;                      % Ordnung des Polynoms A(z)
[ag, error] = aryule(x1, nord);
%ar_modell = ar(x1, nord, 'yw');
%ag = get(ar_modell, 'a');
%error = get(ar_modell,'NoiseVariance');
% ------- Spektrale Leistungsdichte
nfft = 512;
Pxx = Ts*error./(abs(fft(ag,nfft)).^2);
Pxx_ideal = Ts*var_u*abs(fft(h,nfft)).^2;
```

. . . .

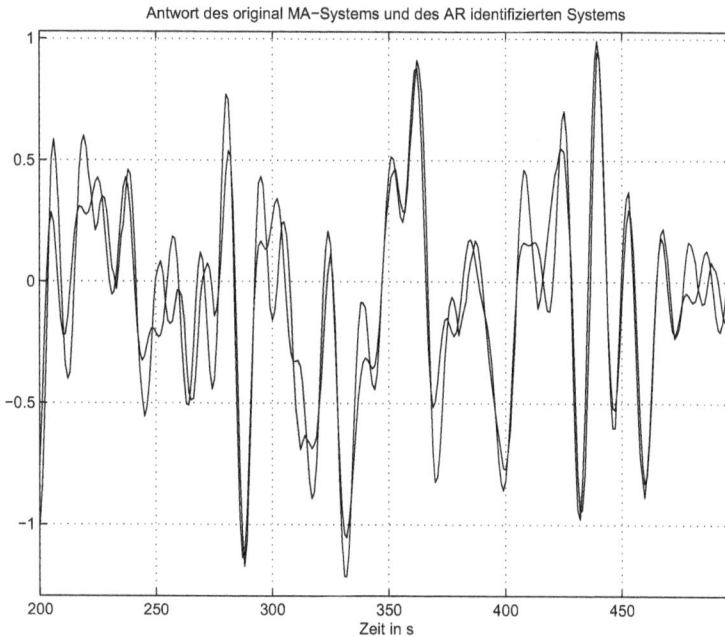

Abb. 3.33: *Antwort des original MA-Systems und des AR identifizierten Systems* (am2_ar1.m)

Im Vektor h werden die Koeffizienten des FIR-Filters mit der Funktion **fir1** berechnet und dann wird aus der unabhängigen Sequenz u die Ausgangssequenz x mit der Funktion **filter** berechnet. Wie schon in den vorherigen Experimenten gezeigt wurde, muss man das Einschwingen entfernen. Als Ergebnis stehen jetzt die Ausgangssequenz x1 und die Anregungssequenz ohne Einschwingteil u1 zur Verfügung.

Die Funktion **aryule** liefert die geschätzten Koeffizienten des AR-Modells in ag und die Varianz des Schätzungsfehlers in error als Varianz eines äquivalenten Eingangssignals. Diese Varianz unterscheidet sich stark von var_u als Varianz des Eingangs des FIR-Filters (MA-Modell), weil die gelieferten Koeffizienten normiert sind. Nur so erhält man eine korrekte geschätzte spektrale Leistungsdichte.

Es wird weiter die spektrale Leistungsdichte des AR-Prozesses und des idealen AM-Prozesses ermittelt und dargestellt. Abb. 3.32 zeigt diese zwei spektralen Leistungsdichten.

Die korrekte spektrale Leistungsdichte des MA-Prozesses hat viel kleinere Werte im Sperrbereich des FIR-Filters. Die Antworten auf das gleiche unabhängige Eingangssignal für das MA- und AR-Modell sind in Abb. 3.33 als Ausschnitt gezeigt. Für diese Darstellung wird die Antwort des MA-Systems mit der Verspätung des FIR-Filters nach vorne versetzt:

. . . .

```
% ------- Antwort des Systems mit den geschätzten AR-Koeffizienten
ag = ag/sum(ag);        % Normierung für Verstärkung 1 bei f = 0
x2 = filter(1, ag, u);
```

```
x2 = x2(ne:end);          % Entfernen des Einschwingprozesses
nx = length(x2);

x1 = x1(n_fir/2-3:end);   % Mit n_fir/2 nach vorne versetztes Signal
x2 = x2(1:end-n_fir/2+1+3);
nx_neu = length(x1);
figure(3);        clf;
plot(0:nx_neu-1, [x1', x2']);
title('Antwort des original MA-Systems und des AR identifizierten Systems');
xlabel('Zeit in s');      grid on;
.........
```

Zusätzlich wird per Hand die Versetzung durch die Sichtung der Signale korrigiert. Die Funktion **ar** mit der Option 'yw' (im Skript als Kommentar abgestellt) liefert ähnliche Ergebnisse. Zuletzt werden die Ergebnisse mit Hilfe des Satzes von Parseval überprüft.

3.10 Das Burg-Verfahren für die Schätzung der Parameter eines AR-Modells

Im Burg-Verfahren [20] wird der quadratische Fehler der Vorwärts- und der Rückwärts-Prädiktion (*Linear Forward and Backward Prediction*) minimiert. Als Ergebnis erhält man die Koeffizienten einer so genannten *Lattice*-Struktur, mit deren Hilfe und dem Levinson-Durbin-Verfahren die Koeffizienten des AR-Modells ermittelt werden.

Die Prädiktion mit einem Schritt vorwärts bildet aus den vorhandenen Werten $x[k-1], x[k-2], \ldots, x[k-p]$ einen Schätzungswert $\hat{x}[k]$ für den Wert $x[k]$ im nächsten Schritt. Es wird angenommen, dass diese Sequenz aus einem AR-Prozess der Ordnung p mit den Koeffizienten $1, a_p[1], a_p[2], \ldots, a_p[p]$ stammt. Das tiefgestellte Zeichen p stellt die Ordnung des Modells dar. Für einen AR-Prozess, der durch

$$x[k] = -\sum_{n=1}^{p} a_p[n]\, x[k-n] + w[k] \tag{3.88}$$

gegeben ist, wird die beste Vorwärts-Prädiktion mit einem Schritt über

$$\hat{x}[k] = -\sum_{n=1}^{p} a_p[n]\, x[k-n] \tag{3.89}$$

ermittelt.

Der mittlere quadratische Fehler ist gleich der Varianz σ_w^2 der Eingangssequenz $w[k]$:

$$E\{(x[k] - \hat{x}[k])^2\} = E\{w^2[k]\} = \sigma_w^2 \tag{3.90}$$

Abb. 3.34a zeigt die Bildung des Fehlers bei der Vorwärts-Prädiktion mit einem Schritt und in Abb. 3.34b ist die Rückwärts-Prädiktion mit p Schritten skizziert und ebenfalls die Bildung des Fehlers dargestellt.

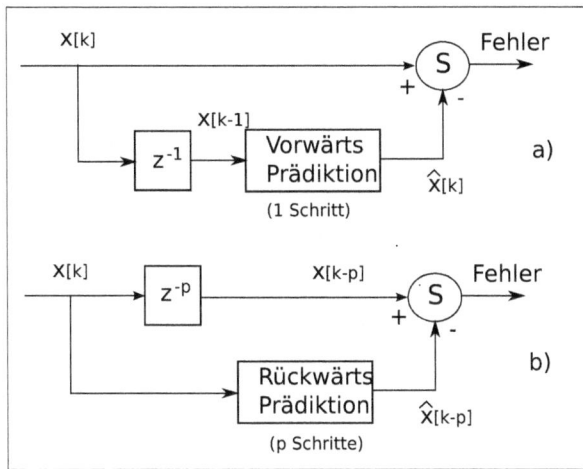

Abb. 3.34: a) Die Vorwärts-Prädiktion b) Die Rückwärts-Prädiktion

Die Rückwärts-Prädiktion mit p Schritten wird über eine ähnliche Gleichung berechnet:

$$\hat{x}[k - p] = -\sum_{n=0}^{p-1} b_p[n] \, x[k - n] \tag{3.91}$$

Es kann gezeigt werden [20], dass die Koeffizienten $b_p[n]$ durch

$$b_p[n] = a_p[p - n]^* \tag{3.92}$$

mit den Koeffizienten $a_p[n]$ verbunden sind, wobei durch $*$ die konjugiert Komplexe für komplexwertige Prozesse gekennzeichnet ist. Der mittlere quadratische Fehler dieser Prädiktion ist auch mit der Varianz σ_w^2 der Eingangssequenz $w[k]$ gleich.

Im Skript `forward_back1.m` wird diese Vorwärts- und Rückwärts-Prädiktion simuliert. Es wird zuerst das Signal `x` als AR-Prozess erzeugt. Danach wird die Vorwärts-Prädiktion mit `xforw = -filter(ai(2:end), 1, [0,x(1:end-1)]);` aus der mit einem Schritt verspäteten Eingangssequenz (wie in Abb. 3.34a gezeigt) berechnet:

```
.........
% Eingangssignal in Form von weißem Rauschen
nu = 1000;          % Länge der Eingangssequenz
var_u = 5;          u = sqrt(var_u)*randn(1, nu); % Eingangssequenz
% Ausgangssignal
x = filter(1, ai, u);       % AR-Prozess
xforw = -filter(ai(2:end), 1, [0,x(1:end-1)]);   % Vorwärts-Prädiktion
bi = fliplr(ai);
bi = bi(1:end-1); % Koeffizienten für die Rückwärts-Prädiktion
xback = -filter(bi, 1, x);   % rückwärts Prädiktion
```

```
nx = length(x);

disp('Varianz des Fehlers für die Vorwärts-Prädiktion')
   std(x - xforw)^2 % Varianz des Fehlers für die Vorwärts-Prädiktion
disp('Varianz des Fehlers für die Rückwärts-Prädiktion')
   std([zeros(1, ar_ordn), x(1:end-ar_ordn)] - xback)^2
               % Varianz des Fehlers für die Rückwärts-Prädiktion
figure(1);
subplot(211), plot(0:nx-1, x, 0:nx-1, xforw);
title('Signal und vorwärts Prädiktion')
xlabel('k');      grid on;
subplot(212), plot(0:nx-1, [zeros(1, ar_ordn), x(1:end-ar_ordn)],...
   0:nx-1, xback);
title('Signal und Rückwärts-Prädiktion')
xlabel('k');      grid on;
```

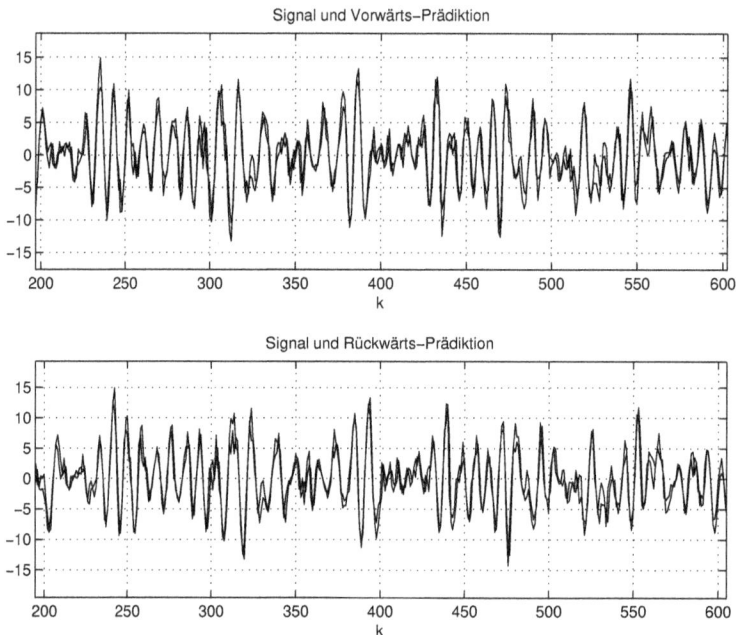

Abb. 3.35: a) Signal und Vorwärts-Prädiktion b) Signal und Rückwärts-Prädiktion (for-ward_back1.m)

Nachdem die Koeffizienten der Rückwärts-Prädiktion mit der Funktion **fliplr** ermittelt wurden, wird ähnlich diese Prädiktion mit xback = -filter(bi, 1, x); durchgeführt. Für die Bestimmung der Varianz der Fehler muss man die Sequenzen für die Rückwärts-Prädiktion korrekt ausrichten:

```
std([zeros(1, ar_ordn), x(1:end-ar_ordn)] - xback)^2
```

Hier ist `ar_ordn` die Ordnung des AR-Modells. Nach der Simulation werden die Varianzen der Fehler gezeigt und sie müssen der Varianz der unabhängigen Sequenz am Eingang des AR-Modells (`var_u = 5`) gleich sein:

```
Varianz des Fehlers für die Vorwärts-Prädiktion =    5.0928
Varianz des Fehlers für die Rückwärts-Prädiktion =   5.0670
```

Das Burg-Verfahren basiert auf der Minimierung der mittleren quadratischen Vorwärts- und Rückwärts-Prädiktionsfehler. Die Einzelheiten dieses Verfahrens würden den Rahmen dieses Buches sprengen und somit werden nur die entsprechenden MATLAB-Funktionen in den Experimenten eingesetzt. Wenn in einer Anwendung dieses Verfahren durch Simulation die gewünschten Ergebnisse liefert, dann muss man sich mit der Implementierung des Verfahrens näher beschäftigen.

Experiment 3.9: Schätzung der Parameter der AR-Modelle mit dem Burg-Verfahren

Für dieses Verfahren kann man die gleiche Funktion **ar** aus der *System Identification Toolbox* mit der Option `'burg'` und die Funktion **arburg** aus der *Signal Processing Toolbox* einsetzen.

Im Skript `ar_burg1.m` werden die Daten aus dem vorherigen Skript `ar_yw1.m` mit diesem Verfahren über die erste Funktion **ar** bearbeitet. Die Programmzeilen, in denen die Funktion aufgerufen wird, sind:

```
........
nord = 10;
ar_modell = ar(x1, nord, 'burg');    % ar Funktion mit Burg-Verfahren
ag = polydata(ar_modell);
varianz = get(ar_modell, 'NoiseVariance');
........
```

Die Ergebnisse sind denen mit dem Yule-Walker-Verfahren ähnlich.

Im Skript `am2_ar_burg1.m` wird das Experiment aus dem Skript `am2_ar1.m` mit dem Verfahren von Burg wiederholt. Es geht um die Annäherung eines AM-Prozesses mit einem AR-Prozess. Die Programmzeilen für den Einsatz des Burg-Verfahrens sind:

```
........
% Burg Verfahren
nord = 100;                          % Ordnung des Polynoms A(z)
[ag, error] = arburg(x1, nord);

%ar_modell = ar(x1, nord, 'burg');
%ag = get(ar_modell, 'a');
%error = get(ar_modell,'NoiseVariance');
........
```

Abb. 3.36 zeigt die ideale MA- und die identifizierte AR-Spektrale-Leistungsdichte des Ausgangssignals, die sehr gut übereinstimmen. Im Vergleich zu den spektralen Leistungsdichten aus Abb. 3.32, die mit dem Yule-Walker-Verfahren ermittelt wurden, ist hier auch die Dämpfung im Sperrbereich gleich der idealen Dämpfung.

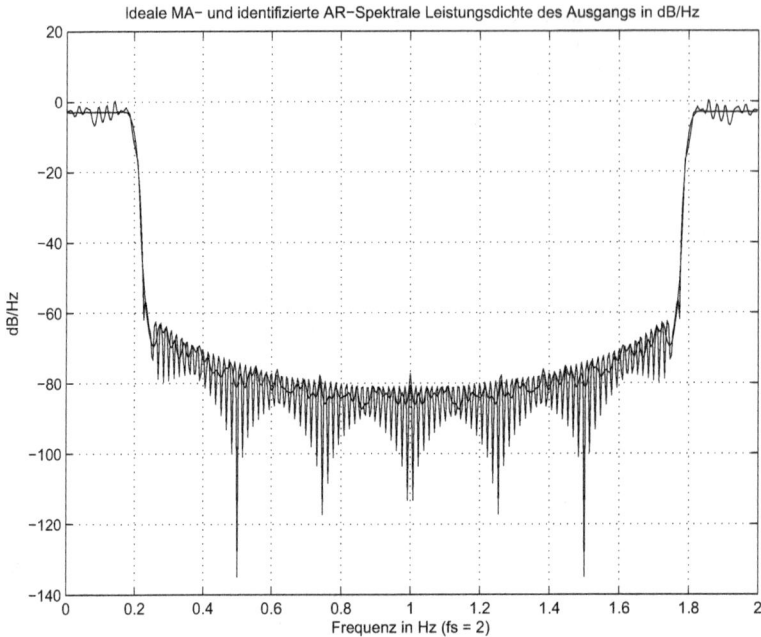

Abb. 3.36: Ideale MA- und identifizierte AR-Spektrale-Leistungsdichte des Ausgangs (am2_ar_burg1.m)

Im Skript `ar_sinus1.m` werden das Burg- und das Welch-Verfahren für den Fall, dass das Signal zwei Cosinuskomponenten plus Rauschen enthält, untersucht. Für das Welch-Verfahren wird jetzt die Funktion **pwelch** benutzt und für das Burg-Verfahren die Funktion **arburg**:

```
.......
% ------- Signal aus zwei cosinusförmigen Komponenten
f1 = 100;       % Frequenz 1
df = 10;        % Abstand der Frequenz 2
f2 = f1 + df;
ampl1 = 2;      ampl2 = 5;    % Amplituden
fs = 1000;      Ts = 1/fs;
rausch = 5;     % Varianz des Rauschanteils
Tfinal = 1;     t = 0:Ts:Tfinal;    % Zeitschritte der Simulation
nt = length(t);-

x = ampl1*cos(2*pi*f1*t) + ampl2*cos(2*pi*f2*t + pi/3) + ...
    sqrt(rausch)*randn(1, nt);        % Signal

% ------- Identifizieren der AR-Koeffizienten
% Burg Verfahren
nord = 100;                           % Ordnung des Polynoms A(z)
[ag, error] = arburg(x, nord);
```

Welch- und identifizierte AR-Spektrale Leistungsdichte des Ausgangs in dB/Hz

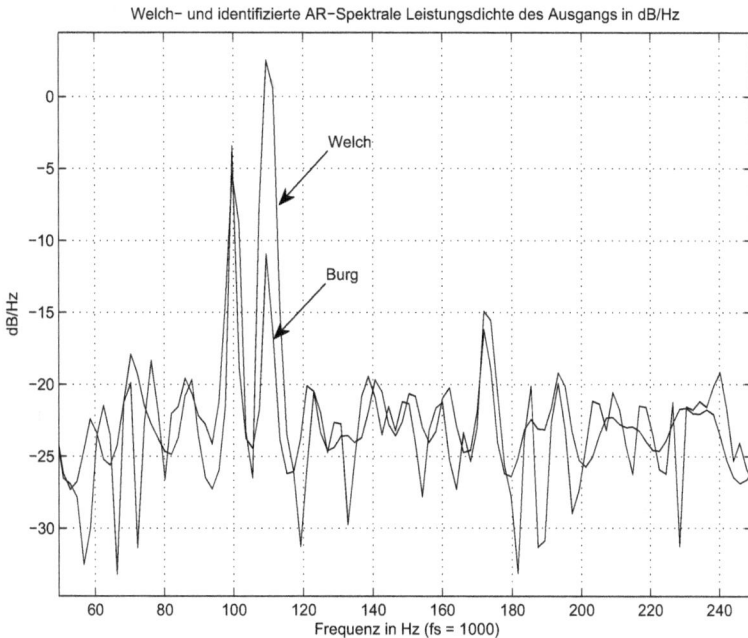

Abb. 3.37: Spektrale Leistungsdichte über Burg- und Welch-Verfahren (AR-Ordnung 100)
(am2_ar_burg1.m)

```
% ------- Spektrale Leistungsdichten
nfft = 512;
Pxx = Ts*error./(abs(fft(ag,nfft)).^2);  % Burg PSD
[Pxx_welch,F] = pwelch(x, hann(nfft), nfft/2, ...
                       nfft, fs,'twosided');        % Welch PSD
.........
```

Bei einer FFT mit 512 Bins und `fs = 1000` Hz erhält man eine Auflösung von $1000/512 \cong 2$ Hz/Bin. Die zwei cosinusförmigen Komponenten haben Frequenzen mit einem Abstand von 10 Hz und werden noch relativ gut aufgelöst. Ohne die deterministischen Komponenten (`ampl1 = 0`, `ampl2 = 0`) hat die Überprüfung der Ergebnisse mit Hilfe des Satzes von Parseval ähnliche Werte ergeben. Mit diesen Komponenten im Signal ist die mittlere Leistung aus der spektralen Leistungsdichte des Burg-Verfahrens viel kleiner:

```
Mittlere Leistung aus dem Signal         Px    =  19.0074
Mittlere Leistung aus der PSD (Welch)    Pxw   =  18.9527
Mittlere Leistung aus der PSD (Burg)     Pxburg =  7.2644
```

Die Darstellung aus Abb. 3.37 entspricht einem Burg-AR-Modell der Ordnung 100 und in Abb. 3.38 ist die spektrale Leistungsdichte für eine Ordnung von 50 für das Burg-AR-Modell gezeigt. Die mittlere Leistung, die aus der spektralen Leistungsdichte des Burg-Verfahrens resultiert, nähert sich mehr den mittleren Leistungen, die direkt aus dem Signal und über das Welch-Verfahren berechnet sind:

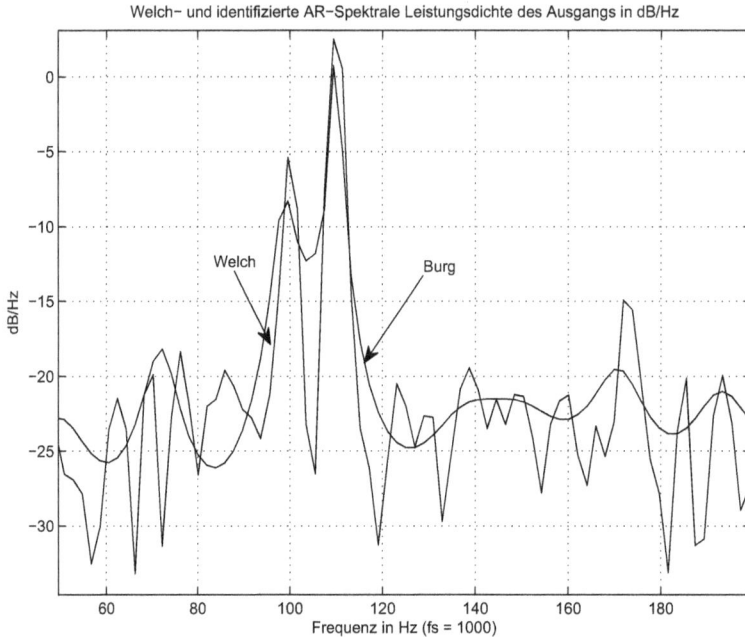

*Abb. 3.38: Spektrale Leistungsdichte über Burg- und Welch-Verfahren (AR-Ordnung 50)
(am2_ar_burg1.m)*

```
Mittlere Leistung aus dem Signal        Px     =    19.0074
Mittlere Leistung aus der PSD (Welch)   Pxw    =    18.9527
Mittlere Leistung aus der PSD (Burg)    Pxburg =    13.5378
```

Wie man sieht ist aber jetzt die Auflösung des Burg-AR-Modells nicht mehr so gut. Der Leser kann aus den gezeigten Skripten weitere Experimente programmieren, um die Verfahren für andere Fälle zu vergleichen.

3.11   Das Kovarianz-Verfahren für die Schätzung des AR-Modells

Gleichung (3.88), die hier wiederholt wird,

$$x[k] = -\sum_{n=1}^{p} a_p[n]\, x[k-n] + w[k]$$

beschreibt einen AR-Prozess der Ordnung p, der zu einem Satz von linearen Gleichungen für die Koeffizienten des Modells $a_p[n]$ führen kann. Angenommen man beginnt mit einem Wert $x[0]$ und berechnet $x[1]$:

$$x[1] = a_p[1]\, x[0]$$

Danach aus den jetzt vorhandenen zwei Werten ermittelt man $x[2]$:

$$x[2] = a_p[1]\, x[1] + a_p[2]\, x[0]$$

Das geht dann so weiter bis alle p Koeffizienten zum Einsatz kommen:

$$x[p] = a_p[1]\, x[p-1] + a_p[2]\, x[p-2] + \cdots + a_p[p]\, x[0]$$

Von da an wiederholt sich diese Gleichung mit immer neuen Daten. Am Ende des Datensatzes der Größe N mit $x[0], x[1], \ldots, x[N-1]$ werden wieder einige Koeffizienten mit Nullwerten multipliziert. In Matrixform geschrieben, erhält man ein überbestimmtes Gleichungssystem (mehr Gleichungen als Unbekannte):

$$
\begin{bmatrix}
x[0] & 0 & 0 & \ldots & 0 \\
x[1] & x[0] & 0 & \ldots & 0 \\
x[2] & x[1] & x[0] & \ldots & 0 \\
\vdots & \vdots & \vdots & \ldots & \vdots \\
x[p-1] & x[p-2] & x[p-3] & \ldots & x[0] \\
\vdots & \vdots & \vdots & \ldots & \vdots \\
x[N-2] & x[N-3] & x[N-4] & \ldots & x[N-p-1] \\
\vdots & \vdots & \vdots & \ldots & \vdots \\
0 & \ldots & x[N-1] & x[N-2] & x[N-3] \\
0 & \ldots & 0 & x[N-1] & x[N-2] \\
0 & \ldots & 0 & 0 & x[N-1]
\end{bmatrix}
\begin{bmatrix}
a_p[1] \\ a_p[2] \\ a_p[3] \\ \vdots \\ a_p[p]
\end{bmatrix}
= -
\begin{bmatrix}
x[1] \\ x[2] \\ x[3] \\ \vdots \\ x[p] \\ \vdots \\ x[N-1] \\ \vdots \\ 0 \\ 0 \\ 0
\end{bmatrix}
\tag{3.93}
$$

Die kompakte Matrixform wird:

$$\mathbf{X}\,\mathbf{a}_p = -\mathbf{x} \tag{3.94}$$

Diese Gleichung kann für $\mathbf{a}_p$ durch Minimierung der quadratischen Differenz der zwei Seiten $\mathbf{e} = \mathbf{X}\mathbf{a}_p - (-\mathbf{x})$ gelöst werden:

$$\min\Big|_{\mathbf{a}_p} \mathbf{e}^H\,\mathbf{e} = \min\Big|_{\mathbf{a}_p} (\mathbf{X}\,\mathbf{a}_p + \mathbf{x})^H\,(\mathbf{X}\,\mathbf{a}_p + \mathbf{x}) \tag{3.95}$$

Hier ist durch $()^H$ die hermitesche Transponierung für den Fall komplexer Sequenzen bezeichnet. Die Minimierung führt zur Lösung der normalen Gleichung:

$$
\begin{aligned}
(\mathbf{X}^H\,\mathbf{X})\,\mathbf{a}_p &= -\mathbf{X}^H\,\mathbf{x} \\
\mathbf{a}_p &= -\text{inv}(\mathbf{X}^H\,\mathbf{X})\,\mathbf{X}^H\,\mathbf{x} = -(\mathbf{X}^H\,\mathbf{X})^{-1}\,\mathbf{X}^H\,\mathbf{x}
\end{aligned}
\tag{3.96}
$$

In der Annahme, dass die inverse Kovarianzmatrix $\text{inv}(\mathbf{X}^H\,\mathbf{X})$ existiert, erhält man eine Lösung für die geschätzten Koeffizienten $\mathbf{a}_p$. Wenn man diese Gleichung mit der Gl. (3.79) vergleicht, kommt man zur Schlussfolgerung, dass $(\mathbf{X}^H\,\mathbf{X})$ bzw. $\mathbf{X}^H\,\mathbf{x}$ die geschätzten Autokorrelationswerte sind.

Das Kovarianz-Verfahren unterscheidet sich vom Autokorrelationsverfahren nur in der Art in der die Matrix **X** gebildet wird. Es werden nur die Zeilen, die keine Nullwerte enthalten, einbezogen. Die erste Zeile ist die Zeile, die mit $x[p-1]$ beginnt und die letzte Zeile beginnt mit $x[N-2]$.

Zu bemerken sei, dass e der Fehler der Prädiktion mit einem Schritt vorwärts ist. Wenn man auch den Fehler der Rückwärts-Prädiktion einbezieht, erhält man das schon im Kapitel 3.12 beschriebene Verfahren.

Experiment 3.10: Schätzung der Parameter eines AR-Modells mit dem Kovarianz-Verfahren

Im Skript `mem_1` ist die Kovarianz-Methode zur Identifikation eines AR-Modells simuliert und mit Hilfe der Koeffizienten werden dann die Varianz der Eingangssequenz und die spektrale Leistungsdichte geschätzt:

```
. . . . . . . . . . . . .
% -------- Datensequenz generieren
% Pole der Übertragungsfunktion 1/A(z)
p1 = 0.5;
p2 = 0.9*exp(j*5*pi/6);    p3 = conj(p2);    % Pole des Systems
p4 = 0.9*exp(j*pi/2);      p5 = conj(p4);
p6 = 0.9*exp(j*pi/4);      p7 = conj(p6);
pole = [p1, p2, p3, p4, p5, p6, p7];
ai = poly(pole);           % Koeffizienten des Polynoms A(z)
% Relative Resonanzfrequenzen
f1r = angle(p2)/(2*pi),    f2r = angle(p4)/(2*pi)
f3r = angle(p6)/(2*pi)
% Eingangssignal in Form von weißem Rauschen
nu = 1000;                 % Länge der Eingangssequenz
var_u = 1;       u = sqrt(var_u)*randn(1, nu); % Eingangssequenz
% Ausgangssignal
mess_rausch = 0.1*randn(1, nu);
xar = filter(1, ai, u) + mess_rausch;    % Datensequenz
% ------- Entfernen des Einschwingprozesses
ne = 100;
x1 = xar(ne:end);          u1 = u(ne:end);
N = length(x1);
Ts = 0.1;                  fs = 1/Ts;
% ------- Das Kovarianz Verfahren
p = 12;                    % Ordnung des Modells
X = zeros(N-p-1,p);                x = zeros(N-p-1,1);
for m = 1:N-p
    X(m,:) = x1(p-1+m:-1:m);
    x(m)  = x1(p+m);
end;
XX = (X'*X);
ag = -inv(XX)*(X'*x);
ag = [1; ag];              % Koeffizienten des AR-Modells (A(z))
error = (XX(1,:)/(N-p))*ag(1:end-1); % Varianz des
```

```
                        % Prädiktionsfehlers (Varianz des Eingangs)
% ------- Spektrale Leistungsdichte
nfft = 512;
Pxx = Ts*error./(abs(fft(ag,nfft)).^2);    % PSD aus AR-Modell
Pxx_ideal = Ts*var_u./(abs(fft(ai,nfft)).^2); % Ideales PSD
.............
% ------- Überprüfen der Ergebnisse mit dem Satz von Parseval
disp('Mittlere Leistung aus Signal x1')
Pxx_x1 = std(x1)^2
disp('Mittlere Leistung aus der AR-PSD von x1')
Pxx_f  = sum(Pxx)*fs/nfft
disp('Mittlere Leistung aus der idealen PSD von x1')
Pxx_ideal_f  = sum(Pxx_ideal)*fs/nfft
```

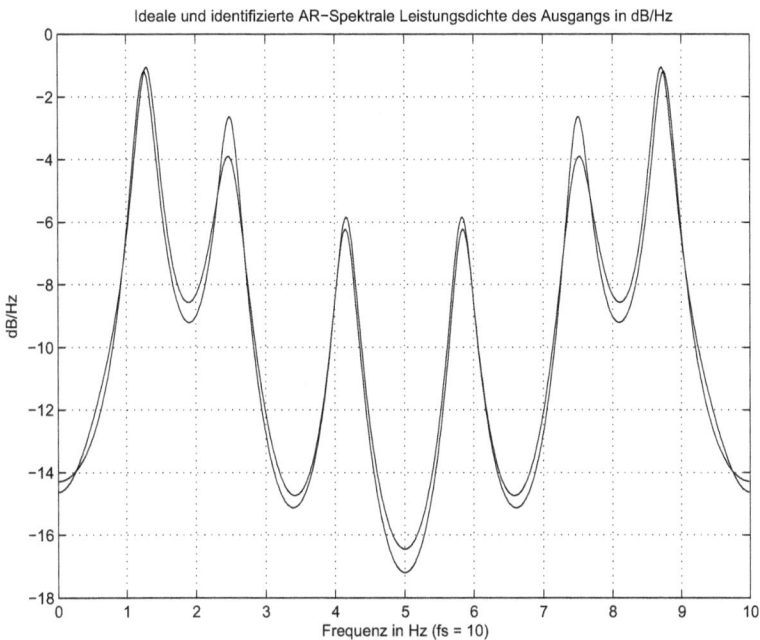

Abb. 3.39: Die ideale und die über das AR-Modell ermittelte spektrale Leistungsdichte (mem_1.m)

Die Varianz der unabhängigen Eingangssequenz für die Ermittlung der spektralen Leistungsdichte wird gemäß Gl. (3.80) berechnet, wobei die nötigen Autokorrelationswerte aus der ersten Zeile der Matrix $\mathbf{X}^H\mathbf{X}$ entnommen werden. Abb. 3.39 zeigt das Ergebnis im Vergleich zur idealen spektralen Leistungsdichte.

Im Skript mem_2.m ist das Autokorrelationsverfahren für das gleiche System eingesetzt und in Skript mem_3 ist die MATLAB-Funktion **ar** mit der Option 'ls', die diesem Verfahren entspricht, benutzt. In den erzeugten graphischen Darstellungen kann man keine Unterschiede in den spektralen Leistungsdichten feststellen.

3.12   Das Verfahren des kleinsten quadratischen Fehlers

Hier wird der mittlere quadratische Fehler der Vorwärts- und Rückwärts-Prädiktion minimiert. Aus Gl. (3.89) und Gl. (3.91) sind die Fehler der Prädiktionen durch

$$
x[k] - \hat{x}[k] = x[k] + \sum_{n=1}^{p} a_p[n]\, x[k-n]
$$

$$
x[n-p] - \hat{x}[k-p] = x[n-p] + \sum_{n=0}^{p-1} b_p[n]\, x[k-n]
$$

(3.97)

gegeben. Die Summe der mittleren quadratischen Fehler über die Länge der Daten ist:

$$
\varepsilon_p = \sum_{k=p}^{N-1} \left[\left| x[k] + \sum_{n=1}^{p} a_p[n]\, x[k-n] \right|^2 + \left| x[n-p] + \sum_{n=0}^{p-1} b_p[n]\, x[k-n] \right|^2 \right] \qquad (3.98)
$$

Die Minimierung im Bezug auf die Parameter des AR-Modells $a_p[n]$ (mit $b_p[n] = a_p[p-n]^*$) führt zu einem linearen Gleichungssystem der Form:

$$
\sum_{n=1}^{p} a_p[n]\, r_{xx}[l,n] = -r_{xx}[l,0] \quad \text{mit} \quad l = 1, 2, \ldots, p
$$

(3.99)

Die Autokorrelationsfunktion $r_{xx}[l,n]$ ist durch

$$
r_{xx}[l,n] = \sum_{k=p}^{N-1} \left[x[k-n]\, x[k-l]^* + x[k-p+l]\, x[k-p+n]^* \right]
$$

(3.100)

gegeben. Der mittlere quadratische Fehler der Schätzung mit Hilfe des Gleichungssystems (3.99) ist:

$$
\varepsilon_p = r_{xx}(0,0) + \sum_{n=1}^{p} \hat{a}_p[n]\, r_{xx}[0,n]
$$

(3.101)

Die geschätzte spektrale Leistungsdichte wird, wie schon bekannt, durch

$$
P_{xx}^{LS}(f) = \frac{\varepsilon_p^{LS}}{\left| 1 + \displaystyle\sum_{n=1}^{p} \hat{a}_p[n]\, e^{-j2\pi f n} \right|^2}
$$

(3.102)

ermittelt.

Die Korrelationsmatrix $r_{xx}[l,n]$ ist nicht eine Toeplitz-Matrix und somit kann das Levinson-Durbin-Verfahren nicht benutzt werden. Es wurde auch hier ein effizienter Algorithmus entwickelt [20], so dass der Aufwand ähnlich dem Levinson-Durbin-Verfahren ist.

Ein Nachteil dieses Verfahrens ist die Tatsache, dass nicht garantiert werden kann, dass das AR-Modell stabil ist. Für die spektrale Leistungsdichte spielt das aber keine Rolle.

Experiment 3.11: Schätzung der Parameter eines AR-Modells mit dem *Least-Square-Verfahren*

Die gleiche MATLAB-Funktion aus der *System Identification Toolbox* **ar** implementiert diesen Algorithmus mit der Option '**fb**' und die Funktion **armcov** aus der *Signal Processing Toolbox* minimiert ebenfalls den mittleren quadratischen Vorwärts- und Rückwärts-Prädiktionsfehler.

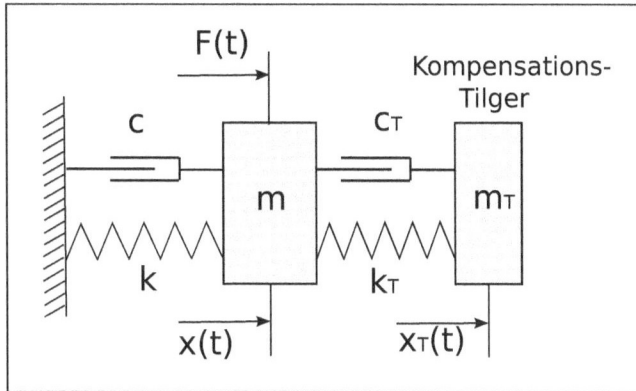

Abb. 3.40: Feder-Masse-System mit Kompensationstilger

In diesem Experiment wird das AR-Modell und entsprechend die spektrale Leistungsdichte der Lage der Hauptmasse eines Feder-Masse-Systems (Abb. 3.40), das mit einem Kompensationstilger getilgt ist, ermittelt. Die Differentialgleichungen der Bewegung der zwei Massen relativ zu den statischen Gleichgewichtslagen sind:

$$
\begin{aligned}
\frac{dv(t)}{dt} &= \frac{1}{m}\Big[-(c+c_T)\,v(t) - (k+k_T)\,x(t) + c_T\,v_T(t) + k_T\,x_T(t)\Big] + \frac{F(t)}{m} \\
\frac{dv_T(t)}{dt} &= \frac{1}{m_T}\Big[c_T\,v(t) + k_T\,x(t) - c_T\,v_T(t) - k_T\,x_T(t)\Big]
\end{aligned}
\tag{3.103}
$$

Die meisten Bezeichnungen sind leicht aus der Abb. 3.40 zu entnehmen. Mit $v(t) = \dot{x}(t)$ und $v_T(t) = \dot{x}_T(t)$ sind die Geschwindigkeiten der Hauptmasse m und der Tilgermasse m_T notiert. Man wählt weiter als Zustandsgrößen die Lagen und Geschwindigkeiten

$$
x_1(t) = x(t); \quad x_2(t) = v(t); \quad x_3(t) = x_T(t); \quad x_4(t) = v_T(t), \tag{3.104}
$$

und erhält ein Zustandsmodell in Matrixform:

$$
\begin{aligned}
\dot{\mathbf{x}}(t) &= \mathbf{A}\mathbf{x}(t) + \mathbf{B}F(t) \\
\mathbf{y}(t) &= \mathbf{C}\mathbf{x}(t) + \mathbf{D}F(t)
\end{aligned}
\tag{3.105}
$$

Mit **y** sind die Ausgangsgrößen bezeichnet, die hier gleich mit den Zustandsvariablen angenommen werden. Damit man zuletzt die Ergebnisse der zeitdiskreten Identifizierung besser mit den idealen Werten vergleichen kann, wird das kontinuierliche System von Anfang an mit Hilfe der MATLAB-Funktion **c2d** zeitdiskretisiert:

$$\mathbf{x}[(k+1)T_s] = \mathbf{A}\mathbf{x}[kT_s] + \mathbf{B}F[(k)T_s]$$
$$\mathbf{y}[(k+1)T_s] = \mathbf{C}\mathbf{x}[(k+1)T_s] + \mathbf{D}F[(k)T_s] \tag{3.106}$$

Im Skript werden die Parameter des Systems initialisiert und die Matrizen $\mathbf{A}, \mathbf{B}$ bzw. $\mathbf{C}, \mathbf{D}$ gebildet. Der Kompensationstilger muss eine Eigenfrequenz $\sqrt{k_T/m_T}$ gleich der Anregungsfrequenz besitzen. Diese ist im Skript mit omegaT bezeichnet und wird die Frequenz der Anregungskraft sein. Mit der Funktion **lsim** ist die Antwort des Systems auf eine cosinusförmige Kraft ermittelt. Der Tilger ist mit seiner Eigenfrequenz der Anregungsfrequenz angepasst.

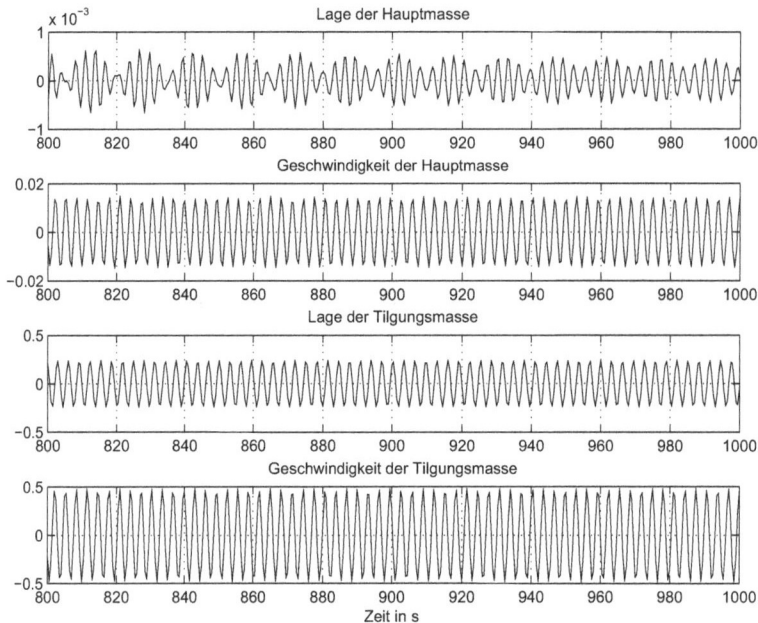

Abb. 3.41: Antwort des Feder-Masse-Systems mit Kompensationstilger auf angepasste cosinusförmige Anregung (fms_tilg1.m)

Der Ausschnitt des Skripts, in dem diese Antwort ermittelt wird, ist:

```
.........
% -------- Feder-Masse-System mit Tilger
% Haupt-Feder-Masse-System
k = 5;        m = 3;         c = 0.1;
% Tilgungssystem
kT = 4;       mT = 1;      cT = 0.00;
omegaT = sqrt(kT/mT);    % Eigenfrequenz des Tilgers
% ------- Zustandsmodell des Systems
% x1, x2 = x, v
```

```
% x3, x4 = xT, vT
A1 = [0,1,0,0];        A2 = [-(k+kT), -(c+cT), kT, cT]/m;
A3 = [0,0,0,1];        A4 = [kT, cT, -kT, -cT]/mT;
A = [A1; A2; A3; A4];          B = [0, 1/m, 0, 0]';
C = eye(4,4);                  D = zeros(4,1);
my_sys = ss(A, B, C, D);     % Kontinuierliches Modell
Ts = 0.5;                              % Abtastperiode
my_sys1 = c2d(my_sys, Ts);   % Zeitdiskretes Modell
% ------- Cosinusförmige Anregungskraft
amplF = 1;
f0 = omegaT/(2*pi);          % Anregungsfrequenz
fs = 1/Ts;
TFinal = 1000;
t = 0:Ts:TFinal;             % Zeitachse
u = amplF*cos(omegaT*t);     % Cosinus-Anregung

% ------- Antwort des Systems auf cosinusförmige Anregung
y = lsim(my_sys1, u');       % Antwort auf die Cosinus-Anregung
nt = length(t);    nd = nt-400:nt;   % Indizes für die Darstellungen
figure(1);    clf;
subplot(411), plot(t(nd), y(nd,1));
        title('Lage der Hauptmasse');  grid on;
subplot(412), plot(t(nd), y(nd,2));
        title('Geschwindigkeit der Hauptmasse');  grid on;
subplot(413), plot(t(nd), y(nd,3));
        title('Lage der Tilgungsmasse');  grid on;
subplot(414), plot(t(nd), y(nd,4));
        title('Geschwindigkeit der Tilgungsmasse');  grid on;
        xlabel('Zeit in s');
.........
```

Abb. 3.41 zeigt die Antwort des mechanischen Systems. Oben sind Lage und Geschwindigkeit der Hauptmasse dargestellt und man sieht, dass diese praktisch ruht. Die Amplituden sind im Vergleich zu den Amplituden der Lage und Geschwindigkeit der Tilgungsmasse sehr klein.

Es wird weiter die Antwort auf weißen Rauschen ermittelt und daraus ein AR-Modell für die Lage der Hauptmasse mit der MATLAB-Funktion **armcov** berechnet:

```
% ------- Antwort des Systems auf weißes Rauschen
var_u = 0.1;
u = sqrt(var_u)*randn(1,nt);           y = lsim(my_sys1, u');
nd = nt-500:nt;
figure(2);    clf;
subplot(411), plot(t(nd), y(nd,1));
        title('Lage der Hauptmasse');  grid on;
subplot(412), plot(t(nd), y(nd,2));
        title('Geschwindigkeit der Hauptmasse');  grid on;
subplot(413), plot(t(nd), y(nd,3));
        title('Lage der Tilgungsmasse');  grid on;
subplot(414), plot(t(nd), y(nd,4));
        title('Geschwindigkeit der Tilgungsmasse');  grid on;
```

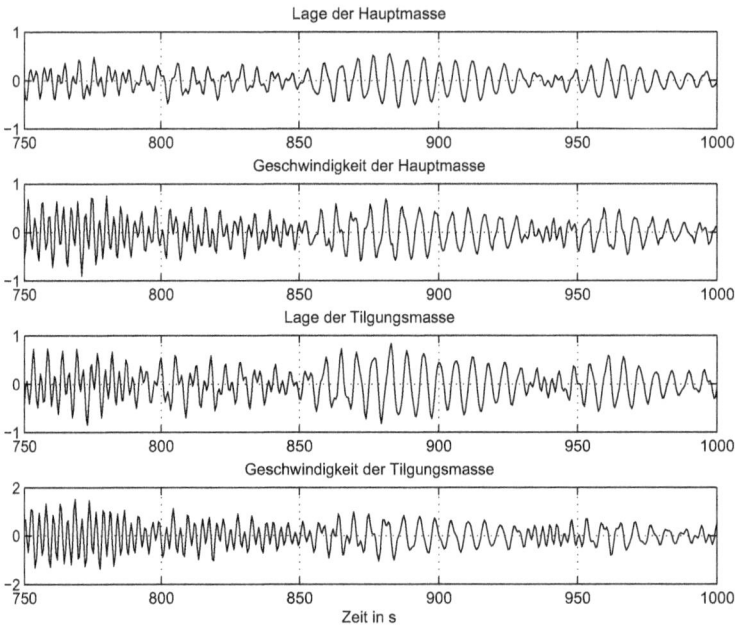

Abb. 3.42: Antwort des Feder-Masse-Systems mit Kompensationstilger auf unabhängige Anregung (fms_tilg1.m)

```
        xlabel('Zeit in s');
% ------- AR-Modell für die Lage der Hauptmasse mit armcov
nord = 10;
[ag, error] = armcov(y(:,1), nord);
nfft = 512;
Pxx = Ts*error./(abs(fft(ag,nfft)).^2);

% a_modell = ar(y(:,1), nord,'fb');
% ag = idpoly(a_modell);
% error = get(a_modell, 'NoiseVariance');

% ------- Ideale PSD
[Habs, phi] = bode(my_sys1, (0:nfft/2-1)*2*pi*fs/nfft);
Hideal = squeeze(Habs(1,1,:));
Pxx_ideal = Ts*var_u*Hideal.^2;
figure(3);    clf;
plot((0:nfft/2-1)*fs/nfft, 10*log10(Pxx(1:nfft/2)));        hold on;
plot((0:nfft/2-1)*fs/nfft, 10*log10(Pxx_ideal),'r');        hold off;
title('Ideale PSD und die PSD aus identifizierten AR-Modell');
xlabel('Frequenz in Hz');    grid on
```

Weiter wird die spektrale Leistungsdichte ermittelt und mit der idealen Leistungsdichte verglichen. Die ideale spektrale Leistungsdichte (englisch *Power Spectral Density*) wird aus der

Übertragungsfunktion von der Anregung zur Lage der Hauptmasse, die über die MATLAB-Funktion **bode** erhalten wird, berechnet. Aus den vier Amplitudengängen, die in `Habs` ermittelt wurden, wird nur der benötigte extrahiert.

Abb. 3.42 zeigt dieselben Variablen für die Anregung mit unabhängiger Sequenz (weißem Rauschen) und in Abb. 3.43 sind die spektralen Leistungsdichten dargestellt. Die ideale spektrale Leistungsdichte hat ein Minimum bei der Eigenfrequenz des Tilgers $f_0 = \omega_T/(2\pi) = 1/\pi = 0,3183$ Hz, das ungefähr gleich dem Minimum der aus dem AR-Modell geschätzten spektralen Leistungsdichte ist.

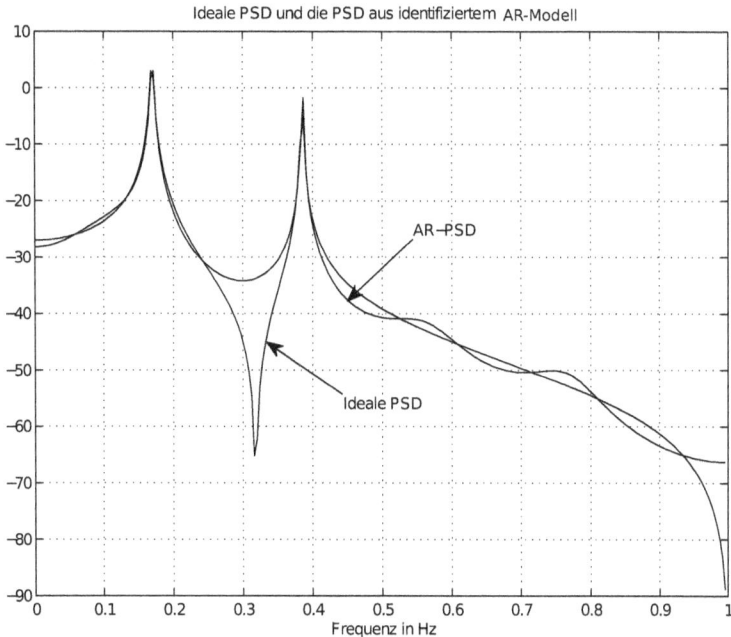

Abb. 3.43: Die ideale und über das AR-Modell ermittelte spektrale Leistungsdichte (fms_tilg1.m)

Dem Leser wird empfohlen, die Felder `Habs` und `phi` etwas näher zu betrachten. Sie enthalten die Amplituden- und Phasengänge von der Anregung zu den vier Ausgängen. Mit `Habs(1,1,:)` extrahiert man den Amplitudengang von der Anregung zur Lage der Hauptmasse. Das Feld `Habs(1,1,:)` ist aber weiterhin dreidimensional. Die unnötigen Indizes werden mit `Hideal=`**squeeze**`(Habs(1,1,:))` entfernt.

Der Einsatz der MATLAB-Funktion **ar** mit der Option `'fb'` ist im Skript auch schon vorbereitet. Man muss nur die %-Zeichen entfernen und die andere Funktion als Kommentar wählen.

Im Skript `fms_tilg2.m` wird für die Identifikation des AR-Modells eine binäre Zufallsfolge eingesetzt:

```
.........
% ------- Antwort des Systems auf binäre Zufallszahlen
np = 100;
```

```
u = sign(randn(1,nt));          % Zufallszahlen +1 und -1
var_u = std(u)^2;

y = lsim(my_sys1, u');
.........
```

Die Ergebnisse sind die gleichen.

Um besser zu verstehen, weshalb man das kontinuierliche Modell des Feder-Masse-Systems in ein zeitdiskretes Modell umgewandelt hat, werden im Skript `kont2disk_1.m` die Frequenzgänge des kontinuierlichen und des zeitdiskreten Modells ermittelt und dargestellt.

Die Identifikation geschieht mit zeitdiskreten Daten und somit ist das Ergebnis ein zeitdiskretes Modell, das man im Vergleich mit dem korrekten, aus dem kontinuierlichen abgeleiteten zeitdiskreten Modell beurteilen soll. Die Frequenzgänge werden "per Hand" ohne spezielle

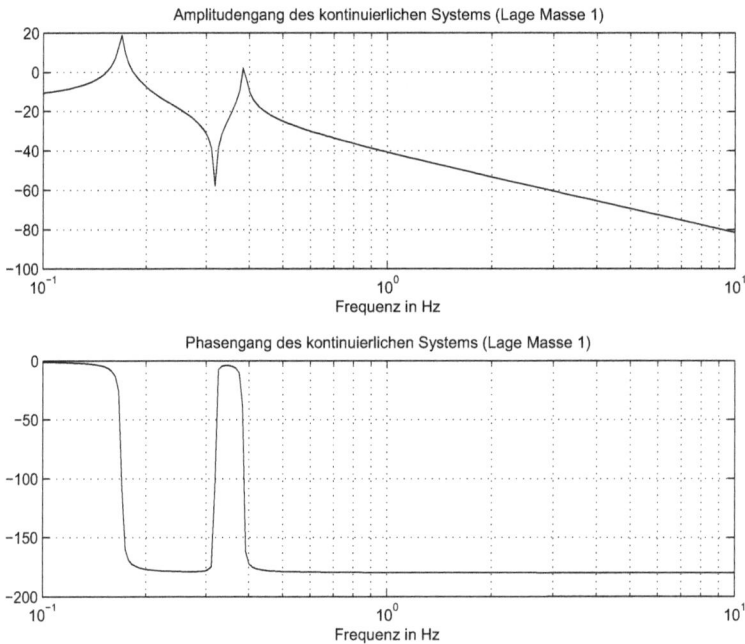

Abb. 3.44: *Frequenzgang des kontinuierlichen Modells* (kont2disk_1.m)

MATLAB-Funktionen ermittelt. Die erste Gleichung aus (3.105) als Laplace-Transformation geschrieben ergibt die Übertragungsfunktion:

$$H_k(s) = \frac{X(s)}{F(s)} = [I\,s - A]^{-1}B \qquad (3.107)$$

Mit $s = j\omega$ erhält man dann den komplexen Frequenzgang von allen vier Zustandsvariablen zum Eingang als Anregung.

Ähnlich erhält man für das zeitdiskrete Modell gemäß erster Gleichung (3.106) als Z-

Transformation die Form:

$$H_d(z) = \frac{X(z)}{F(z)} = [I\,z - A_d]^{-1} B_d \tag{3.108}$$

Hier wird der komplexe Frequenzgang mit $z = e^{j2\pi f T_s} = e^{j2\pi f/f_s}$ erhalten. Die wichtigen

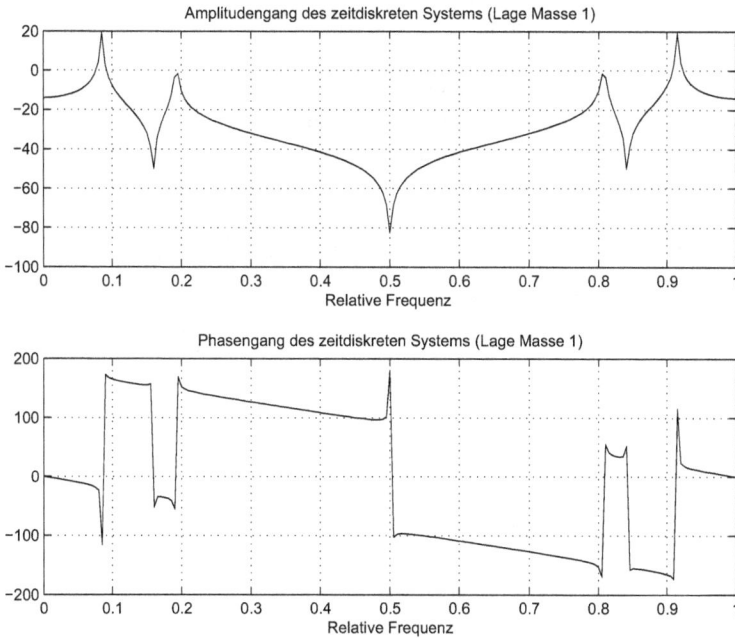

Abb. 3.45: Frequenzgang des zeitdiskreten Modells (kont2disk_1.m)

Programmzeilen des Skriptes, in denen die Frequenzgänge berechnet werden, sind:

```
. . . . . . . . .
% ------- Frequenzgang des kontinuierlichen Systems
f = logspace(-1, 1, 200);          omega = 2*pi*f;
nf = length(f);
Hk = zeros(4, nf);   % Komplexe Frequenzgänge in den vier Zeilen
for p = 1:nf
    Hk(:,p) = inv(eye(4)*j*omega(p)-A)*B;
end;
. . . . . . . . . .
% ------- Frequenzgang des zeitdiskreten Systems
fr = 0:0.005:1;        z = exp(j*2*pi*fr);
nfr = length(fr);

Ad = my_sys1.a;   Bd = my_sys1.b;   % Matrizen des zeitdiskreten
Cd = my_sys1.c;   Dd = my_sys1.d;   % Systems
```

```
Hd = zeros(4, nfr);   % Komplexe Frequenzgänge in den vier Zeilen
for p = 1:nfr
    Hd(:,p) = inv(eye(4,4)*z(p)-Ad)*Bd;
end;
```
. . . .

Abb. 3.44 und 3.45 zeigen die Frequenzgänge des kontinuierlichen und des zeitdiskreten Modells. Sie sind am Anfang ähnlich und unterscheiden sich besonders im Phasengang bei Frequenzen in der Nähe der halben Abtastfrequenz. Das geschieht wegen der Periodizität (mit Periode f_s) des zeitdiskreten Frequenzgangs.

Der Phasengang des zeitdiskreten Modells erscheint wegen der Winkel, die annähernd 180 Grad sind, gespiegelt. Die Phasenverschiebungen von +180 Grad und -180 Grad sind gleich.

3.13 Das MA-Modell zur Schätzung der spektralen Leistungsdichte

Die ideale spektrale Leistungsdichte $\Gamma_{xx}^{MA}(f)$ kann direkt aus der Fourier-Transformation der Autokorrelation $\gamma_{xx}[m]$ für $|m| \leq q$ ermittelt werden:

$$\Gamma_{xx}^{MA}(f) = T_s \sum_{m=-q}^{q} \gamma_{xx}[m]\, e^{-j2\pi f m T_s} \tag{3.109}$$

Die geschätzte spektrale Leistungsdichte ist dann:

$$P_{xx}^{MA}(f) = T_s \sum_{m=-q}^{q} r_{xx}[m]\, e^{-j2\pi f m T_s} \tag{3.110}$$

Sie entspricht der klassischen, nicht parametrischen Methode zur Schätzung der spektralen Leistungsdichte.

Die Parameter des MA-Modells können über einen Umweg ermittelt werden. Man schätzt zuerst ein AR-Modell mit einer Ordnung p, die größer als die geschätzte Ordnung q des MA-Modells ist und berechnet daraus dessen Parameter. Aus der Bedingung $B(z) = 1/A(z)$ folgt $A(z)B(z) = 1$, die mit Hilfe der Koeffizienten des Zählers $b[n]$ und Nenners $a[n]$ zu folgender Gleichung führt:

$$\begin{aligned}(1 + a[1]\, z^{-1} + a[2]\, z^{-2} +, \ldots, + a[p]\, z^{-p}) \\ (b[0] + b[1]\, z^{-1} + b[2]\, z^{-2} +, \ldots, + b[q]\, z^{-q}) = 1\end{aligned} \tag{3.111}$$

In Matrixform:

$$\begin{bmatrix} a[0] & 0 & 0 & \ldots & 0 \\ a[1] & a[0] & 0 & \ldots & 0 \\ a[2] & a[1] & a[0] & \ldots & 0 \\ \vdots & \vdots & \vdots & \ldots & \vdots \\ a[q-1] & a[q-2] & a[q-3] & \ldots & a[0] \end{bmatrix} \begin{bmatrix} b[1] \\ b[2] \\ b[3] \\ \vdots \\ b[q] \end{bmatrix} = - \begin{bmatrix} a[1] \\ a[2] \\ a[3] \\ \vdots \\ a[q] \end{bmatrix} \quad \text{mit} \quad b[0] = 1 \tag{3.112}$$

Mit einem kleinsten quadratischen Fehlerkriterium erhält man bessere Übereinstimmung mit den idealen Koeffizienten [20]. Die Differenz zwischen der linken und rechten Seite der vorherigen Gleichung als Fehler für die quadratische Minimierung, ergibt folgende Lösung:

$$\hat{\mathbf{b}} = -\mathbf{R}_{aa}^{-1}\, \mathbf{r}_{aa} \quad \text{mit}$$

$$R_{aa}(i,j) = R_{aa}(|i-j|) = \sum_{n=0}^{p-|i-j|} \hat{a}[n]\, \hat{a}[n+|i-j|] \quad i,j = 1,2,\ldots,q$$

$$r_{aa}(i) = \sum_{n=0}^{p-i} \hat{a}[n]\, \hat{a}[n+i] \quad i = 1,2,\ldots,q$$

$$\hat{b}[0] = 1$$

(3.113)

Mit $\hat{a}[n], \hat{b}[n]$ wurden die geschätzten Parameter bezeichnet.

Experiment 3.12: Schätzung der Parameter eines MA-Modells über ein AR-Modell

In diesem Experiment wird zuerst eine Zufallssequenz von binären Daten, wie sie oft in der Kommunikationstechnik vorkommen, erzeugt. Dafür benutzt man ein FIR-Filter, das als Halteglied nullter Ordnung fungiert. Aus diesen Daten werden ein AR- und ein MA-Modell identifiziert und die spektrale Leistungsdichte ermittelt. Das MA-Modell entspricht dem FIR-Filter. Die Anregung des Filters sind Pulse in Abstand T_{bit} die zufällig positiv oder negativ sind. Abb. 3.46 zeigt ganz oben diese Pulse und darunter die daraus erzeugten zufälligen Binärdaten.

Im Skript `binaer_zuf1.m` wird zuerst diese Binärdatensequenz generiert und dargestellt:

```
.........
clear;          rand('twister', 356975);
% ------- Antwort des Systems auf zufällige Pulse
N = 5000;                   % Länge der Sequenz
nbit = 10;          % Dauer eines Bits
p = fix(N/nbit);
u = zeros(1,N);
for m = 1:p      % Anregung in Form von unabhängigen Pulsen
    u((m-1)*nbit+1) = sign(rand(1)-0.5);
end;
h = ones(1,10); % Einheitspulsantwort des FIR-Filters,
            % das hier als Halteglied nullter Ordnung agiert
x = filter(h,1,u);   % Binäre Sequenz
ne = 100;       % Entfernen des Einschwingens
x = x(ne:end);       u = u(ne:end);
N = length(x);
Ts = 0.1;    fs = 1/Ts;      % Nur zur Normierung eingesetzt
nd = 200:800;            % Indizes für die Darstellung
figure(1);     clf;
subplot(311), plot(nd, u(nd));
```

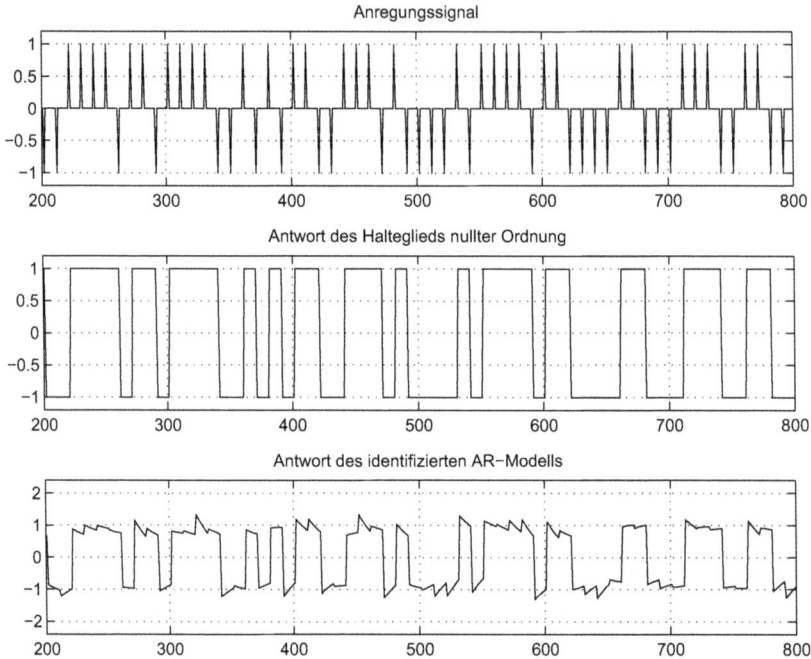

*Abb. 3.46: Binäre zufällige Sequenz und Antwort des identifizierten AR-Modells (*binaer_zuf1.m*)*

```
        La = axis;     axis([La(1:2), 1.2*La(3:4)]);
        title('Anregungssignal');     grid on;
subplot(312), plot(nd, x(nd));
        La = axis;     axis([La(1:2), 1.2*La(3:4)]);
        title('Antwort des Halteglieds nullter Ordnung');
        grid on;
```

Danach wird das AR-Modell über die MATLAB-Funktion **ar** oder **armcov**, wie in den vorherigen Experimenten identifiziert:

```
% ------- AR-Modell mit ar oder armcov
nord = 50;
%[ag, error] = armcov(x, nord);
a_modell = ar(x, nord,'fb');
% ag = get(a_modell,'a');
ag = polydata(a_modell);
error = get(a_modell, 'NoiseVariance');
```

Die Antwort des identifizierten Modells, die ganz unten in Abb. 3.46 gezeigt ist, wird mit

```
..........
y = filter(1, ag, u);     % Antwort des AR-Modells
..........
```

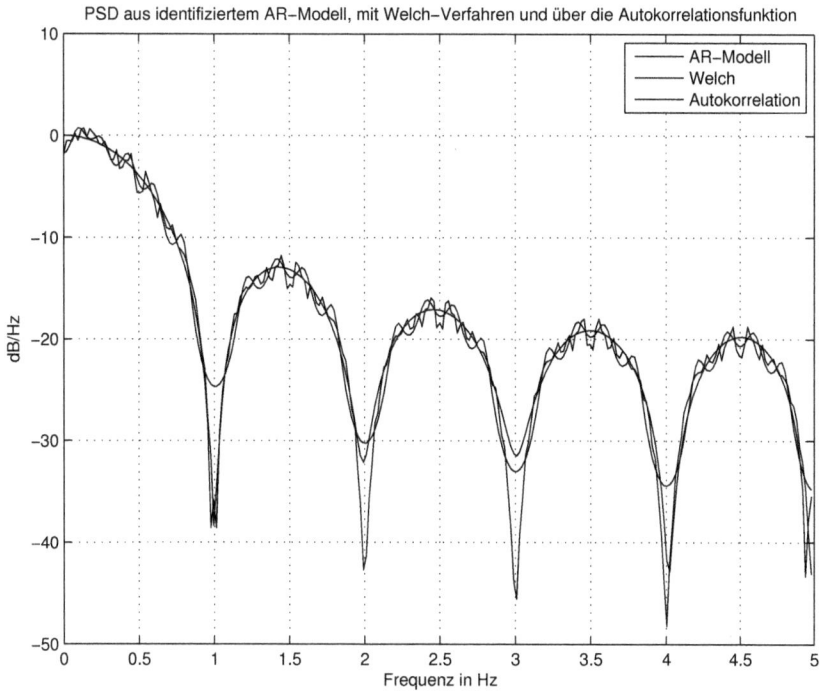

PSD aus identifiziertem AR-Modell, mit Welch-Verfahren und über die Autokorrelationsfunktion

Abb. 3.47: Die spektrale Leistungsdichte (PSD) über das identifizierte AR-Modell, über das Welch-Verfahren und über die Autokorrelation (binaer_zuf1.m)

ermittelt und danach dargestellt.

Die spektrale Leistungsdichte ist über die Parameter des AR-Modells ermittelt und zusätzlich mit dem Welch-Verfahren und direkt über die Autokorrelation (als nicht parametrisches Verfahren) berechnet (Abb. 3.47):

```
% ------- Spektrale Leistungsdichte
nfft = 512;
Pxx = Ts*error./(abs(fft(ag,nfft)).^2);        % PSD mit AR-Parametern
Pxx_w = pwelch(x, hann(nfft), nfft/2, nfft, fs, 'twosided');
                                               % PSD mit Welch-Verfahren
figure(2);    clf;
plot((0:nfft/2-1)*fs/nfft, 10*log10(Pxx(1:nfft/2)));    hold on;
plot((0:nfft/2-1)*fs/nfft, 10*log10(Pxx_w(1:nfft/2)),'r');
% ------- Spektrale Leistungsdichte über die Autokorrelation
q = 12;     % Ordnung MA-Modell
p = nord;   % Ordnung AR-Modell
rxx = xcorr(x, q, 'unbiased');        % Geschätzte Autokorrelation
% rxx = [0:1:nbit, nbit-1:-1:0]/nbit; % Ideale Autokorrelation
Pxx_rxx = Ts*abs(fft(rxx, nfft));
plot((0:nfft/2-1)*fs/nfft, 10*log10(Pxx_rxx(1:nfft/2)),'k');
```

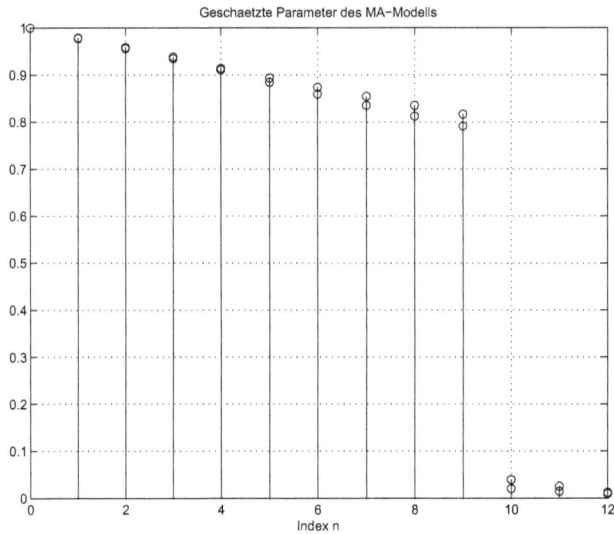

Abb. 3.48: Die mit den zwei Verfahren geschätzten Parameter $b[n], n = 0, 1, 2, \ldots, q$ des MA-Modells (binaer_zuf1.m)

```
hold off;
title(['PSD aus identifiziertem AR-Modell, mit Welch-Verfahren',...
    ' und über die Autokorrelationsfunktion']);
xlabel('Frequenz in Hz');    grid on
legend('AR-Modell', 'Welch', 'Autokorrelation');
ylabel('dB/Hz');
```

Die Schätzung des MA-Modells gemäß Gl. (3.112) und Gl. (3.113) geschieht in folgenden Programmzeilen:

```
% -------- Schätzung des MA-Modells aus der Faltung B(z)*A(z) = 1
% q = Ordnung MA-Modell
% p = Ordnung AR-Modell
ba = zeros(q,q);
for k = 1:q
    ba(k, 1:k) = ag(k:-1:1);
end
b1 = -inv(ba)*ag(2:q+1)';        b1 = [1;b1];
% ------- Schätzung des MA-Modells mit kleinstem quadratischem Fehler
Raa = zeros(q, q);
for ir = 1:q
  for jr = 1:q
    Raa(ir, jr) = sum(ag(1:p+1-abs(ir-jr)).*ag(abs(ir-jr)+1:p+1));
  end;
end;
raa = zeros(1,q);
for ir = 1:q
```

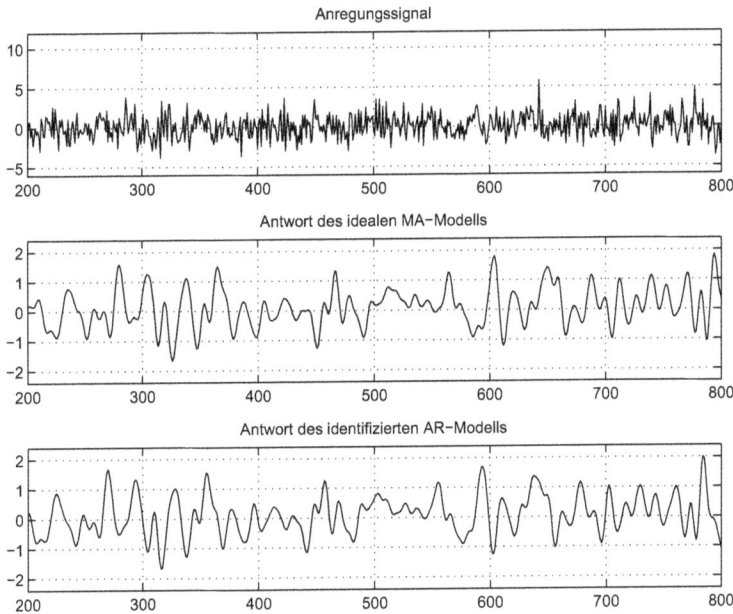

*Abb. 3.49: Eingangssignal, Antwort des FIR-Filters und Antwort des geschätzten AR-Modells
(eingang_zuf2.m)*

```
     raa(ir) = sum(ag(1:p+1-ir).*ag(1+ir:p+1));
end;
b2 = -inv(Raa)*raa';              b2 = [1; b2];
. . . . . . . . . . . .
```

Im Skript werden zuletzt die Ergebnisse mit Hilfe des Satzes von Parseval überprüft und man erhält sehr gute Übereinstimmungen der Leistungen, die direkt aus dem Signal und die aus den spektralen Leistungsdichten berechnet wurden.

Mit Hilfe des Skripts eingang_zuf2.m wird ein ähnliches Experiment programmiert, in dem als Eingangssequenz normales weißes Rauschen gewählt wird und als Filter für die Generierung des AM-Prozesses wird ein FIR-Tiefpassfilter eingesetzt. Abb. 3.49 zeigt oben das Anregungssignal, in der Mitte die Antwort des FIR-Filters (des korrekten MA-Modells) und ganz unten die Antwort des identifizierten AR-Modells.

Aus diesem AR-Modell werden mit den zwei Verfahren MA-Modelle ermittelt. Ein Ausschnitt der korrekten Antwort des FIR-Filters und einer der MA-Modelle ist in Abb. 3.50 gezeigt.

Abb. 3.51 stellt oben die Einheitspulsantwort des FIR-Filters dar, die mit Nullwerten für die Darstellung erweitert wurde, und darunter die normierten Koeffizienten der geschätzten MA-Modelle. Die Normierung war notwendig um bei Frequenz null eine Übertragungsfunktion mit Betrag eins zu erhalten.

Das Skript ist ähnlich aufgebaut und wird weiter nicht mehr beschrieben.

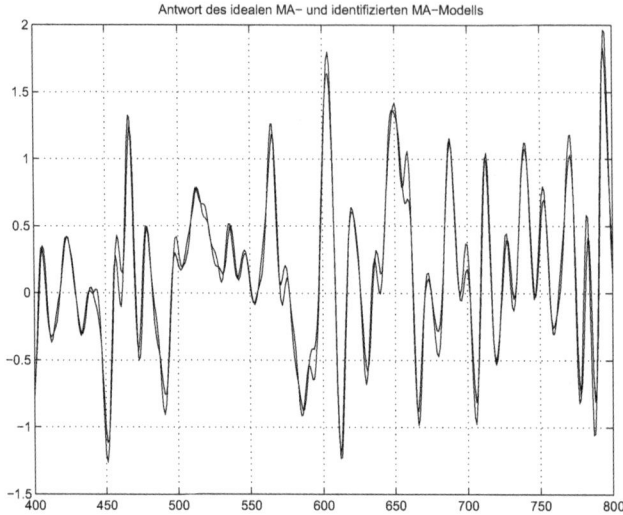

Abb. 3.50: Antwort des FIR-Filters und Antwort eines der geschätzten MA-Modelle (ein-gang_zuf2.m)

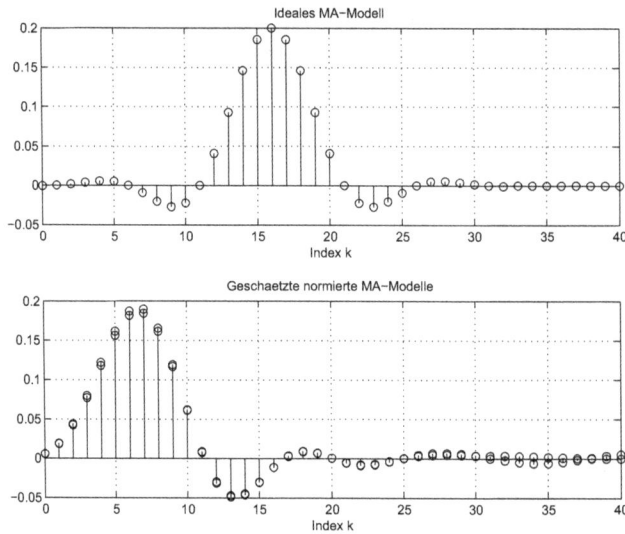

Abb. 3.51: Einheitspulsantwort des FIR-Filters, das mit Nullwerten für die Darstellung erwei-tert wurde und die Koeffizienten der ermittelten MA-Modelle (eingang_zuf2.m)

3.14   Schätzung der spektralen Leistungsdichte für ARMA-Prozesse

Ein ARMA-Modell für einen stationären, ergodischen Prozess kann gute Schätzungen der spektralen Leistungsdichte mit weniger Parametern liefern. Dieses Modell ist auch für den Fall, dass das Signal mit Rauschen (z.B. Messrauschen) überlagert ist, besser geeignet. Angenommen die Daten $x[kT_s]$ sind über ein AR-Modell mit Übertragungsfunktion $1/A(z)$ aus weißem Rauschen $w[kT_s]$ erzeugt und das Ausgangssignal ist mit Rauschen $n[kT_s]$ überlagert. Die z-Transformation der Autokorrelationsfunktion ist dann [20]:

$$\Gamma_{xx}(z) = \frac{\sigma_w^2}{A(z)\,A(z^{-1})} + \sigma_n^2 = \frac{\sigma_w^2 + \sigma_n^2 A(z)\,A(z^{-1})}{A(z)\,A(z^{-1})} \tag{3.114}$$

Der ursprüngliche AR-Prozess $x[kT_s]$ ist jetzt ein ARMA(p,p)-Prozess der gleichen Ordnung p (oder Grad des Zählers und Nenners).

In Gl. (3.76) wurde die Verbindung zwischen den Parametern eines ARMA-Modells und der Autokorrelationsfunktion gezeigt. Für Verspätungen $|m| > q$, wobei q die Ordnung des MA-Teils ist, sind nur die Parameter a_n verantwortlich. Diese sind dann über die Gl. (3.77) mit geschätzten Werten für die Autokorrelationswerte $\gamma_{xx}[m]$ zu ermitteln.

Mit einem überbestimmten Gleichungssystem von linearen Gleichungen mit $m > q$ und die Methode des kleinsten quadratischen Fehlers erhält man zuverlässigere Ergebnisse. Angenommen man kann die Autokorrelationswerte $r_{xx}[m]$ für Verspätungen bis $M > p + q$ schätzen. Für $m > q$ ergibt sich dann folgendes lineares Gleichungssystem, das dem Gleichungssystem (3.77) ähnlich ist:

$$\begin{pmatrix} r_{xx}[q] & r_{xx}[q-1] & \ldots & r_{xx}[q-p+1] \\ r_{xx}[q+1] & r_{xx}(q) & \ldots & r_{xx}[q-p+2] \\ \vdots & \vdots & \ldots & \vdots \\ r_{xx}[M-1] & r_{xx}[M-2] & \ldots & r_{xx}[M-p] \end{pmatrix} \begin{pmatrix} a_1 \\ a_2 \\ \vdots \\ a_p \end{pmatrix} = - \begin{pmatrix} r_{xx}[q+1] \\ r_{xx}[q+2] \\ \vdots \\ r_{xx}[M] \end{pmatrix} \tag{3.115}$$

In Matrixform ausgedrückt:

$$\mathbf{R}_{xx}\,\mathbf{a} = -\mathbf{r}_{xx} \tag{3.116}$$

Weil die Matrix $\mathbf{R}_{xx}$ die Dimension $(M - q) \times p$ mit $M - q > p$ hat, ist die Lösung über den kleinsten quadratischen Fehler durch

$$\hat{\mathbf{a}} = -(\mathbf{R}_{xx}^T\,\mathbf{R}_{xx})^{-1}\,\mathbf{R}_{xx}^T\,\mathbf{r}_{xx} \tag{3.117}$$

gegeben.

Dieses Verfahren wird in der Literatur [20] mit *Least-Square Modified Yule-Walker*-Verfahren bezeichnet. Die Autokorrelationsschätzungen können auch mit einer Fensterfunktion gewichtet werden, um die Varianz der unsicheren Schätzungen für große Verspätungen zu dämpfen.

Nachdem die Parameter des AR-Teils ermittelt wurden, verfügt man über die Übertragungsfunktion:

$$\hat{A}(z) = 1 + \sum_{n=1}^{p} \hat{a}_n\,z^{-n} \tag{3.118}$$

Die Datensequenz $x[kT_s]$ kann jetzt mit dem FIR-Filter $\hat{A}(z)$ gefiltert werden

$$y[kT_s] = x[kT_s] + \sum_{n=1}^{p} \hat{a}_n\,x[(k-n] \quad n = 0, 1, 2, \ldots, N - 1 \tag{3.119}$$

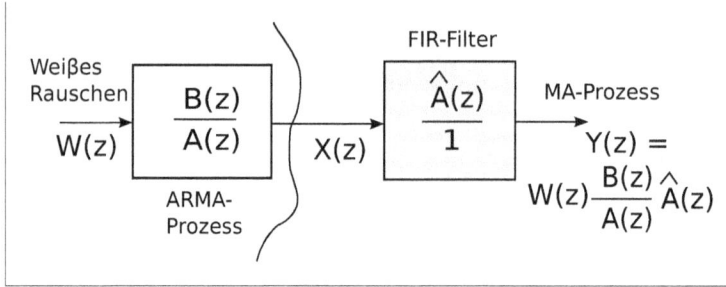

Abb. 3.52: Umwandlung des ARMA-Prozesses in einen MA-Prozess

und man erhält die Sequenz $y[kT_s]$. In Abb. 3.52 ist das Vorgehen skizziert. Wenn angenommen wird, dass $\hat{A}(z) \cong A(z)$ ist, erhält man eine MA-Sequenz mit der Übertragungsfunktion $B(z)$. Aus der Autokorrelationsfunktion $r_{yy}[m]$ dieser Sequenz kann dann gemäß Gl. (3.110) die spektrale Leistungsdichte berechnet werden:

$$P_{yy}^{MA}(f) = T_s \sum r_{yy}[m]\, e^{-j2\pi f T_s m} \tag{3.120}$$

Die spektrale Leistungsdichte für den ARMA-Gesamtprozess wird schließlich über

$$\hat{P}_{xx}^{ARMA}(f) = \frac{P_{yy}^{MA}(f)}{\left|1 + \displaystyle\sum_{n=1}^{p} \hat{a}_n e^{-j2\pi f T_s n}\right|^2} \tag{3.121}$$

berechnet.

Experiment 3.13: Schätzung der spektralen Leistungsdichte eines ARMA-Prozesses

Die gezeigten Etappen für die Ermittlung der spektralen Leistungsdichte eines ARMA-Prozesses werden exemplarisch mit folgendem ARMA-Modell untersucht [20]:

$$H(z) = \frac{2,2 - 2,713\, z^{-1} + 1,9793\, z^{-2} - 0,1784\, z^{-3}}{1 - 1,3233\, z^{-1} + 1,8926\, z^{-2} - 1,2631\, z^{-3} + 0,8129\, z^{-4}} \tag{3.122}$$

Das Experiment ist im Skript ARMA_1.m programmiert. In den folgenden Programmzeilen werden die Pole der Übertragungsfunktion und die entsprechenden relativen Resonanzfrequenzen ermittelt bzw. der Frequenzgang des Systems berechnet und dargestellt:

```
% ------- ARMA-Prozess
% H(z) = B(z)/A(z)
b = [2.2, -2.713, 1.9793, -0.1784];
a = [1, -1.3233, 1.8926, -1.2631, 0.8129];
pole = roots(a);
```

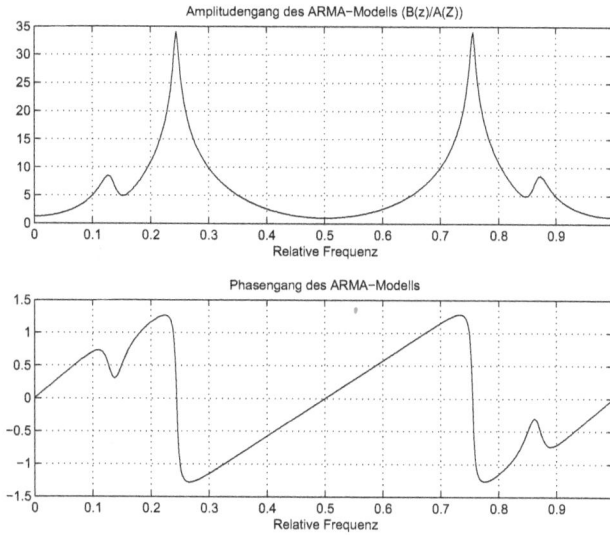

Abb. 3.53: Frequenzgang des ARMA-Systems H(z) = B(z)/A(z) (ARMA_1.m)

```
fr1 = angle(pole(1))/(2*pi)     % Relative Resonanzen
fr2 = angle(pole(3))/(2*pi)
% ------- Frequenzgang
nfft = 512;
Bw = fft(b, nfft);        Aw = fft(a, nfft);
H = Bw./Aw;
..........
```

Die zwei relativen Resonanzfrequenzen sind 0,1305 und 0,2444, wobei die erste davon stärker gedämpft ist, wie der Frequenzgang aus Abb. 3.53 zeigt. Danach wird das Ausgangssignal des ARMA-Modells erzeugt und das Einschwingen entfernt:

```
% ------- Eingangssequenz
N = 2100;
var_w = 1;              w = sqrt(var_w)*randn(1, N);
% ------- Ausgangssequenz
x = filter(b, a, w);
ne = 100;    w = w(ne:end);    x = x(ne:end); % Entfernen der Einschg.
N = length(x);
........
```

Weiter wird die Autokorrelation der verfügbaren Daten $x[kT_s]$ ermittelt, die Matrix $\mathbf{R}_{xx}$ bzw. Vektor $\mathbf{r}_{xx}$ gemäß Gl. (3.116) berechnet und die Schätzung des AR-Teils des Modells durchgeführt:

```
% ------- Autokorrelationsmatrix
p = 8;          q = 8;              % Ordnung des Zählers und Nenners q >= p
M = (p+q) + 50;
```

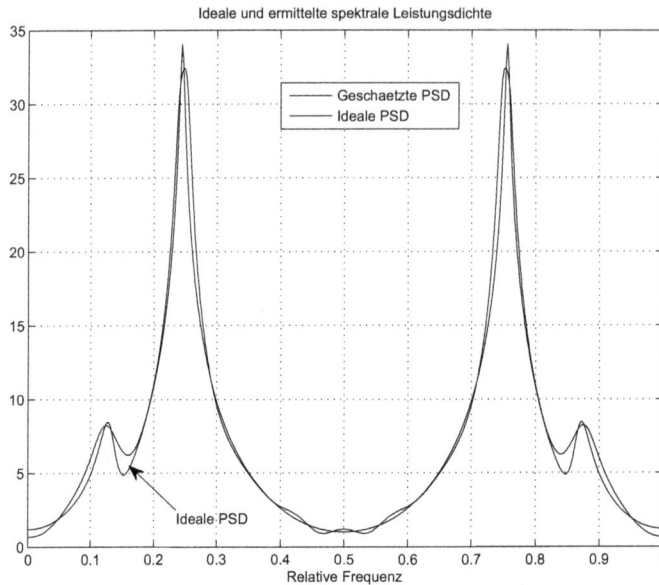

Abb. 3.54: Geschätzte und ideale spektrale Leistungsdichte (ARMA_1.m)

```
rxx1 = hann(2*M+1)'.*xcorr(x,M,'biased');% Symmetrische Autokorrelation
rxx = rxx1(M+1:end);       % Die eine Hälfte
Rxx = zeros(M-q, p);
for z = 1:M-q
    Rxx(z,:) = rxx(q+z-1:-1:q-p+z);
end;
% ------- AR-Schätzung
rxx = rxx(q+1:M);
ag = -inv(Rxx'*Rxx)*Rxx'*rxx';
ag = [1; ag]';
```

Es folgt die FIR-Filterung mit der geschätzten Übertragungsfunktion $\hat{A}(z)/1$ und die nicht parametrische Schätzung der Spektralen Leistungsdichte des MA-Teils (Zähler der Gl. (3.121)):

```
% ------- FIR-Filtern der Sequenz x
y = filter(ag, 1, x);
y = y(ne:end);     % Entfernen des Einschwingprozesses
% ------- Berechnung der spektralen Leistungsdichte für den B(z) Teil
m = 20;
ryy = hann(2*m+1)'.*xcorr(y,m,'biased'); % Autokorr. y
%ryy = xcorr(y,m,'biased');
PMA = abs(fft(ryy, nfft));
```

Schließlich wird die gesamte geschätzte spektrale Leistungsdichte des ARMA-Modells zusammen mit der idealen spektralen Leistungsdichte berechnet:

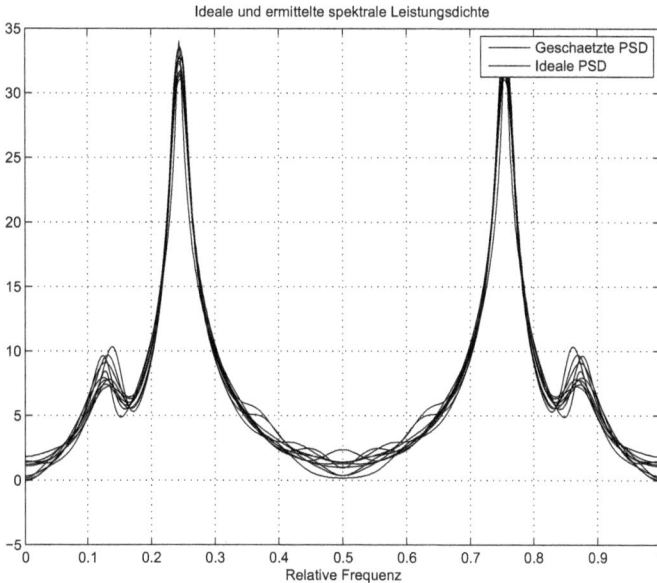

Abb. 3.55: Ideale und mehrere geschätzte spektrale Leistungsdichten (ARMA_1.m)

```
PARMA = PMA./(abs(fft(ag, nfft)).^2);      % Gesamte geschätzte PSD
PARMA_i = var_w*abs(H).^2;                 % Ideale PSD
```

Abb. 3.54 zeigt die ideale und geschätzte spektrale Leistungsdichte für eine beliebige unabhängige Eingangssequenz $w[kT_s]$. Wenn man `hold off` in der Darstellungssequenz weglässt und mehrmals die Simulation aufruft, sieht man die Schwankungen der Schätzung, wie in Abb. 3.55 gezeigt ist.

```
figure(3);     clf;
plot((0:nfft-1)/nfft, 10*log10(PARMA),'r');      hold on
plot((0:nfft-1)/nfft, 10*log10(PARMA_i));        hold off
title('Ideale und ermittelte spektrale Leistungsdichte');
xlabel('Relative Frequenz');      grid on;
legend('Geschaetzte PSD', 'Ideale PSD');
```

Zuletzt werden die Ergebnisse mit dem Satz von Parseval überprüft:

```
% -------- Überprüfen der Ergebnisse mit dem Satz von Parseval
Py_f = sum(PARMA)/nfft
Pyi_f = sum(PARMA_i)/nfft
Px = std(x)^2
```

Nicht für jede Eingangssequenz ist die Übereinstimmung gut. In diesem Experiment wurden die spektralen Leistungsdichten in relativen Frequenzen berechnet, ohne eine Abtastfrequenz vorauszusetzen, so als hätte man $T_s = 1$.

4 Eigenwertanalyse-Verfahren zur Schätzung der spektralen Leistungsdichte

In diesem Kapitel werden Signale untersucht, die aus sinusförmigen Komponenten plus Rauschen bestehen. Die Verfahren basieren auf der Eigenwertzerlegung [36], [20] der Autokorrelationsmatrix der mit Rauschen "verseuchten" Signale.

Am Anfang wird eine kurze Einführung in die Eigenwertzerlegung für die Untersuchung dynamischer Systeme besprochen, weil diese bekannter und leichter zugänglich ist. Danach wird die Eigenwertzerlegung für die Schätzung der spektralen Leistungsdichte präsentiert.

4.1 Eigenwertzerlegung für die Analyse dynamischer Systeme

Es wird die Eigenwertzerlegung für die Untersuchung kontinuierlicher und zeitdiskreter dynamischer Systeme mit zeitkonstanten Parametern kurz dargestellt, weil diese Anwendungen geläufiger und leichter zu verstehen sind. Ausgehend von der normalen Darstellung der Differential- und Differenzengleichungen, bei denen die Wurzeln der charakteristischen Gleichungen die Pole des Systems sind, werden weiter die Zustandsgleichungen untersucht. Hier sind die Eigenschaften und die homogene Lösung des Systems durch die Eigenwerte bestimmt.

4.1.1 Eigenwertzerlegung für die Analyse kontinuierlicher Systeme

Für ein kontinuierliches System der Ordnung p mit einem Ausgang $y(t)$ und Anregung $u(t)$ als Eingang, beschrieben durch folgende Differentialgleichung

$$\frac{d^p y(t)}{dt^p} + a_1 \frac{d^{p-1} y(t)}{dt^{p-1}} + a_2 \frac{d^{p-2} y(t)}{dt^{p-2}} + \cdots + a_p \, y(t) =$$
$$b_0 \frac{d^q u(t)}{dt^q} + b_1 \frac{d^{q-1} u(t)}{dt^{q-1}} + b_2 \frac{d^{q-2} u(t)}{dt^{q-2}} + \cdots + b_q \, u(t) \tag{4.1}$$

mit den Anfangsbedingungen

$$y^{(p-1)}(0), \ y^{(p-2)}(0), \ y^{(p-3)}(0), \ldots, \ y(0) \quad \text{und} \quad p \geq q \tag{4.2}$$

besteht die Lösung aus dem homogenen Teil $y_h(t)$ und dem partikulären Teil $y_p(t)$. Die homogene Lösung ist unabhängig von der Anregung und beschreibt die eigene Dynamik des Systems. Sie hat die Form:

$$y_h(t) = C_1 \, e^{\lambda_1 t} + C_2 \, e^{\lambda_2 t} + \cdots + C_N \, e^{\lambda_p t} \tag{4.3}$$

Wobei $\lambda_1, \ldots, \lambda_p$ die Wurzeln der charakteristischen Gleichung

$$\lambda^p + a_1 \lambda^{p-1} + a_2 \lambda^{p-2} + \cdots + a_p = 0 \tag{4.4}$$

sind. Für Systeme mit reellen Koeffizienten $a_1, a_2, \ldots, a_p$ treten die komplexen Wurzeln in Form von konjugiert komplexen Paaren auf. Die entsprechenden Koeffizienten der homogenen Lösung C_i, $i = 1, 2, \ldots, p$ müssen auch konjugiert komplex sein.

Ein solches komplexes Paar $\lambda_{1,2} = \sigma_1 \pm j\omega_1$ mit $C_1 = A_1\, e^{j\varphi_1}$ und $C_1^* = A_1\, e^{-j\varphi_1}$ führt zu einem Anteil in der homogenen Lösung der Form:

$$C_1\, e^{(\sigma_1 + j\omega_1)t} + C_1^*\, e^{(\sigma_1 - j\omega_1)t} = A_1\, e^{j\varphi_1}\, e^{\sigma_1 t}\, e^{j\omega_1 t} + A_1\, e^{-j\varphi_1}\, e^{\sigma_1 t}\, e^{-j\omega_1 t} =$$

$$A_1\, e^{\sigma_1 t}(e^{j(\omega_1 t + \varphi_1)} + e^{-(j\omega_1 t + \varphi_1)}) = 2A_1\, e^{\sigma_1 t} \cos(\omega_1 t + \varphi_1)$$

mit $\tag{4.5}$

$$A_1 = \sqrt{Re\{C_1\}^2 + Im\{C_1\}^2} \qquad \varphi_1 = \mathrm{atan}\left(\frac{Im\{C_1\}}{Re\{C_1\}}\right)$$

Dieser Anteil ist eine Schwingung der Frequenz ω_1 und Amplitude $2A_1$, die sich entfacht, wenn $\sigma_1 > 0$ oder abklingt, wenn $\sigma_1 < 0$ ist.

Ein System wird als stabil betrachtet, wenn alle reellen Wurzeln der charakteristischen Gleichung negativ sind und bei den konjugiert komplexen Paaren die Realteile der Wurzel ebenfalls negativ sind. Mit anderen Worten für stabile Systeme sind alle Glieder der homogenen Lösung zu null abklingend. Als Lösung bleibt nur die partikuläre Lösung.

Die noch unbekannten Koeffizienten C_1, C_2, $\ldots$, C_N sind durch die Anfangsbedingungen der Lösung (homogene plus partikuläre) zu bestimmen.

Wenn das System in Form einer Zustandsgleichung der Ordnung p beschrieben ist

$$\frac{d\mathbf{x}(t)}{dt} = \mathbf{A}\mathbf{x}(t) + \mathbf{B}\mathbf{u}(t) \qquad \text{mit Anfangsbedingung} \quad \mathbf{x}(0) \tag{4.6}$$

dann ist die homogene Differentialgleichung durch

$$\frac{d\mathbf{x}(t)}{dt} - \mathbf{A}\mathbf{x}(t) = 0 \tag{4.7}$$

gegeben. Die Matrix $\mathbf{A}$ der Größe $p \times p$ beschreibt jetzt die Eigenschaften des Systems.

Wenn auch hier eine homogene Lösung ähnlicher Form $\mathbf{x}_h(t) = \mathbf{C}\, e^{\lambda t}$ angenommen wird, erhält man durch Einsetzen ein Gleichungssystem für die Vektoren $\mathbf{C}$ und die entsprechenden Werte λ:

$$\lambda\, \mathbf{C}\, e^{\lambda t} - \mathbf{A}\, \mathbf{C}\, e^{\lambda t} = 0 \quad \text{oder} \quad \lambda\, \mathbf{C} - \mathbf{A}\, \mathbf{C} = 0$$

bzw. $\tag{4.8}$

$$(\lambda\, \mathbf{I} - \mathbf{A})\, \mathbf{C} = 0$$

Die letzte Gleichung ist die so genannte Eigenwertgleichung. Mit $\mathbf{I}$ wurde die Einheitsmatrix bezeichnet. Sie hat eine Lösung wenn die Determinante $|\lambda \mathbf{I} - \mathbf{A}|$ gleich null ist oder anders ausgedrückt die Matrix $\lambda \mathbf{I} - \mathbf{A}$ singulär ist [27]. Die Determinante gleich null führt zu einer charakteristischen Gleichung des Grades p:

$$\lambda^p + d_{p-1}\, \lambda^{p-1} + d_{p-2}\, \lambda^{p-2} + \cdots + d_0 = 0 \tag{4.9}$$

Sie hat p Lösungen λ_1, $\lambda_2, \ldots, \lambda_p$, die die Eigenwerte des Systems darstellen und für jedes λ_i erhält man danach aus Gl. (4.8) einen Eigenvektor $\mathbf{C}_i$. Für reelle Systeme (mit reellen Elementen in der Matrix $\mathbf{A}$) erscheinen die komplexen Eigenwerte immer als konjugiert komplexe Paare und entsprechend auch die Eigenvektoren.

Die homogene Lösung kann jetzt wie folgt geschrieben werden:

$$\mathbf{x}_h(t) = \alpha_1 \, \mathbf{C_1} \, e^{-\lambda_1 t} + \alpha_2 \, \mathbf{C_2} \, e^{-\lambda_2 t} + \cdots + \alpha_p \, \mathbf{C_p} \, e^{-\lambda_p t} \tag{4.10}$$

Die zusätzlichen p Unbekannten $\alpha_i, i = 1, 2, \ldots, p$ werden mit Hilfe der Anfangsbedingungen aus dem Vektor der Anfangszustände $\mathbf{x}(0)$, die die gesamte Lösung erfüllen müssen, ermittelt.

Für ein System ohne Anregung, bei dem die Lösung nur die homogene Lösung ist, erhält man für $t = 0$ folgende Gleichung für die Verbindung der Koeffizienten α_i und Anfangszustandsvektor $\mathbf{x}(0)$:

$$\mathbf{x}(0) = \begin{bmatrix} | & | & | & | & | \\ \mathbf{C_1} & \mathbf{C_2} & \mathbf{C_3} & \ldots & \mathbf{C_p} \\ | & | & | & | & | \end{bmatrix} \begin{bmatrix} \alpha_1 \\ \alpha_2 \\ \alpha_3 \\ \vdots \\ \alpha_p \end{bmatrix} = \mathbf{C}\alpha \tag{4.11}$$

Diese Gleichung ermöglicht die Bestimmung der Koeffizienten α_i, $i = 1, 2, \ldots, p$ für einen gegebenen Anfangsvektor $\mathbf{x}[0]$:

$$\alpha = \begin{bmatrix} \alpha_1 \\ \alpha_2 \\ \alpha_3 \\ \vdots \\ \alpha_p \end{bmatrix} = \begin{bmatrix} | & | & | & | & | \\ \mathbf{C_1} & \mathbf{C_2} & \mathbf{C_3} & \ldots & \mathbf{C_p} \\ | & | & | & | & | \end{bmatrix}^{-1} \mathbf{x}[0] = \mathbf{C}^{-1} \, \mathbf{x}[0] \tag{4.12}$$

Mit $\mathbf{C}$ wurde die Matrix mit den Eigenvektoren bezeichnet.

Ein kleines MATLAB-Experiment soll den Sachverhalt verständlich erläutern. Im Skript eigenw_gl1.m wird das Feder-Masse-System vierter Ordnung (mit zwei Freiheitsgraden) aus einem Experiment im Kapitel 3.12 als Beispiel genommen. Es wird am Anfang das Zustandsmodell des Systems ermittelt, von dem nur die Matrix $\mathbf{A}$ hier verwendet wird. Es werden nachher mit der MATLAB-Funktion **eig** die Eigenwerte und Eigenvektoren dieser Matrix berechnet und in steigender Folge sortiert:

```
. . . . . . . . .
% ------- Zustandsmodell des Systems
% x1, x2 = x, v        % Lage und Geschwindigkeit der Hauptmasse
% x3, x4 = xT, vT      % Lage und Geschwindigkeit des Tilgers

A1 = [0,1,0,0];
A2 = [-(k+kT), -(c+cT), kT, cT]/m;
A3 = [0,0,0,1];
```

```
A4 = [kT, cT, -kT, -cT]/mT;
A = [A1; A2; A3; A4];
B = [0, 1/m, 0, 0]';
C = eye(4,4); D = zeros(4,1);
my_sys = ss(A, B, C, D);      % Kontinuierliches Modell
% ------ Eigenwerte und Eigenvektoren
[V, D] = eig(A);                    eig_w = diag(D);
eig_w = sort(eig_w);     % Steigende Folge
V = fliplr(V);
```

Man erhält folgende Eigenwerte und Eigenvektoren:

```
eig_w =    -0.0386 - 0.8937i
           -0.0386 + 0.8937i
           -0.0714 - 2.2347i
           -0.0714 + 2.2347i
V = 0.4656+0.0074i  0.4656-0.0074i  -0.0008-0.0991i  -0.0008+0.0991i
   -0.0113-0.4164i -0.0113+0.4164i  -0.2213+0.0088i  -0.2213-0.0088i
        0.5819          0.5819      -0.0127+0.3959i  -0.0127-0.3959i
   -0.0224-0.5200i -0.0224+0.5200i      0.8856          0.8856
```

Die zwei Paare von konjugiert komplexen Eigenwerten zeigen, dass zwei Schwingungsarten (Mode) hier vorhanden sind. Die positiven Imaginärteile sind die Kreisfrequenzen dieser Schwingungsarten und die negativen Realteile signalisieren ein stabiles System mit abklingender homogener Lösung.

Um alle Schwingungsarten anzuregen, werden die Koeffizienten $\alpha_i, i = 1, 2, 3, 4$ aus Gl. (4.10) mit eins initialisiert und die Lösung berechnet und dargestellt:

```
% ------ Homogene Lösung
Tfinal = 50;        dt = 0.1;        t = 0:dt:Tfinal;

alpha = [1 1 1 1]';    % Um alle Schwingungsarten anzuregen
x_0 = V*alpha;
% ------ Lösung
for p = 1:length(t);
%    x(:,p) = V*diag(exp(eig_w*t(p)))*alpha;
    x(:,p) = V*diag(alpha)*(exp(eig_w*t(p)));
end;
x = real(x);     % Numerische Fehler ergeben Imaginärteile
%x = real(V*diag(alpha)*exp(eig_w*t));
figure(1);       clf;
subplot(211), plot(t, x(1:2,:));
        title(['Lage und Geschwindigkeit der Hauptmasse'], ...
        [' (alle Schwingungsarten angeregt)']);
        xlabel('Zeit in s');     grid on;
subplot(212), plot(t, x(3:4,:));
        title(['Lage und Geschwindigkeit des Tilgers'], ...
        [' (alle Schwingungsarten angeregt)']);
        xlabel('Zeit in s');     grid on;
......
```

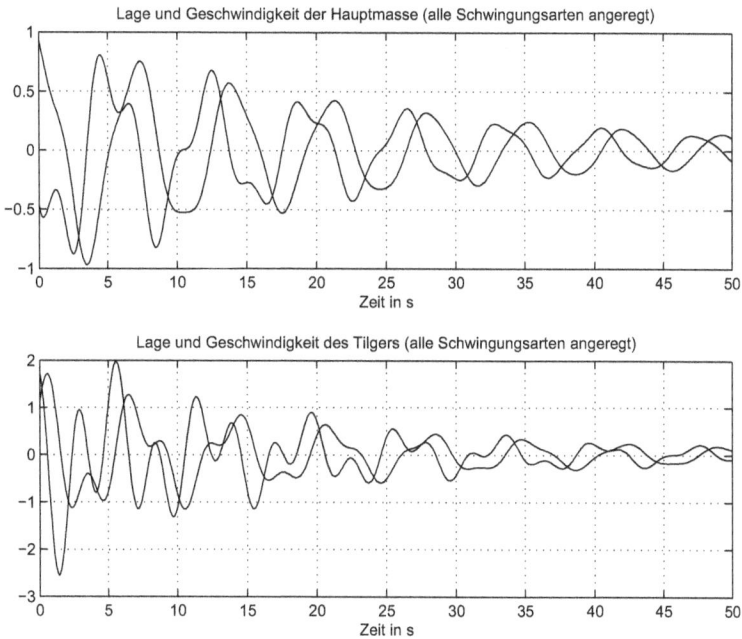

Abb. 4.1: Homogene Lösung, wenn alle Schwingungsarten angeregt sind (eigenw_gl1.m)

Wenn man z.B. nur die Schwingungsfrequenz, die dem ersten Paar von Eigenwerten entspricht, wählen möchte, muss man einfach `alpha = [1 1 0 0]` setzen. Im Skript wird auch der zugehörige Anfangszustand x_0 berechnet und dieser muss bei diesem System reell sein. Auch der Fall mit `alpha = [0 0 1 1]` ist im Skript programmiert.

Der normale Weg ist, von den physikalisch zu vertretenden Anfangswerten aus $\mathbf{x}(0)$ die Koeffizienten α_i zu bestimmen und dann die Lösung zu ermitteln. Mit ungeschickt gewählten Werten für α_i, wie z.B. mit `alpha = [1 0 1 0]`, erhält man komplexe Anfangsbedingungen, die sicher nicht richtig sind.

Über einem größeren Dämpfungsfaktor für die Hauptmasse (`c = 12`)

```
% -------- Feder-Masse-System mit Tilger
% Haupt Feder-Masse-System
k = 5;        m = 5;
c = 0.5;
% c = 12;  % Keine Schwingungen: 2 Eigenwerte sind reell
```

beinhalten die Eigenwerte nur ein konjugiert komplexes Paar:

```
eig_w =  -0.5862
         -1.5728
         -0.1805 - 2.0751i
         -0.1805 + 2.0751i
```

Das bedeutet, dass nur eine Schwingungsart vorhanden ist, die dem Tilger entspricht. Die Frequenz der Schwingung ist durch den positiven Imaginärteil gegeben $2,0751/(2\pi) \cong 0,3302$ Hz und kann aus den Darstellungen leicht überprüft werden.

4.1.2   Eigenwertzerlegung für die Analyse zeitdiskreter Systeme

Ein zeitdiskretes System mit einem Eingang $u[kT_s]$ und einem Ausgang $y[kT_s]$ mit zeitkonstanten Parametern kann durch folgende Differenzengleichung beschrieben werden:

$$y[kT_s] + a_1\, y[(k-1)T_s] + \cdots + a_N\, y[(k-p)T_s] =$$
$$b_0\, u[kT_s] + b_1\, u[(k-1)T_s] + \cdots + b_M\, u[(k-q)T_s] \tag{4.13}$$

Hier gibt es keine Restriktionen was die Größe der zwei ganzen Zahlen p, q anbelangt. Die Ordnung des Systems ist gleich p. Zur Vereinfachung der Schreibweise wird oft die Abtastperiode T_s weggelassen:

$$y[k] + \sum_{n=1}^{p} a_n\, y[(k-n)] = \sum_{n=0}^{q} b_n\, u[(k-n)]$$

oder   (4.14)

$$y[k] = -\sum_{n=1}^{p} a_n\, y[(k-n)] + \sum_{n=0}^{q} b_n\, u[(k-n)]$$

Die homogene Differenzengleichung, die zur homogenen Lösung führt, ist jetzt:

$$y_h[k] + \sum_{n=1}^{p} a_n\, y_h[(k-n)] = 0 \tag{4.15}$$

Für diese Gleichung wird eine Lösung der Form $y_h[k] = z^k$ gesucht, wobei z eine reelle Größe ist, die noch keine Verbindung mit der Z-Transformation hat. Durch Einsetzen erhält man:

$$z^k + a_1\, z^{k-1} + a_2\, z^{k-2} + \cdots + a_N\, z^{k-p} = 0$$

oder

$$1 + a_1\, z^{-1} + a_2\, z^{-2} + \cdots + a_N\, z^{-p} = 0$$

bzw.   (4.16)

$$1 + \sum_{n=1}^{p} a_n\, z^{-n} = 0$$

Diese Gleichung ist für die angenommene Form der Beschreibung des zeitdiskreten Systems die *charakteristische Gleichung*, die N Wurzeln r_i, $i = 1, 2, \ldots, p$ besitzt und kann somit wie folgt geschrieben werden:

$$(1 - r_1\, z^{-1})\, (1 - r_2\, z^{-1}) \ldots (1 - r_p\, z^{-1}) = 0 \tag{4.17}$$

Bei reellen Koeffizienten der Differenzengleichung müssen die komplexen Wurzeln in Form von konjugiert komplexen Paaren vorkommen.

Die homogene Lösung kann mit Hilfe dieser Wurzeln als

$$y_h[k] = C_1 \, r_1^k + C_2 \, r_2^k + \cdots + C_p \, r_p^k = \sum_{n=1}^{p} C_n \, r_n^k \tag{4.18}$$

geschrieben werden. Die unbekannten Koeffizienten C_i, $i = 1, \, 2, \ldots, \, p$ werden mit Hilfe der Anfangsbedingungen der Gesamtlösung (homogene und partikuläre) $y[-1]$, $y[-2], \ldots, \, y[-p]$ ermittelt. Sie sind ebenfalls konjugiert komplex für konjugiert komplexe Paare der Wurzeln.

Es wird jetzt angenommen, dass keine Anregung vorhanden ist und die homogene Lösung die Gesamtlösung darstellt. Ein konjugiert komplexes Paar $r_1 = a_r e^{j\Omega_1}$, $r_2 = r_1^* = a_r e^{-j\Omega_1}$ mit $a_r \geq 0$ als Betrag führt zu einem Anteil in der homogenen Lösung der Form:

$$C_1 \, r_1^k + C_1^* \, (r_1^*)^k = A_1 \, e^{j\varphi_1} (a_r \, e^{j\Omega_1})^k + A_1 \, e^{-j\varphi_1} (a_r \, e^{-j\Omega_1})^k =$$
$$A_1 \, (a_r)^k \, (e^{j(\Omega_1 k + \varphi_1)} + e^{-j(\Omega_1 k + \varphi_1)}) =$$
$$2A_1 \, (a_r)^k \, \cos(\Omega_1 k + \varphi_1) \tag{4.19}$$

wobei

$$C_1 = A_1 \, e^{j\varphi_1} \qquad C_1^* = A_1 \, e^{-j\varphi_1}$$

Dieser Anteil stellt eine Schwingung dar, die abklingt, wenn der Betrag a_r des konjugiert komplexen Paares von Wurzeln der charakteristischen Gleichung kleiner als eins ist. Anders ausgedrückt, wenn die Wurzeln in der komplexen Ebene im Einheitskreis liegen, ist das zeitdiskrete System stabil.

Der positive Winkel der Wurzeln $\Omega_1 = \omega T_s = 2\pi f_1/f_s$ ergibt hier die zur Abtastfrequenz relative Kreisfrequenz dieses harmonischen Anteils. Um die relative Frequenz f_1/f_s zu erhalten, muss man den Winkel Ω_1 durch 2π teilen. Der noch unbekannte Wert A_1 wird mit Hilfe der Anfangsbedingungen berechnet.

Die reellen Wurzeln r_i ergeben aperiodische Glieder der Form:

$$C_i \, r_i^k \tag{4.20}$$

Diese klingen in Zeit für $k = 0, 1, 2, \ldots, \infty$ zu null, wenn der Betrag der Wurzel $|r_i|$ ebenfalls kleiner als eins ist. Die Konstante C_i wird mit den anderen ähnlichen Konstanten über die Anfangswerte $y[-1]$, $y[-2], \ldots, \, y[-p]$ berechnet.

Ein zeitdiskretes System wird oft mit Hilfe der Z-Transformation über seine Übertragungsfunktion

$$H(z) = \frac{Y(z)}{U(z)} = \frac{b_0 + b_1 \, z^{-1} + \cdots + b_q \, z^{-q}}{1 + a_1 \, z^{-1} + \cdots + a_p \, z^{-p}} \tag{4.21}$$

beschrieben. Der Nenner der Übertragungsfunktion gleich null ist genau die charakteristische Gleichung (4.16) der Differenzengleichung. Dadurch sind die Pole der Übertragungsfunktion die Wurzeln der charakteristischen Gleichung. Für ein stabiles System müssen sie alle im Einheitskreis in der komlexen Ebene liegen.

Als Beispiel sei die Übertragungsfunktion

$$H(z) = \frac{2,2 - 2,713 \, z^{-1} + 1,9793 \, z^{-2} - 0,1784 \, z^{-3}}{1 - 1,3233 \, z^{-1} + 1,8926 \, z^{-2} - 1,2631 \, z^{-3} + 8129 \, z^{-4}} \tag{4.22}$$

angenommen. Die Wurzeln der charakteristischen Gleichung sind

```
r =        0.0342 + 0.9794i
           0.0342 - 0.9794i
           0.6275 + 0.6728i
           0.6275 - 0.6728i
```

Sie zeigen, dass die homogene Lösung aus zwei harmonischen Komponenten besteht, die folgende zur Abtastfrequenz relativen Frequenzen besitzen:

```
f =        0.2444
          -0.2444
           0.1305
          -0.1305
```

Sie werden aus den Winkeln der Wurzeln ermittelt. So z.B. ergibt:

$$\mathrm{atan}(0,9794/0,0342)/(2\pi) = 0,2444$$

In MATLAB werden die Winkel mit der Funktion **angle** oder direkt mit der Funktion **atan2** berechnet.

Im Skript zeitdsk_1.m wurden diese Eigenschaften des Systems ermittelt:

```
........
a = [1, -1.3233, 1.8926, -1.2631, 0.8129];
% ------- Wurzel der charakteristischen Gleichung
r = roots(a)
% ------- Relative Frequenzen der harmonischen Anteile
f = angle(r)/(2*pi)
........
```

Der Frequenzgang (Abb. 3.53), kann zur Überprüfung dieser Frequenzen dienen. Er wird im Skript ebenfalls ermittelt und dargestellt.

Eine andere Art der Darstellung zeitdiskreter Systeme mit konstanten Parametern ist das Zustandsmodell:

$$\mathbf{x}[k+1] = \mathbf{A}\,\mathbf{x}[k] + \mathbf{B}\,\mathbf{u}[k] \tag{4.23}$$

Wobei $\mathbf{x}[k]$ und $\mathbf{u}[k]$ der Zustandsvektor und Eingangsvektor (oder Anregungsvektor) sind. Die homogene Differenzengleichung daraus ist:

$$\mathbf{x}[k+1] - \mathbf{A}\,\mathbf{x}[k] = 0 \tag{4.24}$$

Als Lösung wird hier ein Vektor $\mathbf{C}\,r^k$ gesucht, wobei r ein Skalar ist und $\mathbf{C}$ ein Vektor der selben Größe wie der Zustandsvektor ist. Durch Einsetzen gelangt man zur folgenden Eigenwertgleichung:

$$\mathbf{C}\,r^{k+1} - \mathbf{A}\,\mathbf{C}\,r^k = 0 \quad \text{oder} \quad (\mathbf{I}\,r - \mathbf{A})\,\mathbf{C} = 0 \tag{4.25}$$

Die Determinante $|\mathbf{I}r - \mathbf{A}| = 0$ stellt eine algebraische Gleichung des Grades p in r dar, die p Lösungen für die Eigenwerte r ergibt. Danach kann man für jeden Eigenwert r_i, $i = 1, 2, \ldots, p$ einen Eigenvektor $\mathbf{C}_i$, $i = 1, 2, \ldots, p$ berechnen.

Die homogene Lösung ist dann:

$$\mathbf{x}_h[k] = \alpha_1\,\mathbf{C_1}\,r_1^k + \alpha_2\,\mathbf{C_2}\,r_2^k + \cdots + \alpha_N\,\mathbf{C_p}\,r_p^k \tag{4.26}$$

Die Koeffizienten α_i, $i = 1, 2, \ldots, p$ sind durch die Anfangsbedingungen aus dem Vektor $\mathbf{x}[0]$ zu bestimmen. Wenn angenommen wird, dass ein System ohne Anregung vorliegt, ist die Lösung gleich der homogenen Lösung. Mit $k = 0$ wird die Anfangsbedingung durch

$$\mathbf{x}_h[0] = x[0] = \alpha_1\,\mathbf{C_1} + \alpha_2\,\mathbf{C_2} + \cdots + \alpha_p\,\mathbf{C_p} \tag{4.27}$$

ausgedrückt. Diese Gleichung ist der Gl. (4.11) gleich und ermöglicht die Bestimmung der Koeffizienten α_i, $i = 1, 2, \ldots, p$ für einen gegebenen Anfangsvektor $\mathbf{x}[0]$:

$$\alpha = \begin{bmatrix} \alpha_1 \\ \alpha_2 \\ \alpha_3 \\ \vdots \\ \alpha_p \end{bmatrix} = \begin{bmatrix} | & | & | & | & | \\ \mathbf{C_1} & \mathbf{C_2} & \mathbf{C_3} & \ldots & \mathbf{C_p} \\ | & | & | & | & | \end{bmatrix}^{-1} \mathbf{x}[0] = \mathbf{C}^{-1}\,\mathbf{x}[0] \tag{4.28}$$

Mit $\mathbf{C}$ wurde die Matrix mit den Eigenvektoren bezeichnet.

Im selben Skript `zeitdisk_1.m` wird die Übertragungsfunktion des zeitdiskreten Modells in ein Zustandsmodell mit Hilfe der MATLAB-Funktion **tf2ss** umgewandelt. Diese Umwandlung verlangt, dass die Polynome in z (statt z^{-1}) im Zähler und Nenner gleichen Grades sind. Somit wird der Vektor der Koeffizienten im Zähler mit einem Null-Koeffizienten für die Potenz z^{-4} erweitert:

```
........
% ------- Beschreibung des Systems im Zustandsraum
bd = [b, 0];        ad = a;          % Erweiterung des Polynoms im Zähler
[Ad, Bd, Cd, Dd] = tf2ss(bd,ad);     % Umwandlung in ein Zustandsmodell
% ------- Eigenwerte und Eigenvektoren
[C, D] = eig(Ad);                eig_r = diag(D)
% Anfangsbedingungen
x_0 = [1, 2, 0, 0]';             alpha = inv(C)*x_0;

nmax = 200;                      n = 0:nmax-1;
x = zeros(length(x_0), length(n));   % Initialisierung
for p = 1:length(n);
    x(:,p) = C*diag(alpha)*eig_r.^n(p);
end;
x = real(x);
%x = real(C*diag(alpha)*( (eig_r*ones(1,nmax)).^(ones(4,1)*n) ));
.........
```

Danach werden die Eigenwerte und Eigenvektoren der Matrix `Ad` ermittelt und im Vektor `eig_r` bzw. Matrix `C` hinterlegt. Beliebige Anfangsbedingungen aus `x_0` sind weiter benutzt, um den Vektor `alpha` zu bestimmen. Zuletzt ist der Zustandsvektor `x` für die Schritte k gemäß Gl. (4.26) ermittelt und dargestellt.

Die gezeigten Eigenwertzerlegungen sollen nur eine Einführung in diese Thematik mit Anwendungen sein, die geläufiger und leichter zu verstehen sind. Im nächten Abschnitt wird die Eigenwertzerlegung für die eigentliche Thematik dieses Buches "Bestimmung von Spektren" eingesetzt.

4.2   Eigenwertanalyse-Verfahren zur spektralen Schätzung

Es wird jetzt der spezielle Fall der spektralen Schätzung für Signale bestehend aus sinusförmigen Komponenten überlagert mit weißem Rauschen untersucht. Die Verfahren basieren auf der Eigenwertzerlegung der Korrelationsmatrix des Signals.

Eine homogene Differenzengleichung zweiter Ordnung der Form

$$y[k] - 2\cos(\Omega_n)\, y[k-1] + y[k-2] = 0 \tag{4.29}$$

führt mit folgenden Anfangsbedingungen $y[-1] = -1$, $y[-2] = 0$ zu einem cosinusförmigen Signal:

$$y[k] = \cos(\Omega_n k), \qquad \text{für} \quad k \geq 0 \tag{4.30}$$

Die charakteristische Gleichung dieser homogenen Differenzengleichung ist:

$$1 - 2\cos(\Omega_n)\, z^{-1} + z^{-2} = 0 \tag{4.31}$$

Die Wurzeln r_1, r_2 dieser Gleichung sind:

$$r_{1,2} = \cos(\Omega_n) \pm \sqrt{\cos(\Omega_n)^2 - 1} = \cos(\Omega_n) \pm j\sin(\Omega_n) = e^{\pm j\Omega_n} \tag{4.32}$$

Mit diesen Wurzeln kann jetzt die Differenzengleichung, die als Sinusgenerator eingesetzt wird, auch in folgender Form geschrieben werden:

$$\left(1 - z^{-1}\, e^{j\Omega_n}\right)\left(1 - z^{-1}\, e^{-j\Omega_n}\right) = 0 \tag{4.33}$$

Für die Generierung von p sinusförmigen Komponenten kann man eine homogene Differenzengleichung einsetzen, die aus einem Produkt solcher Glieder besteht:

$$\prod_{n=1}^{p}\left(1 - z^{-1}e^{j\Omega_n}\right)\left(1 - z^{-1}e^{-j\Omega_n}\right) = 0 \tag{4.34}$$

Dieses Produkt führt auf eine homogene Differenzengleichung mit $2p$ Koeffizienten:

$$y[k] = -\sum_{n=1}^{2p} a_n y[k-n] \tag{4.35}$$

Sie entspricht einem System mit einer Übertragungsfunktion (mit Anregung), die durch

$$H(z) = \frac{1}{1 + \displaystyle\sum_{n=1}^{2p} a_n z^{-n}} \tag{4.36}$$

gegeben ist. Das Polynom im Nenner

$$A(z) = 1 + \sum_{n=1}^{2p} a_n z^{-n}, \tag{4.37}$$

hat $2\,p$ Wurzeln in Form von konjugiert komplexen Paaren auf dem Einheitskreis, die den Frequenzen der sinusförmigen Komponenten der homogenen Lösung entsprechen. Mit bestimmten Anfangsbedingungen kann dieses System ohne Anregung (kein Eingang) die sinusförmigen Signale erzeugen.

Ein kleines Experiment, das im Skript `zeitdisk_2.m` programmiert ist, soll den Sachverhalt verständlich erläutern. Angenommen, man möchte zwei reelle sinusförmige Signale erzeugen. Dafür werden zwei konjugiert komplexe Polpaare (Wurzeln der charakteristischen Gleichung) auf dem Einheitskreis definiert, die Beträge gleich eins haben und die gewünschten Kreisfrequenzen als Winkel besitzen:

```
% ------- Gewünschte relative Frequenzen (< 0,5)
fr1 = 0.125;      fr2 = 0.25;
% ------- Wurzeln der charakteristischen Gleichung (Pole)
r1 = exp(j*2*pi*fr1);    r2 = conj(r1); % Wurzeln am
r3 = exp(j*2*pi*fr2);    r4 = conj(r3); % Einheitskreis
% ------- Charakteristische Gleichung
pole = [r1, r2, r3, r4];
a = poly(pole);   % A(z)
```

Danach werden aus den Polen die Koeffizienten des Polynoms $A(z)$ im Vektor a mit Hilfe der MATLAB-Funktion **poly** ermittelt. Für die gewählten Frequenzen erhält man:

```
a = 1.0000   -1.4142    2.0000    -1.4142    1.0000
```

Mit zwei Frequenzen $p = 2$ ist der Grad des Polynoms $A(z)$ gleich $2\,p$. Die $2\,p+1$ Koeffizienten sind symmetrisch.

Die Signale können jetzt direkt über

$$y[k] = (C_1\,r_1^k + C_2\,r_2^k) + (C_3\,r_3^k + C_4\,r_4^k) \tag{4.38}$$

generiert werden.

Ein Filter für die Übertragungsfunktion $H(z) = 1/A(z)$ mit Nulleingang und mit bestimmten Anfangsbedingungen kann sie ebenfalls generieren. Jede Klammer erzeugt ein Signal. Mit den Koeffizienten C_i, $i = 1, \ldots, 4$ kann man wählen, welches Signal zu generieren ist. Als Beispiel mit $C_1 = C_2 = 0{,}5$ und $C_3 = C_4 = 0$ wird nur das erste Signal erzeugt. Wenn man hier konjugiert komplexe Paare für diese Koeffizienten wählt, dann werden die generierten Signale mit Nullphase erscheinen. So z.B. ergibt $C_1 = 0{,}5^{j\varphi_1}$, $C_2 = 0{,}5^{-j\varphi_1}$ das erste cosinusförmige Signal mit einer Nullphase von φ_1.

Für die Generierung mit dem Filter $1/A(z)$ kann man aus den Koeffizienten die nötigen Anfangsbedingungen $y[0]$, $y[-1]$, $y[-2]$, $y[-3]$ ermitteln. Aus (4.38) für $k = 0, -1, -2, -3$

erhält man folgendes Gleichungssystem:

$$
\begin{bmatrix} y[0] \\ y[-1] \\ y[-2] \\ y[-3] \end{bmatrix} = \begin{bmatrix} r_1^0 & r_2^0 & r_3^0 & r_5^0 \\ r_1^{-1} & r_2^{-1} & r_3^{-1} & r_5^{-1} \\ r_1^{-2} & r_2^{-2} & r_3^{-2} & r_5^{-2} \\ r_1^{-3} & r_2^{-3} & r_3^{-3} & r_5^{-3} \end{bmatrix} = \begin{bmatrix} C_1 \\ C_2 \\ C_3 \\ C_4 \end{bmatrix} \tag{4.39}
$$

In der MATLAB-Syntax werden diese Operationen mit folgenden Programmzeilen erhalten:

```
. . . . . . .
% ------- Anfangsbedingungen
rr = zeros(4,4);
for m = 1:4
    rr(m,:) = pole.^-(m-1);
end;
y_01 = rr*[1 1 0 0]'/2;        % Anfangsbedingungen um nur das erste
                               % Signal zu generieren
y_02 = rr*[0 0 1 1]'/2;        % Nur das zweite Signal zu generieren
y_03 = rr*[1 1 1 1]'/2;        % Alle zwei Signale zu generieren
. . . . . . . . .
```

Die Signale kann man direkt gemäß Gl. (4.38) generieren oder über die Übertragungsfunktion $1/A(z)$ mit Nulleingang und die berechneten Anfangsbedingungen. Im Skript werden die Signale direkt und über die Filterung mit $1/A(z)$ generiert, die zuerst "per Hand" programmiert ist:

```
% ------- Direkt generierte Signale
ns = 100;
y1 = (r1.^(0:ns-1) + r2.^(0:ns-1))/2;
y2 = (r3.^(0:ns-1) + r4.^(0:ns-1))/2;
y3 = (r1.^(0:ns-1) + r2.^(0:ns-1)+...
    r3.^(0:ns-1) + r4.^(0:ns-1))/2;
. . . . . . . . .
% ------- Über das A(z) Filter generierte Signale
y1 = zeros(1,ns)
y_temp = y_01;  % Anfangsbedingungen für das erste Signal
for m = 1:ns
    y1(m) = -a(2:end)*y_temp;
    y_temp = [y1(m); y_temp(1:end-1)];
end;
. . . . . . . . .
```

Die MATLAB-Funktion **filter** mit Anfangsbedingung für den internen Zustandsvektor kann man hier auch einsetzen, allerdings muss man vorher diese Anfangsbedingung des Zustandsvektors mit der Funktion **filtic** festlegen. Als Beispiel für diese Möglichkeit dienen folgende Programmzeilen, mit denen die Anfangsbedingung y_01 für die Übertragungsfunktion $1/A(z)$ (um das erste Signal zu generieren) in der Funktion **filtic** eingesetzt wird. Der Übertragungsfunktion $1/A(z)$ entspricht auch ein Zustandsmodell, dessen Anfangszustandsvektor im Vektor z im Skript ermittelt wird:

```
% ------- Filter aus Signal processing TB mit IC
z = filtic(1,a,y_01,zeros(4,1));   % Bestimmung des
     % Anfangszustandes für die Funktion filter
ns = 100;
y1 = filter(1,a,zeros(1,ns),z); % Nur das erste Signal wird generiert
figure(3);    clf;
plot(0:ns-1, y1);
......
```

Der Vektor **zeros**(4,1) zeigt, dass kein Anfangszustand für den MA-Teil bei der Übertragungsfunktion $1/A(z)$ vorliegt. In der Funktion **filter** stellt der Vektor **zeros**(1,ns) das Nulleingangssignal dar.

Nach diesem Exkurs in die Möglichkeit cosinusförmige Signale mit einer Differenzengleichung (4.35) zu erzeugen, wird jetzt angenommen, dass diese cosinusförmigen Signale $y[k]$ mit weißem Rauschen $w[k]$ überlagert sind:

$$x[k] = y[k] + w[k] \tag{4.40}$$

Wenn man $y[k] = x[k] - w[k]$ in die Differenzengleichung (4.35) einsetzt, erhält man:

$$x[k] - w[k] = -\sum_{n=1}^{2p} a_n(x[k-n] - w[k-n]) \tag{4.41}$$

Umgeformt, führt sie auf:

$$\sum_{n=0}^{2p} a_n x[k-n] = \sum_{n=0}^{2p} a_n\, w[k-n] \quad \text{wobei} \quad a_0 = 1 \tag{4.42}$$

Diese Gleichung entspricht einem ARMA(p,p)-Prozess, bei dem der AM- und AR-Teil gleiche Koeffizienten besitzen. In Matrixform ausgedrückt erhält man:

$$\mathbf{X}^T\, \mathbf{a} = \mathbf{W}^T\, \mathbf{a} \tag{4.43}$$

Wobei $\mathbf{X}^T = [x[k],\ x[k-1],\ \ldots,\ x[k-2p]]$ und $\mathbf{W}^T = [w[k],\ w[k-1],\ldots,\ w[k-2p]]$ die Vektoren der Daten bzw. des Rauschens sind. Mit $\mathbf{a} = [1, a_1, a_2, \ldots, a_{2p}]$ wurde der Vektor der Koeffizienten bezeichnet.

Durch Multiplikation von links mit $\mathbf{X}$ und Erwartungswertbildung erhält man:

$$\begin{aligned} E\{\mathbf{X}\, \mathbf{X}^T\}\, \mathbf{a} &= E\{\mathbf{X}\, \mathbf{W}^T\}\, \mathbf{a} = E\{(\mathbf{Y}+\mathbf{W})\, \mathbf{W}^T\}\, \mathbf{a} \\ \mathbf{\Gamma}_{xx}\, \mathbf{a} &= \sigma_w^2\, \mathbf{a} \quad \text{weil} \quad E\{\mathbf{Y}\, \mathbf{W}^T\} = 0 \end{aligned} \tag{4.44}$$

Das Endergebnis basiert auf der Annahme, dass die Rauschsequenz $w[k]$ unabhängig von der Signalsequenz $y[k]$ (cosinusförmige Sequenz mit zufälliger Nullphase) ist. Mit $\mathbf{\Gamma}_{xx}$ wurde die Autokorrelationsmatrix der verfügbaren, verrauschten Daten bezeichnet.

Die letzte Gleichung aus (4.44) hat die Form einer Eigenwertgleichung:

$$(\mathbf{\Gamma}_{xx} - \sigma_w^2\, \mathbf{I})\, \mathbf{a} = \mathbf{0} \tag{4.45}$$

Die Varianz des Rauschens σ_w^2 bildet einen Eigenwert der Autokorrelationsmatrix Γ_{xx} und der Parameter a ist der entsprechende Eigenvektor (oder der Vektor der Koeffizienten von $A(z)$). Das Verfahren von Pisarenko [20], das im nächsten Abschnitt dargestellt wird, basiert auf dieser Eigenwertgleichung.

4.2.1   Pisarenko-Verfahren der Eigenwertzerlegung

Die Autokorrelationswerte für die p sinusförmigen Signale mit Zufallsnullphasen, die mit weißem Rauschen überlagert sind, werden:

$$\gamma_{xx}[0] = \sigma_w^2 + \sum_{i=1}^{p} P_i$$

$$\gamma_{xx}[m] = \sum_{i=1}^{p} P_i \cos(2\pi f_i m)$$

(4.46)

Wobei $P_i = A_i^2/2$ die mittlere Leistung des sinusförmigen Signals der Amplitude A_i darstellt. Diese Gleichung kann jetzt benutzt werden, um die mittleren Leistungen und somit auch die Amplituden der sinusförmigen Signale zu bestimmen:

$$\begin{bmatrix} \cos(2\pi f_1) & \cos(2\pi f_2) & \dots & \cos(2\pi f_p) \\ \cos(2\pi f_1 \, 2) & \cos(2\pi f_2 \, 2) & \dots & \cos(2\pi f_p \, 2) \\ \vdots & \vdots & \dots & \vdots \\ \cos(2\pi f_1 \, p) & \cos(2\pi f_2 \, p) & \dots & \cos(2\pi f_p \, p) \end{bmatrix} \begin{bmatrix} P_1 \\ P_2 \\ \vdots \\ P_p \end{bmatrix} = \begin{bmatrix} \gamma_{xx}[1] \\ \gamma_{xx}[2] \\ \vdots \\ \gamma_{xx}[p] \end{bmatrix}$$

(4.47)

Die korrekten Autokorrelationswerte γ_{xx} werden mit geschätzten Werten r_{xx} ersetzt. Man muss aber die Anzahl der sinusförmigen Signale und deren Frequenzen f_i, $i = 1, 2, \dots, p$ kennen.

Nachdem die mittleren Leistungen P_i ermittelt wurden, wird die Varianz des Rauschsignals mit

$$\sigma_w^2 = r_{xx}[0] - \sum_{i=1}^{p} P_i$$

(4.48)

berechnet.

Es stellt sich nun die Frage, wie kann man den Wert p der Anzahl der sinusförmigen Signale und deren Frequenzen f_i, $i = 1, 2, \dots, p$ ermitteln ?

Pisarenko [20] hat herausgefunden, dass für einen ARMA-Prozess bestehend aus p sinusförmigen Signalen, die mit weißem Rauschen überlagert sind, die Varianz des Rauschens σ_w^2 der kleinste Eigenwert der Autokorrelationsmatrix Γ_{xx} ist, die wiederum die Größe $(2p + 1) \times (2p + 1)$ besitzen muss.

Der entsprechende Eigenvektor ist dann der Vektor a der Koeffizienten des ARMA(p,p)-Prozesses. Die Frequenzen f_i, $i = 1, 2, \dots, p$ werden aus den Winkeln der Wurzeln der charakteristischen Gleichung, die diesen Vektor a als Koeffizienten hat, berechnet.

Das Verfahren von Pisarenko enthält zusammenfassend folgende Etappen. Es wird zuerst die Autokorrelationsmatrix R_{xx} der verauschten Daten mit Dimension $(2p + 1) \times (2p + 1)$ geschätzt. Danach werden die Eigenwerte und Eigenvektoren dieser Matrix ermittelt.

Der kleinste Eigenwert stellt die Varianz des Rauschens dar und der entsprechende Eigenvektor stellt die Koeffizienten a der charakteristischen Gleichung dar. Diese sind auch die Koeffizienten des AR-Prozesses. Die positiven Winkel der Wurzeln sind die Kreisfrequenzen der sinusförmigen Komponenten des Signals.

Die geschätzten Werte r_{xx} zusammen mit den ermittelten Frequenzen können gemäß Gl. (4.47) eingesetzt werden, um die Amplituden der sinusförmigen Komponenten zu bestimmen.

Experiment 4.1: Einsatz des Pisarenko-Verfahrens

Im Skript `pisarenko_1.m` wird ein Signal bestehend aus zwei sinusförmigen Signalen, die mit weißem Rauschen überlagert sind, mit dem Pisarenko-Verfahren untersucht:

```
.........
% ------- Signalbildung
ampl1 = 0.5;        ampl2 = 0.2;
fr1 = 0.2;          fr2 = 0.1;
var_w = 0.05;
N = 1000;
y = ampl1*cos(2*pi*fr1*(0:N-1)+rand(1)*2*pi)+...
    ampl2*cos(2*pi*fr2*(0:N-1)+rand(1)*2*pi);
x = y + sqrt(var_w)*randn(1,N);
.........
```

Für zwei reelle sinusförmige Signale ($p = 2$) muss man eine Autokorrelationsmatrix $R_{xx}[m]$ der Dimension $2p + 1 \times 2p + 1$ einsetzen, die mit folgenden Programmzeilen geschätzt wird:

```
% ------- Autokorrelationsmatrix
p = 2;          % Anzahl der sinusförmigen Signale
m = 2*p;
rxx = xcorr(x, m, 'biased');
Rxx = toeplitz(rxx(m+1:end));     % Autokorrelationsmatrix
```

Die Eigenwertanalyse über die MATLAB-Funktion **eig** liefert die Eigenvektoren in der Matrix V und die Eigenwerte als Diagonalelemente in der Matrix E. Der Index des kleinsten Eigenwertes i_min wird dann benutzt, um den entsprechenden Eigenvektor als Schätzwert für die Koeffizienten a_n des ARMA-Modells zu ermitteln. Der kleinste Eigenwert stellt auch eine Schätzung für die Varianz des Rauschanteils dar:

```
% ------- Eigenwertanalyse
[V, E] = eig(Rxx);
eig_w = diag(E)
i_min = find(eig_w == min(eig_w));
% ------- Koeffizienten des ARMA-Modells A(z)
a = V(:,i_min);      a = a/a(1);     % Normierung, so dass a0 = 1 ist
var_g = eig_w(i_min)
```

Die relativen Frequenzen werden aus den positiven Winkeln der Wurzeln (Nullstellen) des Polynoms mit den Koeffizienten a berechnet:

```
% ------- Bestimmung der Frequenzen
r = roots(a)
f1 = angle(r(1))/(2*pi),          f2 = angle(r(3))/(2*pi)
```

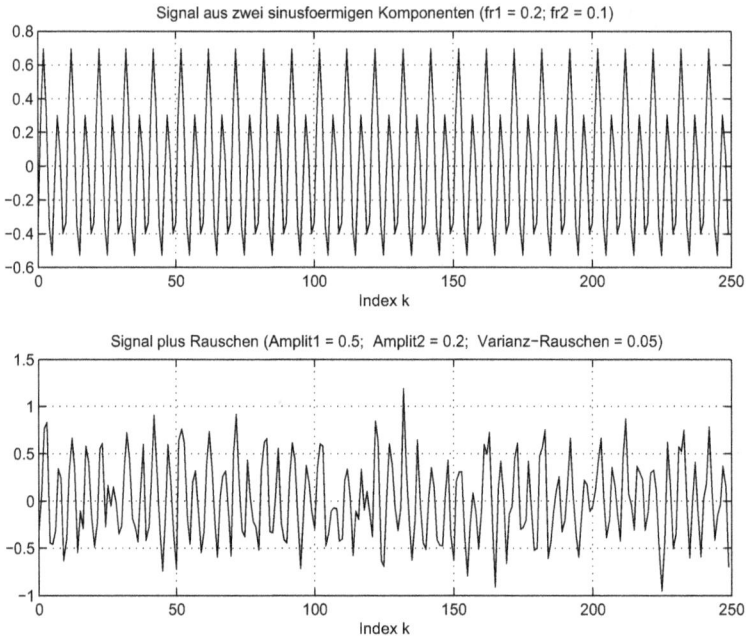

Abb. 4.2: Signal aus zwei sinusförmigen Komponenten (pisarenko_1.m)

```
f = [f1, f2];
```

Schließlich werden die Amplituden der sinusförmigen Komponenten gemäß Gl. (4.47) ermittelt:

```
% ------- Mittlere Leistungen und Amplituden
mcos = zeros(p,p);
for n=1:p
    mcos(n,:) = [cos(2*pi*f(1)*n), cos(2*pi*f(2)*n)];
end
rxx=rxx(m+2:m+p+1);
Pi = inv(mcos)*rxx';          ampl_g = sqrt(2*Pi)
```

Abb. 4.2 zeigt oben die zwei sinusförmige Signale und unten dieselben Signale mit weißem Rauschen überlagert und Abb. 4.3 stellt die Nullstellen des Polynoms $A(z)$ in der komplexen Ebene für zehn Aufrufe des Skripts dar. In der entsprechenden figure wird mit hold on die Darstellung eingefroren, so dass die Streuung dieser Nullstellen für mehrere Aufrufe sichtbar wird.

```
% ------- MUSIC-Verfahren
figure(3);
nfft = 512;
Ppsd = 1./abs(fft(a,nfft));
plot((0:nfft-1)/nfft, 10*log10(Ppsd));
```

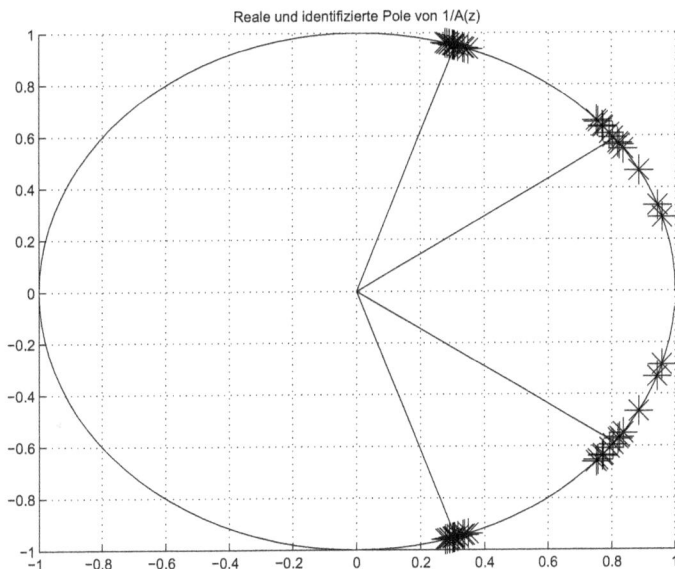

Abb. 4.3: Platzierung der Pole am Einheitskreis für zehn Aufrufe (pisarenko_1.m)

```
hold on
La = axis;
plot([fr1, fr1],[La(3), La(4)],'r');
plot([fr2, fr2],[La(3), La(4)],'r');
plot([1-fr1, 1-fr1],[La(3), La(4)],'r');
plot([1-fr2, 1-fr2],[La(3), La(4)],'r');

title('Pseudospektrum mit MUSIC-Verfahren');
xlabel('Relative Frequenzen');        grid on;
%hold off
```

Sicher könnte man diese mehrfachen Aufrufe auch programmieren, was aber das Skript komplizieren würde.

Am Ende des Skriptes wird das Pseudospektrum des MUSIC-Verfahrens, das im nächsten Abschnitt erläutert wird, berechnet und mit dem selben Trick so dargestellt, dass die Streuung der geschätzten Frequenzen der sinusförmigen Komponenten sichtbar wird. Abb. 4.4 zeigt die Pseudospektren für zehn Aufrufe des Skriptes. Neue zehn Aufrufe können zu neuen Darstellungen führen, nachdem figure 2 und figure 3 gelöscht werden.

Es ist ein bisschen verwirrend, wenn man einmal von einem ARMA-Prozess gemäß Gl. (4.42) mit gleichen Koeffizienten im Zähler und Nenner und danach von einem AR-Prozess $1/A(z)$ spricht. Im ARMA-Prozess kann man das Polynom $A(z)$ vom Zähler und Nenner in einer Übertragungsfunktion nicht kürzen, weil dann der AR-Prozess $1/A(z)$ zur Generierung der sinusförmigen Komponenten fehlt.

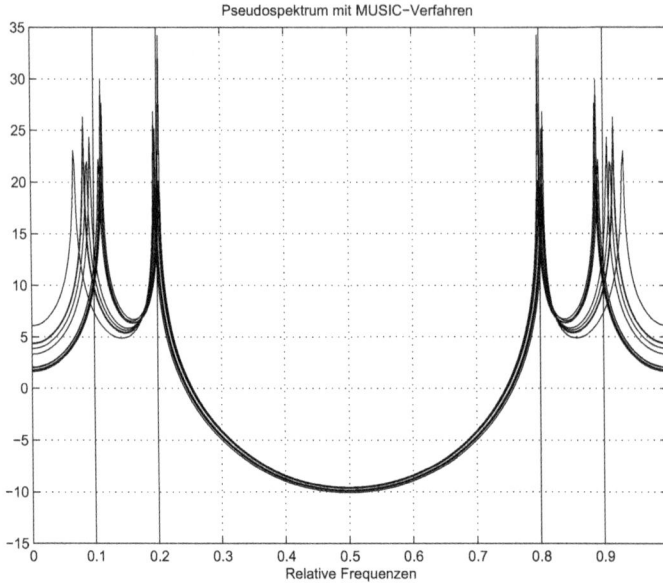

Abb. 4.4: Das MUSIC-Pseudospektrum für zehn Aufrufe (pisarenko_1.m)

4.2.2   MUSIC-Verfahren der Eigenwertzerlegung

Das MUSIC[1]-Verfahren nützt auch den Unterraum des Rauschens in den Eigenvektoren der Autokorrelationsmatrix [20], aber nicht in derselben Art wie das Pisarenko-Verfahren. Mit einer viel größeren Matrix werden mehrere Eigenvektoren in die Auswertung einbezogen. Bei einer Autokorrelationsmatrix der Größe $m \times m$, $m = 2\,p + q$ für p sinusförmige Komponenten im Signal, sind $2\,p$ Eigenvektoren im Signalunterraum und q Vektoren im Unterraum des Rauschens, die den q kleineren Eigenwerten entsprechen.

Die Eigenvektoren $\mathbf{v}_i$, $i = 1,\ 2, \ldots,\ 2p$ aus dem Signalunterraum sind zu den Vektoren des Rauschunterraums orthogonal $\mathbf{v}_i$, $i = 2p+1, \ldots,\ m$. Die Eigenvektoren aus dem Rauschunterraum werden mit dem komplexen Signalvektor $\mathbf{s}(f)$

$$\mathbf{s}(f) = [1,\ e^{j2\pi f},\ e^{j2\pi 2f},\ e^{j2\pi 3f},\ \ldots,\ e^{j2\pi(m-1)f}], \tag{4.49}$$

für verschiedene relative Frequenzen f skalar multipliziert, um die Summe

$$P(f) = \sum_{i=2\,p+1}^{m} |\mathbf{s}^H\,\mathbf{v}_i|^2 \tag{4.50}$$

zu bilden. Der komplexe Signalvektor $\mathbf{s}(f_i)$ ist stellvertretend für ein Signal der Frequenz f_i aus dem Signalunterraum und wegen der Orthogonalität wird für jede Frequenz f_i eines Signals $P(f_i) = 0$ sein. Der Kehrwert der Funktion $P(f)$ wird somit bei diesen Frequenzen Maximal-

---

[1]*Multiple Signal Classification*

werte einnehmen und definiert das so genannte Pseudospektrum des MUSIC-Verfahrens:

$$P^{MUSIC}(f) = \frac{1}{\displaystyle\sum_{i=2\,p+1}^{m} |\mathbf{s}^H \mathbf{v}_i|^2} = \frac{1}{\displaystyle\sum_{i=2\,p+1}^{m} \left| \sum_{n=0}^{m-1} e^{-j2\pi nf}\, v_{n,i} \right|^2} \tag{4.51}$$

Die innere Summe stellt eigentlich eine Fourier-Transformation (DTFT) dar, die praktisch mit einer DFT (oder FFT) berechnet wird.

Die Frequenzen der sinusförmigen Anteile entsprechen den Maximalwerten (*Peaks*) dieses Pseudospektrums, das nur für die Schätzung der Frequenzen geeignet ist.

Experiment 4.1: Einsatz des MUSIC-Verfahrens

Im Skript music_p1.m wird ein Signal, bestehend aus drei sinusförmigen Komponenten mit zufälligen Nullphasen und weißem Rauschen überlagert, untersucht. Im Unterschied zum Experiment mit dem Pisarenko-Verfahren wird hier ein viel größerer Rauschunterraum benutzt. Das Signal wird ähnlich gebildet und nicht mehr kommentiert. Danach wird die Autokorrelationsmatrix Rxx aus der einseitigen Autokorrelationsfunktion rxx gebildet und die Eigenwerte bzw. Eigenvektoren werden ermittelt:

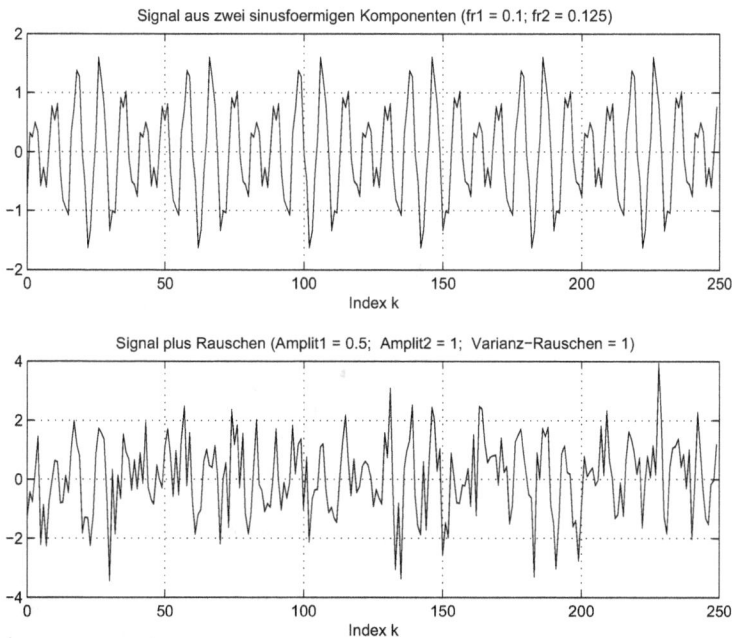

Abb. 4.5: Signal aus drei sinusförmigen Komponenten und Signal plus Rauschen (music_p1.m)

```
. . . . . . . .
% ------- Autokorrelationsmatrix
p = 3;      % Anzahl der sinusförmigen Signale
```

```
m = 2*p + 20-1;
rxx = xcorr(x, m, 'biased');     % Symmetrische Autokorrelation
Rxx = toeplitz(rxx(m+1:end));    % Toeplitz Autokorrelationsmatrix
                % aus der einseitigen rxx gebildet
% ------- Eigenwertanalyse
[V, E] = eig(Rxx);               eig_w = diag(E)
i_min = 1:m-2*p+1;       % Der Rauschunterraum
H = V(:,i_min);          % Eigenvektoren des Rauschunterraums
nfft = 512;
Hf = abs(fft(H,nfft)).^2;   % FFT der Spalten V(:,i_min)
P = sum(Hf,2);          % Die Funktion P(f)
Pseudo = 1./P;          % MUSIC-Pseudospektrum
.........
```

Die m-2p+1 Eigenvektoren des Rauschunterraums werden FFT-transformiert, die qua-
drierten Beträge werden weiter addiert und bilden die Funktion $P(f)$ mit einer Auflösung
1/nfft mit nfft = 512. Der Kehrwert ist dann das Pseudospektrum des MUSIC-Verfahrens.

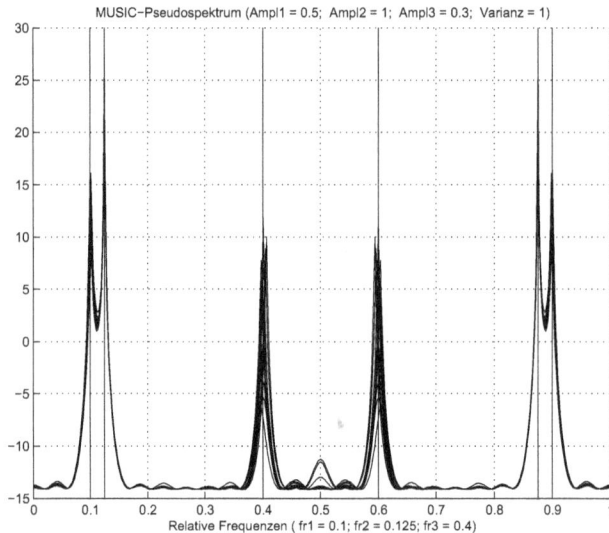

*Abb. 4.6: MUSIC- Pseudospektrum (*music_p1.m)

Abb. 4.5 zeigt das Signal ohne und mit überlagertem Rauschen, wobei der Signalrauschabstand SNR = -1,7393 dB ist. Aus dem verrauschten Signal kann man nicht mehr die sinusförmigen Komponenten erkennen. In Abb. 4.6 ist das MUSIC-Pseudospektrum für zehn
Aufrufe des Skripts dargestellt. Wie man sieht ist die Auflösung dieses Verfahrens auch bei
stark verrauschtem Signal sehr gut. Alle drei Frequenzen ergeben klare *Peaks* mit deren Hilfe
die Frequenzen ermittelt werden können.

Wie zu erwarten ist, durch Vergrößerung des Rauschunterraums z.B. mit einem Wert
m = 2*p+100-1 ist die Streuung beim mehrfachen Aufruf viel kleiner. In der Summe aus

Gl. (4.51) werden mehrere Terme addiert und die Summe wirkt wie eine Mittelung.

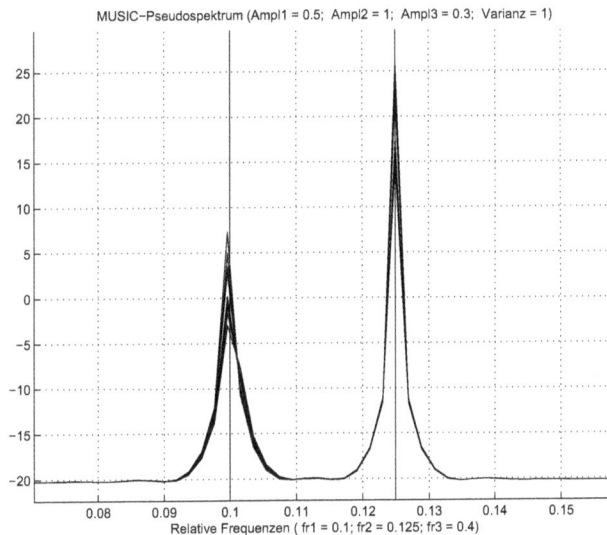

MUSIC–Pseudospektrum (Ampl1 = 0.5; Ampl2 = 1; Ampl3 = 0.3; Varianz = 1)

Abb. 4.7: Ausschnitt des MUSIC-Pseudospektrums für m = 2p+100-1 (music_p1.m)

Abb. 4.7 zeigt einen Ausschnitt des Pseudospektrums für einen Wert m, der einen Rauschun-terraum mit 100 Eigenvektoren ergibt. Die schon sehr gute Auflösung ($f_1 = 0,1$; $f_2 = 0,125$) konnte erhöht werden.

Wie in dem Pisarenko-Verfahren werden mit Hilfe dieser Frequenzen weiter die Amplituden der Komponenten ermittelt.

Dem Leser wird empfohlen das sehr einfache aber leicht zu verstehende Skript als Funktion zu erweitern, so dass man die Parameter einfach variieren kann. Auch die Automatisierung der mehrfachen Aufrufe wäre hier eine schöne Aufgabe.

Im Skript `music_p2.m` wird ein etwas schwierigeres Signal untersucht. Es besteht aus einer sinusförmigen Komponente mit relativer Frequenz von $f_1 = 0,01$ und einer abklingenden sinusförmigen Komponente der relativen Frequenz $f_2 = 0,1$. Abb 4.8 zeigt das Signal ohne und mit weißem Rauschen überlagert. Relativ zur Dauer der Messung ist das abklingende Signal sehr kurz und es ist zu erwarten, dass z.B. das Welch-Verfahren dieses Signal nicht gut erfassen kann.

In Abb. 4.9 ist oben das MUSIC-Pseudospektrum gezeigt und unten die spektrale Leis-tungsdichte, die mit Welch-Verfahren ermittelt wurde, dargestellt. Die Auflösung des Welch-Verfahrens ist relativ schlecht und erlaubt keine gute Schätzung der Frequenzen.

Es wird dem Leser überlassen hier weitere Experimente durchzuführen. Als Beispiel sollte man die Amplituden der zwei Signale ermitteln, so wie es beim Pisarenko-Verfahren gezeigt wurde. Im Skript kann man einfach das Abklingen steuern, so dass man vergleichen kann, ab welcher Abklingskonstante `nabk` das Welch-Verfahren ausreicht.

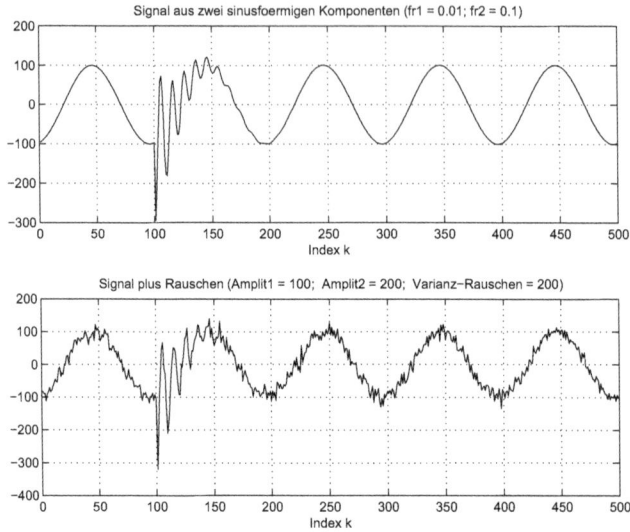

Abb. 4.8: Signal ohne und mit weißem Rauschen überlagert (music_p2.m)

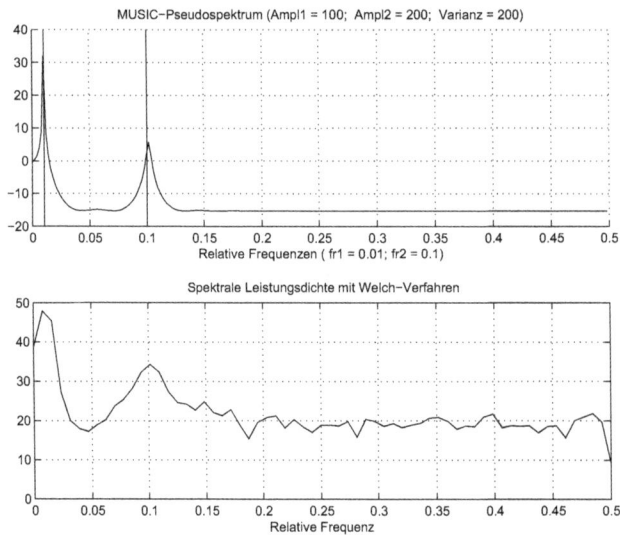

Abb. 4.9: MUSIC-Pseudospektrum und spektrale Leistungsdichte über Welch-Verfahren (music_p2.m)

In der Literatur wird das MUSIC-Verfahren sehr oft nur für komplexe Signale beschrieben [36]. Komplexe Signale sind sehr verbreitet in der Kommunikationstechnik für die Darstellung von schmalbandigen Signalen [18], [22], die durch

$$s(t) = u(t) \cos(\omega_0 t + v(t)) \tag{4.52}$$

ausgedrückt werden. Sie besitzen eine bekannte Frequenz $f_0 = \omega_0/(2\pi)$ als Trägerfrequenz und die Funktionen $u(t)$, $v(t)$ sind die sehr langsamen Zeitveränderlichen ("im Basisband"), die die Amplitude und Phase des Signals bestimmen. In einem Kommunikationssystem mit Amplitudenmodulation beinhaltet die Funktion $u(t)$ die Information und für die Frequenz- und Phasenmodulation ist die Information in der Funktion $v(t)$ enthalten.

Durch Erweiterung der Cosinusfunktion kann $s(t)$ wie folgt geschrieben werden:

$$s(t) = u(t) \cos(v(t)) \cos(\omega_0 t) - u(t) \sin(v(t)) \sin(\omega_0 t) \tag{4.53}$$

Wenn man weiter die Signale $s_{in}(t)$ und $s_q(t)$ als Quadraturkomponenten des Signals $s(t)$ einführt

$$s_{in}(t) = u(t) \cos(v(t)), \qquad s_q(t) = u(t) \sin(v(t)), \tag{4.54}$$

kann man die sogenannte komplexe Hülle definieren

$$u_k(t) = s_{in}(t) + j s_q(t) = u(t)\, e^{jv(t)} \tag{4.55}$$

und das Signal $s(t)$ wird dann:

$$s(t) = \mathcal{R}_e\{u_k(t)\, e^{j(\omega_0 t)}\} \tag{4.56}$$

Das Signal $s_{in}(t)$ bildet die so genannte Inphase-Komponente des Signals und $s_q(t)$ stellt seine Quadraturkomponente dar. Die komplexe Form des Signals $u_k(t)e^{j(\omega_0 t)}$ ist viel einfacher in verschiedenen Verfahren und Algorithmen zu behandeln.

Die Anteile der komplexen Hülle sind im Vergleich zur Trägerfrequenz niederfrequente Signale, so dass man für Verspätungen τ, die relevant für das Trägersignal sind, für das Basisbandsignal

$$u_k(t - \tau) \cong u(t)$$

annehmen kann.

Eine Aufgabe in Verbindung mit dieser Art Signale besteht darin, aus einem Empfangssignal die Frequenzen von mehreren Trägersignalen, die mit Rauschen überlagert sind, zu schätzen. Die komplexen Hüllen werden als Amplituden der Trägersignale angenommen und als konstant betrachtet.

Bei einem Sensorfeld z.B. lineares Feld, wie in Abb. 4.10 skizziert, sind die Signale aller Sensoren mit gleicher Frequenz aber mit verschiedenen Nullphasenlagen relativ zu einer Referenzphase versehen. Das Problem besteht darin diese Nullphasen wegen der Verspätungen von einem Sensor zum nächsten zu schätzen. Das Signal des Sensors m ist dann:

$$s_m(t) = \mathcal{R}_e\{u_k(t)\, e^{j(\omega_0 t + v(t))}\, e^{-j\omega_0 \tau_m}\} = \mathcal{R}_e\{s(t)\, e^{-j\omega_0 \tau_m}\} \quad m = 0, 1, \ldots, d \tag{4.57}$$

Für ein gleichmäßiges Sensorfeld muss man nur einen Wert $\Delta\tau$ schätzen, mit dessen Hilfe die restlichen Verspätungen berechnet werden können.

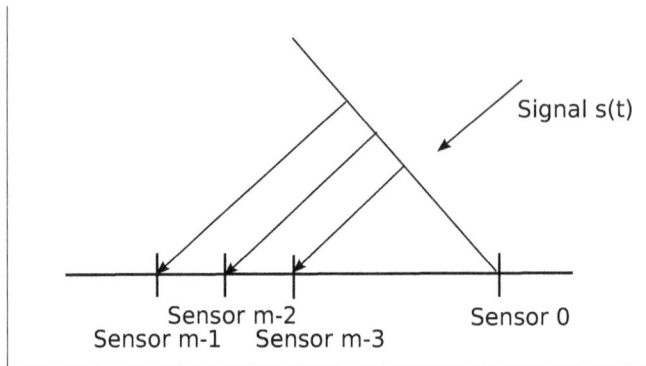

Abb. 4.10: Skizze eines linearen Sensorfeldes

Mehrere Signalquellen die unter verschiedenen Winkeln das Sensorfeld erreichen, bilden auch verschiedene Verspätungen. Es müssen dann die Richtungen (*Direction of Arrival*) der Quellen aus ihren Verspätungen geschätzt werden [8].

Im Skript `music_p3.m` wird als Beispiel die erste viel einfachere Aufgabe der Schätzung der Frequenzen komplexer Signale mit konstanten Amplituden über das MUSIC-Verfahren untersucht. Wie gewohnt wird am Anfang das Signal gebildet:

```
.........
% ------ Komplexes Signal mit Rauschen
N = 1000;
y = ampl1*exp(j*2*(pi*fr1*(0:N-1)+rand(1)*2*pi))+...
    ampl2*exp(j*2*(pi*fr2*(0:N-1)+rand(1)*2*pi))+...
    ampl3*exp(j*2*(pi*fr3*(0:N-1)+rand(1)*2*pi));
x = y + sqrt(var_w)*(randn(1,N)+j*randn(1,N))/sqrt(2);
.........
```

Das komplexe Rauschsignal hat eine Varianz `var_w` und wegen der zwei Anteile (Real- und Imaginärteil) wird es noch durch `sqrt(2)` geteilt. Als Darstellung werden anfänglich die Realteile des Signals ohne und mit Rauschanteil benutzt. Es ist immer wichtig die Signale darzustellen, um deren Bildung einfach zu überprüfen.

Bei komplexen Signalen wird der Vektorraum der Eigenvektoren auch unterteilt. Die drei sinusförmigen Signale entsprechen den größten drei Eigenwerten und den dazugehörigen Eigenvektoren. Die restlichen Vektoren bilden den Unterraum der Rauschanteile. Der Unterschied zum MUSIC-Verfahren für reelle Signale besteht darin, dass jetzt im Gegensatz zu den reellen Signalen nur drei Eigenvektoren den Signalunterraum bilden. Ansonsten ist das Verfahren ähnlich:

```
........
% ------- Autokorrelationsmatrix
p = 3;      % Anzahl der sinusförmigen Signale
m = p + 50-1;
rxx = xcorr(x, m, 'biased');
Rxx = toeplitz(rxx(m+1:end-1));    % Autokorrelationsmatrix
```

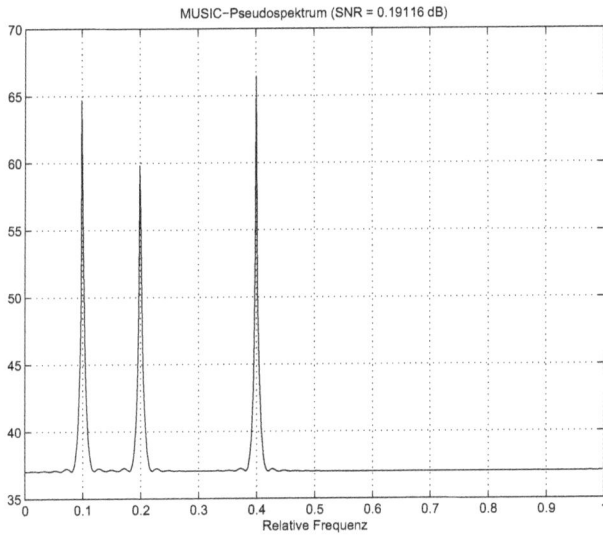

Abb. 4.11: MUSIC-Pseudospektrum für drei komplexe Signale (music_p3.m)

```
% ------- MUSIC-Eigenwertanalyse
[Vxx, Exx] = eig(Rxx);              eig_xx = diag(Exx);
i_minx = 1:m-p;                  % Eigenwerte des Rauschunterraums

H = Vxx(:,i_minx);               % Eigenvektoren des Rauschunterraums
nfft = 512;
Hf = ifft(H,nfft);               % Um die sinusförmigen Komponenten
                                 % im ersten Nyquist Intervall zu erhalten
Pf = sum(abs(Hf).^2,2);          % MUSIC-Pseudospektrum

figure(2);    clf;
plot((0:nfft-1)/nfft, 10*log10(1./Pf));
title(['MUSIC-Pseudospektrum (SNR = ',num2str(SNR),' dB)']);
xlabel('Relative Frequenz');     grid on;
```

Um die korrekten Lagen der Ausschläge (*Peaks*) im ersten Nyquist-Intervall mit relativen Frequenzen zwischen 0 und 0,5 zu erhalten, ist das Pseudospektrum mit der inversen FFT statt der FFT ermittelt. Bei reellen Signalen spielt das, wegen der Symmetrie der FFT, keine Rolle.

Abb. 4.11 zeigt das Pseudospektrum für einen Signalrauschabstand von SNR = 0,1912 dB.

4.2.3   ESPRIT-Verfahren der Eigenwertzerlegung

Das ESPRIT[2]-Verfahren nutzt eine verallgemeinerte Eigenwertzerlegung, um die Frequenzen von p komplexen Signalen, die mit weißem Rauschen überlagert sind, zu ermitteln. Die Theorie ist ausführlich in der Literatur beschrieben [20], [36]. Hier werden nur die Ergebnisse

---

[2]*Estimation of Signal Parameters via Rotational Invariance Techniques*

mit Hilfe eines Skripts `esprit_1.m` erläutert.

Es wird ein komplexes Signal wie im Skript `music_p3.m` gebildet:

```
..........
% ------- Signalbildung
ampl1 = 1;    ampl2 = 1;    ampl3 = 0.3;
fr1 = 0.1;    fr2 = 0.2;    fr3 = 0.4
var_w = 0.5;
SNR = 10*log10((ampl1^2 + ampl2^2 + ampl3^2)/var_w)

N = 1000;
y = ampl1*exp(j*2*pi*fr1*(0:N-1))+ampl2*exp(j*2*pi*fr2*(0:N-1))+...;
    ampl3*exp(j*2*pi*fr3*(0:N-1));
x = y + sqrt(var_w)*(randn(1,N)+j*randn(1,N))/sqrt(2);
..........
```

Danach wird die Autokorrelationsmatrix `Rxx` aus der Autokorrelationsfunktion `rxx` erzeugt:

```
% ------- ESPRIT-Eigenwertanalyse
p = 3;       % Anzahl der sinusförmigen Signale
m = p + 50-1;
rxx = xcorr(x, m, 'biased');
Rxx = toeplitz(rxx(m+1:end-1));      % Autokorrelationsmatrizen
[Vxx, Exx] = eig(Rxx);        eig_xx = diag(Exx);
sigma_w = eig_xx(1)
```

Der kleinste Eigenwert von `Rxx` ist eine Schätzung für die Varianz des Rauschens σ_w^2. Weiter wird die Autokorrelationsmatrix `Rxz` aus der gleichen Autokorrelationsfunktion `rxx` ermittelt:

```
Rxz = toeplitz(rxx(m+2:end));
```

Die Autokorrelationsmatrix `Rxx` entspricht dem Signal $x[k + n]$, $n = 0, 1, 2, \ldots, m - 1$ und die Autokorrelationsmatrix `Rxz` entspricht dem Signal $z[k + n] = x[k + 1 + n]$, $n = 0, 1, 2, \ldots, m$, die in Vektoren zusammengefasst durch

$$
\begin{aligned}
\mathbf{x}[k] &= \Big[x[k],\, x[k+1],\, x[k+2], \ldots, x[k+(m-1)]\Big]' \\
\mathbf{z}[k] &= \Big[x[k+1],\, x[k+2],\, x[k+3], \ldots, x[k+m]\Big]'
\end{aligned}
\tag{4.58}
$$

gegeben sind. Aus den Autokorrelationsmatrizen `Rxx`, `Rxz` werden dann die Matrizen `Cxx` und `Cxz` gebildet:

```
n = length(Rxx(1,:));
Cxx = Rxx - sigma_w*eye(n,n);
Q = [zeros(1,n);eye(n-1,n-1), zeros(n-1,1)];
Cxz = Rxz - sigma_w*Q;
```

Die erste Zeile und letzte Spalte der Matrix `Q` enthält nur Nullwerte und der Rest ist eine Einheitsmatrix der Größe $n - 1 \times n - 1$. Die verallgemeinerte Eigenwertzerlegung [36] dieser zwei Matrizen `Cxx`, `Cxz` gemäß der Definition dieser Zerlegung

$$
\left(\mathbf{C}_{xx} - \lambda\, \mathbf{C}_{xz}\right) \mathbf{v}_g = 0
\tag{4.59}
$$

liefert die Eigenwerte λ in `Eg` und die entsprechenden Eigenvektoren in `Vg`:

```
% ------ Verallgemeinerte Eigenwertzerlegung
[Vg, Eg] = eig(Cxx, Cxz);
eig_g = diag(Eg);
```

Die p größten Eigenwerte `eig_g(1:p)` liegen auf dem Einheitskreis oder in der Nähe dieses Kreises und haben als Winkel die Kreisfrequenzen der p komplexen sinusförmigen Signale:

```
% ------- Geschätzte Frequenzen
r = eig_g(1:p)
f = abs(angle(r)/(2*pi))
```

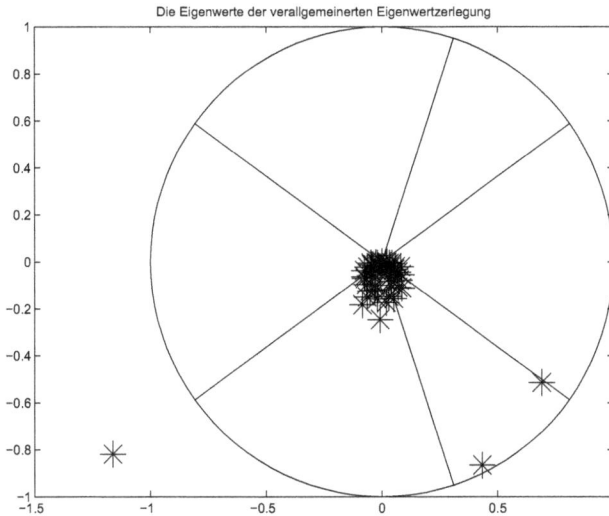

*Abb. 4.12: Platzierung der verallgemeinerten Eigenwerte (*esprit_1.m*)*

Die restlichen $m - p$ Eigenwerte müssten idealerweise im Ursprung liegen, oder in dessen Umgebung. Abb. 4.12 zeigt die Platzierung der Eigenwerte für die Parameter, die im Skript verwendet wurden. Aus den größten drei Werten werden die Frequenzen ermittelt:

```
f = 0.3999
    0.1761
    0.1051
```

Die korrekten Frequenzen wären 0, 4; 0, 2 und 0, 1 gewesen. Die Radiallinien zeigen die idealen Stellen am Einheitskreis der verallgemeinerten Eigenwerte. Von den drei sind zwei in richtiger Richtung platziert und ergeben gute Schätzungswerte. Wenn man auch hier denselben Trick anwendet und die Darstellung in **figure**(2) mit **hold on** einfriert und das Skript mehrmals aufruft, kann man die Streuung der Platzierung sichtbar machen.

Im letzten Teil des Skriptes sind die Amplituden mit Hilfe der Gl. (4.47) ermittelt, Gleichung die jetzt in komplex geschrieben wird ($e^x = \exp(x)$):

$$\begin{bmatrix} \exp(j2\pi f_1) & \exp(j2\pi f_2) & \dots & \exp(2\pi f_p) \\ \exp(2\pi f_1 2) & \exp(2\pi f_2 2) & \dots & \exp(2\pi f_p 2) \\ \vdots & \vdots & \dots & \vdots \\ \exp(2\pi f_1 p) & \exp(2\pi f_2 p) & \dots & \exp(2\pi f_p p) \end{bmatrix} \begin{bmatrix} P_1 \\ P_2 \\ \vdots \\ P_p \end{bmatrix} = \begin{bmatrix} \gamma_{xx}[1] \\ \gamma_{xx}[2] \\ \vdots \\ \gamma_{xx}[p] \end{bmatrix} \tag{4.60}$$

Die Übereinstimmung mit den korrekten Werten für einen Signalrauschabstand SNR = 6,2 dB ist relativ gut:

```
ag =   0.2777    (statt 0,3)
       1.0662    (statt 1)
       0.9294    (statt 1)
```

Auch hier wird dem Leser empfohlen das Skript in eine Funktion umzuwandeln, um leicht mit verschiedenen Parametern experimentieren zu können.

5 Spektrale Analyse mit Simulink-Modellen

In diesem Kapitel werden Simulink-Modelle zur Schätzung von Spektren eingesetzt. Die Blöcke, die hier verwendet werden, stammen aus den Unterbibliotheken des *Signal Processing Blocksets*. Sie implementieren die Verfahren, die in den vorherigen Kapiteln beschrieben wurden. Die Experimente sind alle so aufgebaut, dass in einem MATLAB-Skript das System initialisiert wird, dann wird die Simulation mit Hilfe des Simulink-Modells aufgerufen und zuletzt werden die Ergebnisse der Simulation, die in verschiedenen Senken gespeichert werden, im MATLAB-Skript analysiert und dargestellt.

5.1 Statistik-Blöcke

In Abb. 5.1 ist die Unterbibliothek *Statistics* gezeigt. Die meisten Funktionen sind einfach zu verstehen und werden bei ihrem Einsatz in den Experimenten näher erläutert. Ein sehr oft eingesetzter Block in den Experimenten dieses Kapitels ist der *Mean*-Block. Er kann den Mittelwert eines Vektors bilden oder über die Option *Running mean* bildet und aktualisiert er den laufenden Mittelwert von sukzessiven Vektoren.

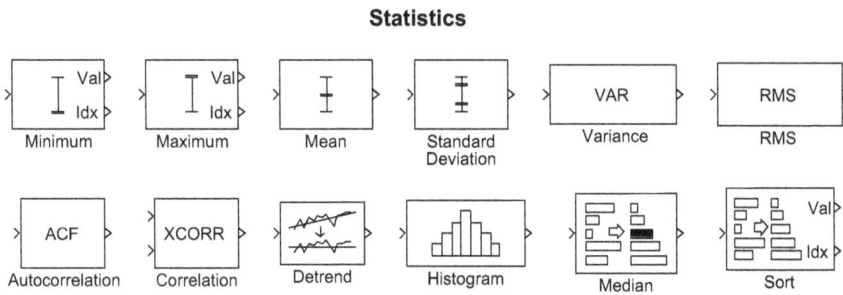

Abb. 5.1: Die Statistik-Unterbibliothek des Signal Processing Blocksets

Angenommen es wurde der Mittelwert der Vektoren $\mathbf{x}[k]$, $k = 0, 1, 2, \ldots n - 1$ im Vektor $\mathbf{y}[n - 1]$ berechnet:

$$\mathbf{y}[n - 1] = \frac{\mathbf{x}[0] + \mathbf{x}[1] + \cdots + \mathbf{x}[n - 1]}{n} \tag{5.1}$$

Ein neuer Vektor $\mathbf{x}[n]$ kann leicht in den neuen Mittelwert $\mathbf{y}[n]$ einbezogen werden:

$$\mathbf{y}[n] = \frac{\mathbf{x}[0] + \mathbf{x}[0] + \cdots + \mathbf{x}[n-1] + \mathbf{x}[n]}{n+1} =$$

$$(\mathbf{x}[0] + \mathbf{x}[0] + \cdots + \mathbf{x}[n-1])\frac{n}{n(n+1)} + \frac{\mathbf{x}[n]}{n+1} \tag{5.2}$$

oder

$$\mathbf{y}[n] = \mathbf{y}[n-1]\frac{n}{n+1} + \frac{\mathbf{x}[n]}{n+1}$$

Wenn n immer größer wird, spielt das zweite Glied keine Rolle mehr und der Mittelwert stabilisiert sich. Ein kleines Experiment soll den Einsatz dieses Blocks erläutern.

Experiment 5.1: Gemittelte Autokorrelation einer gefilterten Sequenz

Abb. 5.2 zeigt das Simulink-Modell `autokorr1.mdl` in dem exemplarisch die Blöcke *Autokorrelation* und *Mean* eingesetzt werden. Es wird aus dem Skript `autokorr_1.m` initialisiert und aufgerufen.

Aus der Quelle *Band-Limited White Noise* erhält man die Anregung in Form von bandbegrenztem, weißem Rauschen. Wenn man die Parameter dieses Blocks so wählt, dass die *Sample time* und *Noise power* gleich der Abtastperiode T_s sind, erhält man am Ausgang eine Sequenz mit dieser Abtastperiode und die Varianz gleich eins bzw. Mittelwert gleich null. Die Bandbreite erstreckt sich bis $f_s/2 = 1/(2T_s)$ und die spektrale Leistungsdichte bezogen auf $f_s/2$ ist wertmäßig gleich $1/(f_s/2) = 2T_s$ (z.B. Volt^2/Hz). Die Varianz (oder Leistung) nach einem Tiefpassfilter mit relativer Durchlassfrequenz $f_r = f_0/f_s = 0,1$ wird über $2T_s f_r f_s$ ermittelt.

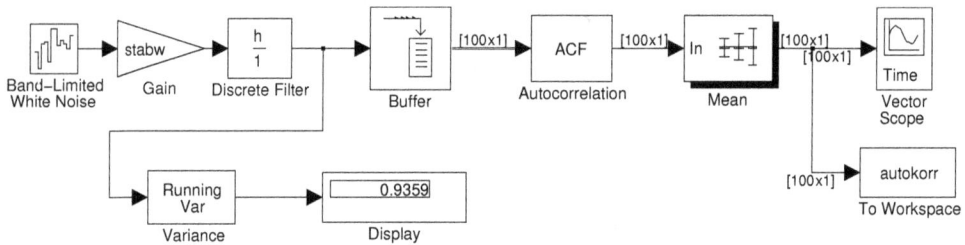

Abb. 5.2: Simulink-Modell zur Ermittlung der Autokorrelationsfunktion (autokorr_1.m, autokorr1.mdl)

Die spektrale Leistungsdichte kann auch auf f_s bezogen werden und ist in diesem Fall gleich T_s. Wenn dann ein Tiefpassfilter diese Sequenz bandbegrenzt, z.B. auf eine relative Frequez $f_r = f_0/f_s = 0,1$, dann muss man die Varianz (oder Leistung) nach dem Filter durch $T_s(2f_r)f_s$ berechnen, was zur gleichen Leistung führt.

Über den Block *Gain* wird mit der Variablen `stabw` die gewünschte Varianz `var_v` am Eingang des Blocks *Discrete Filter* erzeugt, wobei `stabw = sqrt(var_v)` ist.

Das FIR-Filter in Form eines Tiefpassfilters ist im Block *Discrete Filter* implementiert und hat einen relativen Durchlassbereich $f_0/f_s = f_r = 0,1$. Die Varianz am Ausgang des Filters wird mit dem Block *Running Var* gemessen und mit dem Block *Display* angezeigt. Sie muss bei $f_s = 1000$ Hz und bei einer Varianz am Eingang gleich 5 den Wert $(5/1000)(2f_r)f_s = 1$ einnehmen.

Im *Buffer*-Block werden Datenblöcke von je 100 Werten zwischengespeichert. Daraus ermittelt der Block *Autokorrelation* die einseitige Autokorrelationsfunktion, mit Verspätungen bis zur Größe des *Buffers*. Man kann aber auch einen anderen Wert für die maximale Verspätung im Block initialisieren.

Der Block *Mean* (mit der Option *Running Mean*) mittelt die Autokorrelationsfunktionen der Datenblöcke. Abb. 5.3 zeigt die Schar der 50 Autokorrelationen, die so gemittelt werden. Das Endergebnis nach 50 Datenblöcken ist in Abb. 5.4 zusammen mit der idealen Autokorrelationsfunktion dargestellt.

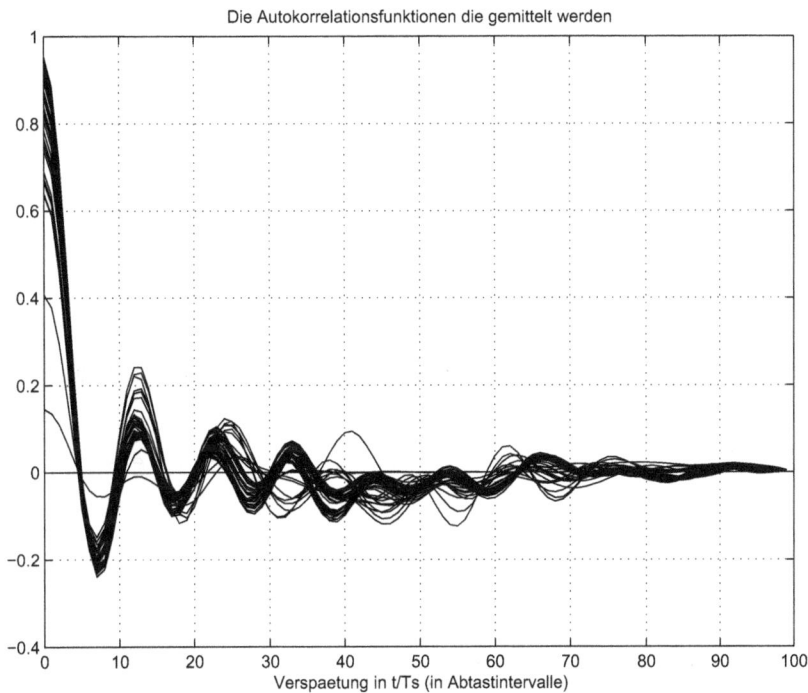

Abb. 5.3: Die Autokorrelationsfunktionen die gemittelt werden (autokorr_1.m, autokorr1.mdl)

Das Skript `autokorr_1.m` beginnt mit der Initialisierung der Variablen für das Modell:

```
.........
clear
% -------- Parameter der Sequenz
fs = 1000;        Ts = 1/fs;
var_v = 5;                % Varianz des weißen Rauschens
stabw = sqrt(var_v);
% -------- TP-FIR-Filter
nord = 128;       fr = 0.1;
```

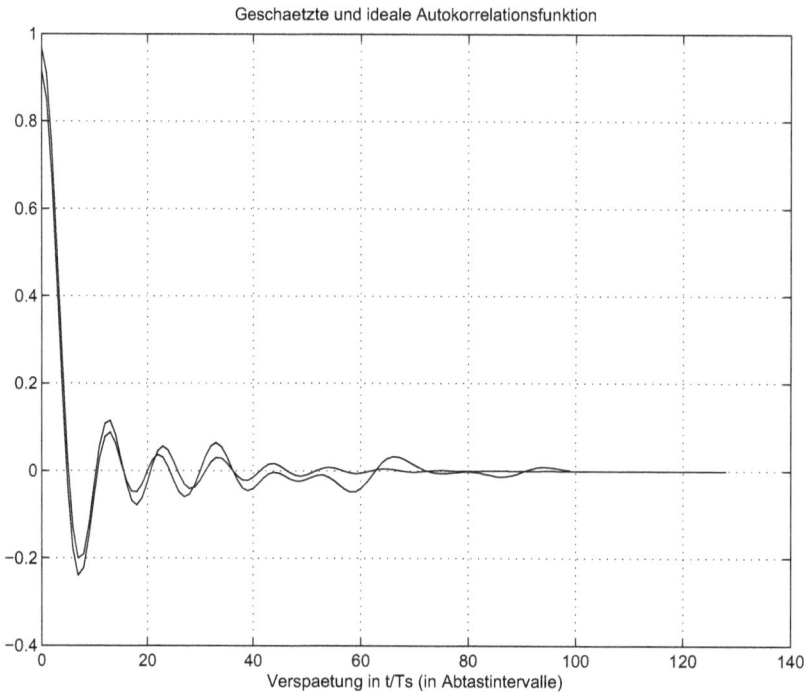

Abb. 5.4: Die gemittelte und ideale Autokorrelationsfunktion (autokorr_1.m, autokorr1.mdl)

```
h = fir1(nord, fr*2);       % Koeffizienten des FIR-Filters
% -------- Buffer Größe
nbuffer = 100;
```

Im Vektor h sind die Koeffizienten des FIR-Filters hinterlegt und mit nbuffer wird die Größe des Puffers für den Block *Buffer* festgelegt. Bevor die Simulation mit dem Befehl **sim** gestartet wird, sind einige Parameter dieser Simulation mit dem Befehl **simset** initialisiert. Danach folgt der Aufruf der Simulation:

```
% -------- Aufruf der Simulation
N = 5000;
my_options = simset('Solver','discret','FixedStep',Ts);
sim('autokorr1', [0, (N-1)*Ts]);
% autokorr enthält Blöcke der Autokorrelationsfunktion
```

Die Ergebnisse werden in der Senke *To Workspace* eingefangen. Diese ist mit der Option *Save Format* als *Array* initialisiert, so dass die Daten in einem dreidimensionalen Feld mit Name autokorr hinterlegt werden. Die erste Dimension entspricht den Zeilen, in denen jeder Autokorrelationsblock gespeichert ist. Die zweite Dimension für die Spalten ist immer gleich eins und die dritte Dimension stellt die laufende Autokorrelation der Datenblöcke dar. Somit ist die letzte gemittelte Autokorrelation in autokorr(:,1,end) enthalten. Für die Darstellung der Schar der Autokorrelationsfunktionen (Abb. 5.3) werden diese als Spalten der Variablen `autok` sortiert:

```
..........
[m,n,p] = size(autokorr);
autok = zeros(m,p);    % Die Blöcke werden als Spalten hinterlegt
for li = 1:p
   autok(:,li) = autokorr(:,1,li);
end;
figure(1);    clf;
plot(0:m-1, autok);
title('Die Autokorrelationsfunktionen die gemittelt werden')
xlabel('Verspaetung in t/Ts (in Abtastintervalle)');
grid on;
```

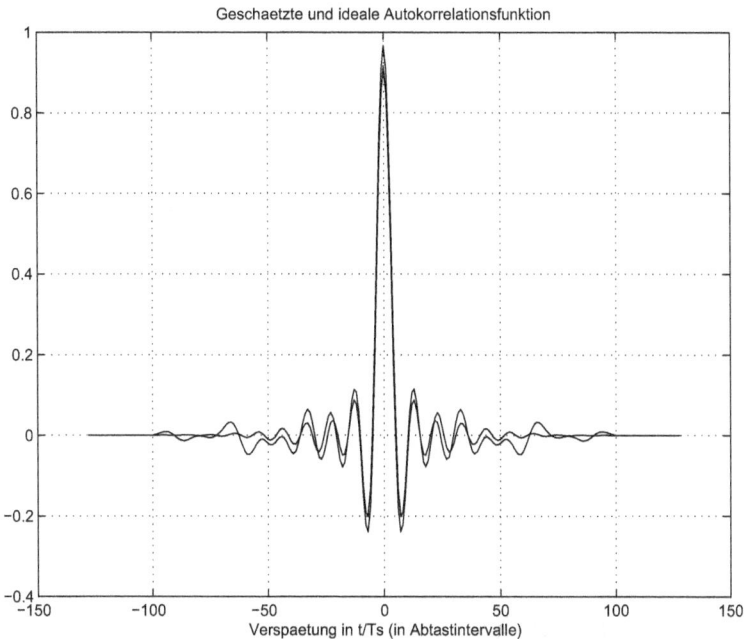

Abb. 5.5: Die gemittelte und ideale zweiseitige Autokorrelationsfunktion (autokorr_2.m, auto-korr2.mdl)

Die ideale Autokorrelationsfunktion wird mit Hilfe der Koeffizienten des FIR-Filters gemäß Gl. (3.43) berechnet. Die Einheitspulsantwort, die gleich mit den Koeffizienten des Filters ist, wird mit sich selbst über die Funktion **conv** gefaltet und noch mit der Varianz des weißen Rauschens multipliziert:

```
% ------- Der letzte aktualisierte Mittelwert
y_auto = autokorr(:,1,end);
% -------- Ideale Autokorrelationsfunktion
%y_ideal = conv(h,fliplr(h))*var_v;       % Größe nord*2+1
```

```
y_ideal = conv(h,h)*var_v;      % weil h symmetrisch ist
y_ideal = y_ideal(nord+1:end);  % Werte für positive Verspätungen
........
```

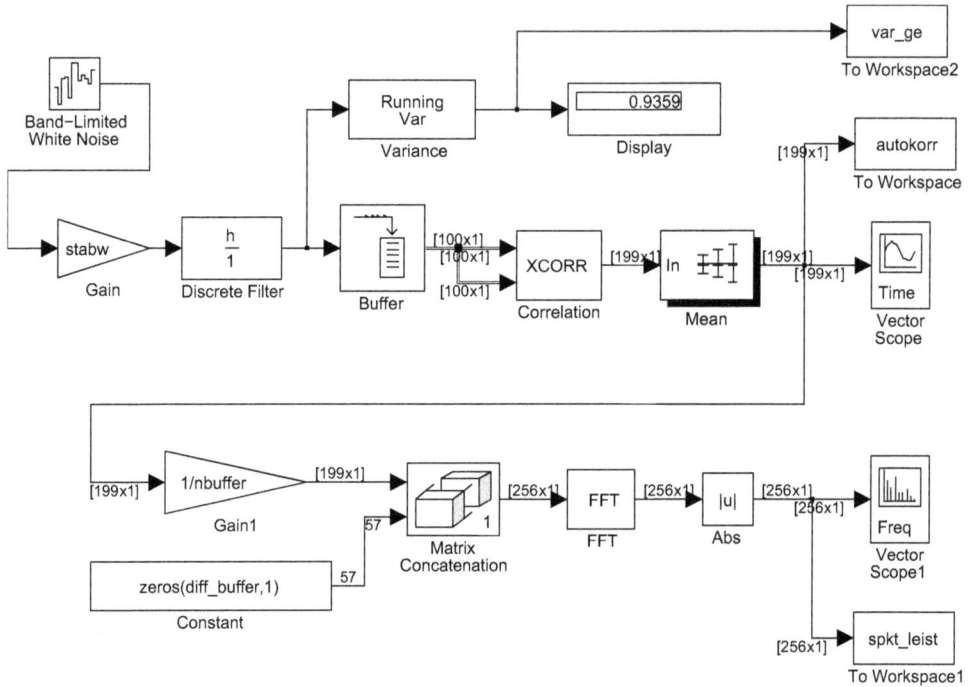

*Abb. 5.6: Simulink-Modell in dem die spektrale Leistungsdichte aus der Autokorrelationsfunktion ermittelt wird (*autokorr_3.m, autokorr3.mdl)

Abb. 5.4 zeigt die durch Mittelung erhaltene Autokorrelationsfunktion und die ideale Autokorrelationsfunktion. Der maximale Wert ist $\cong 1$, was für die Parameter des Systems auch richtig ist. Dieser Wert entspricht der Varianz von eins am Ausgang des Filters.

Die Varianz kann auch mit Hilfe der relativen Durchlassfrequenz des Tiefpassfilters berechnet werden. Die spektrale Leistungsdichte des weißen Rauschens mit Varianz var_v = 5 bezogen auf die relative Frequenz $f_s/2 = 0,5$ ist 10 Watt/f_r. In der Annahme eines idealen Tiefpassfilters mit relativer Durchlassfrequenz von fr = 0.1 und Verstärkung eins im Durchlassbereich, ist die Varianz am Ausgang gleich der spektralen Leistungsdichte am Eingang mal relative Durchlassfrequenz $10 \times 0,1 = 1$ Watt.

Die Autokorrelation, die vom Block *Autokorrelation* geliefert wird, kann intern beliebig normiert werden (*Biased, Unbiased, ...*).

Im Skript autokorr_2.m, aus dem das Modell autokorr2.mdl aufgerufen wird, ist der Block *Correlation* zur Ermittlung der Autokorrelation eingesetzt. Dieser kann auch für die Kreuzkorrelation benutzt werden und dadurch liefert er hier die zweiseitige Autokorrelation. Diese ist nicht normiert und muss bei Bedarf außerhalb mit der Größe des Puffers (für *Unbiased*) normiert werden.

Abb. 5.5 zeigt die durch Mittelung erhaltene zweiseitige Autokorrelationsfunktion zusammen mit der idealen Autokorrelationsfunktion.

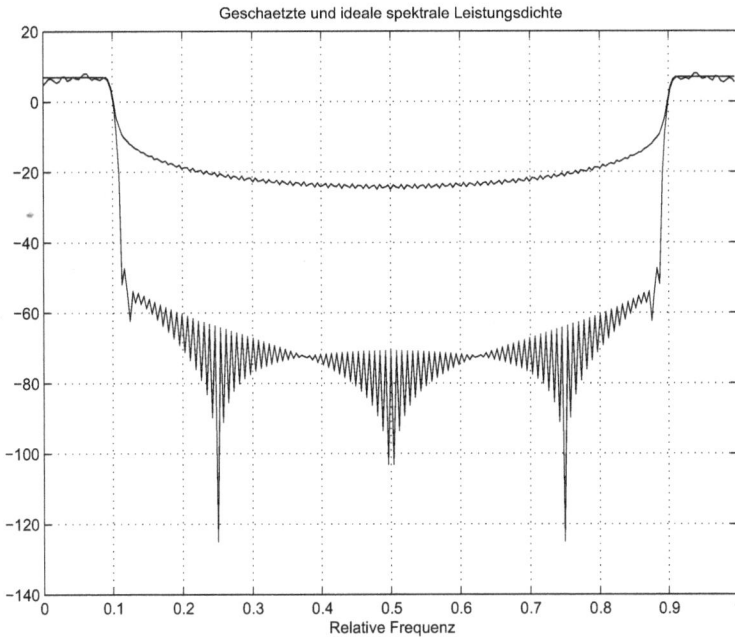

Abb. 5.7: Ideale und geschätzte spektrale Leistungsdichte (autokorr_3.m, autokorr3.mdl)

Die zweiseitige Autokorrelationsfunktion kann weiter zur Berechnung der spektralen Leistungsdichte über die Fourier-Transformation herangezogen werden. Im Skript `autokorr_3.m` wird das Modell `autokorr3.mdl` aufgerufen und die spektrale Leistungsdichte mit Hilfe des Blocks *FFT* ermittelt (Abb. 5.6). Dieser Block verlangt am Eingang einen Vektor der Länge, die eine ganze Potenz von zwei ist. Um das zu erreichen muss die Autokorrelationsfunktion der Länge 199 mit Nullwerten bis zu 256 erweitert werden. Das geschieht im Modell mit Hilfe der Blöcke *Constant* und *Concatenation*.

In der FFT-Transformation wird die Autokorrelationsfunktion als eine kausale Sequenz angenommen und nicht wie in der Theorie, wo die Autokorrelationsfunktion als eine symmetrische Funktion um die Verspätung null betrachtet wird. Deswegen wird der Absolutwert mit dem Block *Abs* gebildet.

Abb. 5.7 zeigt die ideale spektrale Leistungsdichte und die aus der zweiseitigen Autokorrelationsfunktion geschätzte spektrale Leistungsdichte. Die ideale spektrale Leistungsdichte ergibt eine viel größere Dämpfung im Sperrbereich. Im Modell wird auch die Varianz nach dem Filter mit dem Block *Variance*, der als *Running Var* initialisiert ist, ermittelt und mit dem Block *Display* dargestellt.

Alle Ergebnisse werden mit Blöcken *To Workspace* gespeichert und in der MATLAB-Umgebung zur Verfügung gestellt. Sie sind alle mit dem Format *Array* initialisiert.

Im Skript werden am Ende die Varianz über die geschätzte spektrale Leistungsdichte und die Varianz, die direkt am Ausgang des Filters geschätzt wird, verglichen:

```
Varianz aus dem Signal nach dem Filter
var_signal =   0.9359
Varianz aus der spektralen Leistungsdichte
var_psd = 0.9168
```

Der ideale Wert für einen idealen Tiefpassfilter wäre eins.

Wenn man die Autokorrelationsfunktion vor der Fourier-Transformation mit einer Fensterfunktion gewichtet hat, erhält man die spektrale Leistungsdichte nach dem Verfahren von Blackman-Tukey. Diese Möglichkeit ist im Skript `autokorr_4.m` bzw. Modell `autokorr4.mdl` untersucht. Die Ergebnisse sind den Ergebnissen ohne dieser Gewichtung ähnlich.

5.2   Blöcke zur Ermittlung der spektralen Leistungsdichte

In dem *Signal Processing Blockset* gibt es eine Unterbibliothek *Estimation*, die wiederum eine weitere Unterbibliothek *Power Spectrum Estimation* (Abb. 5.8) enthält.

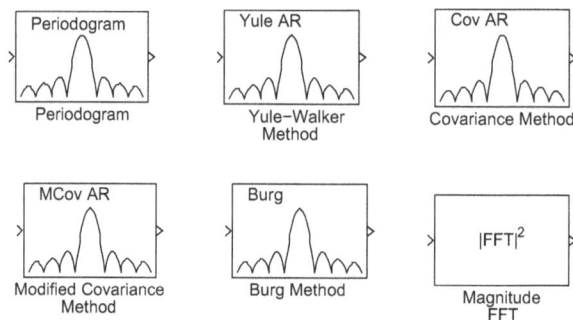

Abb. 5.8: Power Spectrum Estimation-*Blöcke*

Der erste Block *Periodogram* erlaubt das nichtparametrische Verfahren "Periodogramm" und das Welch-Verfahren zu simulieren. Für das Welch-Verfahren muss man nur die Parameter des Blocks entsprechend initialisieren. Die restlichen vier Blöcke implementieren parametrische Verfahren über Schätzungen von AR-Modellen. Der letzte Block *Magnitude FFT* kann eingesetzt werden, um selbst die Schätzung, in der man den Betrag der FFT hoch zwei benutzen muss, zu gestalten.

5.2.1   Einsatz des *Periodogram*-Blocks

Wenn man den Block *Periodogram* anwählt (die Ecken werden hervorgehoben) und weiter im Menü *Edit* die Option *Look under Mask* aktiviert, erhält man ein Modell (Abb. 5.9), das den Aufbau dieses Blocks darstellt.

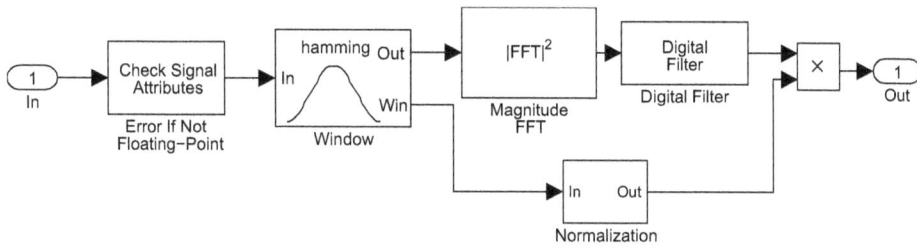

Abb. 5.9: Der Aufbau des Periodogram-*Blocks*

Dieser Aufbaus zeigt, dass der Block eigentlich das Welch-Verfahren implementiert. Wie üblich bei solchen Blöcken aus den Bibliotheken des *Signal Processing Blocksets* werden am Anfang die Eigenschaften der Eingangssignale des Anwenders überprüft. Wenn diese korrekt sind (z.B. hier Vektoren) dann werden sie mit einer Fensterfunktion gewichtet. Der Betrag der FFT hoch zwei wird mit dem *Digital Filter*-Block laufend gemittelt (*Running mean*) und zuletzt mit den Werten der Fensterfunktion gemäß Gl. (3.34) normiert. Die Überlappung der Datenblöcke am Eingang wird extern mit Hilfe eines Puffers realisiert.

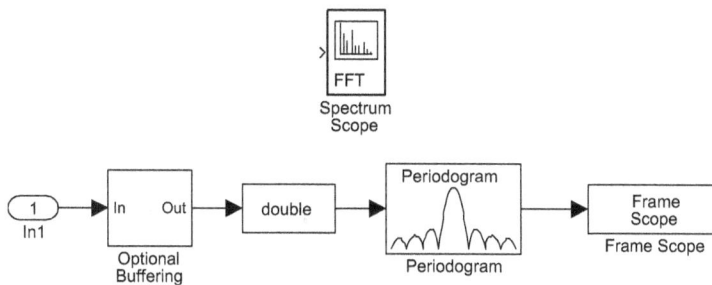

Abb. 5.10: Der Spectrum scope-*Block und dessen Aufbau*

Der *Periodogram*-Block wird auch in dem *Spectrum Scope*-Block aus der Senken-Bibliothek des *Signal Processing Blocksets* eingesetzt. Abb. 5.10 zeigt diesen Block und seinen internen Aufbau. Er kann auch die Pufferung der Daten übernehmen und erlaubt auch eine Überlappung der Datenblöcke. Wenn die Daten außerhalb gepuffert sind, dann wird diese Option nicht aktiviert.

Experiment 5.2: Spektrale Leistungsdichte mit *Periodogram-*Block

Abb. 5.11 zeigt das Simulink-Modell (`periodogr1.mdl`), in dem der Block *Periodogram* eingesetzt wird, um die spektrale Leistungsdichte eines ähnlichen Prozesses, der durch Filterung von weißem Rauschen entsteht, zu bestimmen.

Die Überlappung der Datenblöcke mit 50 % ist im *Buffer*-Block initialisiert. Dadurch erhöht sich die Anzahl der Blöcke, die gemittelt werden. Es wurde ein *Hamming*-Fenster gewählt und

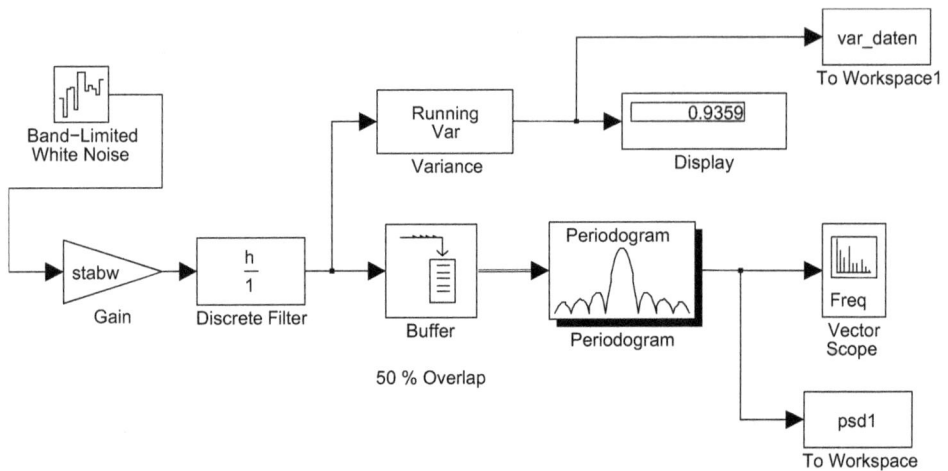

*Abb. 5.11: Simulink-Modell, in dem der Block Periodogram eingesetzt wird (*periodogr_1.m,
periodogr1.mdl)

die Größe der FFT ist durch Vererbung gleich der Größe des Eingangsvektors, der wiederum gleich der Puffergröße ist.

Abb. 5.12 zeigt die spektralen Leistungsdichten, die gemittelt werden und deren Varianz, die am Anfang sehr groß ist und am Ende nach ca. 40 Datenblöcke viel kleiner ist. Die ideale spektrale Leistungsdichte, die mit Hilfe des Frequenzgangs des Filters ermittelt wird, zusammen mit der gemittelten, spektralen Leistungsdichte ist in Abb. 5.13 dargestellt.

Die ideale spektrale Leistungsdichte wird mit folgenden Programmzeilen ermittelt:

```
......
nord = 128;
fr = 0.1;
h = firl(nord, fr*2);    % Koeffizienten des FIR-Tiefpassfilters
......
psd_ideal = var_v*abs(fft(h,m)).^2; % Ideale spektrale Leistungsdichte
```

Am Ende des Skriptes wird die ermittelte spektrale Leistungsdichte mit Hilfe des Satzes von Parseval überprüft. Dafür wird die aus der Simulation mit Block *Variance* am Ausgang des Filters gemessene Varianz, die im *To Workspace1* hinterlegt wird, mit der Varianz verglichen, die aus der spektralen Leistungsdichte mit

```
var_psd = sum(psd_g(:,end))/nfft
```

berechnet wird. Hier ist psd_g(:,end) die gemittelte spektrale Leistungsdichte (der Endwert). Die Übereinstimmung ist sehr gut:

```
Varianz der Daten nach dem Filter
var_d =    0.9359
Varianz der Daten aus der spektralen Leistungsdichte
var_psd =  0.9635
```

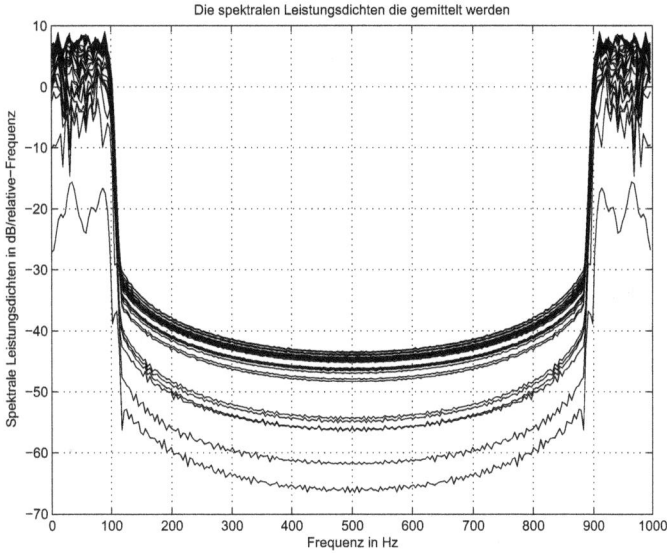

Abb. 5.12: Spektrale Leistungsdichten, die gemittelt werden (periodogr_1.m, periodogr1.mdl)

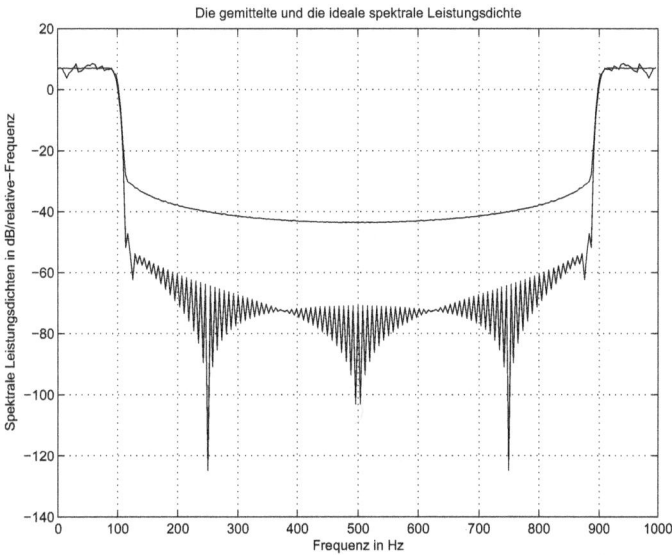

Abb. 5.13: Die ideale und gemittelte spektrale Leistungsdichte (periodogr_1.m, periodogr1.mdl)

Im Skript `periodogr_2.m` und Modell `periodogr2.mdl` werden dem weißem Rauschen zwei sinusförmige Signale im Durchlassbereich des Filters hinzugefügt. Die gemittelte spektrale Leistungsdichte ist in Abb. 5.14 dargestellt. Auch hier wird das Endergebnis mit Hilfe des Satzes von Parseval überprüft:

```
Varianz der Daten nach dem Filter
var_d =     8.1975
Varianz der Daten aus der spektralen Leistungsdichte
var_psd =   8.1812
```

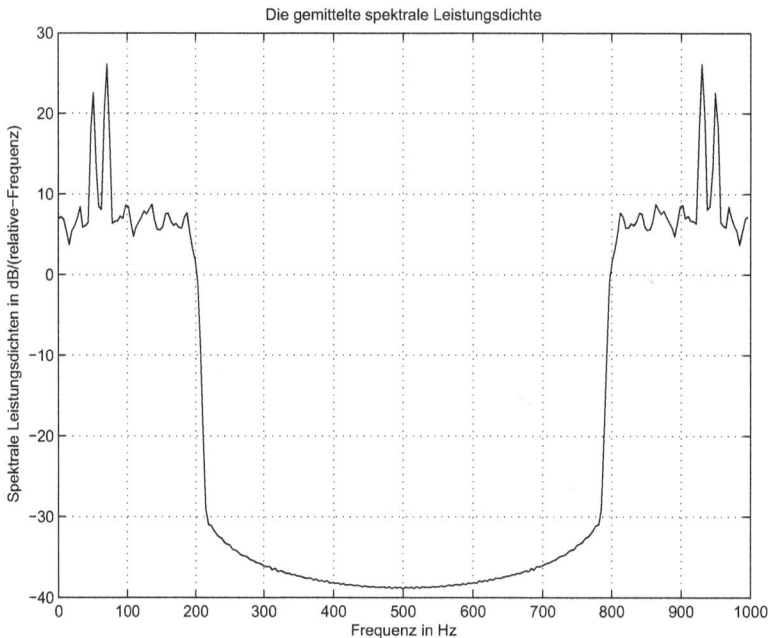

Abb. 5.14: Die spektrale Leistungsdichte mit zusätzlichen zwei sinusförmigen Signalen (peri-odogr_1.m, periodogr1.mdl)

Die Übereinstimmung ist sehr gut und verschlechtert sich wesentlich, wenn man die Daten-menge verringert. Ursprünglich ist der Datensatz gleich 5000 Werten, der zu 40 gemittelten, spektralen Leistungsdichten geführt hat. Mit 2500 Werten erhält man nur 20 gemittelte, spek-trale Leistungsdichten und die Überprüfung ergibt:

```
Varianz der Daten nach dem Filter
var_d =     8.0986
Varianz der Daten aus der spektralen Leistungsdichte
var_psd =   7.5193
```

Dem Leser wird empfohlen die Skripte und Modelle zu erweitern und die Experimente mit veränderten Parametern durchzuführen. So z.B. kann der Frequenzabstand der zwei sinusförmi-gen Signale immer kleiner gewählt werden, um die Auflösung des Verfahrens in Abhängigkeit der Auflösung der FFT und der Datenmenge zu bestimmen.

In den Modellen sollte auch das Signal nach dem Filter z.B. mit einem *Scope*-Block verfolgt werden, um ein Gefühl für die Stärke des Rauschens relativ zu den Amplituden der Signale zu erhalten.

5.2.2   Einsatz des Blocks *Yule-Walker Method*

Aus der Kategorie der parametrischen Verfahren zur Schätzung der spektralen Leistungsdichte über AR-Modelle wird anfänglich der Einsatz des Blocks *Yule-Walker* gezeigt. Die Parameter des Blocks sind einmal die Ordnung des AR-Modells und die Größe der FFT, mit deren
Hilfe die spektrale Leistungsdichte aus den identifizierten Koeffizienten des AR-Modells berechnet wird. Diese Größe kann auch von der Größe des Datenblocks geerbt werden, die dann
eine ganze Potenz von zwei sein muss.

Das Zerlegungstheorem von Wold [40], [12] besagt, dass jeder ARMA- oder MA-Prozess
mit einem AR-Modell größerer, eventuell unendlicher Ordnung dargestellt werden kann. In dem
folgenden Experiment, das gleiche Signale wie in den vorherigen Kapiteln untersucht, werden
die Vorteile der parametrischen Verfahren hervorgehoben.

Experiment 5.3: Spektrale Leistungsdichte mit *Yule-Walker-*Block

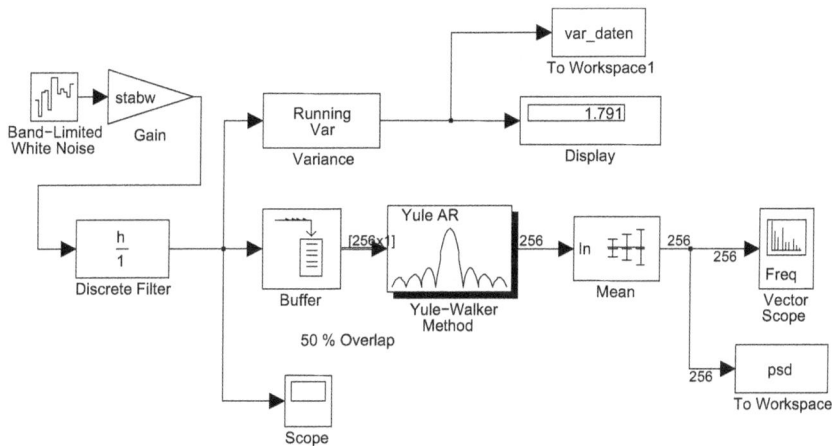

Abb. 5.15: Simulink-Modell mit Block Yule-Walker Method *zur parametrischen Ermittlung der
spektralen Leistungsdichte (*yule_1.m, yule1.mdl*)*

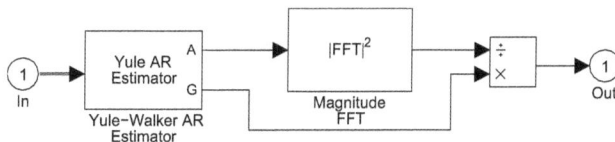

Abb. 5.16: Innerer Aufbau des Blocks Yule-Walker Method *(*yule_1.m, yule1.mdl*)*

Abb. 5.15 zeigt das Simulink-Modell dieses Experiments. Im Block *Yule-Walker Method*
wird aus jedem Datenblock vom Eingang ein AR-Modell berechnet und danach wird über eine
FFT-Transformation die spektrale Leistungsdichte ermittelt. Auch hier kann man den inneren

Aufbau des Blocks durch Selektion des Blocks und danach im Menü *Edit* die Option *Look under Mask* anwählen. Man erhält das Teilmodell aus Abb. 5.16. Der erste Block *Yule-Walker AR Estimator* liefert die identifizierten Koeffizienten des AR-Modells am Ausgang A und am Ausgang G wird die geschätzte Varianz des Eingangssignals zur Verfügung gestellt. Weiter wird die spektrale Leistungsdichte gemäß Gl. (3.84) und (3.85) mit Hilfe der FFT berechnet.

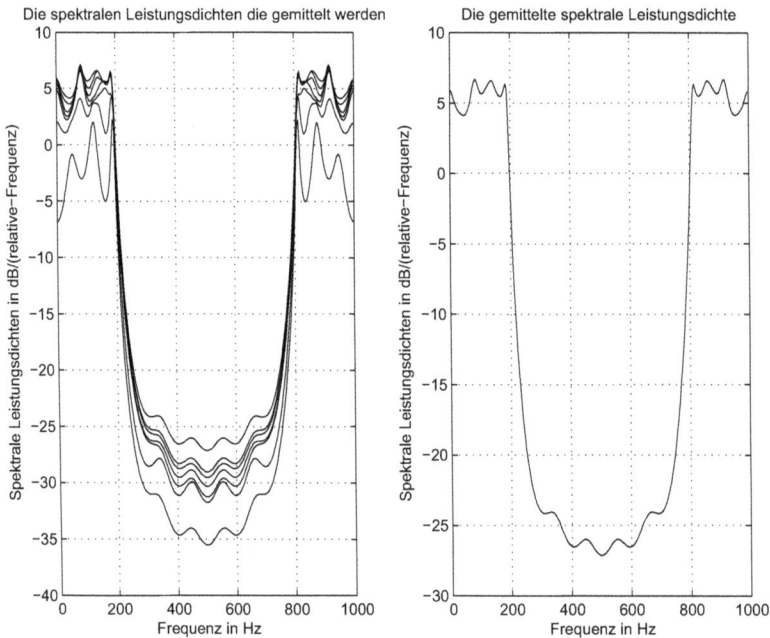

Abb. 5.17: Die spektralen Leistungsdichten der Datenblöcke und die gemittelte spektrale Leistungsdichte (yule_1.m, yule1.mdl)

Die im Simulink-Modell geschätzten spektralen Leistungsdichten der Datenblöcke werden anschließend mit Hilfe des Blocks *Mean*, der als *Running Mean* parametriert ist, gemittelt. Abb. 5.17 zeigt links die geschätzten spektralen Leistungsdichten, die gemittelt das Ergebnis bilden, das rechts gezeigt ist.

Auch hier wird zuletzt im Skript `yule_1.m` das Ergebnis mit dem Satz von Parseval überprüft:

```
Varianz der Daten nach dem Filter
var_d =    1.7905
Varianz der Daten aus der spektralen Leistungsdichte
var_psd =  1.4389
```

Diese Ergebnisse werden für eine Eingangssequenz von 1000 Werten mit Pufferung in Datenblöcken von 256 Werten und 50 % Überlappung erhalten. Das hat zu 8 Datenblöcken geführt. Die Ordnung des AR-Modells wurde mit `nar = 12` relativ niedrig gewählt. Mit größeren Datenmengen und größerer Ordnung für das AR-Modell verbessern sich die Ergebnisse bei der Überprüfung.

Im Skript `yule_2.m`, welches das Modell `yule2.mdl` aufruft, werden dem Eingangs-signal auch zwei sinusförmige Komponenten hinzugefügt. Mit derselben Ordnung des AR-Modells werden diese Signale nicht aufgelöst. Man muss eine viel höhere Ordnung wählen, um ähnliche Ergebnisse wie mit dem nicht parametrischen Welch-Verfahren aus Abb. 5.14 zu erhalten.

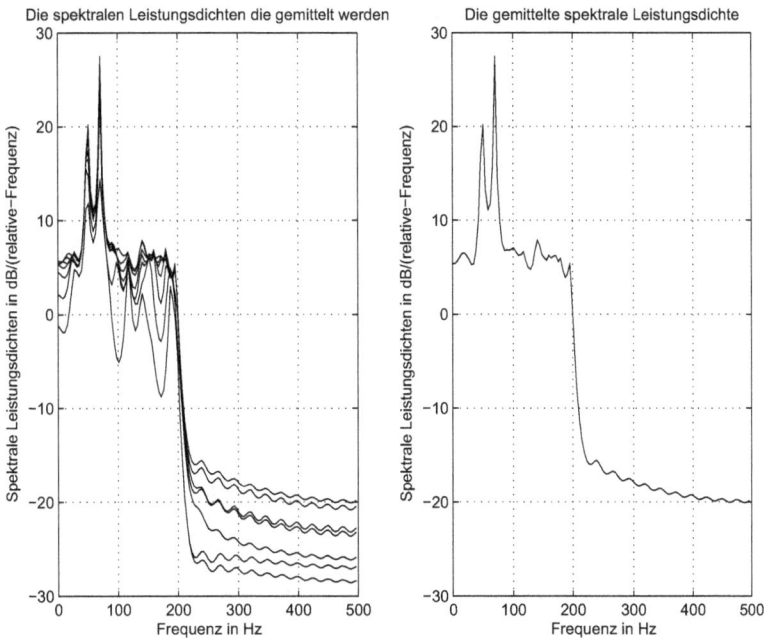

Abb. 5.18: Die spektralen Leistungsdichten der Datenblöcke und die gemittelte spektrale Leis-tungsdichte (yule_2.m, yule2.mdl)

Abb. 5.18 zeigt links die spektralen Leistungsdichten der 8 Datenblöcke von je 256 Werten, die gemittelt die spektrale Leistungsdichte von rechts ergeben. Die Datenmenge von 1000 hat zu den 8 Datenblöcken wegen der Überlappung mit 50 % geführt.

Die Überprüfung der Ergebnisse mit Hilfe des Satzes von Parseval hat hier folgende Werte ergeben:

```
Varianz der Daten nach dem Filter
var_d =    7.8902
Varianz der Daten aus der spektralen Leistungsdichte
var_psd =  7.9801
```

Die nötige Ordnung des AR-Modells wurde viel höher und zwar 40 gewählt. Der Leser sollte mit der Datenmenge und dieser Ordnung weitere Experimente durchführen.

5.2.3   Einsatz der Blöcke *Covariance Method, Modified Covariance Method* und *Burg Method*

Die restlichen Blöcke mit weiteren Verfahren für die parametrische Ermittlung der spektralen Leistungsdichte, die in Abb. 5.8 gezeigt sind, werden ähnlich eingesetzt. Alle inklusive der *Yule-Walker Method*-Block benutzen intern die entsprechenden Blöcke aus der Unterbibliothek *Parametric Estimation*, mit deren Hilfe man die Koeffizienten der AR-Modelle und die Varianz der Eingangssequenz ermitteln kann (Abb. 5.19).

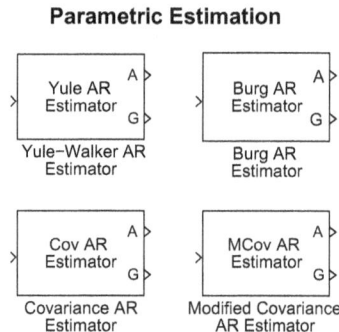

Abb. 5.19: Die Unterbibliothek Parametric Estimation

Im Modell `psd_param1.mdl` das mit festen Werten initialisiert ist und aus dem Menü gestartet wird, ist die spektrale Leistungsdichte mit dem Block *Yule-Walker AR Estimator* aus der Unterbibliothek *Parametric Estimation* exemplarisch ermittelt. In dieser Form hat man auch Zugriff auf die Koeffizienten des AR-Modells. Das Modell basiert auf dem inneren Aufbau des Blocks *Yule-Walker Method*, der in Abb. 5.16 gezeigt wurde.

Experiment 5.4: Ermittlung der spektralen Leistungsdichte mit den restlichen parametrischen Verfahren

Die Blöcke, die diese Verfahren implementieren, liefern als erste Schätzung einen Vektor, der nur NaN-Werte (*Not a Number*) enthält und man kann diesen Anfangsvektor nicht für die Mittelung in den *Mean*-Blocks mit Option *Running mean* benutzen. Die gelieferten spektralen Leistungsdichten der Datenblöcke müssen eingefangen werden und danach bei Bedarf ohne das erste Ergebnis gemittelt werden. Die Modelle und Skripte ändern sich geringfügig. Als Beispiel wird in Abb. 5.20 das Modell (`cov_ar1.mdl`) mit dem Block *Covariance Method* gezeigt.

Im Skript (`cov_ar_1.m`) werden die spektralen Leistungsdichten, die in dem Senke-Block *To Workspace* eingefangen werden und im Feld `psd` gespeichert sind, in einer Matrix zusammengefasst, so dass jede Spalte eine gelieferte spektrale Leistungsdichte enthält. Danach werden diese in Zeilenrichtung gemittelt und dargestellt:

```
.........
% -------- Aufruf der Simulation
N = 2000;
my_options = simset('Solver', 'FixedStepDiscrete','FixedStep',Ts);
```

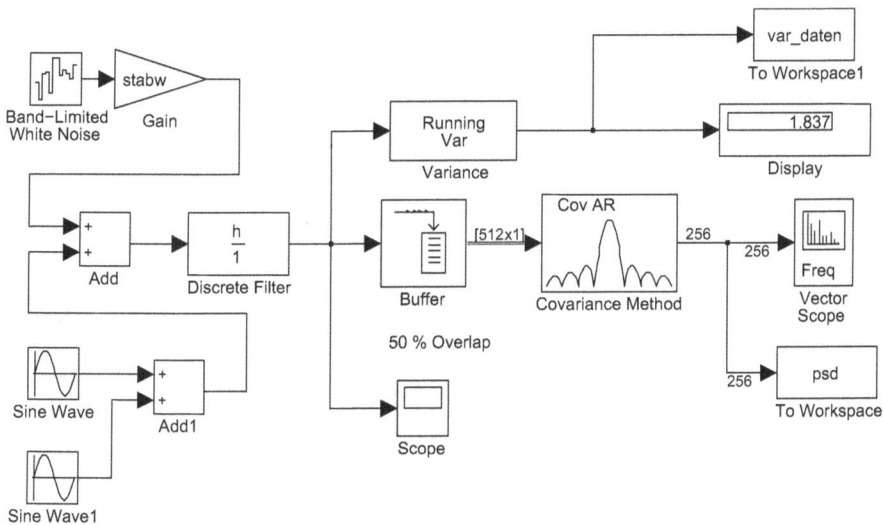

Abb. 5.20: Der Einsatz des Blocks Covariance Method *(cov_ar_1.m, cov_ar1.mdl)*

```
sim('cov_ar1', [0, (N-1)*Ts], my_options);
% psd aus dem Block To Workspace enthält die spektrale
% Leistungsdichte der Datenblöcke
[m,n,p] = size(psd);
psd_g = zeros(n,m);   % Die Blöcke werden als Spalten hinterlegt
for li = 1:m
   psd_g(:,li) = psd(li,:,1);
end;
figure(1);    clf;
subplot(121), plot((0:n/2-1)*fs/n, 10*log10(psd_g(1:n/2,:)));
title('Die spektralen Leistungsdichten die gemittelt werden')
xlabel('Frequenz in Hz');
ylabel('Spektrale Leistungsdichten in dB/(relative-Frequenz)')
grid on;
La = axis;   axis([La(1),fs/2, La(3:4)]);

psd_g = mean(psd_g(:,2:end),2);% Gemittelte spektrale Leistungsdichte

subplot(122), plot((0:n/2-1)*fs/n, 10*log10(psd_g(1:n/2)));
title('Die gemittelte spektrale Leistungsdichte')
xlabel('Frequenz in Hz');
ylabel('Spektrale Leistungsdichten in dB/(relative-Frequenz)')
grid on;
La = axis;   axis([La(1),fs/2, La(3:4)]);
```

Abb. 5.21 zeigt die Ergebnisse dieser Simulation für einen Datensatz von $N = 2000$ Werten, mit Puffergröße gleich 512 und 256 Bins für die FFT. Wegen der Überlappung der Blöcke

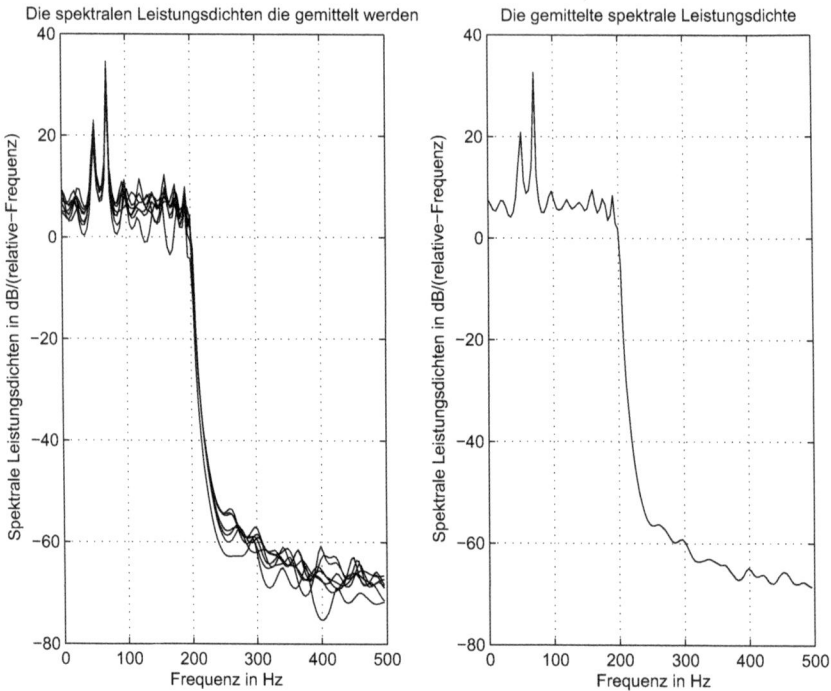

Abb. 5.21: Spektrale Leistungsdichte mit Covariance Method-*Block (*cov_ar_1.m, cov_ar1.mdl)

mit 50 % entstehen so 8 Datenblöcke.

Die Überprüfung der Ergebnisse mit dem Satz von Parseval führt zu sehr großen Abweichungen und es wurde anfänglich angenommen, sie sind durch einen Fehler entstanden:

```
Varianz der Daten nach dem Filter
var_d =    8.0392
Varianz der Daten aus der spektralen Leistungsdichte
var_psd =  17.6364
```

Wenn man aber die sinusförmigen Signale unterdrückt (mit ampl1=0, ampl2=0), dann sind die Werte der Varianzen annähernd gleich:

```
Varianz der Daten nach dem Filter
var_d =    1.8371
Varianz der Daten aus der spektralen Leistungsdichte
var_psd =  1.7587
```

Dadurch wurde die Vermutung, dass ein Fehler vorliegt, entkräftet. Ähnliche Ergebnisse erhält man auch mit den Skripten covm_ar_1.m, burg_ar_1.m und den entsprechenden Simulink-Modellen covm_ar1.mdl, burg_ar1.mdl, die die restlichen Blöcke mit parametrischen Verfahren benutzen.

Experiment 5.5: Spektrale Leistungsdichte mit *Spectrum Scope*-Block

Abschließend wird hier ein Experiment gezeigt, in dem die spektrale Leistungsdichte mit dem *Spectrum Scope* ermittelt und dargestellt wird. Es wird die spektrale Leistungsdichte des Signals einer binären Datenübertragung ohne und mit *Raised Cosine*-Filter [4] untersucht. Die steilen Flanken der Signale einer Übertragung von binären Daten, führen dazu, dass diese Signale eine relativ große Bandbreite belegen. Mit dem *Raised-Cosine*-Filter dehnt man die Einheitspulsantwort des Sendefilters über die Dauer eines Symbols hinaus ohne dass Interferenz entsteht. Diese Dehnung "rundet" die Flanken und ergibt weiter eine viel schmalere Bandbreite mit einer besseren Dämpfung der Seitenkeulen des Spektrums.

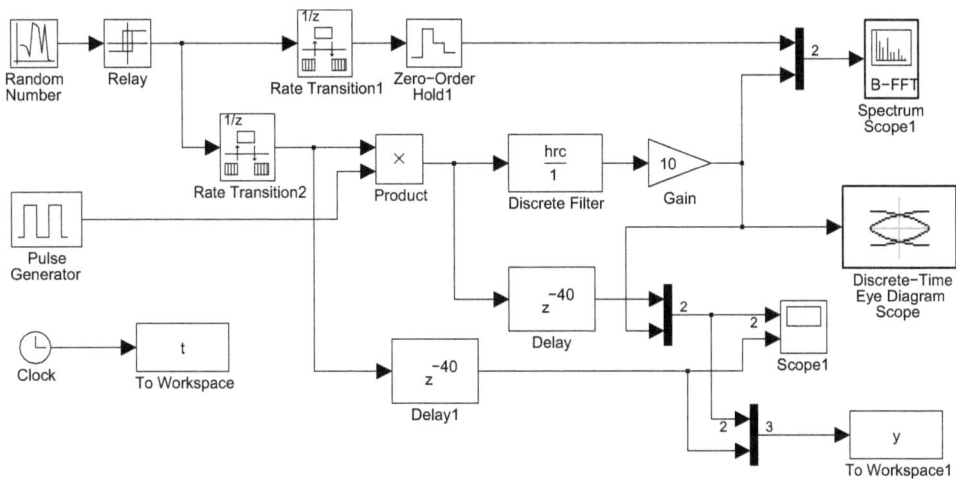

Abb. 5.22: Simulink-Modell zur Ermittlung der spektralen Leistungsdichte von Binärdaten gefiltert mit Raised-Cosine-*Filter (*psd_binaer_2.m, psd_binaer2.mdl*)*

Abb. 5.22 zeigt das Simulink-Modell psd_binaer2.mdl für dieses Experiment, das vom Skript psd_binaer_2.m initialisiert und aufgerufen wird. Im Modell werden aus dem *Random Number*-Block normal verteilte Zufallszahlen mit einer Abtastperiode Tsymb erzeugt. Mit Hilfe des *Relay*-Blocks werden daraus bipolare Daten mit Werten ±1 gebildet. Über den Block *Zero-Order Hold 1* werden die binären Daten mit einer Abtastperiode Ts, die zehn mal kleiner als Tsymb ist, abgetastet. Man kann von einer niedrigeren Abtastfrequenz mit Block *Zero Order Hold* auf eine höhere Abtastfrequenz kommen, wenn dazwischen ein Block *Rate Transition 1* geschaltet wird. Das ist hier eine Notwendigkeit, weil die Simulation als diskret ohne kontinuierliche Blöcke in dem Befehl **simset** initialisiert ist.

Bei Simulationen mit kontinuierlichen und diskreten Blöcken (Hybrid-Systeme), bei denen die normalen *Solver*, wie z.B. ode45, eingesetzt werden, kann man auch von einer niedrigeren Abtastrate mit *Zero-Order Hold*-Blöcken auf eine höhere Abtastrate übergehen.

Der *Spectrum Scope 1* erhält über den *Mux*-Block die abgetasteten ungefilterten und die gefilterten Signale. Die letzteren werden mit Hilfe des *Raised-Cosine*-Filters, das im Block *Discrete Filter* initialisiert ist, gebildet. Das Filter wird mit Pulsen angeregt, die man durch

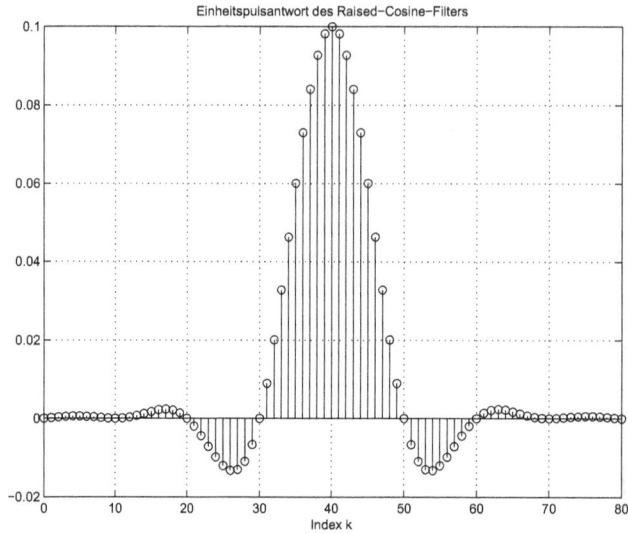

Abb. 5.23: Einheitspulsantwort des Raised-Cosine-*Filters (*psd_binaer_2.m, psd_binaer2.mdl)

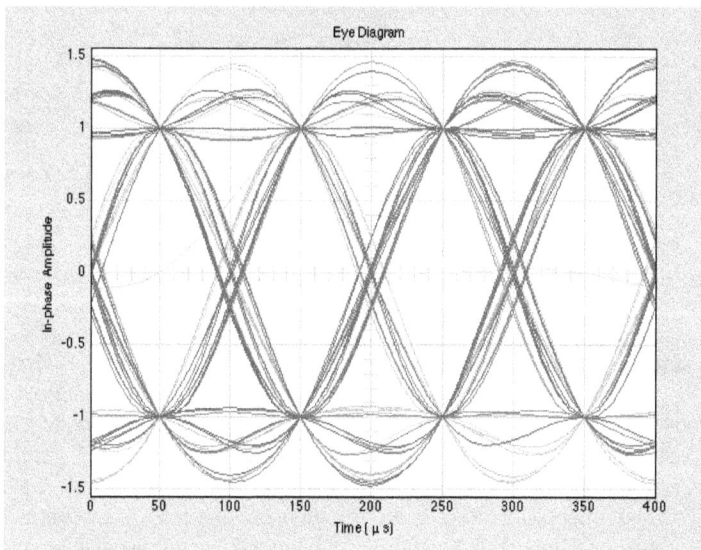

Abb. 5.24: Augendiagramm der Signale gefiltert mit Raised-Cosine-*Filter (*psd_binaer_2.m, psd_binaer2.mdl)

Multiplikation der Pulse aus dem Block *Puls Generator* mit dem Datensignal erhält. Die Pulse dieses Generators haben die Dauer einer Abtastperiode Ts und die Periode gleich der Symboldauer Tsymb (Bitdauer).

Auch hier muss man einen *Rate Transition2*-Block dazwischen schalten, so dass am Ausgang dieses Blocks die höhere Abtastrate der Periode `Ts` möglich ist. Wegen der Anregung mit schmalen Pulsen muss man am Ausgang des Filters die Signale mit dem Faktor `Tsymb/Ts` im Block *Gain* verstärken.

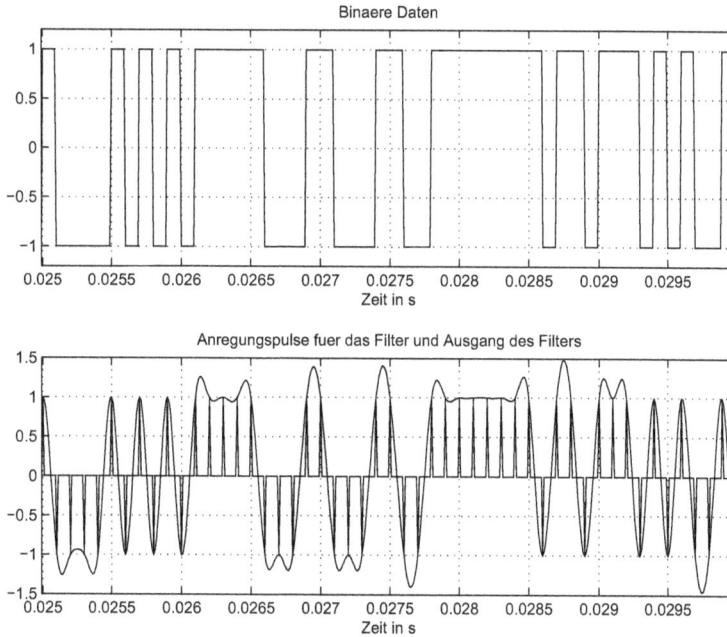

Abb. 5.25: Binärdaten und Signale am Ausgang des Raised-Cosine-*Filters* (psd_binaer_2.m, psd_binaer2.mdl)

Abb. 5.23 zeigt die Einheitspulsantwort des *Raised-Cosine*-Filters mit *Roll-off Factor* von $0,5$ [4]. Sie wird im Skript mit folgenden Programmzeilen ermittelt:

```
.........
% -------- Raised-Cosine-Filter
nord = 80;              % Muss eine gerade Zahl sein
roll_off = 0.5;
hrc = firrcos(nord, 0.5*fsymb, roll_off, fs, 'rolloff');
.........
```

Die Argumente bestimmen die Eigenschaften des Filters. Die Ordnung muss eine gerade Zahl sein. Mit den eingestellten Werten der Parameter bilden zehn Abtastwerte eine Symbolperiode. Aus der Einheitspulsantwort sieht man, dass im Abstand der Symbolperiode Nullwerte mit Ausnahme der mittleren Stelle vorliegen. Dadurch wird an bestimmten Stellen des gefilterten Signals der richtige Wert erhalten, mit dem die korrekte Dekodierung möglich ist.

In Abb. 5.24 wird das so genannte "Augendiagramm" [21], [22], [15] gezeigt, aus dem die Stellen der korrekten Entscheidungen der Dekodierung sichtbar werden. Es sind die Punkte die von den Verläufen der Signale, die überlagert dargestellt sind, gebildet werden. Das Augendia-

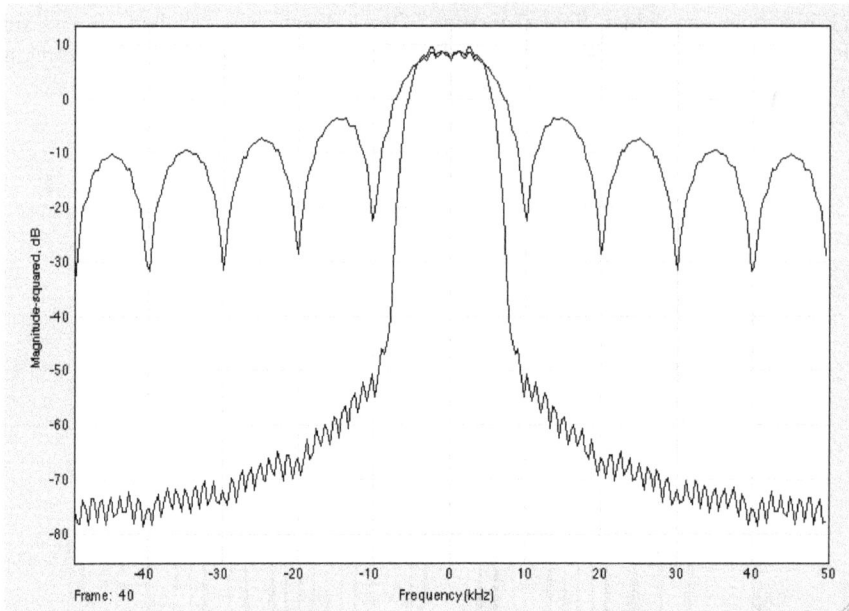

Abb. 5.26: Spektrale Leistungsdichte ohne und mit Raised-Cosine-*Filter* (psd_binaer_2.m, psd_binaer2.mdl)

gramm wurde im Block *Discrete-Time Eye Diagram Scope* erzeugt und dargestellt. Er befindet sich in der Senken-Unterbibliothek des *Communication Blocksets*.

Abb. 5.25 zeigt oben die Binärdaten und unten die Pulse bzw. Antwort des Filters, die über die Blöcke *Delay* und *Delay1* mit der Verspätung des *Raised-Cosine*-Filters verspätet werden, um die Signale am Eingang des *Scope 1*-Blocks so auszurichten, dass der Zusammenhang Ursache/Wirkung sichtbar wird.

Die spektralen Leistungsdichten der Binärdaten ohne und mit *Raised-Cosine*-Filter sind in Abb. 5.26, so wie sie auf dem *Spectrum Scope* erscheinen, dargestellt. Die gefilterten Signale führen zu einer schmaleren Bandbreite und zu einer erheblich besseren Dämpfung der Nebenkeulen.

Das *Raised-Cosine*-Filter kann so initialisiert werden, dass ein Teil beim Sender und ein Teil beim Empfänger eingesetzt werden. Dadurch spielt das Empfangsfilter die Rolle eines an das Signal angepassten Filters (*Matched Filter*) [21]. In dieser Form erhält man eine bessere Unterdrückung der Rauschanteile des Kommunikationskanals. Das Filter nennt sich dann *Square-Root-Raised-Cosine*-Filter [4]. Der Amplitudengang eines der zwei Filter ist gleich der quadratischen Wurzel des normalen Filters.

Im Skript psd_binaer_3.m, welches das Modell psd_binaer3.mdl initialisiert und aufruft, ist so eine Übertragung simuliert. Hier wird mit einem normalen *Solver* gearbeitet und man kann die *Rate-Transition*-Blöcke weglassen.

Abb. 5.27 zeigt das Modell, das ähnlich aufgebaut ist. Zwischen dem Sende- und Empfangsfilter wird dem Signal noch Kanalrauschen hinzu addiert. Das Sendefilter wird weiter mit Pulsen angeregt, die man mit dem Block *Upsample* hier realisiert. Dieser bildet in der Symbol-

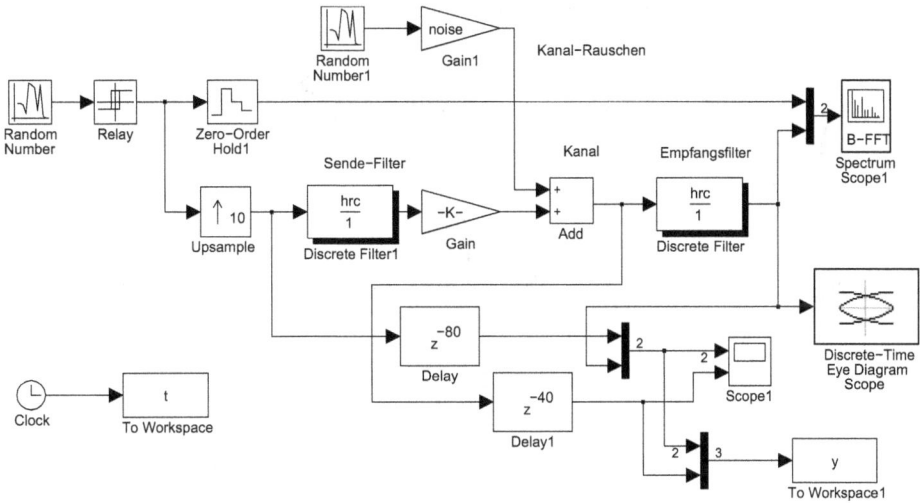

Abb. 5.27: Simulink-Modell mit Sende- und Empfangsfilter Square-Root-Raised-Cosine
(psd_binaer_3.m, psd_binaer3.mdl)

periode `Tsymb` für eine Abtastperiode `Ts` einen Puls, der gleich dem Eingang ist, gefolgt von neun Nullwerten (`Tsymb/Ts-1`).

Das *Square-Root-Raised-Cosine*-Filter wird hier mit folgenden Programmzeilen erhalten:

```
.........
nord = 80;           % Muss eine gerade Zahl sein
roll_off = 0.5;
hrc = firrcos(nord, 0.5*fsymb, roll_off, fs, 'rolloff', 'sqrt');
.........
```

Im Skript wird seine Einheitspulsantwort dargestellt und man wird feststellen, dass hier die Bedingung, dass keine Symbol-Interferenz entsteht, nicht mehr vorhanden ist. Nur die Impulsantwort, die man durch Faltung des Sende- und Empfangsfilters erhält, erfüllt diese Bedingung.

Es wird empfohlen, die Simulation zuerst ohne Kanalrauschen zu starten, um festzustellen, dass das korrekte Augendiagramm vorhanden ist. Danach sollte man das Rauschsignal hinzufügen und die Änderung des Augendiagramms beobachten.

Abb. 5.28 zeigt oben das Kanalsignal nach dem Sendefilter mit Rauschanteil. Darunter sind die Pulse für den Eingang des Sendefilters zusammen mit dem Ausgang nach dem Empfangsfilter gezeigt. Wie man sieht, unterdrückt das angepasste Empfangsfilter sehr gut das Kanalrauschen.

In Abb. 5.29 ist das Augendiagramm nach dem Empfangsfilter für den Fall mit Kanalrauschen gezeigt. Die "Öffnung" des Diagramms ist noch sehr gut um korrekte Entscheidungen beim Dekodieren zu treffen.

Die spektrale Leistungsdichte ist der Vorherigen aus Abb. 5.26 ähnlich mit dem Unterschied, dass jetzt außerhalb des Durchlassbereichs die Dämpfung nicht mehr so gut ist. Der Leser sollte hier mit weiteren Parametern experimentieren und die Änderung der spektralen

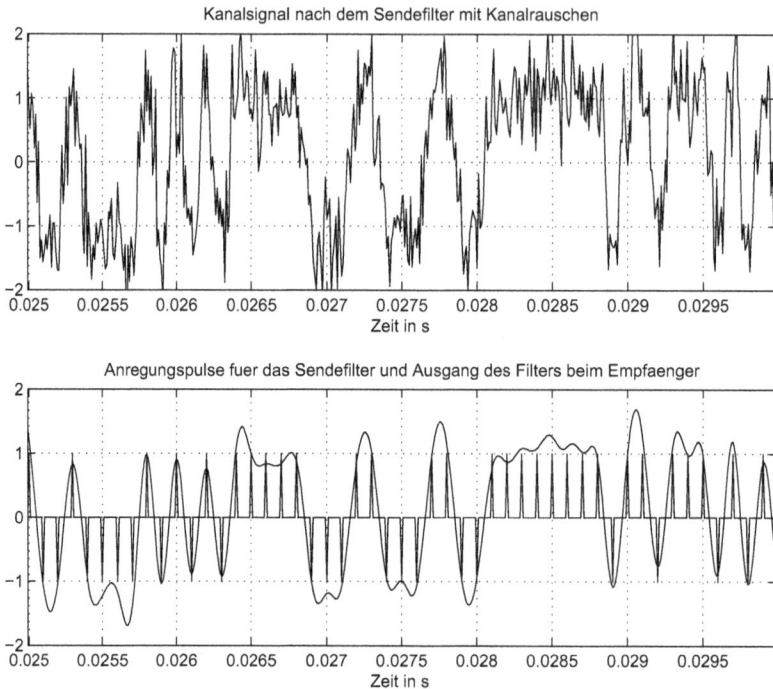

Abb. 5.28: Kanalsignale nach dem Square-Root-Raised-Cosine-*Sendefilter mit Kanalrauschen*
(psd_binaer_3.m, psd_binaer3.mdl)

Leistungsdichte auch quantitativ erfassen.

In diesen Modellen gibt es zwei Abtastperioden `Tsymb` und `Ts` und es ist lehrreich über das Menü *Format* des Modells und danach *Port/Signal Display* die Option *Sample Time Colors* zu aktivieren. Es werden mit Farben die verschiedenen Abtastraten im Modell hervorgehoben. Mit dieser Möglichkeit kann man oft Fehler in den Modellen aufspüren und korrigieren.

Weil mit normalen *Solvern*, die sowohl für kontinuierliche als auch für gemischte kontinuierlich/diskrete Blöcke einzusetzen sind, keine zusätzliche Einschränkungen verbunden sind, sollte man immer mit diesem *Solver* beginnen. Wenn dann der Hinweis

```
Warning: The model 'psd_binaer3' does not have continuous states,
hence using the solver 'VariableStepDiscrete' instead of solver
'ode45'. You can disable this diagnostic by explicitly specifying
a discrete solver in the solver tab of the Configuration Parameters
dialog, or setting 'Automatic solver parameter selection' diagnostic
to 'none' in the Diagnostics tab of the Configuration
Parameters dialog.
```

erscheint, kann man versuchen das Modell auf ein ausschließlich diskretes Modell zu initialisieren. In diesem Fall muss man auch hier Blöcke *Rate Transition* einfügen.

Würde das Sendefilter nicht mit Einheitspulsen der Dauer `Ts` angeregt werden, sondern

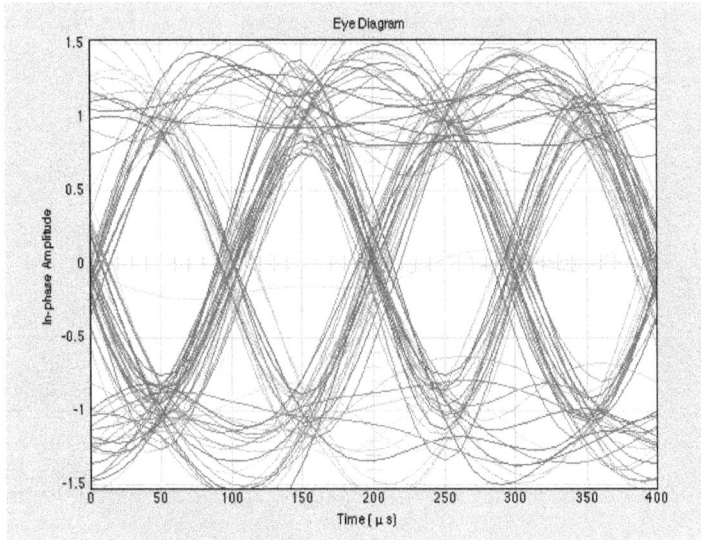

Abb. 5.29: Augendiagramm der Signale nach dem Square-Root-Raised-Cosine-*Empfangsfilter mit Kanalrauschen (*psd␣binaer␣3.m, psd␣binaer3.mdl*)*

direkt mit den binären Pulsen der Dauer Tsymb, die hier zehn mal länger als Ts sind, müsste die Antwort die gleiche gewünschte Wellenform (*Square-Root-Raised-Cosine*) haben. Man erhält die erforderliche Einheitspulsantwort des modifizierten Filters durch Entfaltung (englisch: *Deconvolution*) des rechteckigen Pulses eines Symbols aus der gewünschten Wellenform. In der *Signal Processing Toolbox* gibt es für diese Operation die Funktion **deconv**. Im Skript psd_binaer_4.m, das mit dem Modell psd_binaer4.mdl arbeitet, wird diese Möglichkeit gezeigt. Mit

```
% -------- Square-Root-Raised-Cosine-Filter
nord = 80;              % Muss eine gerade Zahl sein
roll_off = 0.5;
hrc1 = firrcos(nord, 0.5*fsymb, roll_off, fs, 'rolloff','sqrt');
hrc = deconv(hrc1,ones(1,Tsymb/Ts)); % Modifizierte Einheitspulsantwort
nh = length(hrc);
```

wird die neue Einheitspulsantwort des Sendefilters hrc aus der *Square-Root-Raised-Cosine*-Wellenform hrc und dem rechteckigen Symbolpuls ones(1, Tsym/Ts) berechnet. Beim Empfänger wird weiterhin das nicht modifizierte Filter der Einheitspulsantwort hrc1 benutzt. Die Ergebnisse sind, wie erwartet, die gleichen.

5.3 Schätzung der spektralen Leistungsdichte mit *Pre-Whitening*

In der Praxis wurde festgestellt [8], dass man die beste Schätzung der spektralen Leistungsdichte eines Signals durch Kombination eines parametrischen *Pre-Whitening* und einer nichtparametrischen Schätzung, wie in Abb. 5.30 gezeigt, erhält. Hier wurde angenommen, dass das Signal $x[k]$ aus einem AR-Prozess hervorgeht und in einem ersten Schritt werden die Koeffizienten eines AR-Modells $A_g(z)$ geschätzt.

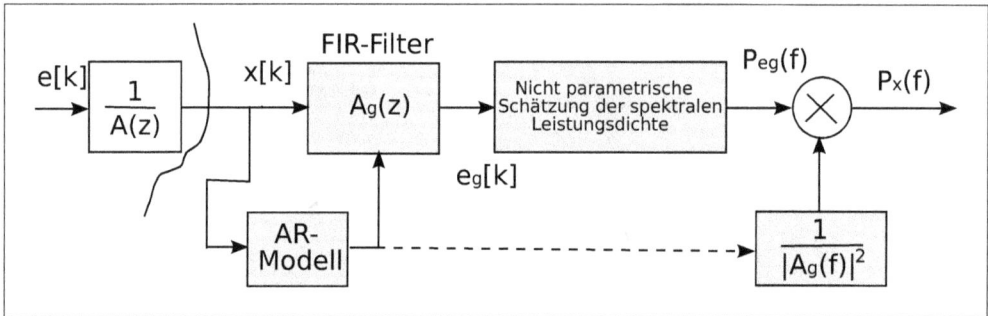

Abb. 5.30: Schätzung der spektralen Leistungsdichte mit Pre-Whitening

Wenn das Modell mit den geschätzten Koeffizienten $A_g(z)$ korrekt ist, muss das Signal nach dem FIR-Filter $e_g[k]$ weißes Rauschen sein. Das ist der so genannte *Pre-Whitening*-Prozess. Selten ist das identifizierte Modell $1/A_g(z)$ gleich dem richtigen Prozess $1/A(z)$ und somit ist $A_g(z)/A(z) \neq 1$. Dadurch hat das Signal $e_g[k]$ eine spektrale Leistungsdichte, die verschieden von einer Konstanten ist, wie es vom weißen Rauschen zu erwarten wäre.

Die spektrale Leistungsdichte $P_{eg}(f)$ des Signals $e_g[k]$ wird mit einem nicht parametrischen Verfahren geschätzt und dann weiter mit einem Teil der geschätzten parametrischen spektralen Leistungsdichte multipliziert:

$$P_x(f) = \frac{P_{eg}(f)}{|A_g(f)|^2} \tag{5.3}$$

Gewöhnlich ist im Zähler der parametrischen Schätzung die geschätzte Varianz des weißen Rauschens $e[k]$, als Konstante.

Experiment 5.6: Simulation der Schätzung der spektralen Leistungsdichte mit *Pre-Whitening*

Abb. 5.31 zeigt das Simulink-Modell `prewhitening_psd1.mdl` der Schätzung der spektralen Leistungsdichte mit *Pre-Whitening*. Es wird wie immer aus einem Skript initialisiert und aufgerufen (`prewhitening_psd_1.m`). Der AR-Prozess, der zur Generierung des Signals $x[k]$ dient, ist durch folgende Übertragungsfunktion beschrieben:

$$A(z) = \frac{1}{1 - 2,7607\, z^{-1} + 3,8106\, z^{-2} - 2,6535\, z^{-3} + 0,9238\, z^{-4}} \tag{5.4}$$

Der Prozess besitzt zwei "Resonanzfrequenzen" bei den relativen Frequenzen von $f_{r1} = 0,11$ und $f_{r2} = 0,14$, die auch sehr nahe liegen. Diesem Prozess kann auch ein deterministisches Signal aus dem Block *Signal Generator* hinzu addiert werden, wenn `kg` gleich eins gewählt wird.

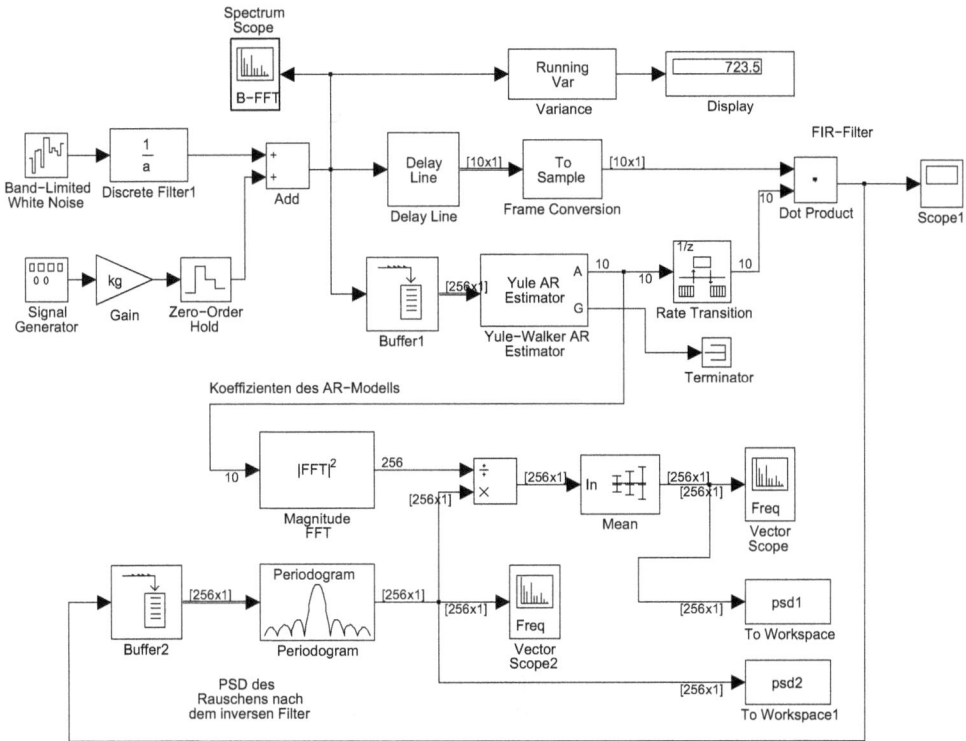

Abb. 5.31: Schätzung der spektralen Leistungsdichte mit Pre-Whitening-*Filter (*prewhitening_psd_1.m, prewhitening_psd1.mdl)

Im Block *Yule AR Estimator* werden die Koeffizienten des AR-Prozesses geschätzt und am Ausgang A geliefert. Die geschätzte Varianz am Ausgang G wird nicht benutzt und ist an einem Block *Terminator* angeschlossen. Über den *Delay Line*-Block und den geschätzten Koeffizienten wird "zu Fuß" das FIR-*Prewhitening*-Filter implementiert. Der Block *Dot Product* realisiert das skalare Produkt zwischen dem Vektor der Abtastwerte $x[k], x[k-1], \ldots, x[k-(m-1)]$ aus dem Block *Delay Line* und dem Vektor der geschätzten Koeffizienten $a_{g1}, a_{g2}, \ldots, a_{gm}$, wobei $a_{g1} = 1$ ist.

Das Rauschsignal am Ausgang des *Dot Product*-Blocks wird im *Buffer2*-Block in Blöcken gefasst, um weiter seine spektrale Leistungsdichte mit dem nichtparametrischen Verfahren, das im Block *Periodogram* implementiert ist, zu bestimmen.

Die Blöcke *Buffer1* und *Buffer2* müssen identisch parametriert werden, um die korrekten Abtastraten bei der Bearbeitung zu erhalten. Die Größe nfft dieser Puffer muss auch die Größe der FFT aus Block *Magnitude FFT* sein. Am besten wird das über die Möglichkeit, die Abtastraten der Blöcke und Verbindungslinien mit Farben hervorzuheben, überprüft. Im Menü *Format* des Modells wird unter *Port/Signal Display* die Option *Sample Time Colors* aktiviert.

Der Ausgang des *Periodogram*-Blocks wird mit dem Kehrwert der $|FFT|^2$ elementweise multipliziert, um so die spektrale Leistungsdichte gemäß Gl. (5.3) zu erhalten. Die Mittelung

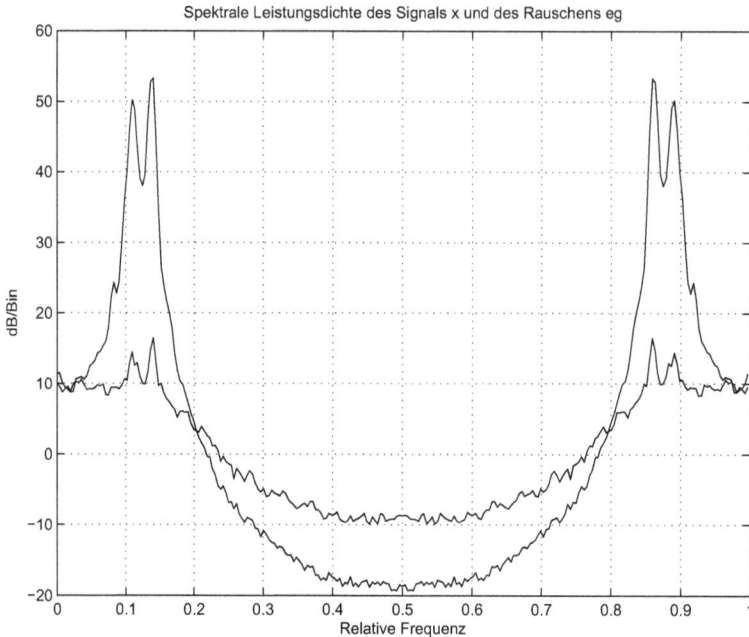

Abb. 5.32: Spektrale Leistungsdichte des Signals x und des mit Pre-Whitening *erhaltenen Rauschens* e_g *(*prewhitening_psd_1.m, prewhitening_psd1.mdl*)*

der geschätzten Werte wird mit Hilfe des Blocks *Mean* durchgeführt, der als *Running Mean* initialisiert ist.

Abb. 5.32 zeigt die geschätzte, spektrale Leistungsdichte des Signals $x[k]$ und des über das *Prewhitening*-Filter erhaltenen Rauschsignals $e_g[k]$. Man sieht, dass es kein weißes Rauschen ist und dass es noch spektrale Anteile des Signals $x[k]$ enthält.

In den Senken *To Workspace*, die mit *Format Array* parametriert sind, werden alle Ergebnisblöcke gespeichert. Mit

```
psdx = psd1(:,:,end);
psde = psd2(:,:,end);
```

extrahiert man die letzten Blöcke, um sie dann darzustellen, wie in Abb. 5.32 gezeigt. Mit **end** wird der letzte Datenblock der Variablen psd1, psd2 extrahiert. Die Anfrage **size**(psd1) z.B. ergibt

ans = 256   1   79

und zeigt, dass die Variable psd1 aus 79 Spaltenblöcken der Größe 256 besteht.

5.4   Das Prinzip eines FFT-Zooms

Es wird die Möglichkeit vorgestellt, einen bestimmten Frequenzbereich über die FFT zu zoomen. In vielen Anwendungen, in denen Spektren berechnet werden, benötigt man in einem bestimmten Bereich des Spektrums eine erhöhte Auflösung in Form einer Zoom-Funktion. Ein Zahlenbeispiel soll das näher erläutern. Wenn man z.B. Komponenten in der Umgebung von 250 Hz mit einer Auflösung von $\Delta f = 1$ mHz erfassen möchte, dann benötigt man eine FFT mit N Stützstellen, die durch

$$N = \frac{f_s}{\Delta f} \tag{5.5}$$

gegeben sind. Hier ist f_s die Abtastfrequenz des Signals, die bei Komponenten von 250 Hz wenigstens 500 Hz sein muss. Somit erhält man für N einen Wert von $N = 500/0,001 = 500000$. Eine FFT mit dieser großen Anzahl von Stützstellen bedeutet einen sehr großen Rechenaufwand. Es ist möglich, mit moderaten Größen der FFT (z.B. mit FFTs der Länge 512, 1024 oder 2048) die gewünschte Auflösung in einem begrenzten Frequenzbereich mit der hier vorgestellten Zoom-Funktion zu erzielen.

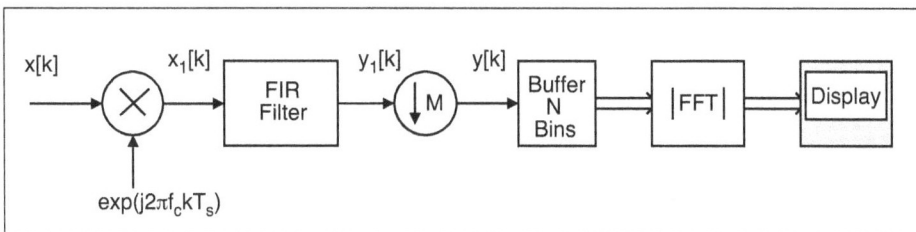

Abb. 5.33: Zoom eines bestimmten Bereichs des Spektrums des Eingangssignals

Die Lösung ist in Abb. 5.33 dargestellt [17]. Durch Multiplikation des Eingangssignals $x[k]$ mit der komplexen Schwingung $e^{j2\pi f_c k T_s}$ verschiebt sich das Spektrum des Eingangssignals um f_c.

Abb. 5.34a zeigt den Bereich des Spektrums des ursprünglichen Signals, das gezoomt werden soll. Er erstreckt sich zwischen f_{min} und f_{max} im ersten Nyquist-Bereich, der zwischen $f = 0$ und $f = f_s/2$ liegt. Mit einer Verschiebungsfrequenz f_c, die durch

$$f_c = -\frac{f_{min} + f_{max}}{2}, \tag{5.6}$$

gegeben ist, erhält man das jetzt komplexe Signal $x_1[k]$ mit einem Spektrum wie in Abb. 5.34b dargestellt. Es besitzt nicht mehr die Symmetrieeigenschaften des Spektrums eines reellen Signals.

Mit Hilfe eines FIR-Tiefpassfilters, dessen Amplitudengang in Abb. 5.34b ebenfalls dargestellt ist, wird das komplexe Signal $y_1[k]$ mit dem Spektrum, das in Abb. 5.34c gezeigt ist, erzeugt.

Aus der Darstellung dieses Spektrums erkennt man die Möglichkeit, das Signal ohne Informationsverluste zu dezimieren. Der Dezimierungsfaktor M muss folgende Beziehung erfüllen, so dass kein Aliasing entsteht:

$$M \leq \frac{f_s}{2(f_{max} - |f_c|)} \tag{5.7}$$

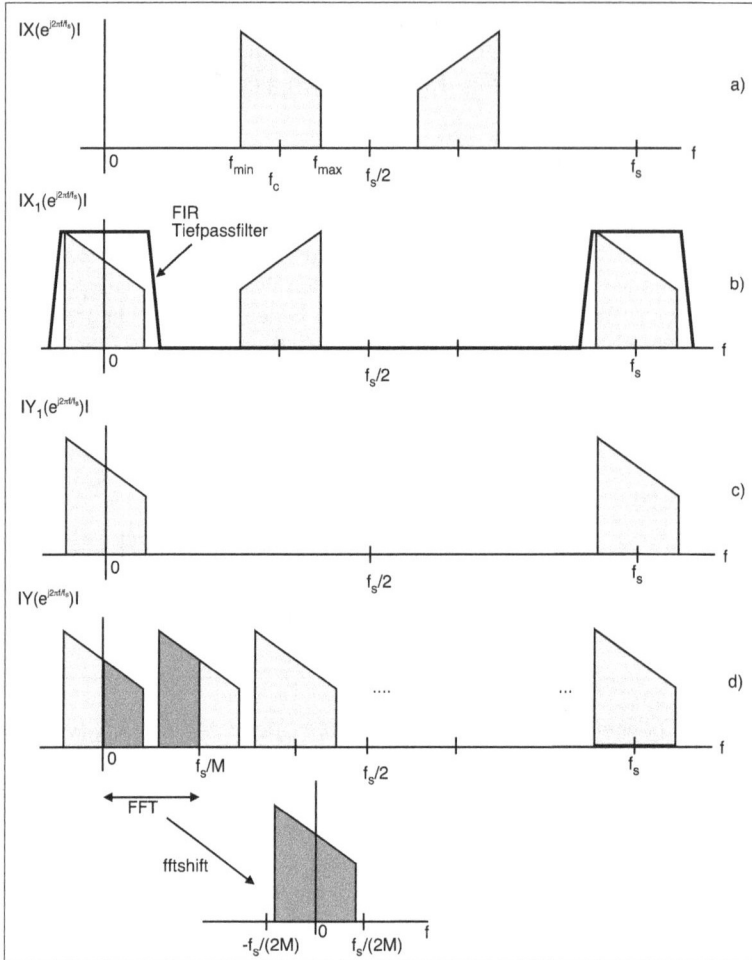

Abb. 5.34: Spektren der Signale der Struktur aus Abb. 5.33

Nach der Dezimierung erhält man das komplexe Signal $y[k]$ mit einem Spektrum, das in Abb. 5.34d dargestellt ist. Mit Hilfe der FFT kann dieses Spektrum jetzt ermittelt und dargestellt werden. Dafür werden N Werte des Signals verwendet (Abb. 5.33), mit denen eine FFT der Länge N berechnet wird, die als dunkelgrau hinterlegter Teil des Spektrums im Bereich $f = 0$ bis $f = f'_s = f_s/M$ in Abb. 5.34d gezeigt ist. Die FFT kann auch umsortiert werden, so dass sie das Spektrum im Bereich $f = -f'_s/2$ bis $f = f'_s/2$ darstellt. In MATLAB gibt es dafür die Funktion **fftshift**.

Um aus dem Spektrum des komplexen Signals das Spektrum des ursprünglichen reellen Signals in dem zu vergrößernden Bereich abzuleiten, muss man die Verschiebung mit der Frequenz f_c berücksichtigen. In der Simulation des nächsten Experiments ist dieses Vorgehen exemplarisch erläutert.

Experiment 5.7: Simulation des Zoom-Verfahrens

Es wird ein Signal bestehend aus drei sinusförmigen Komponenten angenommen. Die entsprechenden Frequenzen seien im Bereich von $250 - 2,5$ Hz bis $250 + 2,5$ Hz gewählt, wie z.B. im Extremfall:

$$
\begin{aligned}
f_1 &= 247,5 \quad \text{Hz} \\
f_2 &= 250,0 \quad \text{Hz} \\
f_3 &= 252,5 \quad \text{Hz}
\end{aligned}
\tag{5.8}
$$

Somit wurde ein Bereich von 5 Hz in der Umgebung der Frequenz von 250 Hz als Bereich, der gezoomt werden soll, definiert. Die ursprüngliche Abtastfrequenz des Signals sei $f_s = 1000$ Hz. Die Verschiebungsfrequenz wird für diesen Fall $f_c = -250$ Hz sein und der Dezimierungsfaktor muss folgende Bedingung erfüllen:

$$
M \le \frac{f_s}{2(f_3 - f_2)} = \frac{f_s}{2(f_2 - f_1)} = 1000/(2 \times 2,5) = 200
\tag{5.9}
$$

Mit einem Faktor $M = 100$ erhält man eine vergrößert dargestellte Bandbreite von $B = f_s/M = 10$ Hz. Über eine FFT der Länge $N = 2048$ wird eine Auflösung von $\Delta f = 10/2048 \cong 5$ mHz erreicht.

Abb. 5.35 zeigt das Modell `zoom_fft1.mdl` zur Simulation des Zoom-Verfahrens, das aus dem Skript `zoom_fft1_.m` aufgerufen wird. Die drei sinusförmigen Eingangsquellen, gewichtet mit *Gain*-Blöcken, können summiert werden und so das Eingangssignal bilden. Mit dem Block *Sine Wave3* wird das komplexe Signal der Frequenz f_c erzeugt, das zur Verschiebung des Spektrums des Eingangssignals dient.

Die Multiplikation dieses Signals mit dem Eingangssignal ergibt ein komplexes Signal, das mit dem Block *Complex to Real-Imag1* in den Real- und Imaginärteil zerlegt wird. Für eine einzelne sinusförmige Eingangskomponente der Frequenz $f_1 = 247,3$ Hz und eine Verschiebungsfrequenz von $f_c = 250$ Hz sind in Abb. 5.36 diese Signalteile gezeigt, so wie sie auf dem *Scope1*-Block zu sehen sind.

Die Multiplikation des Realteils des Verschiebungssignals der Frequenz f_c mit dem Eingangssignal der Frequenz f_1 führt auf:

$$
\cos(2\pi f_c t) \cos(2\pi f_1 t) = \frac{1}{2} \left[\cos(2\pi (f_c - f_1)t) + \cos(2\pi (f_c + f_1)t) \right]
\tag{5.10}
$$

In Abb. 5.36 oben sind die beiden Komponenten der Frequenz $f_c - f_1 = -250 - 247,3 = -497,3$ Hz und der Frequenz $f_c + f_1 = -250 + 247,3 = 2,7$ Hz leicht zu erkennen. Die Multiplikation des Imaginärteils der beiden Signale ergibt ein ähnliches Ergebnis, das mit $90°$ phasenverschoben ist (Abb. 5.36 unten).

Die Dezimierung des Real- und Imaginärteils mit dem Faktor $M = 100$ wird in zwei Stufen mit den Dezimierungsfaktoren $M_1 = M_2 = 10$ realisiert [23]. Die Einheitspulsantwort beider FIR-Dezimierungsfilter kann gleich gewählt werden und wird mit der Funktion **fir1** der *Signal Processing Toolbox* ermittelt:

```
nord = 128;
M1 = 10;
h1 = fir1(nord,1/M1);
h2 = h1;
```

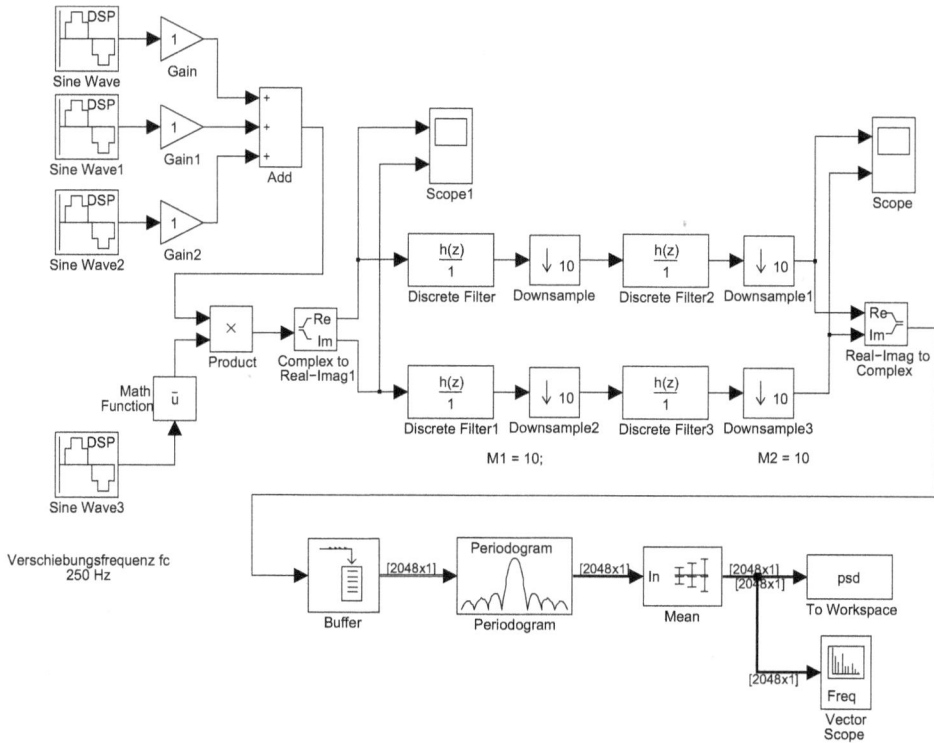

*Abb. 5.35: Simulink-Modell zur Simulation des Zoom-Verfahrens (*zoom_fft1.mdl*)*

Für die Ordnung des Filters wurde der Wert nord = 128 festgelegt. Abb. 5.37 zeigt den Amplitudengang dieser Filter.

Die Signale (Real- und Imaginärteil) nach der Dezimierung werden mit dem *Scope*-Block dargestellt. Mit Hilfe des Blocks *Real-Imag to Complex* werden Real- und Imaginärteil wieder in ein komplexes Signal zusammengefasst und weiter im *Buffer*-Block in Datenblöcke der Länge $N = 2048$ zerlegt. Aus diesen Datenblöcken wird dann die spektrale Leistungsdichte mit dem Welch-Verfahren ermittelt und mit dem Block *Mean* (als *Running Mean* initialisiert) laufend gemittelt.

Der *Vector Scope*-Block stellt schließlich die spektrale Leistungsdichte des ausgewählten und ins Basisband verschobenen Signals dar. Im Skript wird die spektrale Leistungsdichte mit Frequenzen des Basisbandes in Abb. 5.38 links und für Frequenzen im ursprünglichen Bandpassbereich rechts dargestellt. Die Frequenzen sind gemäß Gl. (5.8) gewählt worden.

Die Amplituden der drei Signale wurden unterschiedlich eingestellt, so dass man im Spektrum die Signale leichter identifizieren kann. In der Abbildung entspricht die Frequenz null dem Wert der Verschiebungsfrequenz, in diesem Fall 250 Hz und die entsprechende Spektrallinie stellt die zweite Komponente dar. Die erste Komponente besitzt eine um 2,5 Hz kleinere Frequenz bzw. die dritte Komponente eine um 2,5 Hz höhere Frequenz.

Die Auflösung des gezoomten Bereichs ist $10/2048$ Hz ($\cong 0,5$ mHz) und somit müssten

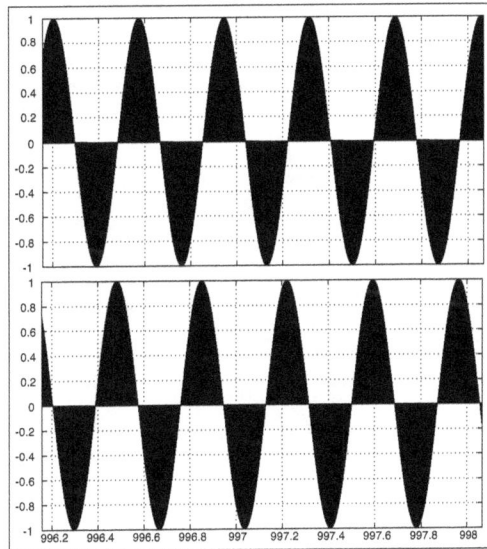

*Abb. 5.36: Real-
und Imaginärteil
des im Frequenz-
bereich verscho-
benen Signals
(zoom_fft1.mdl)*

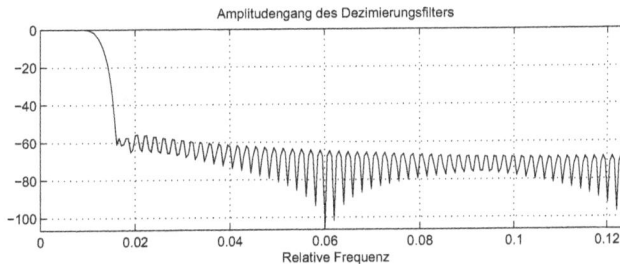

*Abb. 5.37: Am-
plitudengang der
Dezimierungsfilter
(zoom_fft1.mdl)*

Frequenzabweichungen dieser Ordnung im Bereich 250-5 Hz bis 250+5 Hz sichtbar werden. Wegen der nicht idealen FIR-Filter der Dezimierung ist zu erwarten, dass am Rande des gezoomten Bereichs Fehler bei der Wiedergabe der Amplituden entstehen.

Es wird jetzt gezeigt, wie man das Simulink-Modell `zoom_fft2.mdl`, das ebenfalls dieses Zoom-Verfahren simuliert, aus einer Funktion `zoom_fft_2.m` aufrufen kann. Die Argumente der Funktion sind die Frequenzen dreier harmonischer Schwingungen, ihre Amplituden und die Abtastfrequenz:

```
function zoom_fft_2(f1, f2, f3, a1, a2, a3, fs)
% f1, f2, f3 = Frequenzen der Komponenten
% f1 < f2 < f3
% a1, a2, a3 = Amplituden der Komponenten
% fs = Abtastfrequenz fs/2 > max(f1, f2, f3)
%
% Testaufruf; zoom_fft_2(249, 250, 252, 1, 0.5, 0.25, 1000);
%
```

Aus dieser Funktion möchte man das hochaufgelöste Spektrum in der Umgebung der drei Komponenten darstellen. In dem Simulink-Modell (Abb. 5.39) werden dafür die Blöcke mit

Variablen initialisiert, denen in der Funktion die gewünschten Werte zugewiesen werden.

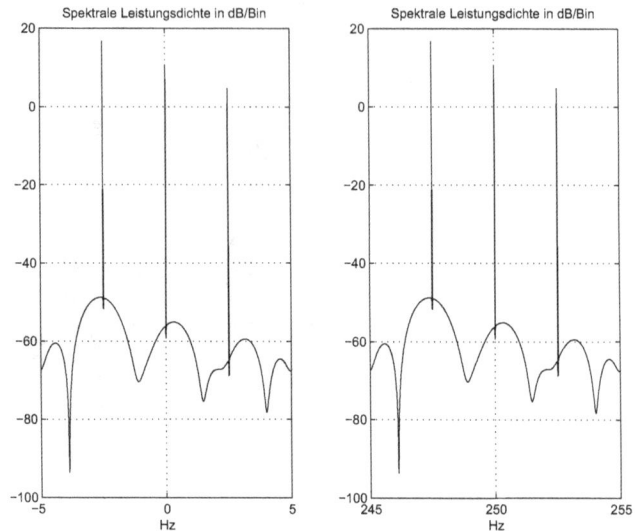

Abb. 5.38: Verschobenes Spektrum der Signale mit Frequenzen nach Gl. (5.8) (zoom_fft1.mdl)

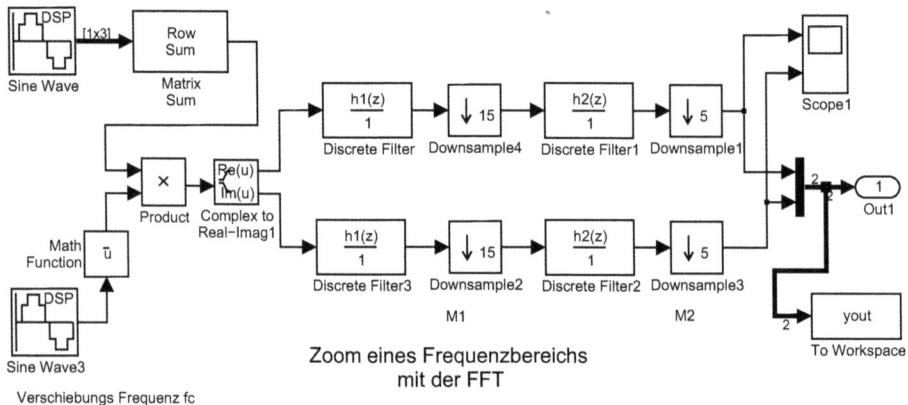

Abb. 5.39: Neues Simulink-Modell zur Simulation des Zoom-Verfahrens (zoom_fft2.mdl, zoom_fft_2.m)

Der *Sine Wave*-Block erzeugt bei jedem Schritt die drei Signale in Form einer Zeile mit drei Werten. Die Summe dieser Komponenten erhält man durch den Block *Matrix Sum*, der entlang der Zeile addiert. Die Frequenz des mit dem Block *Sine Wave3* erzeugten komplexen Mischsignals wird im Programm gleich der Frequenz der mittleren Komponente gewählt (fc = f2). Da die Verschiebung aber um die negative Frequenz erfolgen soll, wird das konjugiert komplexe Mischsignal dem Multiplizierer zugeführt.

Die Einheitspulsantworten der Filter für die beiden Dezimierungsstufen (h1, h2) werden mit folgendem Programmabschnitt berechnet:

```
% -------- Entwicklung der Filter für die Dezimierung
B = (f3 - f1)*1.1;      % Frequenzbereich der
                        % Komponenten
M = round(fc/B);        % Dezimierungsfaktor
M2 = 5;                 % Dezimierungsfaktor der zweiten Stufe
M1 = round(M/M2);       % Dezimierungsfaktor der ersten Stufe
nord = 128;             % Ordnung der Filter
h1 = fir1(nord,1/M1);   % Impulsantwort des Filters einer Stufe
h2 = fir1(nord/4,1/M2);
fs_1 = fs/(M1*M2);      % Dezimierte Abtastfrequenz
```

Zunächst werden die Dezimierungsfaktoren M1, M2 ermittelt und danach die Einheits-pulsantworten h1, h2 berechnet. Die Ordnung der Filter wurde konstant gewählt, um die Komplexität dieser Funktion in Grenzen zu halten.

Die Optionen der Simulation werden mit **simset** gesetzt und schließlich erfolgt der Aufruf der Simulation:

```
% ------- Optionen für die Funktion simset
my_options = simset('Solver','FixedStepDiscrete',...
    'OutputVariables','ty',...
    'SrcWorkspace','current');

% ------- Aufruf der Simulation
[t, x, y] = sim('zoom_fft2', [0,200], my_options);
%[t, x, y] = sim('zoom_fft2', [0:5/fs:200], my_options);
```

Es wurden hier nur einige wenige Optionen gesetzt, um dem Leser mit weiteren Varianten die Möglichkeit zum Experimentieren offen zu lassen.

Die Option 'SrcWorkspace','current' führt dazu, dass die Parameter des Modells aus dieser Funktion entnommen werden.

Mit der Funktion **sim** wird die Simulation aufgerufen, wobei ein Zeitintervall von 0 bis 200 Sekunden als Simulationszeit vorgegeben wird. Die Ergebnisse der Simulation werden in zwei Senken eingefangen: im *Out1*-Block und im *To Workspace*-Block. Die spektralen Leistungsdichten werden aus den Signalen im MATLAB-Skript nach der Simulation berechnet und dargestellt. Wenn im Menü des Modells über *Format, Port/Signal Display* und danach *Sample Time Colors* die Abtastraten der Blöcke und die Verbindungslinien farblich hervorgehoben werden, sieht man, dass die Linien zu den genannten Senken blau sind und damit die kleinste Abtastrate anzeigen.

Die Variable y des *Out1*-Ports erscheint aber mit der höchsten Abtastrate (rot als Farbe), so als wäre sie mit einem Halteglied-Nullter-Ordnung erzeugt. Das bedeutet sie besteht aus je M1*M2 gleichen Werten. Daraus werden die korrekt dezimierten Werte durch

```
y = y(1:M1*M2:end, :);   % Dezimierung der Variablen des Outports
```

erzeugt.

Die Variablen yout der Senke *To Workspace* werden korrekt dezimiert und der Funktion zur Verfügung gestellt. Die Option DstWorkspace ist auf current voreingestellt und muss nicht mehr verändert werden.

Die spektrale Leistungsdichte des ins Basisband verschobenen, dort komplexwertigen Signals wird mit der Funktion **pwelch** ermittelt. Auch für den Real- und Imaginärteil werden zu Demonstrationszwecken ihre Spektren getrennt ermittelt:

```
% Leistungsspektraldichten über pwelch
nfft = 2048;
P1 = pwelch(y(:,1),hamming(nfft),nfft/4,nfft,'twosided');
P2 = pwelch(y(:,2),hamming(nfft),nfft/4,nfft,'twosided');
Pkompl = pwelch((y(:,1)+j*y(:,2)),hamming(nfft),nfft/4,nfft);
```

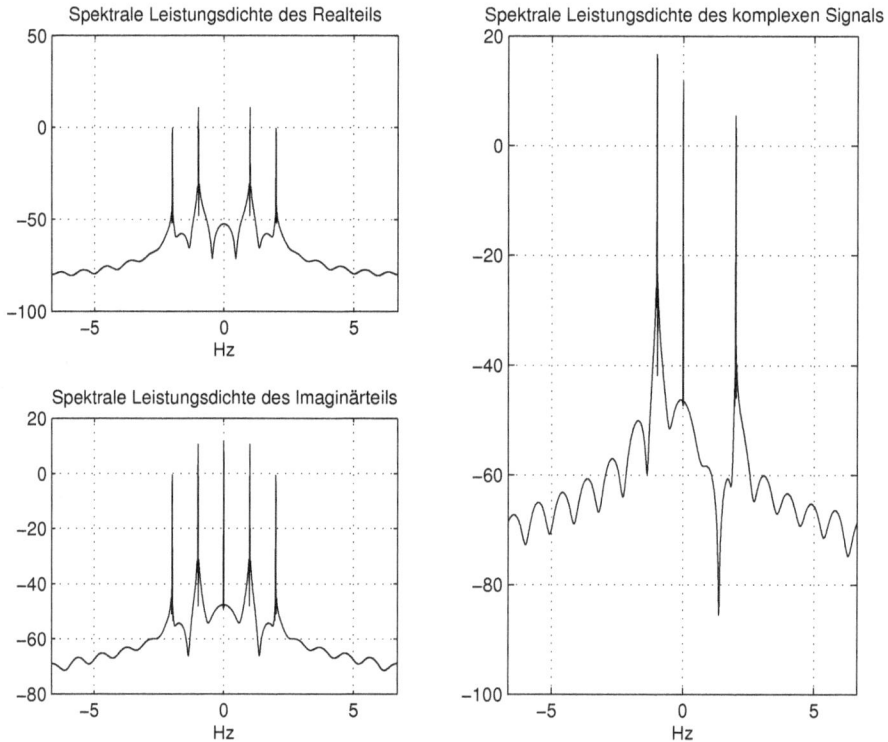

Abb. 5.40: Leistungsspektraldichten des Real- und Imaginärteils bzw. des komplexen Signals
(zoom_fft2.mdl, zoom_fft_2.m)

Abb. 5.40 zeigt links die zweiseitigen Spektren der Real- und Imaginärteile und rechts das Spektrum des komplexen Signals. Die Komponente mit $f_2 = f_c$ erscheint im Spektrum des komplexen Signals bei 0 Hz. Die Komponente mit $f_1 = 249$ Hz liegt bei -1 Hz und die Komponente mit $f_3 = 252$ Hz liegt bei 2 Hz. Die vergleichende Interpretation der Spektren des Real- und Imaginärteils ist eine lehrreiche Aufgabe. Die Beachtung des Spektrums des komplexwertigen Signals ist dabei hilfreich.

Man kann sehr leicht die Beschriftung der Abszisse ändern, so dass die ursprünglichen Frequenzen angegeben werden. Als Beispiel wird das Spektrum des komplexen Signals aus der Senke *To Workspace* berechnet und dargestellt (Abb. 5.41). Es entspricht der Darstellung

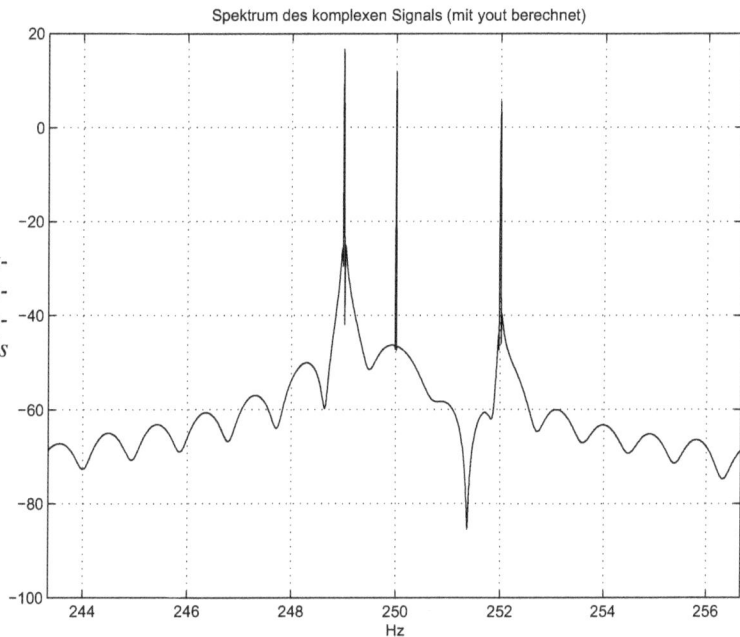

Abb. 5.41: Spektrale Leistungsdichte des komplexen Signals (zoom_fft2.mdl, zoom_fft_2.m)

aus Abb. 5.40 rechts, nur dass die Abszisse anders beschriftet wird. Die Programmsequenz zur Erzeugung der Abb. 5.41 ist:

```
% -------- Spektrum der Daten aus der To-Workspace Senke
% yout ist korrekt dezimiert !!!
Pkompl = pwelch((yout(:,1)+j*yout(:,2)),hamming(nfft),...
                nfft/4,nfft);

figure(3);    clf;
plot((-nfft/2:nfft/2-1)*fs_1/nfft+fc,..
                10*log10(fftshift(Pkompl)));
title('Spektrum des komplexen Signals (mit yout berechnet)');
La = axis;    axis([-fs_1/2+fc, fs_1/2+fc, La(3:4)])
grid;         xlabel('Hz');
```

Die Simulationsdauer mit bis zu 1000 Sekunden (in der Funktion jetzt 200 Sekunden) ist notwendig, um genügend Punkte für wenigstens einen Datenblock der Länge $N = 2048$ nach der Dezimierung zu erhalten. Mit Komponenten der Frequenzen f1 = 249 Hz, f2 = 250 Hz und f3 = 252 Hz erhält man einen Dezimierungsfaktor von M = 76. Bei einer Dauer von 200 Sekunden, die zu 200×1000 Punkten bei einer Abtastfrequenz von $f_s = 1000$ Hz führt, bleiben nach der Dezimierung nur noch $200000/76 = 2631$ Punkte, die wiederum nur einen Abschnitt für die FFT mit 2048 Werten ergeben. Eine Änderung der ersten Frequenz auf f1 = 249,9 Hz führt zu einem größeren Wert für den Dezimierungsfaktor und zwar M = 108. Dann reicht eine Simulationszeit von 200 Sekunden nicht mehr. Durch Verlängerung auf 500 Sekunden erhält man wieder genügend dezimierte Daten um wenigstens einen

Abschnitt zu bilden.

Sicher gibt es auch andere Möglichkeiten, automatisch den Dezimierungsfaktor zu bestimmen. Im Programm `zoom_fft_3.m` wird der Dezimierungsfaktor durch folgende Sequenz ermittelt:

```
fc = f2;                    % Verschiebungsfrequenz
% -------- Entwicklung der Filter für die Dezimierung

B = 2*max([f3 - f2, f2 - f1])*1.1;  % Frequenzbereich der
                                    % Komponenten
M = fc/B;                   % Dezimierungsfaktor
M2 = 5;                     % Dezimierungsfaktor der zweiten Stufe
M1 = round(M/M2);           % Dezimierungsfaktor der ersten Stufe
M = M1*M2;                  % Dezimierungsfaktor als ganze Zahl
```

In dieser Form reichen auch 200 Sekunden Simulationsdauer, um wenigstens einen Abschnitt von 2048 Werten zu erhalten.

Der Leser wird ermutigt, mit anderen Varianten der Parametrierung in der Funktion **simset** zu experimentieren. Dabei sollen immer neue Programme und eventuell auch neue Modelle aus den hier gezeigten abgeleitet werden. Die Optionen, die in **simset** nicht initialisiert werden, sind aus der Initialisierung, die im Menü *Simulation* und danach in *Configuration Parameters* festgelegt sind, übernommen oder es werden die voreingestellten Werte angenommen.

Literaturverzeichnis

[1] A.V. OPPENHEIM, A.S. WILLSKY: *Signale und Systeme*. VCH-Verlag, 1992.

[2] A.V. OPPENHEIM, R.W. SCHÄFER: *Zeitdiskrete Signalverarbeitung*. Oldenbourg-Verlag, 1992.

[3] BARTSCH, HANS-JOCHEN: *Mathematische Formeln*. VEB Fachbuchverlag Leipzig, 1986.

[4] BERNARD SKLAR: *Digital Communications. Fundamentals and Applications*. Prentice Hall, 1988.

[5] BERNSTEIN, HERBERT: *Analoge und digitale Filterschaltungen. Grundlagen und praktische Beispiele*. VDE Verlag Berlin, Offenbach, 1995.

[6] BRIGHAM, E. ORAN: *FFT Schnelle Fourier-Transformation*. Oldenbourg-Verlag, 1982.

[7] D. J. ERWINS: *Modal Testing: Theory, Practice and Application*. Baldock: Research Studies Press, 2. Auflage 2003.

[8] DIMITRIS G. MANOLAKIS, VINAY K. INGLE, STEPHEN M. KOGON: *Statistical and Adaptive Signal Processing. Spectral Estimation, Signal Modeling, Adaptive Filtering and Array Processing*. McGraw-Hill, 2000.

[9] EMMANUEL C. IFEACHOR, BARRIE W. JERVIS: *Digital Signal Processing. A Practical Approach*. Addison-Wesley, 1993.

[10] ESWARD W. KAME, BONNIE S. HECK: *Fundamentals of Signals and Systems, Using MATLAB*. Prentice-Hall, 1997.

[11] FAROKH MARVASTI (EDITOR): *Nonuniform Sampling. Theory and Practice*. Kluwer Academic/Plenum Publishers, 2001.

[12] GEORGE E. P. BOX, GWILYM M. JENKINS, GREGORY C. REINSEL: *Time Series Analysis Forecasting and Control*. Prentice Hall, 3rd Edition 1994.

[13] H. IRRETIER: *Modalanalyse 1 und 2*. Universität Kassel, Institut für Mechanik, 1988.

[14] HERMANN GOETZ: *Einführung in die digitale Signalverarbeitung*. Teubner, 1998.

[15] HOFFMANN, J.: *MATLAB und Simulink in Signalverarbeitung und Kommunikationstechnik*. Addison-Wesley, 1999.

[16] JAMES C. CANDY, GABOR C. TEMES (EDITORS): *Oversampling Delta-Sigma Data Converters. Theory, Design and Simulation*. IEEE Press, 1991.

[17] JAMES H. MCCLELLAN, C. SIDNEY BURRUS, ALAN V. OPPENHEIM, THOMAS W. PARKS, RONALD W. SCHAFER, HANS W. SCHUESSLER: *Computer-Based Exercises for Signal Processing Using MATLAB 5.* Prentice Hall, 1998.

[18] JOHN G. PROAKIS: *Digital Communications (Second Edition).* McGraw-Hill, 1989.

[19] JOHN. G. PROAKIS, CHARLES M. RADER, FUYUN LING, CHRYSOSTOMOS L. NIKIAS, MARC MOONEN, IAN K. PROUDLER: *Algorithms for Statistical Signal Processing.* Prentice Hall, 2002.

[20] JOHN G. PROAKIS, DIMITRIS G. MANOLAKIS: *Digital Signal Processing. Principles, Algorithms, and Applications (Third Edition).* Prentice Hall, 1996.

[21] JOHN G. PROAKIS, MASOUD SALEHI: *Communication Systems Engineering.* Prentice Hall, 1994.

[22] JOHN G. PROAKIS, MASOUD SALEHI: *Contemporary Communication Systems using MATLAB.* PSW Publishing Company, 1998.

[23] JOSEF HOFFMANN, FRANZ QUINT: *Signalverarbeitung mit MATLAB und Simulink. Anwendungsorientierte Simulationen.* Oldenbourg Verlag, 2007.

[24] JULIUS S. BENDAT, ALLAN G. PIERSOL: *Engineering Applications of Correlation and Spectral Analysis.* John Wiley Sons, Inc., 1993.

[25] JULIUS S. BENDAT, ALLAN G. PIERSOL: *Random Data. Analysis and Measurement Procedures.* John Wiley Sons, Inc., 2000.

[26] KAMMEYER KARL DIRK, KROSCHEL KRISTIAN: *Digitale Signalverarbeitung. Filterung und Spektralanalyse mit MATLAB-Übungen.* Teubner, 2002.

[27] KREYSZIG, ERWIN: *Advanced Engineering Mathematics (Seventh Edition).* John Wiley Sons, Inc., 1993.

[28] MEYER MARTIN: *Signalverarbeitung: analoge und digitale Signale, Systeme und Filter.* Vieweg, 2003.

[29] N. S. JAYANT, PETER NOLL: *Digital Coding of Waveforms. Principles and Applications to Speech and Video.* Prentice Hall, 1984.

[30] R. W. KOMM, Y. GU, F. HILL, P. B. STARK, I. K. FODOR: *Multitaper Spectral Analysis and Wavelet Denoising Applied to Helioseismic Data.* The Astrophysical Journal, 512: 407–421, 1999 July 1.

[31] RICHARD G. LYONS: *Understanding Digital Signal Processing.* Addison-Wesley, 1997.

[32] ROBERT D. STRUM, DONALD E. KIRK: *Contemporary Linear Systems Using MATLAB.* PWS Publishing Company, 1994.

[33] SANJIT K. MITRA, JAMES F. KAISER (EDITORS): *Handbook for Digital Signal Processing.* John Wiley Sons, Inc., 1993.

[34] SEDRA/SMITH: *Microelectronic Circuits.* Oxford University Press, 1982.

[35] THOMAS WESTERMANN: *Mathematik für Ingenieure: Ein anwendungsorientiertes Lehrbuch*. Springer, 2008.

[36] TODD K. MOON: *Mathematical Methods and Algorithms for Signal Processing*. Prentice Hall, 2000.

[37] WALT KESTER (EDITOR): *Mixed-Signal and DSP Design Techniques*. Newnes (Elsevier Science), 2003.

[38] WALT KESTER (EDITOR): *Analog-Digital Conversion*. Analog Devices, 2004.

[39] WERNER, MARTIN: *Digitale Signalverarbeitung mit MATLAB. Intensivkurs mit 16 Versuchen*. Vieweg, 2003.

[40] WOLD O. H.: *A Study in the Analysis of Stationary Time Series*. Almqvist & Wiksell Uppsala, 2nd Edition 1954.

Index

Index der MATLAB-Funktionen